从矢量到张量

细说矢量与矢量分析，张量与张量分析

冯承天◎著

Georg Friedrich Bernhard Riemann
1826年-1866年

华东师范大学出版社·上海

图书在版编目(CIP)数据

从矢量到张量：细说矢量与矢量分析，张量与张量分析/冯承天著. —上海：华东师范大学出版社，2021
ISBN 978-7-5760-1739-7

Ⅰ. ①从… Ⅱ. ①冯… Ⅲ. ①矢量②张量
Ⅳ. ①O183.1②O183.2

中国版本图书馆 CIP 数据核字(2021)第 090184 号

从矢量到张量：细说矢量与矢量分析，张量与张量分析

著　　者　冯承天
策划组稿　王　焰
项目编辑　王国红
特约审读　陈　跃
责任校对　江小华　时东明
封面设计　卢晓红

出版发行　华东师范大学出版社
社　　址　上海市中山北路 3663 号　邮编 200062
网　　址　www.ecnupress.com.cn
电　　话　021-60821666　行政传真 021-62572105
客服电话　021-62865537　门市(邮购)电话 021-62869887
地　　址　上海市中山北路 3663 号华东师范大学校内先锋路口
网　　店　http://hdsdcbs.tmall.com

印 刷 者　上海景条印刷有限公司
开　　本　787 毫米×1092 毫米　1/16
印　　张　19.25
字　　数　309 千字
版　　次　2021 年 7 月第 1 版
印　　次　2025 年 3 月第 4 次
书　　号　ISBN 978-7-5760-1739-7
定　　价　78.00 元

出 版 人　王　焰

献给热爱研读数学的朋友们

内容简介

本书共分六个部分，二十个章节，是论述矢量和张量及其应用的一本入门读物.

在第一部分中，我们从矢量的代数运算讲起，详述了矢量的矢量混合积和矢量三重积. 在第二部分中，我们引入矢量三重系，且从它们之间的变换，很自然地引入了张量的概念，讨论了张量的基本运算，并由此论述了笛卡儿张量和闵可夫斯基空间中的张量. 在第三部分中，先讲解变矢量的微分运算，再介绍其应用，详细论述空间曲线理论；最后，介绍场论中的主要内容：梯度、散度和旋度. 在第四部分中，我们讨论了矢量场的线积分与面积分，以及有关的重要定理：散度定理、斯托克斯定理、格林定理等. 在第五部分中，我们从曲线坐标入手，讨论了曲线坐标下的张量，以及张量场的协变微分等一些重要的概念和理论. 在第六部分中，研究了黎曼空间，黎曼空间中的张量，以及爱因斯坦张量与爱因斯坦引力场方程等理论与应用.

本书还有十二个附录，它们是正文的补充或扩展，使得本书的数学内容臻于完备.

本书起点低，叙述详尽，论证严格，例子丰富，又前后呼应，是一本统一叙述矢量和张量，及其应用的深入浅出、可读性较强的读物，供读者学习矢量与张量理论时阅读参考.

总　序

早在20世纪60年代，笔者为了学习物理科学，有幸接触了很多数学好书. 比如：为了研读拉卡(G. Racah)的《群论和核谱》[①]，研读了弥永昌吉、杉浦光夫的《代数学》[②]；为了翻译卡密里(M. Carmeli)和马林(S. Malin)的《转动群和洛仑兹群表现论引论》[③]、密勒(W. Miller. Jr)的《对称性群及其应用》[④]及怀邦(B. G. Wybourne)的《典型群及其在物理学上的应用》[⑤]等，仔细研读了岩堀长庆的《李群论》[⑥]……

在学习的过程中，我深深地感到数学工具的重要性. 许多物理科学领域的概念和计算，均需要数学工具的支撑. 然而，很可惜：关于群的起源的读物很少，且大部分科普读物只有结论而无实质性内容，专业的伽罗瓦理论则更是令普通读者望文生"畏"；如今，时间已过去半个多世纪，我也年逾古稀，得抓紧时机提笔，同广大数学爱好者们重温、分享这些重要的数学知识，一起体验数学之美，享受数学之乐.

深入浅出地阐明伽罗瓦理论是一个很好的切入点，不过，近世代数理论比较抽象，普通读者很难理解并入门. 这就要求写作者必须尽可能考虑普通读者的阅读基础，体会到初学者感到困难的地方，尽量讲清楚每一个数学推导的细节. 其实，群的概念正是从数学家对根式求解的探索中诞生的，于是，

---

① 梅向明译，高等教育出版社，1959.

② 熊全淹译，上海科学技术出版社，1962.

③ 栾德怀，张民生，冯承天译，华中工学院，1978.

④ 栾德怀，冯承天，张民生译，科学出版社，1981.

⑤ 冯承天，金元望，张民生，栾德怀译，科学出版社，1982.

⑥ 孙泽瀛译，上海科学技术出版社，1962.

我想就从历史上数学家们对多项式方程的根式求解如何求索讲起，顺势引出群的概念，帮助读者了解不仅在物理学领域，而且在化学、晶体学等学科中的应用也十分广泛的群论的起源.

2012年，我的第一本书——《从一元一次方程到伽罗瓦理论》出版. 该书从一元一次方程说起，一步步由浅入深、循序渐进，直至伽罗瓦——一位极年轻的天才数学家，详述他是如何初创群与域的数学概念，如何完美地得出一般多项式方程根式求解的判据. 图书付梓之后，承蒙读者抬爱，多次加印，这让笔者受到很大鼓舞.

于是，我写了第二本书——《从求解多项式方程到阿贝尔不可能性定理——细说五次方程无求根公式》. 这本书的起点稍微高一些，需要读者具备高中数学的基础. 这本书仍从多项式方程说起，但是，期望换一个角度，在"不用群论"的情况下，介绍数学家得出"一般五次多项式方程不可根式求解"结论(也即"阿贝尔不可能性定理")的过程. 在这本书里，我把初等数论、高等代数中的一些重要概念与理论串在一起详细介绍. 比如：为了更好地诠释阿贝尔理论，使之可读性更强一些，我用克罗内克定理来推导出阿贝尔不可能性定理等；为了向读者讲清楚克罗内克方法，引入了复共轭封闭域等新的概念，同时期望以一些不同的处理方法，对第一本书《从一元一次方程到伽罗瓦理论》所涉及的内容作进一步的阐述.

写作本书的过程中，我接触到一份重要的文献——H. Dörrie 的 *Triumph der Mathematik*：*hundert berühmte Probleme aus zwei Jahrtausenden mathematischer Kulture*, Physica-Verlag, Würzburg, Germany, 1958. 其中的一篇，论述了阿贝尔理论. 该书的最初版本为德文，而该文的内容则过于简略，晦涩难懂，加上中译本系在英译本的基础上译成，等于是在英译德产生的错误的基础上又添了中译英的错误，这就使得该文成了实实在在的"天书". 在笔者的努力下，阿贝尔理论终于有了一份可读性较强的诠释. 衷心期望广大数学爱好者，除了学好数学，也多学一点外语，这样，碰到重要的文献，能够直接查询原版，读懂弄通，此为题外话.

写成以上两本书之后，仍感觉需要进一步补充和提高，于是写了第三本书——《从代数基本定理到超越数——一段经典数学的奇幻之旅》. 本书在写作上，继续沿用前两本的思路，从普通读者知晓的基本的代数知识出发，循序渐进地阐明数学史上的一系列重要课题，比如：数学家们如何证明代数基本定理，如何证明 π 和 e 是无理数，并继而证明它们是超越数，期望读者在阅读本书的过程中，掌握多项式理论、域论、尺规作图理论等；也期望在这本书里，对第一本、第二本未讲清楚的地方继续进行补充.

借这三本书再版的机会，我对初版存在的印刷错误进行了修改，对正文的内容进行了补充与完善，使之可读性更强，力求自成体系.

另外，借"总序"作一个小小的新书预告. 关于本系列，笔者期望再补充两本：第四本是《从矢量到张量》，第五本是《从空间曲线到黎曼几何》. ①笔者认为"矢量与张量""空间曲线与黎曼几何"都是优美而且有重大应用的数学理论，都应该而且能够被简洁明了地介绍给广大数学爱好者.

衷心期望数学——这一在自然科学和人文科学中都有重大应用的工具，能得到更大程度的普及，期望借本系列图书出版的机会，与更多的数学、物理学工作者，数学、物理学爱好者，普通读者分享数学的知识、方法及学习数学的意义，期望大家在学习数学的同时，能体会到数学之美，享受数学！

冯承天

2019 年 4 月 4 日于上海师范大学

① 作者在新书撰写的过程中，已经将"黎曼几何"的内容纳入《从矢量到张量：细说矢量与矢量分析，张量与张量分析》一书，另一册新书中，对该内容不再赘述，书名修改为《从空间曲线到高斯-博内定理》；两册新书出版的顺序可能亦有变化. ——出版者注

前　言

读书，始读，未知有疑；其次，则渐渐有疑；中则节节是疑. 过了这一番，疑渐渐释，以至融会贯通，都无所疑，方始是学.

——宋·朱熹《朱子语类》

物理量是标量、矢量，或更一般的张量，而物理规律则是这些量之间的一些关系式，这就使得矢量与矢量分析，张量与张量分析在诸如力学、电磁学、空气动力学、流体力学、连续介质力学，以及相对论等物理科学中有重大应用了.

本书就是论述矢量和张量理论以及它们的基本应用的一本小册子. 笔者忆及在初学这些课题时遇到的不少困难，产生的一个又一个的问题，所以从最简单的三维空间的矢量讲起，以坐标变换为主要线索，用详细论述的方式，对矢量和张量的种种方面作了统一处理. 一系列的教学实践使笔者深信：一位掌握微积分初步运算和具有行列式与矩阵概念和运算的读者，只要勤于思考，一定能理解书中的内容；只要乐于思考，也一定能掌握书中所使用的数学方法并应用到各自的专业中去，同时给自己带来数学之美的享受.

笔者在书后的参考文献中列出了自己在研读这些专题和撰写本书时读过的部分好书，希望对那些想继续深入研究的读者有所帮助.

最后，感谢首都师范大学栾德怀教授的长期关心、教导和鞭策，感谢上海师范大学陈跃副教授的许多宝贵意见和建议，还有吉林大学吴兆颜教授的讨论和鼓励. 感谢华东师范大学出版社的王焰社长及各位编辑，他们为本书的出版给予了极大的支持和帮助.

希望本书能成为广大数学爱好者学习矢量与矢量分析，张量与张量分析的一本可读性较强的读物，也极希望得到大家的批评与指正.

2020 年 6 月

目　录

第一部分　矢量代数理论

第二部分 矢量三重系，矢量三重系的变换和张量，以及笛卡儿张量与4维张量

第三部分 数量场的梯度，矢量场的散度与旋度

第四部分 矢量场的线积分和面积分

第五部分 曲线坐标和协变微分

第六部分 黎曼空间中的张量

附录

第一部分
矢量代数理论

在这一部分中，我们从矢量的概念讲起，讨论了矢量的加法，减法，以及数乘运算．利用三维空间的矢量全体构成了向量空间，从而使我们能用线性代数的语言来叙述一些基本概念，如线性相关性，空间的基，坐标系等，又能应用矩阵、行列式等运算工具．

接下去我们又阐明了矢量的内积，矢量积，以及矢量的矢量混合积和矢量三重积．这些内容本身有重要的应用，又为后面的讨论打下了基础．

第一章

数、矢量和矢量的加法与数乘运算

§1.1 数与数域

物理科学以及数学中的许多量在测量单位取定后是用单个数来表示的，如温度，质量，几何图形的面积等. 为了进行计算，我们也要用到数. 我们在本书中大多用到实数，而在§9.1等节中也用到复数. 所有的实数构成实数域 **R**，而所有的复数则构成复数域 **C**，为了完整起见，我们给出数域的定义：

定义 1.1.1（数域的定义） 数系 F 称为一个（数）域，如果 F 至少有两个元素，且满足：

1. 有"+"法运算，它有下列运算性质：

(i) 对任意 $a, b \in F$，有 $a+b \in F$；（"+"法运算的封闭性）

(ii) 对任意 $a, b, c \in F$，有 $(a+b)+c=a+(b+c)$；（"+"法运算的结合律）

(iii) 对任意 $a, b \in F$，有 $a+b=b+a$；（"+"法运算的交换律）

(iv) 存在数字 0，它对任意 $a \in F$，有 $a+0=0+a=a$；（"+"法运算有零元）

(v) 对任意 $a \in F$，存在 $-a \in F$，有 $a+(-a)=(-a)+a=0$.（任意数对"+"法运算有负元）

2. 有"×"法运算，它有下列运算性质：

(i) 对任意 $a, b \in F$，有 $a \times b \in F$；（"×"法运算的封闭性）

(ii) 对任意 $a, b, c \in F$，有 $(a \times b) \times c = a \times (b \times c)$；（"×"法运算的结合律）

(iii) 对任意 $a, b \in F$，有 $a \times b = b \times a$；（"×"法运算的交换律）

(iv) 存在数字 1,它对任意 $a \in F$,有 $1 \times a = a \times 1 = a$;("×"法运算有单位元)

(v) 对任意 $a \in F$, $a \neq 0$,存在 $a^{-1} \in F$,有 $a \times a^{-1} = a^{-1} \times a = 1$.(任意不为 0 的数对于"×"法运算有逆元)

3. 对"+"法与"×"法这两种运算有下列分配律:

$$a \times (b + c) = a \times b + a \times c$$

$$(a + b) \times c = a \times c + b \times c$$

对于"×"我们也用"·",或省略"·"来表示.

利用 F 中数 b 有负元 $-b \in F$, 我们能在 F 中引入减法运算"−":对任意 $a, b \in F$, 定义

$$a - b \equiv a + (-b)$$

利用 F 中数 $b(\neq 0)$有逆元 $b^{-1} \in F$, 我们能在 F 中引入除法运算"÷":对任意元 a, $b \in F$, $b \neq 0$, 定义

$$a \div b = \frac{a}{b} \equiv a \times b^{-1} = a \cdot b^{-1} = ab^{-1}$$

由此,我们把 F 中的这些运算和运算法则总括地称为:

在数域 F 中,"+","−","×","÷",这四则运算可以如常地进行.

例 1.1.1 整数集合 $\mathbf{Z} = \{0, \pm 1, \pm 2, \cdots\}$ 不是数域.

因为例如 $1, 2 \in \mathbf{Z}$, 而 $1 \div 2 = \frac{1}{2} \notin \mathbf{Z}$. 同样,自然数集合 $\mathbf{N} = \{0, 1, 2, \cdots\}$ 也不构成数域.

例 1.1.2 有理数集合 $\mathbf{Q} = \left\{ \frac{q}{p} \middle| q, p \in \mathbf{Z}, p \neq 0 \right\}$ 是数域,称为有理数域. 同样,实数集合构成实数域,复数集合构成复数域.

§1.2 矢量及其表示

在物理科学以及数学中,我们还有一些量,如粒子的速度,力,力矩等,它们除了有大小以外,还必须指明它们的方向才能明确地确定. 它们就是本书

要讨论的数学对象之一——矢量.

因此,简单地说,矢量就是既有数量又有方向的量(参见§6.2, §8.5). 矢量又称向量,尤其在数学文献中更多用的是向量一词. 我们在三维空间中用矢量这一名词,而在更一般的情况下便用向量这一词.

始点为 A,终点为 B 的矢量记为 $\overrightarrow{AB}$. 在不计始点和终点的情况下,我们可用黑体字母 $\boldsymbol{A}$, $\boldsymbol{a}$…来标记矢量,标定了起点的矢量称为位置矢量,否则则称为自由矢量.

图 1.2.1 所示的位置矢量 $\overrightarrow{OA}$ 的长度或大小 a,记为 $|\overrightarrow{OA}|=a$,若 $\overrightarrow{OA}=\boldsymbol{A}$,则 $|\overrightarrow{OA}|=|\boldsymbol{A}|=a$. 若图中的 $\overrightarrow{O'A'}$ 平行于 $\overrightarrow{OA}$,且 $|\overrightarrow{OA}|=|\overrightarrow{O'A'}|$,即它们有同样的长度,那么我们定义它们相等

$$\overrightarrow{OA}=\overrightarrow{O'A'},\ \boldsymbol{A}=\boldsymbol{A}' \tag{1.1}$$

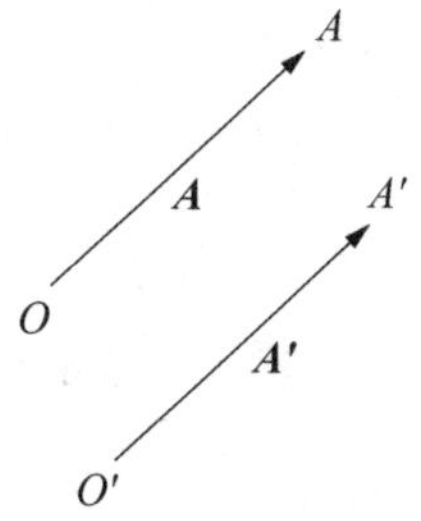

图 1.2.1

例 1.2.1　零矢量、逆矢量和单位矢量

若矢量 $\boldsymbol{A}$ 的起点与终点是同一点,则称它为零矢量,记为 $\boldsymbol{O}$①,因此, $|\boldsymbol{O}|=0$. 若矢量 $\boldsymbol{B}$ 与矢量 $\boldsymbol{A}$ 的大小一样,即 $|\boldsymbol{B}|=|\boldsymbol{A}|$,且它们的方向相反,则称 $\boldsymbol{B}$ 是 $\boldsymbol{A}$ 的逆矢量,记为 $\boldsymbol{B}=-\boldsymbol{A}$. 当然 $\boldsymbol{A}$ 也是 $\boldsymbol{B}$ 的逆矢量,即 $\boldsymbol{A}=-\boldsymbol{B}$. 若矢量 $\boldsymbol{A}$ 的长度为 1,即 $|\boldsymbol{A}|=1$,则称 $\boldsymbol{A}$ 是一个单位矢量.

§1.3　矢量的加法与减法

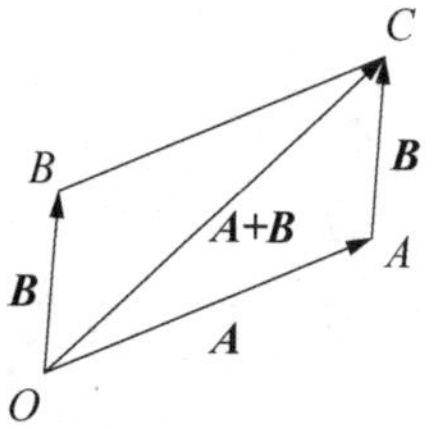

图 1.3.1

图 1.3.1 定义了矢量 $\boldsymbol{A}$ 和矢量 $\boldsymbol{B}$ 的和 $\boldsymbol{A}+\boldsymbol{B}$: 对于分别以有向线段 $\overrightarrow{OA}$ 和 $\overrightarrow{OB}$ 表示的矢量 $\boldsymbol{A}$ 和 $\boldsymbol{B}$,作出平行四边形 $OACB$,那么有向线段 $\overrightarrow{OC}$ 则给出了它们的和 $\boldsymbol{A}+\boldsymbol{B}$. 这种构成法称为矢量加法的平行四边形法则.

由 $\overrightarrow{OB}=\overrightarrow{AC}$, 我们就有矢量加法的三角形法则:

在 $\overrightarrow{OA}$ 的终点 A 作 $\overrightarrow{AC}=\overrightarrow{OB}$, 而得出 C 点,从而构成三角形 OAC,那么 $\overrightarrow{OC}=\boldsymbol{A}+\boldsymbol{B}$.

---

① 此处为黑体的大写字母"**O**"。但是若矢量用英语小写黑体字母表示时,我们则用黑体的数字"**0**"来表示零矢量。——作者注

根据上面定义的矢量的加法运算，不难证明对于任意矢量 $\boldsymbol{A}$, $\boldsymbol{B}$, $\boldsymbol{C}$，有

$$\boldsymbol{A}+\boldsymbol{B}=\boldsymbol{B}+\boldsymbol{A} \tag{1.2}$$

以及

$$(\boldsymbol{A}+\boldsymbol{B})+\boldsymbol{C}=\boldsymbol{A}+(\boldsymbol{B}+\boldsymbol{C}) \tag{1.3}$$

(1.2) 表示矢量的加法满足交换律，而(1.3) 表示该加法满足结合律. (1.3) 还表示不论把括号“(　)”加在何处其结果都是一样的，因此 $\boldsymbol{A}+\boldsymbol{B}+\boldsymbol{C}$ 就有明确意义了.

例 1.3.1　对于任意矢量 $\boldsymbol{A}$，有

$$\boldsymbol{A}+\boldsymbol{O}=\boldsymbol{O}+\boldsymbol{A}=\boldsymbol{A} \tag{1.4}$$

例 1.3.2　由图 1.3.2，可知对任意矢量 $\boldsymbol{A}$, $\boldsymbol{B}$，有

$$\boldsymbol{A}-\boldsymbol{B}=\boldsymbol{A}+(-\boldsymbol{B})=\overrightarrow{OD}=\overrightarrow{BA}$$

作为一个特殊情况，若 $\boldsymbol{B}=\boldsymbol{A}$，则有

$$\boldsymbol{A}-\boldsymbol{A}=\boldsymbol{O} \tag{1.5}$$

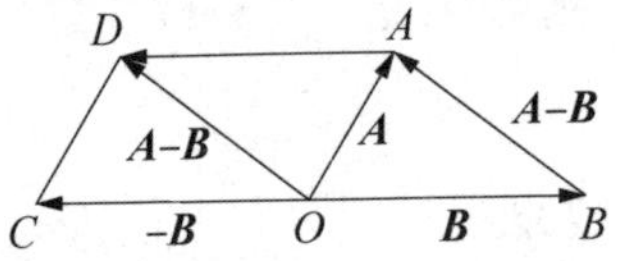

图 1.3.2

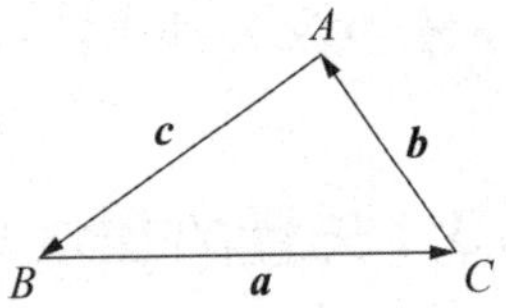

图 1.3.3

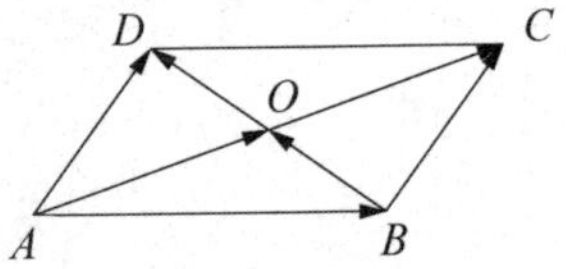

图 1.3.4

例 1.3.3　设矢量 $\boldsymbol{X}$ 满足 $\boldsymbol{O}=\boldsymbol{B}+\boldsymbol{X}$，则从 $\boldsymbol{O}+(-\boldsymbol{B})=\boldsymbol{B}+\boldsymbol{X}+(-\boldsymbol{B})$，有 $\boldsymbol{X}=-\boldsymbol{B}$. 又设 $\boldsymbol{A}=\boldsymbol{B}+\boldsymbol{X}$，则从 $\boldsymbol{O}=\boldsymbol{A}-\boldsymbol{A}=\boldsymbol{B}+\boldsymbol{X}-\boldsymbol{A}=\boldsymbol{B}-\boldsymbol{A}+\boldsymbol{X}$，有 $\boldsymbol{X}=-(\boldsymbol{B}-\boldsymbol{A})=\boldsymbol{A}-\boldsymbol{B}$. 这里的最后一步是由 $(\boldsymbol{A}-\boldsymbol{B})+(\boldsymbol{B}-\boldsymbol{A})=\boldsymbol{O}$ 推出的.

例 1.3.4　在图 1.3.3 所示的 $\triangle ABC$ 中，设 $\overrightarrow{AB}=\boldsymbol{c}$, $\overrightarrow{BC}=\boldsymbol{a}$, $\overrightarrow{CA}=\boldsymbol{b}$，则从 $\boldsymbol{a}+\boldsymbol{b}=-\boldsymbol{c}$，有 $\boldsymbol{a}+\boldsymbol{b}+\boldsymbol{c}=\boldsymbol{0}$.

如果 $\boldsymbol{a}$, $\boldsymbol{b}$, $\boldsymbol{c}$ 分别表示 3 个力的话，那么这一结果即表明这 3 个力的合力为零.

例 1.3.5　设图 1.3.4 中的四边形 $ABCD$ 的对角线 AC，BD 相互平分，即 $AO=OC$，$BO=OD$，试证明：该四边形是一个平行四边形.

按给定条件有 $\overrightarrow{AO}=\overrightarrow{OC}$，$\overrightarrow{BO}=\overrightarrow{OD}$. 于是从 $\overrightarrow{AD}=\overrightarrow{AO}+\overrightarrow{OD}=\overrightarrow{OC}+\overrightarrow{BO}=\overrightarrow{BC}$，可知四边形 $ABCD$ 的对边 AD 和 BC 既平行又相等. 因此，它是一个平行四边形.

§1.4　矢量的数乘运算

矢量除了 §1.3 所述的加法运算以外，还有数乘运算.

设 $k\in\mathbf{R}$，则对任意矢量 $\mathbf{A}$，定义 $\mathbf{A}$ 的 k 倍为矢量

$$k\mathbf{A}=\mathbf{A}k\begin{cases}\text{当 } k \text{ 是正数时，它的大小是 } |\mathbf{A}| \text{ 的 } k \text{ 倍，且 } k\mathbf{A} \text{ 与 } \mathbf{A} \text{ 同向}\\ \text{当 } k \text{ 是负数时，它的大小是 } |\mathbf{A}| \text{ 的 } |k| \text{ 倍，且 } k\mathbf{A} \text{ 与 } \mathbf{A} \text{ 反向}\\ \text{当 } k=0 \text{ 时，} 0\mathbf{A}=\mathbf{O}.\end{cases}$$

由此定义，我们不难得出，对于任意 l，$m\in\mathbf{R}$，任意矢量 $\mathbf{A}$，$\boldsymbol{B}$，有

$$\begin{aligned}&\text{(i) } (-1)\mathbf{A}=-\mathbf{A}\\&\text{(ii) } (l+m)\mathbf{A}=l\mathbf{A}+m\mathbf{A}\\&\text{(iii) } l(\mathbf{A}+\boldsymbol{B})=l\mathbf{A}+l\boldsymbol{B}\\&\text{(iv) } l(m\mathbf{A})=(lm)\mathbf{A}\end{aligned}\tag{1.6}$$

例 1.4.1　对于任意非零矢量 $\mathbf{A}$，令 $\boldsymbol{a}=\frac{1}{|\mathbf{A}|}\mathbf{A}$，则 $\boldsymbol{a}$ 是单位矢量，即 $|\boldsymbol{a}|=1$.

§1.5　应用：欧拉线

例 1.5.1　关于三角形边上的一个分点给出的一个计算公式.

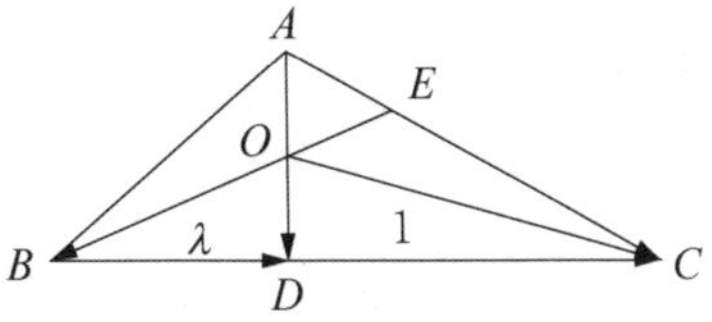

图 1.5.1

在图 1.5.1 中，设 O 为 $\triangle ABC$ 内的一点，而 AO 的延长线与 BC 的交点 D 将边 BC 分成 $BD:DC=\lambda:1$，即 $BD=\lambda DC$. 在

$\triangle BOC$ 中

$$\overrightarrow{OD}=\overrightarrow{OB}+\overrightarrow{BD}=\overrightarrow{OB}+\lambda\overrightarrow{DC}=\overrightarrow{OB}+\lambda(\overrightarrow{OC}-\overrightarrow{OD})$$

因此有公式

$$\overrightarrow{OD}=\frac{\overrightarrow{OB}+\lambda\overrightarrow{OC}}{1+\lambda}$$

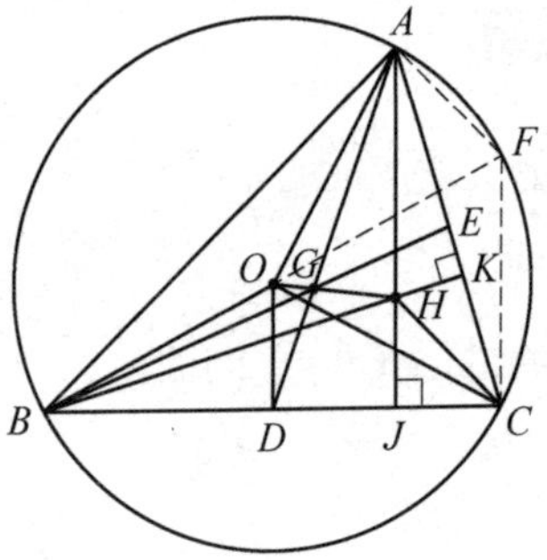

图 1.5.2

例 1.5.2 从三角形的外心 O 到其重心 G 的矢量 $\overrightarrow{OG}$ 的表达式.

在图 1.5.2 中,设 O 为 $\triangle ABC$ 的外接圆的圆心,即外心;D 和 E 分别为 BC 与 AC 的中点,因此 AD 与 BE 的交点 G 为 $\triangle ABC$ 的重心;AJ, BK 分别是 BC 与 AC 上的高,因此 H 为 $\triangle ABC$ 的垂心.

在 $\triangle OBC$ 中, D 为 BC 的中点,因此从 $BD=DC$,有 $\lambda=1$,因此

$$\overrightarrow{OD}=\frac{\overrightarrow{OB}+\overrightarrow{OC}}{1+1}=\frac{1}{2}(\overrightarrow{OB}+\overrightarrow{OC})$$

在 $\triangle OAD$ 中, $AG=2GD$,因此

$$\overrightarrow{OG}=\frac{\overrightarrow{OA}+2\overrightarrow{OD}}{1+2}=\frac{1}{3}\overrightarrow{OA}+\frac{2}{3}\overrightarrow{OD}=\frac{1}{3}\overrightarrow{OA}+\frac{2}{3}\left[\frac{1}{2}(\overrightarrow{OB}+\overrightarrow{OC})\right]$$

$$=\frac{1}{3}\overrightarrow{OA}+\frac{1}{3}\overrightarrow{OB}+\frac{1}{3}\overrightarrow{OC}.$$

例 1.5.3 三角形的欧拉线:外心 O,重心 G,垂心 H 三点共线且 $|\overrightarrow{OG}|:|\overrightarrow{GH}|=1:2$.

设 BO 延长线与 $\triangle ABC$ 的外接圆交于 F,连 AF 和 FC,从图 1.5.2 可得出

$$FA\perp AB,\ CH\perp AB,\text{以及 } FC\perp BC,\ AJ\perp BC$$

因此,四边形 $AHCF$ 是平行四边形,这就得出 $\overrightarrow{AH}=\overrightarrow{FC}$.

又 $\overrightarrow{OB}=-\overrightarrow{OF}$,以及 $\overrightarrow{FC}=\overrightarrow{OC}-\overrightarrow{OF}$,就有 $\overrightarrow{FC}=\overrightarrow{OC}+\overrightarrow{OB}$,以及 $\overrightarrow{OH}=\overrightarrow{OA}+$

$\overrightarrow{AH}=\overrightarrow{OA}+\overrightarrow{FC}=\overrightarrow{OA}+\overrightarrow{OB}+\overrightarrow{OC}$. 这与例 1.5.2 中的 $\overrightarrow{OG}$ 的表达式对比可得 $\overrightarrow{OG}=\frac{1}{3}\overrightarrow{OH}$，即 O，G，H 三点共线，且 $|\overrightarrow{OG}|:|\overrightarrow{GH}|=1:2$.

欧拉(Leonhard Euler，1707—1783)，瑞士数学家，在初等几何，解析几何，微积分，变分法，复变函数等诸多方面都有重大贡献，且是数学家中最多产的作者，平均每年撰写 800 多页的著作.

至此，我们讨论了矢量的加法与数乘运算，而且已经看到光是这两种运算已使矢量这一工具在几何学中有许多应用. 下面我们在讨论矢量的内积与矢量积运算以前要把矢量纳入一个代数结构——向量空间之中. 这样就会使矢量有更坚实的理论基础，而且会有更丰硕的结果.

第二章

矢量构成向量空间

§2.1 向量空间

正像我们从某些数集，如 **Q**，**R**，**C** 中抽象出一般的数域这一概念一样，对于我们的新对象——矢量，我们已有加法和数乘两种运算，而且它们还满足(1.2)，(1.3)，(1.4)，(1.6)等法则.这就使我们能抽象出线性代数中的向量空间这一概念.

定义 2.1.1(向量空间的定义)　集合 V 称为数域 F 上的一个向量空间，如果它满足下列条件：

1. V 中有加法"+"运算，且满足下列性质：

(i) 对任意 $\boldsymbol{A}, \boldsymbol{B}, \boldsymbol{C} \in V$，有

$$(\boldsymbol{A}+\boldsymbol{B})+\boldsymbol{C}=\boldsymbol{A}+(\boldsymbol{B}+\boldsymbol{C}) \quad (\text{“+” 法运算的结合律})$$

(ii) 对任意 $\boldsymbol{A}, \boldsymbol{B} \in V$，有

$$\boldsymbol{A}+\boldsymbol{B}=\boldsymbol{B}+\boldsymbol{A} \quad (\text{“+” 法运算的交换律})$$

(iii) 存在零向量 $\boldsymbol{O}$，使得对任意 $\boldsymbol{A} \in V$，有

$$\boldsymbol{A}+\boldsymbol{O}=\boldsymbol{O}+\boldsymbol{A} \quad (\text{“+” 法运算有零元})$$

(iv) 对任意 $\boldsymbol{A} \in V$，存在 $-\boldsymbol{A} \in V$，使得

$$\boldsymbol{A}+(-\boldsymbol{A})=(-\boldsymbol{A})+\boldsymbol{A}=\boldsymbol{O} \quad (\text{任意元对“+” 法运算有逆元})$$

2. V 中有数乘运算，即对任意 $a \in F$，任意 $\boldsymbol{A} \in V$，定义了 $a\boldsymbol{A}=\boldsymbol{A}a \in V$，这一运算满足下列性质：

(i) 对任意 $a \in F$，$\boldsymbol{A}, \boldsymbol{B} \in V$，有

$$a(\boldsymbol{A}+\boldsymbol{B})=a\boldsymbol{A}+a\boldsymbol{B}\quad\text{(数乘的分配律)}$$

(ii) 对任意 $a, b \in F$, $\boldsymbol{A} \in V$, 有

$$(a+b)\boldsymbol{A}=a\boldsymbol{A}+b\boldsymbol{A}\quad\text{(数乘的分配律)}$$

(iii) 对任意 $a, b \in F$, $\boldsymbol{A} \in V$, 有

$$a(b\boldsymbol{A})=(ab)\boldsymbol{A}\quad\text{(数乘的结合律)}$$

(iv) 对任意 $\boldsymbol{A} \in V$, 有

$$1\boldsymbol{A}=\boldsymbol{A}\quad\text{(存在数乘的单位元)}$$

其中 $1 \in F$ 是 F 的乘法单位元(参见§1.1).

于是我们看到前面定义的矢量全体在关于其加法和实数相乘的两个运算下构成实数域上的一个向量空间. 所以,对于矢量我们就能应用向量空间理论——线性代数中的所有概念和定理.

例 2.1.1　向量空间 $\mathbf{R}^n$

设 $\mathbf{R}^n=\{(a_1, a_2, \cdots, a_n) \mid a_i \in \mathbf{R}, i=1, 2, \cdots, n\}$, 对于 $\boldsymbol{u}=(a_1, a_2, \cdots, a_n)$, $\boldsymbol{v}=(b_1, b_2, \cdots, b_n) \in \mathbf{R}^n$, 以及 $k \in \mathbf{R}$, 定义

$$\boldsymbol{u}+\boldsymbol{v}=(a_1+b_1, a_2+b_2, \cdots, a_n+b_n)$$
$$k\boldsymbol{u}=(ka_1, ka_2, \cdots, ka_n)$$

不难验证 $\mathbf{R}^n$ 在这样定义的加法与数乘下构成一个向量空间,称为 n 重实数空间. 此时 $\mathbf{0}=(0, 0, \cdots, 0)$, $-\boldsymbol{u}=(-a_1, -a_2, \cdots, -a_n)$. $n=3$ 时给出的 $\mathbf{R}^3$ 是一个特别重要的情况.

§2.2　向量的线性相关与无关

在线性代数中有关于向量的线性相关性的论述(参见[3], [4]). 不过,为了叙述的完整,我们针对矢量叙述如下:

定理 2.2.1(矢量的线性相关性)　V 中矢量 $\boldsymbol{u}_1, \boldsymbol{u}_2, \cdots, \boldsymbol{u}_m$ 称为线性相关的,若存在不全为零的数 $k_1, k_2, \cdots, k_m$, 使得 $k_1\boldsymbol{u}_1+k_2\boldsymbol{u}_2+\cdots+k_m\boldsymbol{u}_m=\mathbf{0}$. 否则的话,则它们线性无关,即此时由 $k_1\boldsymbol{u}_1+k_2\boldsymbol{u}_2+\cdots+k_m\boldsymbol{u}_m=\mathbf{0}$, 必

有 $k_1=k_2=\cdots=k_m=0$.

例 2.2.1 对于任意矢量 $\boldsymbol{A}$ 和零矢量 $\boldsymbol{O}$,因为有 $0\boldsymbol{A}+\boldsymbol{O}=\boldsymbol{O}$,所以任意矢量 $\boldsymbol{A}$ 与零矢量 $\boldsymbol{O}$ 总是线性相关的.

零矢量用 $\boldsymbol{O}$(或 $\boldsymbol{0}$)表示,所以今后矢量 $\boldsymbol{A}$, $\boldsymbol{B}$, …就指非零矢量.

例 2.2.2 两个矢量的线性相关与共线.

设矢量 $\boldsymbol{A}$, $\boldsymbol{B}$ 线性相关,于是存在不全为零的 a, $b\in\mathbf{R}$,有 $a\boldsymbol{A}+b\boldsymbol{B}=\boldsymbol{O}$,不失一般性,可假定 $b\neq 0$,于是 $\boldsymbol{B}=-\dfrac{a}{b}\boldsymbol{A}$, 即 $\boldsymbol{A}$, $\boldsymbol{B}$ 共线. 反过来,若 $\boldsymbol{A}$, $\boldsymbol{B}$ 共线,就有 $\boldsymbol{A}=l\boldsymbol{B}$, $l\neq 0$. 由此得出 $\boldsymbol{A}+(-l)\boldsymbol{B}=\boldsymbol{O}$, 即 $\boldsymbol{A}$, $\boldsymbol{B}$ 线性相关. 这样,两个非零矢量线性相关的充要条件就是它们共线.

例 2.2.3 三个矢量的线性相关与共面.

设矢量 $\boldsymbol{A}$, $\boldsymbol{B}$ 线性无关,因此它们不共线,因而能决定一个平面. 若矢量 $\boldsymbol{C}$ 也在此平面上,则类似于力的分解,可能 $\boldsymbol{C}$ 表示为 $\boldsymbol{C}=a\boldsymbol{A}+b\boldsymbol{B}$. 于是有 $a\boldsymbol{A}+b\boldsymbol{B}-\boldsymbol{C}=\boldsymbol{O}$, 即 $\boldsymbol{A}$, $\boldsymbol{B}$, $\boldsymbol{C}$ 线性相关. 反过来,若 $\boldsymbol{A}$, $\boldsymbol{B}$, $\boldsymbol{C}$ 线性相关,即存在不全为零的 a, b, $c\in\mathbf{R}$,而有 $a\boldsymbol{A}+b\boldsymbol{B}+c\boldsymbol{C}=\boldsymbol{O}$. 此时,$c\neq 0$,否则 $\boldsymbol{A}$, $\boldsymbol{B}$ 线性相关了,于是有 $\boldsymbol{C}=\dfrac{-a}{c}\boldsymbol{A}-\dfrac{b}{c}\boldsymbol{B}$, 即 $\boldsymbol{C}$ 位于 $\boldsymbol{A}$, $\boldsymbol{B}$ 构成的平面之中. 这样,三个非零矢量 $\boldsymbol{A}$, $\boldsymbol{B}$, $\boldsymbol{C}$ 线性相关的充要条件就是它们共面.

例 2.2.4 $\boldsymbol{e}_1=(1,0,0)$, $\boldsymbol{e}_2=(0,1,0)$, $\boldsymbol{e}_3=(0,0,1)\in\mathbf{R}^3$ 是线性无关的.

这是因为若存在 a, b, $c\in\mathbf{R}$, 使得

$$a(1,0,0)+b(0,1,0)+c(0,0,1)=(a,b,c)=\boldsymbol{0}=(0,0,0)$$

必有 $a=b=c=0$.

§2.3 向量空间的基

例 2.2.4 中的 $\boldsymbol{e}_1$, $\boldsymbol{e}_2$, $\boldsymbol{e}_3\in\mathbf{R}^3$ 除了是线性无关的,它们还有一个特点: $\mathbf{R}^3$ 中的任意元 (a_1,a_2,a_3) 都可以用它们**线性表示**,即

$$(a_1,a_2,a_3)=a_1\boldsymbol{e}_1+a_2\boldsymbol{e}_2+a_3\boldsymbol{e}_3 \tag{2.1}$$

更一般地，我们有：

定义 2.3.1　在向量空间 $\mathbf{V}$ 中，若存在 m 个元素 $\boldsymbol{u}_1, \boldsymbol{u}_2, \cdots, \boldsymbol{u}_m$，满足：

(i) $\boldsymbol{u}_1, \boldsymbol{u}_2, \cdots, \boldsymbol{u}_m$ 线性无关；

(ii) $\mathbf{V}$ 中任一元素 $\boldsymbol{u}$ 总可由 $\boldsymbol{u}_1, \boldsymbol{u}_2, \cdots, \boldsymbol{u}_m$ 线性表示.

则称 $\boldsymbol{u}_1, \boldsymbol{u}_2, \cdots, \boldsymbol{u}_m$ 是 $\mathbf{V}$ 的一个基，而 m 是 $\mathbf{V}$ 的维数.

这样，$\boldsymbol{e}_1, \boldsymbol{e}_2, \boldsymbol{e}_3$ 就是 $\mathbf{R}^3$ 的一个基，且 $\mathbf{R}^3$ 是 3 维的. 当然 $\mathbf{V}$ 中的基不是唯一的，例如 $-\boldsymbol{e}_1, -\boldsymbol{e}_2, -\boldsymbol{e}_3$ 也是 $\mathbf{R}^3$ 的一个基.

下面我们用 $\mathbf{R}^3$ 作为研究对象来阐明基的一些性质. 首先有

定理 2.3.1　$\mathbf{R}^3$ 中任意 3 个线性无关的向量 $\boldsymbol{a}, \boldsymbol{b}, \boldsymbol{c}$ 构成 $\mathbf{R}^3$ 的一个基.

这是因为设 $\boldsymbol{a}=(a_1, a_2, a_3)$，$\boldsymbol{b}=(b_1, b_2, b_3)$，$\boldsymbol{c}=(c_1, c_2, c_3)$ 线性无关，那么由

$$x\boldsymbol{a}+y\boldsymbol{b}+z\boldsymbol{c}=(0, 0, 0)$$

有唯一解 $x=y=z=0$，可知齐次方程组

$$\begin{aligned} xa_1+yb_1+zc_1&=0 \\ xa_2+yb_2+zc_2&=0 \\ xa_3+yb_3+zc_3&=0 \end{aligned} \tag{2.2}$$

只有平凡解 $x=y=z=0$，因此系数行列式

$$\begin{vmatrix} a_1 & b_1 & c_1 \\ a_2 & b_2 & c_2 \\ a_3 & b_3 & c_3 \end{vmatrix} \neq 0 \tag{2.3}$$

于是对任意向量 $\boldsymbol{u}=(u_1, u_2, u_3) \in \mathbf{R}^3$，列出方程

$$\begin{pmatrix} a_1 & b_1 & c_1 \\ a_2 & b_2 & c_2 \\ a_3 & b_3 & c_3 \end{pmatrix}\begin{pmatrix} x \\ y \\ z \end{pmatrix}=\begin{pmatrix} u_1 \\ u_2 \\ u_3 \end{pmatrix} \tag{2.4}$$

就有解 $x=k_1$，$y=k_2$，$z=k_3$，也即

$$u_1 = k_1a_1 + k_2b_1 + k_3c_1$$
$$u_2 = k_1a_2 + k_2b_2 + k_3c_2 \tag{2.5}$$
$$u_3 = k_1a_3 + k_2b_3 + k_3c_3$$

也即
$$\boldsymbol{u} = (u_1, u_2, u_3) = k_1\boldsymbol{a} + k_2\boldsymbol{b} + k_3\boldsymbol{c} \tag{2.6}$$

换言之,$\mathbf{R}^3$ 中任意向量 $\boldsymbol{u}$ 都可用 $\boldsymbol{a}, \boldsymbol{b}, \boldsymbol{c}$ 线性表示,即 $\boldsymbol{a}, \boldsymbol{b}, \boldsymbol{c}$ 是 $\mathbf{R}^3$ 的一个基.

接下来我们证明

定理 2.3.2 设 $\boldsymbol{u}_1, \boldsymbol{u}_2, \boldsymbol{u}_3$ 是 $\mathbf{R}^3$ 的一个基,则任意向量 $\boldsymbol{a} \in \mathbf{R}^3$ 用 $\boldsymbol{u}_1, \boldsymbol{u}_2, \boldsymbol{u}_3$ 线性表示时表达式是唯一的.

这是因为如果有

$$\boldsymbol{a} = a_1\boldsymbol{u}_1 + a_2\boldsymbol{u}_2 + a_3\boldsymbol{u}_3 = b_1\boldsymbol{u}_1 + b_2\boldsymbol{u}_2 + b_3\boldsymbol{u}_3 \tag{2.7}$$

则有

$$(a_1 - b_1)\boldsymbol{u}_1 + (a_2 - b_2)\boldsymbol{u}_2 + (a_3 - b_3)\boldsymbol{u}_3 = \mathbf{0}$$

于是从 $\boldsymbol{u}_1, \boldsymbol{u}_2, \boldsymbol{u}_3$ 的线性无关,便能得出 $a_1 = b_1$, $a_2 = b_2$, $a_3 = b_3$. 由此,我们把(2.7)中的 a_1, a_2, a_3 称为向量 $\boldsymbol{a}$ 关于基 $\boldsymbol{u}_1, \boldsymbol{u}_2, \boldsymbol{u}_3$ 的**分量**或**坐标**.

例 2.3.1 当用基 $\boldsymbol{u}_1, \boldsymbol{u}_2, \boldsymbol{u}_3$ 来线性表示基 $\boldsymbol{u}_1, \boldsymbol{u}_2, \boldsymbol{u}_3$ 时,根据定理 2.3.2,我们必有下列矩阵形式

$$\begin{pmatrix} \boldsymbol{u}_1 \\ \boldsymbol{u}_2 \\ \boldsymbol{u}_3 \end{pmatrix} = \begin{pmatrix} 1 & 0 & 0 \\ 0 & 1 & 0 \\ 0 & 0 & 1 \end{pmatrix} \begin{pmatrix} \boldsymbol{u}_1 \\ \boldsymbol{u}_2 \\ \boldsymbol{u}_3 \end{pmatrix} \tag{2.8}$$

其中的方阵是 3×3 的单位矩阵.

最后,我们证明

定理 2.3.3 设 $\boldsymbol{u}_1, \boldsymbol{u}_2, \boldsymbol{u}_3$ 是 $\mathbf{R}^3$ 的一个基,且有

$$\begin{pmatrix} \boldsymbol{v}_1 \\ \boldsymbol{v}_2 \\ \boldsymbol{v}_3 \end{pmatrix} = \begin{pmatrix} t_{11} & t_{12} & t_{13} \\ t_{21} & t_{22} & t_{23} \\ t_{31} & t_{32} & t_{33} \end{pmatrix} \begin{pmatrix} \boldsymbol{u}_1 \\ \boldsymbol{u}_2 \\ \boldsymbol{u}_3 \end{pmatrix} \tag{2.9}$$

那么 $\boldsymbol{v}_1, \boldsymbol{v}_2, \boldsymbol{v}_3$ 是 $\mathbf{R}^3$ 的一个基的充要条件是矩阵(t_{ij})的行列式 $|t_{ij}| \neq 0$.

设 $\boldsymbol{v}_1, \boldsymbol{v}_2, \boldsymbol{v}_3$ 是 $\mathbf{R}^3$ 的一个基，此时(2.9)表示从一个基到一个基的变换，从而把矩阵 (t_{ij}) 称为**过渡矩阵**. 我们先来研究这对 (t_{ij}) 会给出什么必要的条件.

因为 $\boldsymbol{v}_1, \boldsymbol{v}_2, \boldsymbol{v}_3$ 是一个基，因此可以用它们来表示 $\boldsymbol{u}_1, \boldsymbol{u}_2, \boldsymbol{u}_3$，即有

$$\begin{pmatrix}\boldsymbol{u}_1\\ \boldsymbol{u}_2\\ \boldsymbol{u}_3\end{pmatrix}=\begin{pmatrix}s_{11} & s_{12} & s_{13}\\ s_{21} & s_{22} & s_{23}\\ s_{31} & s_{32} & s_{33}\end{pmatrix}\begin{pmatrix}\boldsymbol{v}_1\\ \boldsymbol{v}_2\\ \boldsymbol{v}_3\end{pmatrix} \tag{2.10}$$

把(2.9)代入(2.10)，有

$$\begin{pmatrix}\boldsymbol{u}_1\\ \boldsymbol{u}_2\\ \boldsymbol{u}_3\end{pmatrix}=(s_{ij})(t_{ij})\begin{pmatrix}\boldsymbol{u}_1\\ \boldsymbol{u}_2\\ \boldsymbol{u}_3\end{pmatrix} \tag{2.11}$$

于是根据例 2.3.1 就有

$$(s_{ij})(t_{ij})=\begin{pmatrix}1 & 0 & 0\\ 0 & 1 & 0\\ 0 & 0 & 1\end{pmatrix} \tag{2.12}$$

由此推出(参见附录 2) $|t_{ij}|\neq 0$, $|s_{ij}|\neq 0$.

反过来，设 $\boldsymbol{u}_1, \boldsymbol{u}_2, \boldsymbol{u}_3$ 是 $\mathbf{R}^3$ 的一个基，且(2.9)中的 $|t_{ij}|\neq 0$，我们要证明此时 $\boldsymbol{v}_1, \boldsymbol{v}_2, \boldsymbol{v}_3$ 也是 $\mathbf{R}^3$ 的一个基.

假设存在 $k_1, k_2, k_3 \in \mathbf{R}$，而有 $k_1\boldsymbol{v}_1+k_2\boldsymbol{v}_2+k_3\boldsymbol{v}_3=\mathbf{0}$，那么写成矩阵形式就有

$$\begin{aligned}\mathbf{0}&=(k_1\ k_2\ k_3)\begin{pmatrix}\boldsymbol{v}_1\\ \boldsymbol{v}_2\\ \boldsymbol{v}_3\end{pmatrix}=(k_1\ k_2\ k_3)(t_{ij})\begin{pmatrix}\boldsymbol{u}_1\\ \boldsymbol{u}_2\\ \boldsymbol{u}_3\end{pmatrix}\\ &\equiv(l_1\ l_2\ l_3)\begin{pmatrix}\boldsymbol{u}_1\\ \boldsymbol{u}_2\\ \boldsymbol{u}_3\end{pmatrix}=l_1\boldsymbol{u}_1+l_2\boldsymbol{u}_2+l_3\boldsymbol{u}_3\end{aligned} \tag{2.13}$$

其中

$$(l_1\ l_2\ l_3)=(k_1\ k_2\ k_3)(t_{ij}) \tag{2.14}$$

由 $\boldsymbol{u}_1, \boldsymbol{u}_2, \boldsymbol{u}_3$ 是线性无关的,因此(2.13)给出 $l_1=l_2=l_3=0$. 于是最后由(2.14),有

$$(k_1\ k_2\ k_3)=(k_1\ k_2\ k_3)(t_{ij})(t_{ij})^{-1}=(l_1\ l_2\ l_3)(t_{ij})^{-1}=(0,\ 0,\ 0)$$

这就证明了 $\boldsymbol{v}_1, \boldsymbol{v}_2, \boldsymbol{v}_3$ 是线性无关的,所以 $\boldsymbol{v}_1, \boldsymbol{v}_2, \boldsymbol{v}_3$ 是 $\mathbf{R}^3$ 的一个基(参见定理 2.3.1).

例 2.3.1 设 $\boldsymbol{u}_1, \boldsymbol{u}_2, \boldsymbol{u}_3$ 是 $\mathbf{R}^3$ 的一个基,令 $\boldsymbol{v}_1=2\boldsymbol{u}_1-\boldsymbol{u}_2$, $\boldsymbol{v}_2=\boldsymbol{u}_2-2\boldsymbol{u}_3$, $\boldsymbol{v}_3=3\boldsymbol{u}_1+\boldsymbol{u}_3$, 则从

$$\begin{vmatrix} 2 & -1 & 0 \\ 0 & 1 & -2 \\ 3 & 0 & 1 \end{vmatrix}=8\neq 0$$

可知 $\boldsymbol{v}_1, \boldsymbol{v}_2, \boldsymbol{v}_3$ 也是 $\mathbf{R}^3$ 的一个基.

§2.4 矢量:二维平面,三维空间,以及矢量的分解

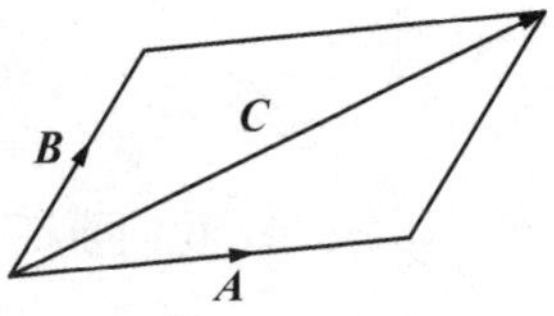

图 2.4.1

对于图 2.4.1 所示的两个矢量 $\boldsymbol{A}, \boldsymbol{B}$, 由例 2.2.2 可知它们是线性无关的,且决定一个平面. 于是,可以把这一平面上的任意矢量 $\boldsymbol{C}$ 表示为

$$\boldsymbol{C}=a\boldsymbol{A}+b\boldsymbol{B} \tag{2.15}$$

因此 $\boldsymbol{A}, \boldsymbol{B}, \boldsymbol{C}$ 就线性相关了. 据此,我们称平面是二维的,而 $\boldsymbol{A}, \boldsymbol{B}$ 就是该平面的一个基.

类似地,在我们通常的空间中,任意四个矢量一定是线性相关的,而任意不同面的三个矢量可构成此空间的一个基(参见例 2.2.3). 于是通常的空间是三维的.

图 2.4.2 中矢量 $\boldsymbol{A}, \boldsymbol{B}, \boldsymbol{C}$ 不共面,它们构成一个基. 而对于空间中的任意矢量 $\boldsymbol{D}$, 从 $\boldsymbol{A}, \boldsymbol{B}, \boldsymbol{C}, \boldsymbol{D}$ 线性相关就有不全为零的数 a, b, c, d 使得

$$a\boldsymbol{A}+b\boldsymbol{B}+c\boldsymbol{C}+d\boldsymbol{D}=\boldsymbol{O} \tag{2.16}$$

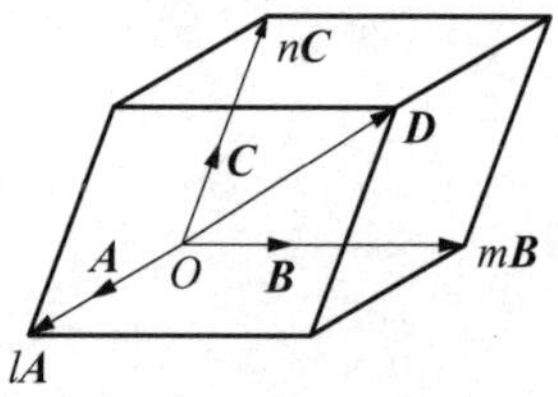

图 2.4.2

其中 $d \neq 0$，否则的话 a，b，c 不全为零，那么 $\boldsymbol{A}$，$\boldsymbol{B}$，$\boldsymbol{C}$ 就线性相关了. 于是从(2.16)可得

$$\boldsymbol{D} = -\frac{a}{d}\boldsymbol{A} - \frac{b}{d}\boldsymbol{B} - \frac{c}{d}\boldsymbol{C} \equiv l\boldsymbol{A} + m\boldsymbol{B} + n\boldsymbol{C} \tag{2.17}$$

即 $\boldsymbol{D}$ 可用 $\boldsymbol{A}$，$\boldsymbol{B}$，$\boldsymbol{C}$ 线性表示，或 $\boldsymbol{D}$ 可沿 $\boldsymbol{A}$，$\boldsymbol{B}$，$\boldsymbol{C}$ 方向来分解，而数 l，m，n 当然就是 $\boldsymbol{D}$ 关于基 $\boldsymbol{A}$，$\boldsymbol{B}$，$\boldsymbol{C}$ 的分量或坐标.

§2.5 坐标系与同构

如果在我们的三维空间中有了图 2.4.2 的这样一个配置，我们就说在该空间中建立了一个坐标系，其中 O 点称为该坐标系的坐标原点，而矢量 $\boldsymbol{A}$，$\boldsymbol{B}$，$\boldsymbol{C}$ 则称为该坐标系的基矢.

于是对任意矢量 $\boldsymbol{v}$，就有

$$\boldsymbol{v} = v_1\boldsymbol{A} + v_2\boldsymbol{B} + v_3\boldsymbol{C} \tag{2.18}$$

于是这就得出 $(v_1, v_2, v_3) \in \mathbf{R}^3$，反过来，对于任意 $(v_1, v_2, v_3) \in \mathbf{R}^3$，按(2.18)，我们可构造一个矢量 $\boldsymbol{v}$，它有分量 v_1，v_2，v_3. 这样，我们就在三维空间中的矢量全体与 $\mathbf{R}^3$ 之间建立起一个一对一的对应.

这一对应还有下列重要特性：它保持运算，即对(2.18)的 $\boldsymbol{v}$，以及

$$\boldsymbol{u} = u_1\boldsymbol{A} + u_2\boldsymbol{B} + u_3\boldsymbol{C} \tag{2.19}$$

从

$$k\boldsymbol{v} = kv_1\boldsymbol{A} + kv_2\boldsymbol{B} + kv_3\boldsymbol{C} \tag{2.20}$$

以及

$$\boldsymbol{u} + \boldsymbol{v} = (u_1 + v_1)\boldsymbol{A} + (u_2 + v_2)\boldsymbol{B} + (u_3 + v_3)\boldsymbol{C} \tag{2.21}$$

可知，若

$$\begin{aligned} \boldsymbol{v} &\leftrightarrow (v_1, v_2, v_3) \\ \boldsymbol{u} &\leftrightarrow (u_1, u_2, u_3) \end{aligned} \tag{2.22}$$

则

$$kv \leftrightarrow (kv_1, kv_2, kv_3)$$
$$u+v \leftrightarrow (u_1+v_1, u_2+v_2, u_3+v_3) \tag{2.23}$$

这表明三维矢量空间与 $\mathbf{R}^3$ 之间除了元素的符号不同以外,结构是完全一样的.这在数学上称为二者同构.

例 2.5.1 矢量 $\boldsymbol{A}$, $\boldsymbol{B}$, $\boldsymbol{C}$ 在基矢 $\boldsymbol{A}$, $\boldsymbol{B}$, $\boldsymbol{C}$ 下,坐标分别为(1, 0, 0),(0, 1, 0),(0, 0, 1)(参见例 2.3.1),而零矢量 $\boldsymbol{O}$,即坐标原点的坐标为(0, 0, 0).

例 2.5.2 在空间中有不同的三点 A, B, C,求证它们共线的充要条件是:存在均不为零的、满足 $l+m+n=0$ 的数 l, m, n 使得 $l\overrightarrow{OA}+m\overrightarrow{OB}+n\overrightarrow{OC}=\boldsymbol{O}$, 其中 O 是坐标原点.

充分性:此时从 $\overrightarrow{OA}+\frac{m}{l}\overrightarrow{OB}+\frac{n}{l}\overrightarrow{OC}=\boldsymbol{O}$,以及 $1+\frac{m}{l}+\frac{n}{l}=0$, 有

$$\begin{aligned}\overrightarrow{OA}&=-\frac{m}{l}\overrightarrow{OB}-\frac{n}{l}\overrightarrow{OC}=\left(1+\frac{n}{l}\right)\overrightarrow{OB}-\frac{n}{l}\overrightarrow{OC}=\overrightarrow{OB}-\frac{n}{l}\overrightarrow{BO}-\frac{n}{l}\overrightarrow{OC}\\&=\overrightarrow{OB}-\frac{n}{l}\overrightarrow{BC},\end{aligned}$$

即 $\overrightarrow{OA}-\overrightarrow{OB}=-\frac{n}{l}\overrightarrow{BC}$,或$\overrightarrow{BA}=-\frac{n}{l}\overrightarrow{BC}$. 于是 A, B, C 共线.

必要性:此时由 A, B, C 共线,且点 A 不同于C,则存在 $\lambda\neq 0$, $\lambda\neq 1$ 使得$\overrightarrow{BA}=\lambda\overrightarrow{BC}$,又从$\overrightarrow{OA}-\overrightarrow{OB}=\overrightarrow{BA}$, $\overrightarrow{OC}-\overrightarrow{OB}=\overrightarrow{BC}$,有$\overrightarrow{OA}-\overrightarrow{OB}=\lambda(\overrightarrow{OC}-\overrightarrow{OB})$,即$\overrightarrow{OA}+(\lambda-1)\overrightarrow{OB}-\lambda\overrightarrow{OC}=\mathbf{0}$,取 $l=1$, $m=\lambda-1$, $n=-\lambda$, 则有 l, m, n 均不为零,且 $l+m+n=0$, 必要性得证.

§ 2.6 直角坐标系

在图 2.6.1 中,矢量 $\boldsymbol{i}$, $\boldsymbol{j}$, $\boldsymbol{k}$ 都是单位矢量,且它们又相互垂直,这样我们就有一个直角坐标系. 这里 $\boldsymbol{i}$, $\boldsymbol{j}$, $\boldsymbol{k}$ 的正方向分别称为正 x 轴,正 y 轴,正 z 轴.

对于空间中的任一点 P，定义矢量 $\overrightarrow{OP}=\boldsymbol{r}$，称为 P 点的**位矢**，则有

$$\overrightarrow{OP}=\boldsymbol{r}=x\boldsymbol{i}+y\boldsymbol{j}+z\boldsymbol{k} \tag{2.24}$$

这里的 x，y，z 既是 $\boldsymbol{r}$ 关于直交坐标系基矢 $\boldsymbol{i}$，$\boldsymbol{j}$，$\boldsymbol{k}$ 的分量，也是点 P 的坐标，即 $P(x, y, z)$.

如记 $r=|\overrightarrow{OP}|$，而 α，β，γ 分别表示 $\overrightarrow{OP}$ 与 $\boldsymbol{i}$，$\boldsymbol{j}$，$\boldsymbol{k}$ 之间的夹角，称为**方向角**，则有

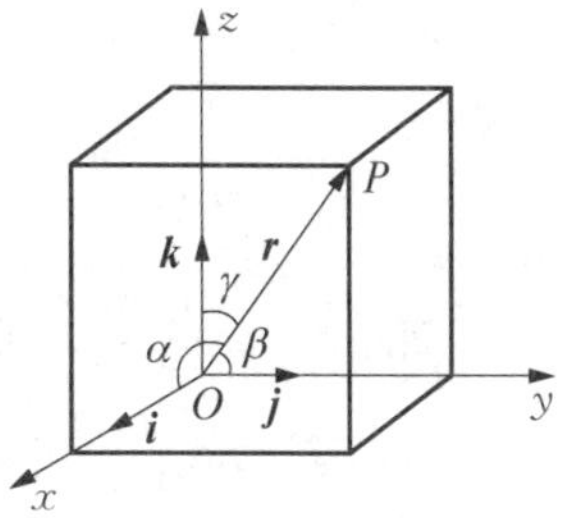

图 2.6.1

$$x=r\cos\alpha，\ y=r\cos\beta，\ z=r\cos\gamma \tag{2.25}$$

其中的 $\cos\alpha$，$\cos\beta$，$\cos\gamma$ 称为 $\overrightarrow{OP}=\boldsymbol{r}$ 的**方向余弦**. 由勾股定理，我们有

$$r^2=x^2+y^2+z^2 \tag{2.26}$$

由此我们得出

$$\cos^2\alpha+\cos^2\beta+\cos^2\gamma=1 \tag{2.27}$$

例 2.6.1　对于点 $P(x_1, y_1, z_1)$ 与点 $Q(x_2, y_2, z_2)$，则从 $\overrightarrow{PQ}=\overrightarrow{PO}+\overrightarrow{OQ}=-\overrightarrow{OP}+\overrightarrow{OQ}=(x_2-x_1)\boldsymbol{i}+(y_2-y_1)\boldsymbol{j}+(z_2-z_1)\boldsymbol{k}$，可得 $\overrightarrow{PQ}$ 的坐标为 $(x_2-x_1, y_2-y_1, z_2-z_1)$.

例 2.6.2　对于点 $P(x_1, y_1, z_1)$ 与点 $Q(x_2, y_2, z_2)$，勾股定理给出

$$|\overrightarrow{PQ}|^2=(x_2-x_1)^2+(y_2-y_1)^2+(z_2-z_1)^2 \tag{2.28}$$

对于点 $P(x, y, z)$ 与点 $Q(x+\mathrm{d}x, y+\mathrm{d}y, z+\mathrm{d}z)$，则它们之间的距离 $\mathrm{d}s$ 的平方为

$$\mathrm{d}s^2=\mathrm{d}x^2+\mathrm{d}y^2+\mathrm{d}z^2 \tag{2.29}$$

今后将看到在许多问题中采用直角坐标是很方便的.

英国自学成才的物理学家亥维赛（Oliver Heaviside，1850—1925）曾说过：当你有任何疑惑时，请立即使用 $\boldsymbol{i}$，$\boldsymbol{j}$，$\boldsymbol{k}$.

例 2.6.3　解析几何中的一个应用：空间直线分点的坐标公式.

在图 2.6.2 中，设点 A 的坐标为 (a_1, a_2, a_3)，点 B 的坐标为 (b_1, b_2, b_3)，线段上有点 C 将 AB 分为 m 比 n.

由 $\frac{AC}{CB}=\frac{m}{n}$，可得 $\frac{AC}{AB}=\frac{m}{m+n}$，即 $\overrightarrow{AC}=\frac{m}{m+n}\overrightarrow{AB}$.

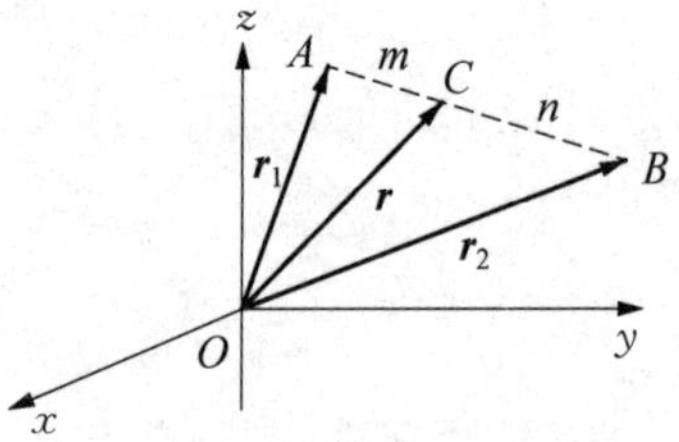

图 2.6.2

而 $\overrightarrow{AB}=\boldsymbol{r}_2-\boldsymbol{r}_1$，所以最后有

$$\boldsymbol{r}=\overrightarrow{OC}=\overrightarrow{OA}+\overrightarrow{AC}$$
$$=\boldsymbol{r}_1+\frac{m}{m+n}(\boldsymbol{r}_2-\boldsymbol{r}_1)=\frac{1}{m+n}(n\boldsymbol{r}_1+m\boldsymbol{r}_2)$$

由此得出点 C 的坐标为

$$c_1=\frac{na_1+mb_1}{m+n},\ c_2=\frac{na_2+mb_2}{m+n},\ c_3=\frac{na_3+mb_3}{m+n}$$

例 2.6.4 图 2.6.3 中，$OBCD$ 是平行四边形，E，F 分别是 OB，BC 边上的中点，试证明 $\overrightarrow{DE}$，$\overrightarrow{DF}$ 三等分对角线 $\overrightarrow{OC}$.

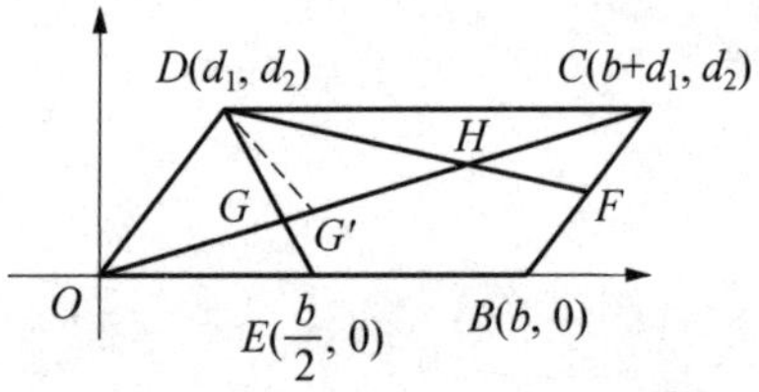

图 2.6.3

按图 2.6.3 设 OC 上点 G' 满足 $OG':G'C=1:2$，因此 G' 的坐标为 $\left(\frac{b+d_1}{3},\ \frac{d_2}{3}\right)$（参见例 2.6.3）. 于是 $\overrightarrow{G'D}$ 的坐标为 $\left(d_1-\frac{b+d_1}{3},\ d_2-\frac{d_2}{3}\right)=\left(\frac{2d_1-b}{3},\ \frac{2d_2}{3}\right)$（参见例 2.6.1）

而 $\overrightarrow{ED}$ 的坐标为 $\left(d_1-\frac{b}{2},\ d_2\right)=\left(\frac{2d_1-b}{2},\ d_2\right)$. 因此 $\overrightarrow{DG'}=\frac{2}{3}\overrightarrow{DE}$. 这表明 G' 既在 OC 上又在 DE 上.

所以 G' 与 G 重合，即 G 将 OC 分为 $1:2$. 同理可证点 H 满足 $OH:HC=2:1$，因此最后有 $OG=GH=HC$.

例 2.6.5 矢量 $\boldsymbol{A}=a_1\boldsymbol{i}+a_2\boldsymbol{j}+a_3\boldsymbol{k}$，$\boldsymbol{B}=b_1\boldsymbol{i}+b_2\boldsymbol{j}+b_3\boldsymbol{k}$，$\boldsymbol{C}=c_1\boldsymbol{i}+c_2\boldsymbol{j}+c_3\boldsymbol{k}$ 线性无关的充要条件是 $\begin{vmatrix} a_1 & a_2 & a_3 \\ b_1 & b_2 & b_3 \\ c_1 & c_2 & c_3 \end{vmatrix}\neq 0$，（参见例 4.2.2）

若存在 $k_1, k_2, k_3\in\mathbf{R}$，使得 $k_1\boldsymbol{A}+k_2\boldsymbol{B}+k_3\boldsymbol{C}=\boldsymbol{O}$，则表明它们是齐次线

性方程

$$\begin{pmatrix} a_1 & a_2 & a_3 \\ b_1 & b_2 & b_3 \\ c_1 & c_2 & c_3 \end{pmatrix}\begin{pmatrix} x_1 \\ x_2 \\ x_3 \end{pmatrix}=\begin{pmatrix} 0 \\ 0 \\ 0 \end{pmatrix}$$

的解. 由齐次线性方程解的理论可知(参见[3], [4]). 上述方程有唯一零解，即 $\boldsymbol{A}$, $\boldsymbol{B}$, $\boldsymbol{C}$ 线性无关的充要条件是它的系数行列式不等于零(参见例 4.2.2). 事实上，该行列式不等于零也是其中行向量或列向量线性无关的充要条件.

这就为我们判断三个矢量的线性相关性，提供了一个计算方法(参见例 4.2.2).

§2.7 右手系与左手系

图 2.6.1 中的 $\boldsymbol{i}$, $\boldsymbol{j}$, $\boldsymbol{k}$ 构成的是**右手系**. 作为一个对比，我们有**左手系**，见图 2.7.1.

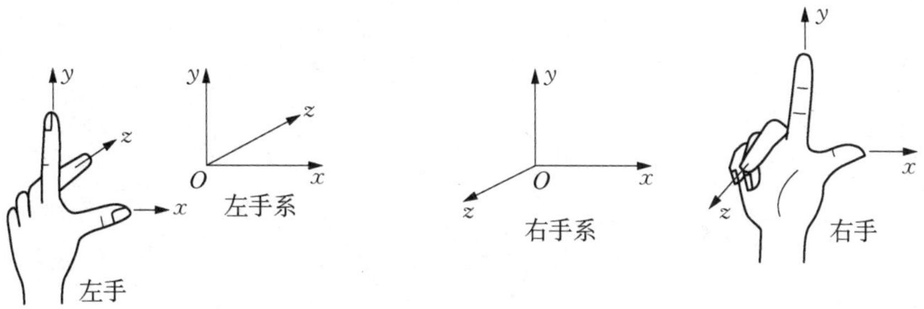

图 2.7.1

例 2.7.1 设基矢 $\boldsymbol{i}$, $\boldsymbol{j}$, $\boldsymbol{k}$ 构成右手系，则 $\boldsymbol{i}'=-\boldsymbol{i}$, $\boldsymbol{j}'=-\boldsymbol{j}$, $\boldsymbol{k}'=-\boldsymbol{k}$ 则构成左手系.

我们在下面的讨论中一般采用右手系，但偶尔也要用到左手系，例如说定义矢量的矢量积时(参见 §3.5)，以及在分析矢量的分量在右手系变换成左手系的变化时(参见 §3.7).

第三章

矢量的内积和矢量积

§3.1 矢量内积的定义

对于矢量 $\boldsymbol{A}$, $\boldsymbol{B}$,如果它们的大小分别为 a, b,而它们的夹角为 θ,则 $\boldsymbol{A}$, $\boldsymbol{B}$ 的内积 $\boldsymbol{A}\cdot\boldsymbol{B}$ 定义为

$$\boldsymbol{A}\cdot\boldsymbol{B}=ab\cos\theta \tag{3.1}$$

因此 $\boldsymbol{A}$, $\boldsymbol{B}$ 的内积是一个数. 由此我们也把内积称为数量积. 由(3.1),显然就有

$$\boldsymbol{A}\cdot\boldsymbol{B}=\boldsymbol{B}\cdot\boldsymbol{A} \tag{3.2}$$

以及

$$\boldsymbol{A}\cdot\boldsymbol{A}=a^2 \tag{3.3}$$

即

$$a=|\boldsymbol{A}|=\sqrt{\boldsymbol{A}\cdot\boldsymbol{A}} \tag{3.4}$$

例 3.1.1 若 $\boldsymbol{A}$, $\boldsymbol{B}$ 的夹角 $\theta<90°$, 则 $\boldsymbol{A}\cdot\boldsymbol{B}$ 大于零; $\theta=90°$,即 $\boldsymbol{A}$ 与 $\boldsymbol{B}$ 垂直,则 $\boldsymbol{A}\cdot\boldsymbol{B}=0$; $\theta>90°$, 则 $\boldsymbol{A}\cdot\boldsymbol{B}$ 小于零.

例 3.1.2 因为 $\boldsymbol{i}$, $\boldsymbol{j}$, $\boldsymbol{k}$ 都是单位矢量,所以有

$$\boldsymbol{i}\cdot\boldsymbol{i}=\boldsymbol{j}\cdot\boldsymbol{j}=\boldsymbol{k}\cdot\boldsymbol{k}=1 \tag{3.5}$$

因为 $\boldsymbol{i}$, $\boldsymbol{j}$, $\boldsymbol{k}$ 相互垂直,所以有

$$\boldsymbol{i}\cdot\boldsymbol{j}=\boldsymbol{j}\cdot\boldsymbol{k}=\boldsymbol{k}\cdot\boldsymbol{i}=0 \tag{3.6}$$

如果 $\boldsymbol{F}$ 是施加在质点 m 上的力，而 $\boldsymbol{S}$ 是质点 m 在该力的作用下的位移，那么 $\boldsymbol{F}\cdot\boldsymbol{S}$ 就是力 $\boldsymbol{F}$ 对质点 m 所做的功.

例 3.1.3　对于矢量 $\boldsymbol{A}$，$\boldsymbol{B}$，以及 $m\in\mathbf{R}$，根据(3.1)显然有

$$m(\boldsymbol{A}\cdot\boldsymbol{B})=(m\boldsymbol{A})\cdot\boldsymbol{B}=\boldsymbol{A}\cdot(m\boldsymbol{B})=(\boldsymbol{A}\cdot\boldsymbol{B})m \qquad (3.7)$$

§3.2　内积与射影

由内积的定义，从图 3.2.1 可得

$$\boldsymbol{A}\cdot\boldsymbol{B}=b(a\cos\theta)=b\cdot OA' \qquad (3.8)$$

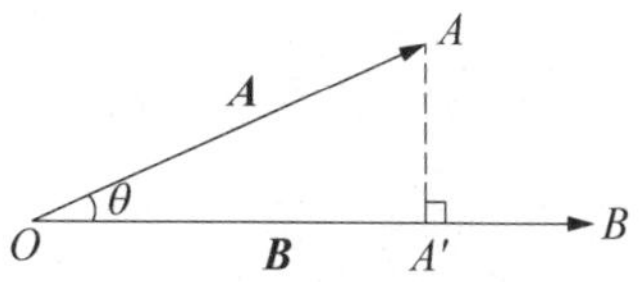

图 3.2.1

其中 $OA'\equiv a\cos\theta$，称为矢量 $\boldsymbol{A}$ 在矢量 $\boldsymbol{B}$ 上的(垂直)射影. 因此，内积 $\boldsymbol{A}\cdot\boldsymbol{B}$ 就是 $\boldsymbol{B}$ 的大小与 $\boldsymbol{A}$ 在 $\boldsymbol{B}$ 上的射影的乘积. 交换 $\boldsymbol{A}$ 与 $\boldsymbol{B}$，$\boldsymbol{A}$ 与 $\boldsymbol{B}$ 的内积也是 $\boldsymbol{A}$ 的大小与 $\boldsymbol{B}$ 在 $\boldsymbol{A}$ 上的射影的乘积.

应该注意的是：当 $\theta<90^\circ$ 时，射影 OA' 取正值；当 $\theta=90^\circ$ 时，$OA'=0$；当 $\theta>90^\circ$ 时，射影 OA' 取负值.

例 3.2.1　当 $|\boldsymbol{B}|=1$ 时，$OA'=\boldsymbol{A}\cdot\boldsymbol{B}$.

例 3.2.2　点 $P(x_1, y_1, z_1)$，点 $Q(x_2, y_2, z_2)$确定的位置矢量 $\overrightarrow{PQ}$ 在坐标轴上的射影.

从 $\overrightarrow{OP}=x_1\boldsymbol{i}+y_1\boldsymbol{j}+z_1\boldsymbol{k}$，$\overrightarrow{OQ}=x_2\boldsymbol{i}+y_2\boldsymbol{j}+z_2\boldsymbol{k}$，有

$$\overrightarrow{PQ}=\overrightarrow{PO}+\overrightarrow{OQ}=(x_2-x_1)\boldsymbol{i}+(y_2-y_1)\boldsymbol{j}+(z_2-z_1)\boldsymbol{k}$$

因此，$\overrightarrow{PQ}$ 在 x 轴上的射影 $=\overrightarrow{PQ}\cdot\boldsymbol{i}=x_2-x_1$. 类似地，$\overrightarrow{PQ}$ 在 y 轴和 z 轴上的射影分别为 y_2-y_1，z_2-z_1，而 $\overrightarrow{PQ}$ 的方向余弦(参见§2.6)则分别为 $\cos\alpha=\dfrac{x_2-x_1}{|\overrightarrow{PQ}|}$，$\cos\beta=\dfrac{y_2-y_1}{|\overrightarrow{PQ}|}$，$\cos\gamma=\dfrac{z_2-z_1}{|\overrightarrow{PQ}|}$，其中 $|\overrightarrow{PQ}|=\sqrt{(x_2-x_1)^2+(y_2-y_1)^2+(z_2-z_1)^2}$ (参见例 2.6.2)

§3.3 矢量的内积满足分配律

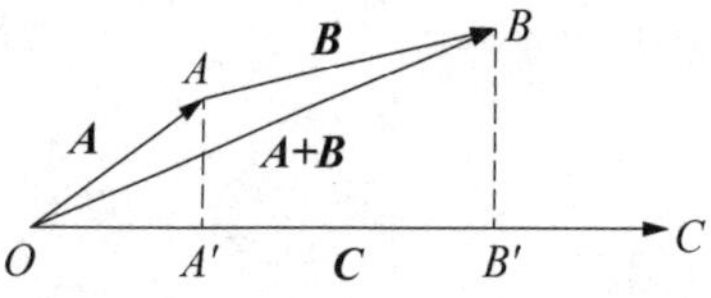

图 3.3.1

我们用射影法，按图 3.3.1 来证明对任意矢量 $\boldsymbol{A}$, $\boldsymbol{B}$, $\boldsymbol{C}$，有

$$(\boldsymbol{A}+\boldsymbol{B})\cdot\boldsymbol{C}=\boldsymbol{A}\cdot\boldsymbol{C}+\boldsymbol{B}\cdot\boldsymbol{C} \tag{3.9}$$

在图中 $\overrightarrow{OA}=\boldsymbol{A}$, $\overrightarrow{AB}=\boldsymbol{B}$, $\overrightarrow{OB}=\boldsymbol{A}+\boldsymbol{B}$, $\overrightarrow{OC}=\boldsymbol{C}$，于是(3.9)的左边就是 $|\boldsymbol{C}|$ 与 $(\boldsymbol{A}+\boldsymbol{B})$ 在 $\boldsymbol{C}$ 上的射影 OB' 的乘积，而右边的两项分别是 $|\boldsymbol{C}|$ 与 $\overrightarrow{OA}$ 在 $\boldsymbol{C}$ 上的射影 OA' 的乘积以及 $|\boldsymbol{C}|$ 与 $\overrightarrow{AB}$ 在 $\boldsymbol{C}$ 上的射影 $A'B'$ 的乘积. 于是从 $OB'=OA'+A'B'$，可知(3.9)成立.

例 3.3.1 应用：余弦定理.

在图 3.3.2 所示的 $\triangle ABC$ 中，设 $\overrightarrow{AB}=\boldsymbol{c}$, $\overrightarrow{BC}=\boldsymbol{a}$, $\overrightarrow{CA}=\boldsymbol{b}$，则从 $\boldsymbol{a}+\boldsymbol{b}+\boldsymbol{c}=\boldsymbol{0}$(参见例 1.3.4)，有 $-\boldsymbol{c}=\boldsymbol{a}+\boldsymbol{b}$. 因此，$\boldsymbol{c}^2=(\boldsymbol{a}+\boldsymbol{b})^2=\boldsymbol{a}^2+\boldsymbol{b}^2+2\boldsymbol{a}\cdot\boldsymbol{b}$，于是有

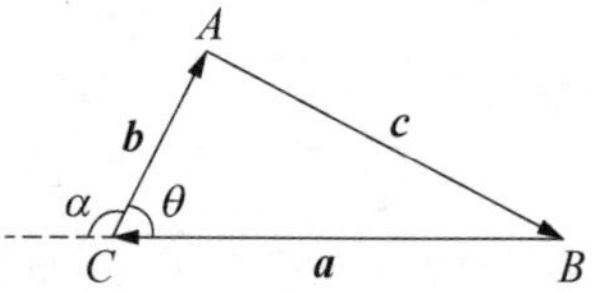

图 3.3.2

$$c^2=a^2+b^2+2ab\cos\alpha=a^2+b^2-2ab\cos\theta$$

此即平面三角形的余弦定理.

§3.4 用坐标来计算矢量的内积

矢量的内积是用(3.1)定义的，它与坐标系的选择无关. 不过，为了计算的方便我们在空间选定直角坐标系，而将矢量 $\boldsymbol{A}$, $\boldsymbol{B}$ 关于 $\boldsymbol{i}$, $\boldsymbol{j}$, $\boldsymbol{k}$ 分别表示为

$$\begin{aligned}\boldsymbol{A}&=a_1\boldsymbol{i}+a_2\boldsymbol{j}+a_3\boldsymbol{k}\\ \boldsymbol{B}&=b_1\boldsymbol{i}+b_2\boldsymbol{j}+b_3\boldsymbol{k}\end{aligned} \tag{3.10}$$

于是应用矢量内积的分配律，以及(3.5)，(3.6)容易得出

$$\boldsymbol{A}\cdot\boldsymbol{B}=a_1b_1+a_2b_2+a_3b_3 \tag{3.11}$$

再由(3.4),有

$$|\boldsymbol{A}|=\sqrt{a_1^2+a_2^2+a_3^2},\ |\boldsymbol{B}|=\sqrt{b_1^2+b_2^2+b_3^2} \tag{3.12}$$

即有

$$\cos\theta=\frac{\boldsymbol{A}\cdot\boldsymbol{B}}{|\boldsymbol{A}|\cdot|\boldsymbol{B}|}=\frac{a_1b_1+a_2b_2+a_3b_3}{\sqrt{a_1^2+a_2^2+a_3^2}\sqrt{b_1^2+b_2^2+b_3^2}} \tag{3.13}$$

由此,我们有下列三个结论:

(i) 矢量 $\boldsymbol{A}$ 与矢量 $\boldsymbol{B}$ 垂直的充要条件是:

$$a_1b_1+a_2b_2+a_3b_3=0 \tag{3.14}$$

(ii) 矢量内积的正定性,即对任意矢量 $\boldsymbol{A}$,有

$$|\boldsymbol{A}|^2=a_1^2+a_2^2+a_3^2\geqslant 0 \tag{3.15}$$

而当且仅当 $\boldsymbol{A}$ 是零矢量时, $|\boldsymbol{A}|=\sqrt{\boldsymbol{A}\cdot\boldsymbol{A}}$ 才等于零.

(iii) 从 $(\boldsymbol{A}\cdot\boldsymbol{B})^2=(|\boldsymbol{A}||\boldsymbol{B}|)^2\cos^2\theta$,有$(\boldsymbol{A}\cdot\boldsymbol{B})^2\leqslant(|\boldsymbol{A}||\boldsymbol{B}|)^2$,其中等号成立的充要条件是 $\cos^2\theta=1$,即 $\theta=0$ 或 $180°$. 换言之, $\boldsymbol{A}\ /\!/\ \boldsymbol{B}$.

例 3.4.1　证明菱形的两条对角线垂直.

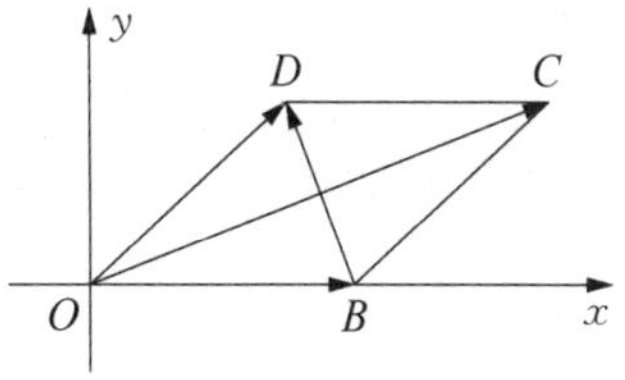

图 3.4.1

设 $B(b,\ 0)$, $D(d_1,\ d_2)$,由 $DC\ /\!/\ OB$, $OD\ /\!/\ BC$,得出 $C(d_1+b,\ d_2)$

由 $OD=OB=b$,得出 $b^2=d_1^2+d_2^2$.

再由 $\overrightarrow{BD}=\overrightarrow{BO}+\overrightarrow{OD}=(d_1-b)\boldsymbol{i}+d_2\boldsymbol{j}$, $\overrightarrow{OC}=(d_1+b)\boldsymbol{i}+d_2\boldsymbol{j}$,于是有

$$\overrightarrow{BD}\cdot\overrightarrow{OC}=d_1^2-b^2+d_2^2=0,$$

即对角线 $OC\perp$ 对角线 BD.

例 3.4.2　给定 8 个非零实数 $a_1,\ a_2,\ \cdots,\ a_8$,用它们可构成下列 6 个数: $a_1a_3+a_2a_4$, $a_1a_5+a_2a_6$, $a_1a_7+a_2a_8$, $a_3a_5+a_4a_6$, $a_3a_7+a_4a_8$, $a_5a_7+a_6a_8$,试证明其中至少有一个数为非负实数.

按上述 6 个数的构成,我们定义矢量 $\overrightarrow{OA}=a_1\boldsymbol{i}+a_2\boldsymbol{j}$, $\overrightarrow{OB}=a_3\boldsymbol{i}+a_4\boldsymbol{j}$, $\overrightarrow{OC}=a_5\boldsymbol{i}+a_6\boldsymbol{j}$, $\overrightarrow{OD}=a_7\boldsymbol{i}+a_8\boldsymbol{j}$. 设这 4 个矢量与 x 轴的夹角(按逆时针计

算)分别为 θ_1, θ_2, θ_3, θ_4. 不失一般性可假定 $\theta_1 \leqslant \theta_2 \leqslant \theta_3 \leqslant \theta_4$. 再定义 φ_1, φ_2, φ_3, φ_4 分别为 $\overrightarrow{OA}$ 与 $\overrightarrow{OB}$, $\overrightarrow{OB}$ 与 $\overrightarrow{OC}$, $\overrightarrow{OC}$ 与 $\overrightarrow{OD}$, $\overrightarrow{OD}$ 与 $\overrightarrow{OA}$ 之间的夹角,则有 $\varphi_1+\varphi_2+\varphi_3+\varphi_4=360°$, 由此,我们断言:$\varphi_1$, φ_2, φ_3, φ_4 中必有一个不超过 90°. 不失一般性,设 $\varphi_1 \leqslant 90°$,于是就有 $\overrightarrow{OA}\cdot\overrightarrow{OB}=a_1a_3+a_2a_4 \geqslant 0$.

例 3.4.3 已知 α, β 是锐角,且 $\dfrac{\sin^4\alpha}{\cos^2\beta}+\dfrac{\cos^4\alpha}{\sin^2\beta}=1$,求证 $\alpha+\beta=90°$.

构造 $\boldsymbol{a}=\dfrac{\sin^2\alpha}{\cos\beta}\boldsymbol{i}+\dfrac{\cos^2\alpha}{\sin\beta}\boldsymbol{j}$, $\boldsymbol{b}=\cos\beta\boldsymbol{i}+\sin\beta\boldsymbol{j}$,则有 $|\boldsymbol{a}|=|\boldsymbol{b}|=1$, $\boldsymbol{a}\cdot\boldsymbol{b}=1$. 从 $\dfrac{\sin^4\alpha}{\cos^2\beta}+\dfrac{\cos^4\alpha}{\sin^2\beta}=1$, 有 $\left(\dfrac{\sin^4\alpha}{\cos^2\beta}+\dfrac{\cos^4\alpha}{\sin^2\beta}\right)(\sin^2\beta+\cos^2\beta)=1=(\sin^2\alpha+\cos^2\alpha)^2$. 这个等式用矢量内积的形式来表达即是 $(|\boldsymbol{a}||\boldsymbol{b}|)^2=(\boldsymbol{a}\cdot\boldsymbol{b})^2$. 于是由 §3.4 中的(iii)可知 $\boldsymbol{a} /\!/ \boldsymbol{b}$. 忆及 α, β 都是锐角, $\dfrac{\sin^2\alpha}{\cos\beta}$, $\dfrac{\cos^2\alpha}{\cos\beta}$都大于零,因而 $\boldsymbol{a}$, $\boldsymbol{b}$ 都在第一象限. 因此 $\boldsymbol{a}=\boldsymbol{b}$, 这就给出

$$\frac{\sin^2\alpha}{\cos\beta}=\cos\beta,\ \frac{\cos^2\alpha}{\sin\beta}=\sin\beta$$

即
$$\sin^2\alpha=\cos^2\beta,\ \cos^2\alpha=\sin^2\beta$$

于是,从 $\tan\alpha=\cot(90°-\alpha)=\cot\beta$, 最后有 $\alpha+\beta=90°$

§3.5 矢量的矢量积

对于矢量 $\boldsymbol{A}$, $\boldsymbol{B}$,设它们的夹角为 θ, $a=|\boldsymbol{A}|$, $b=|\boldsymbol{B}|$, 我们如下定义它们的矢量积 $\boldsymbol{C}=\boldsymbol{A}\times\boldsymbol{B}$:

(i) $|\boldsymbol{C}|=ab\sin\theta$, 即 $\boldsymbol{C}$ 的大小是以 $\boldsymbol{A}$, $\boldsymbol{B}$ 为邻边的平行四边形的面积,或以 $\boldsymbol{A}$, $\boldsymbol{B}$ 为邻边的三角形的面积的 2 倍.

(ii) $\boldsymbol{C}$ 的方向如下规定(图 3.5.1):

$\boldsymbol{C}$ 垂直于 $\boldsymbol{A}$, $\boldsymbol{B}$ 构成的平面,且

在右手坐标系下, $\boldsymbol{A}$, $\boldsymbol{B}$, $\boldsymbol{C}$ 构成右手系

在左手坐标系下, $\boldsymbol{A}$, $\boldsymbol{B}$, $\boldsymbol{C}$ 构成左手系

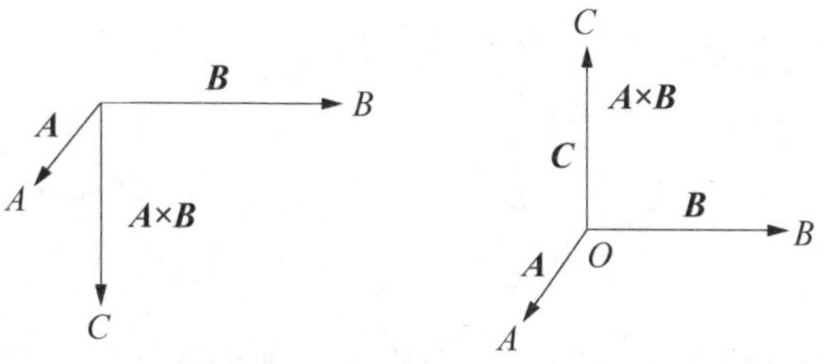

图 3.5.1　矢量积的方向

这是一个很特别的情况(参见 § 3.7):对于 $\boldsymbol{A}\times\boldsymbol{B}$, 在右手坐标系与左手坐标系中所确定的矢量 $\boldsymbol{C}$ 正好互为负向量,即矢量积的方向与坐标的选择有关(参见[10]).

根据矢量积的定义,我们有:

(i) 如果 $\boldsymbol{e}$ 是 $\boldsymbol{A}\times\boldsymbol{B}$ 方向上的单位矢量,则有

$$\boldsymbol{A}\times\boldsymbol{B}=ab\sin\theta\boldsymbol{e} \tag{3.16}$$

(ii) 对任意 $\boldsymbol{A}$, $\boldsymbol{B}$,有

$$\boldsymbol{A}\times\boldsymbol{B}=-\boldsymbol{B}\times\boldsymbol{A} \tag{3.17}$$

(iii) 对任意 $\boldsymbol{A}$,有

$$\boldsymbol{A}\times\boldsymbol{O}=\boldsymbol{O} \tag{3.18}$$

例 3.5.1　设 $\boldsymbol{A}$, $\boldsymbol{B}$ 是同向的,此时有 $\theta=0$; 或 $\boldsymbol{A}$, $\boldsymbol{B}$ 是反向的,此时有 $\theta=\pi$. 对于这两种情况都有

$$\boldsymbol{A}\times\boldsymbol{B}=\boldsymbol{O} \tag{3.19}$$

特别地,有

$$\boldsymbol{A}\times\boldsymbol{A}=\boldsymbol{O} \tag{3.20}$$

反过来,若 $\boldsymbol{A}\times\boldsymbol{B}=\boldsymbol{O}$, 则从此时 $\theta=0$ 或 π 可知 $\boldsymbol{A}$, $\boldsymbol{B}$ 是平行的,因此, $\boldsymbol{A}\times\boldsymbol{B}=\boldsymbol{O}$ 是矢量 $\boldsymbol{A}$, $\boldsymbol{B}$ 平行的充要条件.

例 3.5.2　从 $|\boldsymbol{A}\times\boldsymbol{B}|^2=a^2b^2\sin^2\theta$,而 $|\boldsymbol{A}\cdot\boldsymbol{B}|^2=a^2b^2\cos^2\theta$, 所以有

$$|\boldsymbol{A}\cdot\boldsymbol{B}|^2+|\boldsymbol{A}\times\boldsymbol{B}|^2=a^2b^2$$

例 3.5.3 对于直角坐标系的基矢 $\boldsymbol{i}$, $\boldsymbol{j}$, $\boldsymbol{k}$ 有

$$\boldsymbol{i}\times\boldsymbol{i}=\boldsymbol{j}\times\boldsymbol{j}=\boldsymbol{k}\times\boldsymbol{k}=\boldsymbol{0}$$

$$\boldsymbol{i}\times\boldsymbol{j}=-\boldsymbol{j}\times\boldsymbol{i}=\boldsymbol{k},\ \boldsymbol{j}\times\boldsymbol{k}=-\boldsymbol{k}\times\boldsymbol{j}=\boldsymbol{i},\ \boldsymbol{k}\times\boldsymbol{i}=-\boldsymbol{i}\times\boldsymbol{k}=\boldsymbol{j}, \tag{3.21}$$

例 3.5.4 矢量积的物理应用:力矩与角速度.

图 3.5.2 明示了力 $\boldsymbol{F}$(作用在点 Q 上)关于点 O 的力矩 $M=F(r\sin\theta)$.

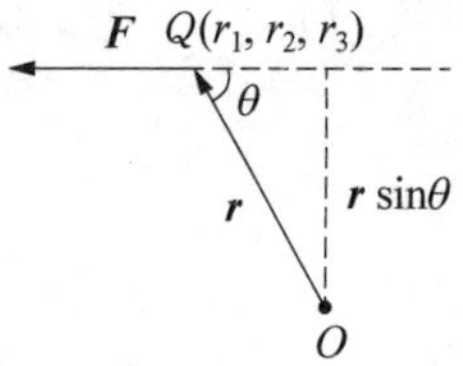

图 3.5.2

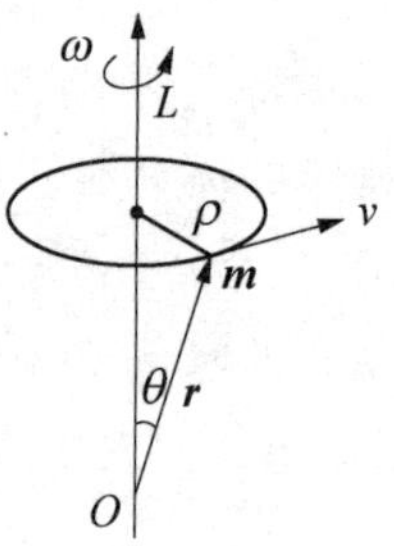

图 3.5.3

如果我们设想在点 O 处,垂直于 $\boldsymbol{r}$ 和 $\boldsymbol{F}$ 的平面有一个右手螺旋,那么该螺旋在 $\boldsymbol{r}\times\boldsymbol{F}$ 的方向上移动,而 $|\boldsymbol{r}\times\boldsymbol{F}|=rF\sin\theta$,所以把力矩定义为力矩矢量 $\boldsymbol{M}=\boldsymbol{r}\times\boldsymbol{F}$ 是方便的.

在图 3.5.3 中质点 m 以等角速度 ω 绕 OL 轴旋转,设 ρ 是 m 所在的位置到转轴的距离,则 m 的线速度 $v=\omega\rho$. 从 $\rho=r\sin\theta$,有 $v=\omega r\sin\theta$. 于是我们定义角速度矢量 $\boldsymbol{\omega}$,它的大小是角速度 ω,而方向是指在给定转动下右手螺旋的运动方向.(在我们的这一情况下是向上的). 那么,我们就可将矢量 $\boldsymbol{r}$, $\boldsymbol{v}$, $\boldsymbol{\omega}$ 的关系表示为 $\boldsymbol{v}=\boldsymbol{\omega}\times\boldsymbol{r}$.

§3.6 矢量积的分配律以及矢量积的坐标表达式

对于矢量 $\boldsymbol{A}$, $\boldsymbol{B}$, $\boldsymbol{C}$,我们能证明有下列分配律

$$(\boldsymbol{A}+\boldsymbol{B})\times\boldsymbol{C}=\boldsymbol{A}\times\boldsymbol{C}+\boldsymbol{B}\times\boldsymbol{C} \tag{3.22}$$

因为证明过程比较长,我们就放在附录 1 中作出. 下面我们就应用

(3.22)来得出矢量积的坐标表达式. 为此,我们假定

$$\boldsymbol{A}=a_1\boldsymbol{i}+a_2\boldsymbol{j}+a_3\boldsymbol{k},\ \boldsymbol{B}=b_1\boldsymbol{i}+b_2\boldsymbol{j}+b_3\boldsymbol{k} \tag{3.23}$$

于是有

$$\boldsymbol{A}\times\boldsymbol{B}=(a_1\boldsymbol{i}+a_2\boldsymbol{j}+a_3\boldsymbol{k})\times(b_1\boldsymbol{i}+b_2\boldsymbol{j}+b_3\boldsymbol{k})$$

利用例 3.5.3 的结果,最后有

$$\begin{aligned}\boldsymbol{A}\times\boldsymbol{B}&=(a_2b_3-a_3b_2)\boldsymbol{i}+(a_3b_1-a_1b_3)\boldsymbol{j}+(a_1b_2-a_2b_1)\boldsymbol{k}\\&=\begin{vmatrix}\boldsymbol{i}&\boldsymbol{j}&\boldsymbol{k}\\a_1&a_2&a_3\\b_1&b_2&b_3\end{vmatrix}\end{aligned} \tag{3.24}$$

例 3.6.1　对于 $(\boldsymbol{A}+\boldsymbol{B})\times(\boldsymbol{A}-\boldsymbol{B})$,利用分配律,有

$$(\boldsymbol{A}+\boldsymbol{B})\times(\boldsymbol{A}-\boldsymbol{B})=\boldsymbol{A}\times\boldsymbol{A}-\boldsymbol{A}\times\boldsymbol{B}+\boldsymbol{B}\times\boldsymbol{A}-\boldsymbol{B}\times\boldsymbol{B}=-2\boldsymbol{A}\times\boldsymbol{B}$$

例 3.6.2　拉格朗日恒等式:对于(3.22)中的 $\boldsymbol{A}$ 和 $\boldsymbol{B}$,以及

$$\boldsymbol{C}=c_1\boldsymbol{i}+c_2\boldsymbol{j}+c_3\boldsymbol{k},\ \boldsymbol{D}=d_1\boldsymbol{i}+d_2\boldsymbol{j}+d_3\boldsymbol{k}$$

有

$$\begin{aligned}(\boldsymbol{A}\times\boldsymbol{B})\cdot(\boldsymbol{C}\times\boldsymbol{D})&=\begin{vmatrix}\boldsymbol{i}&\boldsymbol{j}&\boldsymbol{k}\\a_1&a_2&a_3\\b_1&b_2&b_3\end{vmatrix}\cdot\begin{vmatrix}\boldsymbol{i}&\boldsymbol{j}&\boldsymbol{k}\\c_1&c_2&c_3\\d_1&d_2&d_3\end{vmatrix}\\&=(a_1c_1+a_2c_2+a_3c_3)(b_1d_1+b_2d_2+b_3d_3)\\&\quad-(a_1d_1+a_2d_2+a_3d_3)(c_1b_1+c_2b_2+c_3b_3)\\&=(\boldsymbol{A}\cdot\boldsymbol{C})(\boldsymbol{B}\cdot\boldsymbol{D})-(\boldsymbol{A}\cdot\boldsymbol{D})(\boldsymbol{C}\cdot\boldsymbol{B}).\end{aligned}$$

此即著名的拉格朗日恒等式. 拉格朗日(Joseph-Louis Lagrange, 1736—1813)是法国数学家,物理学家. 他在代数方程,分析力学,天体力学等方面都有重大历史性贡献.

例 3.6.3　应用:正弦定理.

由例 1.3.4 可知图 3.6.1 中的矢量 $\boldsymbol{a}$, $\boldsymbol{b}$, $\boldsymbol{c}$ 满足 $\boldsymbol{a}+\boldsymbol{b}+\boldsymbol{c}=\boldsymbol{0}$. 令 $a=$

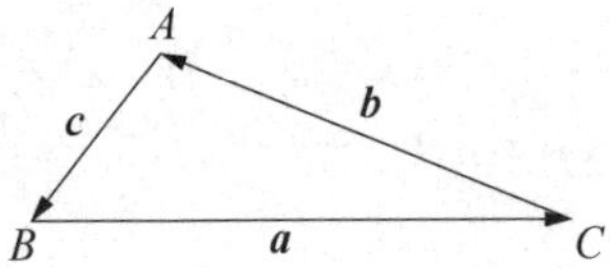

图 3.6.1

$|\boldsymbol{a}|$, $b=|\boldsymbol{b}|$, $c=|\boldsymbol{c}|$,则从 $\boldsymbol{a}\times(\boldsymbol{a}+\boldsymbol{b}+\boldsymbol{c})=\boldsymbol{0}$, 得出 $\boldsymbol{a}\times\boldsymbol{b}=-\boldsymbol{a}\times\boldsymbol{c}=\boldsymbol{c}\times\boldsymbol{a}$.

类似地,有 $\boldsymbol{b}\times\boldsymbol{a}=\boldsymbol{c}\times\boldsymbol{b}$, $\boldsymbol{c}\times\boldsymbol{a}=\boldsymbol{b}\times\boldsymbol{c}$. 因此, $\boldsymbol{a}\times\boldsymbol{b}=\boldsymbol{c}\times\boldsymbol{a}=\boldsymbol{b}\times\boldsymbol{c}$,即 $ab\sin C=bc\sin A=ac\sin B$, 而最后有

$$\frac{\sin A}{a}=\frac{\sin B}{b}=\frac{\sin C}{c}.$$

例 3.6.4 一道复习趣题,在图 3.6.2 所示的平行四边形 $ABCD$ 中, $\triangle ABF$, $\triangle BCE$, $\triangle DEF$ 的面积分别为 4, 9, 7,试求$\triangle BEF$ 的面积.

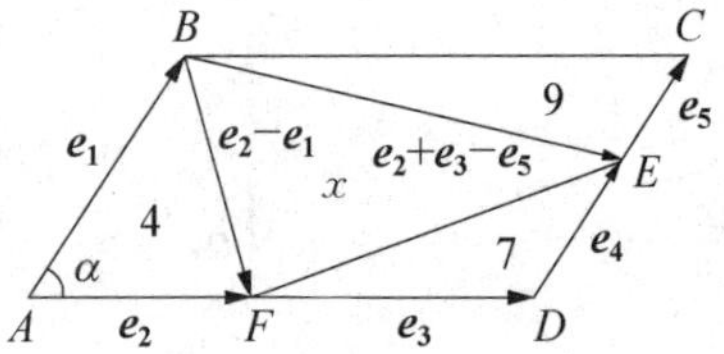

图 3.6.2

根据矢量积的定义以及已知条件,有

$$|\boldsymbol{e}_1\times\boldsymbol{e}_2|=8,\ |(\boldsymbol{e}_2+\boldsymbol{e}_3)\times\boldsymbol{e}_5|=18$$

因此

$$|\boldsymbol{e}_2|=\frac{8}{|\boldsymbol{e}_1|\sin\alpha},\ |\boldsymbol{e}_5|=\frac{18}{|\boldsymbol{e}_2+\boldsymbol{e}_3|\sin\alpha}$$

于是有

$$|\boldsymbol{e}_2\times\boldsymbol{e}_5|=|\boldsymbol{e}_2||\boldsymbol{e}_5|\sin\alpha=\frac{8\times 18}{|\boldsymbol{e}_1||\boldsymbol{e}_2+\boldsymbol{e}_3|\sin\alpha}=\frac{144}{20+x}$$

其中最后一步用到了:

$$|\boldsymbol{e}_1||\boldsymbol{e}_2+\boldsymbol{e}_3|\sin\alpha=|\boldsymbol{e}_1\times(\boldsymbol{e}_2+\boldsymbol{e}_3)|=S_{\square ABCD}=4+7+9+x=20+x$$

另一方面

$$\begin{aligned}x=S_{\triangle BEF}&=\frac{1}{2}|(\boldsymbol{e}_2-\boldsymbol{e}_1)\times(\boldsymbol{e}_2+\boldsymbol{e}_3-\boldsymbol{e}_5)|\\&=\frac{1}{2}|\boldsymbol{e}_2\times(\boldsymbol{e}_2+\boldsymbol{e}_3)-\boldsymbol{e}_2\times\boldsymbol{e}_5-\boldsymbol{e}_1\times(\boldsymbol{e}_2+\boldsymbol{e}_3)+\boldsymbol{e}_1\times\boldsymbol{e}_5|\\&=\frac{1}{2}|-\boldsymbol{e}_2\times\boldsymbol{e}_5-\boldsymbol{e}_1\times(\boldsymbol{e}_2+\boldsymbol{e}_3)|\\&=\frac{1}{2}|\boldsymbol{e}_1\times(\boldsymbol{e}_2+\boldsymbol{e}_3)+\boldsymbol{e}_2\times\boldsymbol{e}_5|\end{aligned}$$

注意到 $|\boldsymbol{e}_1\times(\boldsymbol{e}_2+\boldsymbol{e}_3)|>|\boldsymbol{e}_2\times\boldsymbol{e}_5|$,且 $\boldsymbol{e}_1\times(\boldsymbol{e}_2+\boldsymbol{e}_3)$ 与 $\boldsymbol{e}_2\times\boldsymbol{e}_5$ 是反向的,所以最后有方程

$$x=\frac{1}{2}\left(20+x-\frac{144}{20+x}\right)$$

即 $x^2=400-144=256$,于是有 $x=\pm 16$,而 $x=16$ 是符合题意的解.

§3.7 二类矢量

对图 3.5.2 中的力 $\boldsymbol{F}$ 和 $\overrightarrow{OQ}=\boldsymbol{r}$,用右手直角坐标系的基矢 $\boldsymbol{i}$, $\boldsymbol{j}$, $\boldsymbol{k}$ 可分别表示为

$$\begin{aligned}\boldsymbol{F}&=f_1\boldsymbol{i}+f_2\boldsymbol{j}+f_3\boldsymbol{k}\\ \boldsymbol{r}&=r_1\boldsymbol{i}+r_2\boldsymbol{j}+r_3\boldsymbol{k}\end{aligned}\tag{3.25}$$

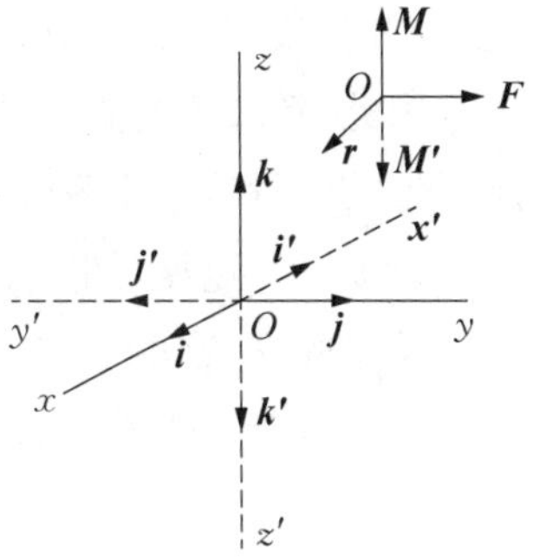

图 3.7.1

此时的力矩

$$\boldsymbol{M}=\boldsymbol{r}\times\boldsymbol{F}=\begin{vmatrix}\boldsymbol{i} & \boldsymbol{j} & \boldsymbol{k}\\ r_1 & r_2 & r_3\\ f_1 & f_2 & f_3\end{vmatrix}\tag{3.26}$$

如果我们按图 3.7.1,从右手直角坐标的基矢 $\boldsymbol{i}$, $\boldsymbol{j}$, $\boldsymbol{k}$ 变换到左手直角坐标的基矢 $\boldsymbol{i}'=-\boldsymbol{i}$, $\boldsymbol{j}'=-\boldsymbol{j}$, $\boldsymbol{k}'=-\boldsymbol{k}$ 时,矢量 $\boldsymbol{F}$ 和矢量 $\boldsymbol{r}$ 都保持不变,只是它们的表示要改变了. 依此,我们把 $\boldsymbol{F}$, $\boldsymbol{r}$ 称为真矢量,或极矢量. 作为一个对比, $\boldsymbol{M}$ 的情况却不同了. 这是因为按 §3.5 所述,矢量积是与坐标系的选择有关的. $\boldsymbol{r}$ 与 $\boldsymbol{F}$ 的矢量积在左手坐标系中给出的 $\boldsymbol{M}'$ 应是上面的矢量 $\boldsymbol{M}$ 的负矢量,即 $\boldsymbol{M}'=-\boldsymbol{M}$. 依此,我们把 $\boldsymbol{r}\times\boldsymbol{F}$ 这一类矢量称为赝矢量或轴矢量.

下面我们再从右手坐标系变为左手坐标系时,矢量分量的变化情况来刻画这两类矢量.

从 $\boldsymbol{F}=f_1\boldsymbol{i}+f_2\boldsymbol{j}+f_3\boldsymbol{k}=-f_1(-\boldsymbol{i})-f_2(-\boldsymbol{j})-f_3(-\boldsymbol{k})=f'_1(\boldsymbol{i}')+f'_2(\boldsymbol{j}')+f'_3(\boldsymbol{k}')$ (3.27)

可知矢量 $\boldsymbol{F}$ 的坐标由 (f_1, f_2, f_3) 变为 $(-f_1, -f_2, -f_3)$

对于矢量 $\boldsymbol{r}$ 也有同样的结果. 但是从

$$\boldsymbol{M}=m_1\boldsymbol{i}+m_2\boldsymbol{j}+m_3\boldsymbol{k} \text{ 得出的 } \boldsymbol{M}'$$
$$=-\boldsymbol{M}=-m_1\boldsymbol{i}-m_2\boldsymbol{j}-m_3\boldsymbol{k}=m_1\boldsymbol{i}'+m_2\boldsymbol{j}'+m_3\boldsymbol{k}'$$

由此可知,尽管坐标系从右手变为左手了,但 $\boldsymbol{r}\times\boldsymbol{F}$ 的坐标仍保持不变,即(m_1, m_2, m_3)仍为(m_1, m_2, m_3)

出现这两种不同的变化是容易理解的. 在右手坐标系变为左手坐标系时,真矢量本身不变,而坐标基矢改变了,所以它的坐标就得变化;而赝矢量在右手坐标系变为左手坐标系时,尽管坐标系的基矢改变了,但它本身也改变了方向,故它的坐标就能保持不变.

因此,真矢量与真矢量的矢量积给出赝矢量. 同样也还能得出真矢量与赝矢量的矢量积给出真矢量,而赝矢量与赝矢量的矢量积给出赝矢量.

位矢,力,速度,加速度等都是真矢量,而角速度,力矩等都是赝矢量.

关于赝矢量的其他性质以及它的本质,我们将在§7.7,§8.10,§8.11 等中进一步研究.

第四章

矢量的矢量混合积和矢量三重积

§4.1 三个矢量的矢量混合积及其几何意义

给定矢量 $\boldsymbol{A}$, $\boldsymbol{B}$, $\boldsymbol{C}$,我们先从矢量 $\boldsymbol{B}$, $\boldsymbol{C}$ 构成 $\boldsymbol{B}\times\boldsymbol{C}$, 然后再与 $\boldsymbol{A}$ 内积而给出数量 $\boldsymbol{A}\cdot(\boldsymbol{B}\times\boldsymbol{C})$. 数量 $\boldsymbol{A}\cdot(\boldsymbol{B}\times\boldsymbol{C})$ 称为 $\boldsymbol{A}$, $\boldsymbol{B}$, $\boldsymbol{C}$ 的矢量混合积或数量三重积.

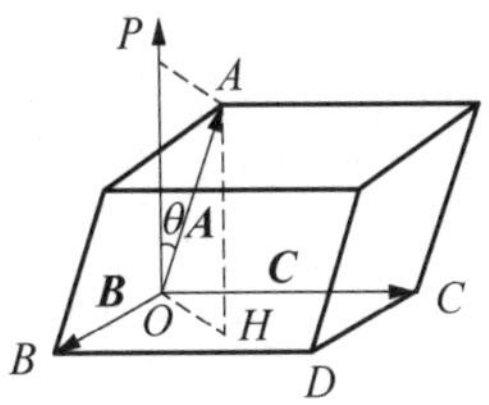

图 4.1.1

图 4.1.1 明示了矢量 $\boldsymbol{A}$, $\boldsymbol{B}$, $\boldsymbol{C}$,其中 OB, OC 为邻的平行四边形 $OBDC$ 的面积给出了 $|\boldsymbol{B}\times\boldsymbol{C}|$, 垂直于 OB, OC 构成的平面的 $\overrightarrow{OP}$ 给出了 $\boldsymbol{B}\times\boldsymbol{C}$ 的方向. 设 $\overrightarrow{OP}$ 与 $\boldsymbol{A}$ 之间的夹角为 θ,且设过 A 作该平面的垂线而与该平面交于 H,则 $AH=|\boldsymbol{A}|\cos\theta$, 即是 $\boldsymbol{A}$ 在 $\overrightarrow{OP}$ 上的射影. 因此,最后有

$$\boldsymbol{A}\cdot(\boldsymbol{B}\times\boldsymbol{C})=AH\cdot S_{\square OBDC} \qquad (4.1)$$

也即 $|\boldsymbol{A}\cdot(\boldsymbol{B}\times\boldsymbol{C})|$ 等于以 OA, OB, OC 为相邻三边的平行六面体的体积.

考虑到 $\boldsymbol{A}$ 与 $(\boldsymbol{B}\times\boldsymbol{C})$ 之间的夹角 θ 有下列 3 种情况,因此 AH 作为射影也相应有 3 种情况:

(i) $\theta<90^\circ$, $AH>0$

(ii) $\theta=90^\circ$, $AH=0$

(iii) $\theta>90^\circ$, $AH<0$

所以这个平行六面体的体积也就有大于零,等于零,小于零这 3 种情况.

当 $\theta<90^\circ$ 时,即 $\boldsymbol{A}$ 与 $\boldsymbol{B}\times\boldsymbol{C}$ 成锐角时,我们称 $\boldsymbol{A}$, $\boldsymbol{B}$, $\boldsymbol{C}$ 这 3 个矢量成正向系. 当 $\theta>90^\circ$ 时,即 $\boldsymbol{A}$ 与 $\boldsymbol{B}\times\boldsymbol{C}$ 成钝角时,我们称 $\boldsymbol{A}$, $\boldsymbol{B}$, $\boldsymbol{C}$ 这 3 个矢量成负向系.

§4.2 矢量的矢量混合积的坐标计算公式

我们采用右手直角坐标系，而假定坐标基矢为 $\boldsymbol{i}$，$\boldsymbol{j}$，$\boldsymbol{k}$，于是有

$$\begin{aligned}\boldsymbol{A}&=a_1\boldsymbol{i}+a_2\boldsymbol{j}+a_3\boldsymbol{k}\\ \boldsymbol{B}&=b_1\boldsymbol{i}+b_2\boldsymbol{j}+b_3\boldsymbol{k}\\ \boldsymbol{C}&=c_1\boldsymbol{i}+c_2\boldsymbol{j}+c_3\boldsymbol{k}\end{aligned}\tag{4.2}$$

我们先用矢量积的坐标计算公式(3.24)得出

$$\boldsymbol{B}\times\boldsymbol{C}=(b_2c_3-b_3c_2)\boldsymbol{i}+(b_3c_1-b_1c_3)\boldsymbol{j}+(b_1c_2-b_2c_1)\boldsymbol{k}\tag{4.3}$$

然后再用内积的坐标计算公式(3.11)来算

$$\boldsymbol{A}\cdot(\boldsymbol{B}\times\boldsymbol{C})=a_1(b_2c_3-b_3c_2)+a_2(b_3c_1-b_1c_3)+a_3(b_1c_2-b_2c_1)\tag{4.4}$$

引入符号 $[\boldsymbol{A}\,\boldsymbol{B}\,\boldsymbol{C}]=\boldsymbol{A}\cdot(\boldsymbol{B}\times\boldsymbol{C})$，则最后有

$$[\boldsymbol{A}\,\boldsymbol{B}\,\boldsymbol{C}]=\boldsymbol{A}\cdot(\boldsymbol{B}\times\boldsymbol{C})=\begin{vmatrix}a_1&a_2&a_3\\b_1&b_2&b_3\\c_1&c_2&c_3\end{vmatrix}\tag{4.5}$$

这是又一个相当简洁又漂亮的表达式，而且它还把 $\boldsymbol{A}\cdot(\boldsymbol{B}\times\boldsymbol{C})$ 与行列式联系了起来.

例 4.2.1 设 $\boldsymbol{A}=\boldsymbol{i}+3\boldsymbol{j}+5\boldsymbol{k}$，$\boldsymbol{B}=\boldsymbol{i}+\boldsymbol{j}+6\boldsymbol{k}$，$\boldsymbol{C}=\boldsymbol{i}+2\boldsymbol{j}+3\boldsymbol{k}$，则

$$\boldsymbol{A}\cdot(\boldsymbol{B}\times\boldsymbol{C})=\begin{vmatrix}1&3&5\\1&1&6\\1&2&3\end{vmatrix}=5$$

例 4.2.2 假定 $\boldsymbol{A}\cdot(\boldsymbol{B}\times\boldsymbol{C})\neq 0$，即 $\boldsymbol{A}$，$\boldsymbol{B}$，$\boldsymbol{C}$ 构成的平行六面体的体积不为零. 由上述可知其充要条件是 $\boldsymbol{A}$，$\boldsymbol{B}$，$\boldsymbol{C}$ 不共面，因此它们线性无关(参见§2.4). 于是 $\boldsymbol{A}$，$\boldsymbol{B}$，$\boldsymbol{C}$ 线性无关的充要条件是 $\begin{vmatrix}a_1&a_2&a_3\\b_1&b_2&b_3\\c_1&c_2&c_3\end{vmatrix}\neq 0$. 在例

2.6.5 中，我们动用了齐次线性方程解的理论来证明这一点. 相比之下，现在使用矢量的矢量混合积来证明就更简洁，几何意义更清晰了.

§4.3　矢量的矢量混合积的一些性质

从$[\boldsymbol{A}\ \boldsymbol{B}\ \boldsymbol{C}]$的行列式表达式，容易得出

(i) $$[\boldsymbol{A}\ \boldsymbol{B}\ \boldsymbol{C}]=-[\boldsymbol{A}\ \boldsymbol{C}\ \boldsymbol{B}]=-[\boldsymbol{C}\ \boldsymbol{B}\ \boldsymbol{A}]=-[\boldsymbol{B}\ \boldsymbol{A}\ \boldsymbol{C}] \tag{4.6}$$

即 $\boldsymbol{A}$，$\boldsymbol{B}$，$\boldsymbol{C}$ 中交换任意两个矢量时，$[\boldsymbol{A}\ \boldsymbol{B}\ \boldsymbol{C}]$改变符号. 这是因为行列式中交换任意两行时，行列式改变符号.

(ii) $$[\boldsymbol{A}\ \boldsymbol{B}\ \boldsymbol{C}]=[\boldsymbol{B}\ \boldsymbol{C}\ \boldsymbol{A}]=[\boldsymbol{C}\ \boldsymbol{A}\ \boldsymbol{B}] \tag{4.7}$$

即 $\boldsymbol{A}$，$\boldsymbol{B}$，$\boldsymbol{C}$ 在循环置换下，$[\boldsymbol{A}\ \boldsymbol{B}\ \boldsymbol{C}]$不变. 这当然是源于行列式在行循环置换下其值不变.

例 4.3.1　证明 $\boldsymbol{A}\cdot(\boldsymbol{A}\times\boldsymbol{C})=0$.

由 $\boldsymbol{A}\times\boldsymbol{C}$ 垂直$\boldsymbol{A}$，可推得 $\boldsymbol{A}\cdot(\boldsymbol{A}\times\boldsymbol{C})=0$. 也可从(4.5)得出：$[\boldsymbol{A}\ \boldsymbol{A}\ \boldsymbol{C}]=\boldsymbol{A}\cdot(\boldsymbol{A}\times\boldsymbol{C})=0$.

§4.4　计算$[\boldsymbol{A}\ \boldsymbol{B}\ \boldsymbol{C}]^2$

利用(4.5)以及行列式的乘法法则(参见附录 2)，可得

$$[\boldsymbol{A}\ \boldsymbol{B}\ \boldsymbol{C}]^2=\begin{vmatrix} a_1 & a_2 & a_3 \\ b_1 & b_2 & b_3 \\ c_1 & c_2 & c_3 \end{vmatrix}\cdot\begin{vmatrix} a_1 & a_2 & a_3 \\ b_1 & b_2 & b_3 \\ c_1 & c_2 & c_3 \end{vmatrix}=\begin{vmatrix} a_1 & a_2 & a_3 \\ b_1 & b_2 & b_3 \\ c_1 & c_2 & c_3 \end{vmatrix}\cdot\begin{vmatrix} a_1 & b_1 & c_1 \\ a_2 & b_2 & c_2 \\ a_3 & b_3 & c_3 \end{vmatrix}$$

$$=\begin{vmatrix} a_1^2+a_2^2+a_3^2 & a_1b_1+a_2b_2+a_3b_3 & a_1c_1+a_2c_2+a_3c_3 \\ b_1a_1+b_2a_2+b_3a_3 & b_1^2+b_2^2+b_3^2 & b_1c_1+b_2c_2+b_3c_3 \\ c_1a_1+c_2a_2+c_3a_3 & c_1b_1+c_2b_2+c_3b_3 & c_1^2+c_2^2+c_3^2 \end{vmatrix}$$

$$=\begin{vmatrix} \boldsymbol{A}\cdot\boldsymbol{A} & \boldsymbol{A}\cdot\boldsymbol{B} & \boldsymbol{A}\cdot\boldsymbol{C} \\ \boldsymbol{B}\cdot\boldsymbol{A} & \boldsymbol{B}\cdot\boldsymbol{B} & \boldsymbol{B}\cdot\boldsymbol{C} \\ \boldsymbol{C}\cdot\boldsymbol{A} & \boldsymbol{C}\cdot\boldsymbol{B} & \boldsymbol{C}\cdot\boldsymbol{C} \end{vmatrix} \tag{4.8}$$

这是一个对称的行列式，而且最终的结果是用内积形式表达的，所以这是与坐标系的选取无关的. 作为一个对比，计算$[\boldsymbol{A}\ \boldsymbol{B}\ \boldsymbol{C}]$的(4.5)，尽管计算的最终结果是与坐标系的选取无关的，但其中出现的a_1，a_2，a_3，…都与坐标系的选取有关.

例 4.4.1　推广(4.8).

设$\boldsymbol{A}$，$\boldsymbol{B}$，$\boldsymbol{C}$按(4.2)定义，而$\boldsymbol{X}=x_1\boldsymbol{i}+x_2\boldsymbol{j}+x_3\boldsymbol{k}$，$\boldsymbol{Y}=y_1\boldsymbol{i}+y_2\boldsymbol{j}+y_3\boldsymbol{k}$，$\boldsymbol{Z}=z_1\boldsymbol{i}+z_2\boldsymbol{j}+z_3\boldsymbol{k}$，则有

$$[\boldsymbol{A}\ \boldsymbol{B}\ \boldsymbol{C}]=\begin{vmatrix} a_1 & a_2 & a_3 \\ b_1 & b_2 & b_3 \\ c_1 & c_2 & c_3 \end{vmatrix},\ [\boldsymbol{X}\ \boldsymbol{Y}\ \boldsymbol{Z}]=\begin{vmatrix} x_1 & x_2 & x_3 \\ y_1 & y_2 & y_3 \\ z_1 & z_2 & z_3 \end{vmatrix}$$

于是有

$$[\boldsymbol{A}\ \boldsymbol{B}\ \boldsymbol{C}]\cdot[\boldsymbol{X}\ \boldsymbol{Y}\ \boldsymbol{Z}]=\begin{vmatrix} a_1 & a_2 & a_3 \\ b_1 & b_2 & b_3 \\ c_1 & c_2 & c_3 \end{vmatrix}\cdot\begin{vmatrix} x_1 & y_1 & z_1 \\ x_2 & y_2 & z_2 \\ x_3 & y_3 & z_3 \end{vmatrix}=\begin{vmatrix} \boldsymbol{A}\cdot\boldsymbol{X} & \boldsymbol{A}\cdot\boldsymbol{Y} & \boldsymbol{A}\cdot\boldsymbol{Z} \\ \boldsymbol{B}\cdot\boldsymbol{X} & \boldsymbol{B}\cdot\boldsymbol{Y} & \boldsymbol{B}\cdot\boldsymbol{Z} \\ \boldsymbol{C}\cdot\boldsymbol{X} & \boldsymbol{C}\cdot\boldsymbol{Y} & \boldsymbol{C}\cdot\boldsymbol{Z} \end{vmatrix}$$

例 4.4.2　设$\boldsymbol{A}$，$\boldsymbol{B}$，$\boldsymbol{C}$按(4.2)定义，而

$$\boldsymbol{X}=x_1\boldsymbol{A}+x_2\boldsymbol{B}+x_3\boldsymbol{C}$$
$$\boldsymbol{Y}=y_1\boldsymbol{A}+y_2\boldsymbol{B}+y_3\boldsymbol{C}$$
$$\boldsymbol{Z}=z_1\boldsymbol{A}+z_2\boldsymbol{B}+z_3\boldsymbol{C}$$

则从

$$\begin{aligned}\boldsymbol{X}&=x_1\boldsymbol{A}+x_2\boldsymbol{B}+x_3\boldsymbol{C}\\&=x_1(a_1\boldsymbol{i}+a_2\boldsymbol{j}+a_3\boldsymbol{k})+x_2(b_1\boldsymbol{i}+b_2\boldsymbol{j}+b_3\boldsymbol{k})+\\&\quad x_3(c_1\boldsymbol{i}+c_2\boldsymbol{j}+c_3\boldsymbol{k})\\&=(x_1a_1+x_2b_1+x_3c_1)\boldsymbol{i}+(x_1a_2+x_2b_2+x_3c_3)\boldsymbol{j}+\\&\quad(x_1a_3+x_2b_3+x_3c_3)\boldsymbol{k}\end{aligned}$$

以及$\boldsymbol{Y}$，$\boldsymbol{Z}$的类似等式，从(4.5)就有

$$[\boldsymbol{X}\,\boldsymbol{Y}\,\boldsymbol{Z}]=\begin{vmatrix} x_1a_1+x_2b_1+x_3c_1 & x_1a_2+x_2b_2+x_3c_2 & x_1a_3+x_2b_3+x_3c_3 \\ y_1a_1+y_2b_1+y_3c_1 & y_1a_2+y_2b_2+y_3c_2 & y_1a_3+y_2b_3+y_3c_3 \\ z_1a_1+z_2b_1+z_3c_1 & z_1a_2+z_2b_2+z_3c_2 & z_1a_3+z_2b_3+z_3c_3 \end{vmatrix}$$

$$=\begin{vmatrix} x_1 & x_2 & x_3 \\ y_1 & y_2 & y_3 \\ z_1 & z_2 & z_3 \end{vmatrix}\cdot\begin{vmatrix} a_1 & a_2 & a_3 \\ b_1 & b_2 & b_3 \\ c_1 & c_2 & c_3 \end{vmatrix}=\begin{vmatrix} x_1 & x_2 & x_3 \\ y_1 & y_2 & y_3 \\ z_1 & z_2 & z_3 \end{vmatrix}\cdot[\boldsymbol{A}\,\boldsymbol{B}\,\boldsymbol{C}].$$

§4.5　矢量混合积给出的几何和代数关系

对于三个矢量 $\boldsymbol{A}$, $\boldsymbol{B}$, $\boldsymbol{C}$ 构成的矢量混合积$[\boldsymbol{A}\,\boldsymbol{B}\,\boldsymbol{C}]$,我们有下列 3 种情况:

(i) 若矢量 $\boldsymbol{A}$ 与矢量 $\boldsymbol{B}\times\boldsymbol{C}$ 垂直,那么 $\boldsymbol{A}$, $\boldsymbol{B}$, $\boldsymbol{C}$ 共面,于是有 $[\boldsymbol{A}\,\boldsymbol{B}\,\boldsymbol{C}]=0$. 反过来,若 $[\boldsymbol{A}\,\boldsymbol{B}\,\boldsymbol{C}]=0$, 则 $\boldsymbol{A}$, $\boldsymbol{B}$, $\boldsymbol{C}$ 在同一平面之中. 因此 $[\boldsymbol{A}\,\boldsymbol{B}\,\boldsymbol{C}]=0$ 是 $\boldsymbol{A}$, $\boldsymbol{B}$, $\boldsymbol{C}$ 线性相关的充要条件(参见 §2.4).

(ii) 若矢量 $\boldsymbol{A}$ 与矢量 $\boldsymbol{B}\times\boldsymbol{C}$ 成锐角,那么 $[\boldsymbol{A}\,\boldsymbol{B}\,\boldsymbol{C}]>0$. 反之,若 $[\boldsymbol{A}\,\boldsymbol{B}\,\boldsymbol{C}]>0$,则 $\boldsymbol{A}$ 与 $\boldsymbol{B}\times\boldsymbol{C}$ 成锐角. 于是 $[\boldsymbol{A}\,\boldsymbol{B}\,\boldsymbol{C}]>0$ 是 $\boldsymbol{A}$ 与 $\boldsymbol{B}\times\boldsymbol{C}$ 成锐角的充要条件,此时 $\boldsymbol{A}$, $\boldsymbol{B}$, $\boldsymbol{C}$ 成正向. 由(4.7)可知 $\boldsymbol{B}$, $\boldsymbol{C}$, $\boldsymbol{A}$ 以及 $\boldsymbol{C}$, $\boldsymbol{A}$, $\boldsymbol{B}$ 也分别成正向.

(iii) 同样, $[\boldsymbol{A}\,\boldsymbol{B}\,\boldsymbol{C}]<0$ 是 $\boldsymbol{A}$ 与 $\boldsymbol{B}\times\boldsymbol{C}$ 成钝角的充要条件,此时 $\boldsymbol{A}$, $\boldsymbol{B}$, $\boldsymbol{C}$ 成负向,而 $\boldsymbol{B}$, $\boldsymbol{C}$, $\boldsymbol{A}$,以及 $\boldsymbol{C}$, $\boldsymbol{A}$, $\boldsymbol{B}$ 也分别成负向.

例 4.5.1　对图 3.7.1 中右手直角系的基矢 $\boldsymbol{i}$, $\boldsymbol{j}$, $\boldsymbol{k}$,有 $[\boldsymbol{i}\,\boldsymbol{j}\,\boldsymbol{k}]=1$, 故右手直角系是正向的,而正向坐标系是右手直角系的推广;对于图 3.7.1 中的左手直角系的基矢 $\boldsymbol{i}'$, $\boldsymbol{j}'$, $\boldsymbol{k}'$,有 $[\boldsymbol{i}'\,\boldsymbol{j}'\,\boldsymbol{k}']=-1$, 故左手直角系是负向的,而负向坐标系是左手直角系的推广.

例 4.5.2　应用:图 4.5.1,求过不共线的 3 点 P_1, P_2, P_3 的平面方程.

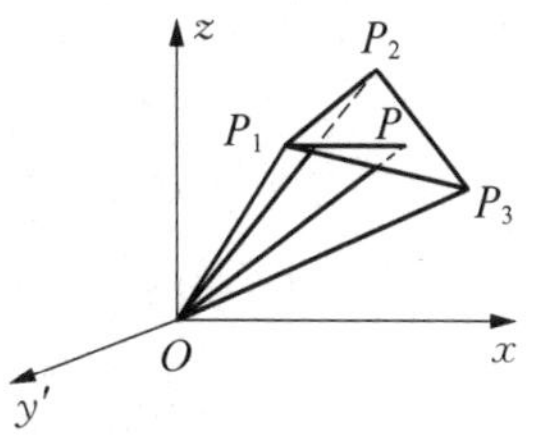

图 4.5.1

设 $\overrightarrow{OP_i}=\boldsymbol{r}_i=x_i\boldsymbol{i}+y_i\boldsymbol{j}+z_i\boldsymbol{k}$, $i=1, 2, 3$ 而平面上任意点 $P(x, y, z)$的位矢为

$$\overrightarrow{OP}=\boldsymbol{r}=x\boldsymbol{i}+y\boldsymbol{j}+z\boldsymbol{k}$$

从 $\overrightarrow{P_1P}=\overrightarrow{P_1O}+\overrightarrow{OP}=\boldsymbol{r}-\boldsymbol{r}_1$, $\overrightarrow{P_1P_2}=\boldsymbol{r}_2-\boldsymbol{r}_1$, $\overrightarrow{P_1P_3}=\boldsymbol{r}_3-\boldsymbol{r}_1$, 以及它们共面,则有

$$[\overrightarrow{P_1P}\ \overrightarrow{P_1P_2}\ \overrightarrow{P_1P_3}]=\begin{vmatrix} x-x_1 & y-y_1 & z-z_1 \\ x_2-x_1 & y_2-y_1 & z_2-z_1 \\ x_3-x_1 & y_3-y_1 & z_3-z_1 \end{vmatrix}=0$$

§4.6 矢量的矢量三重积

给定矢量 $\boldsymbol{A}, \boldsymbol{B}, \boldsymbol{C}$,我们先构成 $\boldsymbol{A}\times\boldsymbol{B}$,然后再作出 $(\boldsymbol{A}\times\boldsymbol{B})\times\boldsymbol{C}$, 此即 $\boldsymbol{A}$, $\boldsymbol{B}$, $\boldsymbol{C}$ 的**矢量三重积**,如果采用右手直角坐标基矢,设

$$\boldsymbol{A}=a_1\boldsymbol{i}+a_2\boldsymbol{j}+a_3\boldsymbol{k},\ \boldsymbol{B}=b_1\boldsymbol{i}+b_2\boldsymbol{j}+b_3\boldsymbol{k},\ \boldsymbol{C}=c_1\boldsymbol{i}+c_2\boldsymbol{j}+c_3\boldsymbol{k}$$

利用(3.24)以及矢量积的分配律,不难得出

$$\begin{aligned}(\boldsymbol{A}\times\boldsymbol{B})\times\boldsymbol{C}&=[(a_2b_3-a_3b_2)\boldsymbol{i}+(a_3b_1-a_1b_3)\boldsymbol{j}+(a_1b_2-a_2b_1)\boldsymbol{k}]\times\\&\quad(c_1\boldsymbol{i}+c_2\boldsymbol{j}+c_3\boldsymbol{k})\\&=(a_1c_1+a_2c_2+a_3c_3)(b_1\boldsymbol{i}+b_2\boldsymbol{j}+b_3\boldsymbol{k})-\\&\quad(b_1c_1+b_2c_2+b_3c_3)(a_1\boldsymbol{i}+a_2\boldsymbol{j}+a_3\boldsymbol{k})\\&=(\boldsymbol{A}\cdot\boldsymbol{C})\boldsymbol{B}-(\boldsymbol{B}\cdot\boldsymbol{C})\boldsymbol{A}\end{aligned}\tag{4.9}$$

作为练习,我们来推导两个公式.

先来计算 $\boldsymbol{A}\times(\boldsymbol{B}\times\boldsymbol{C})$. 为此我们先求 $\boldsymbol{C}\times(\boldsymbol{A}\times\boldsymbol{B})$:

$$\boldsymbol{C}\times(\boldsymbol{A}\times\boldsymbol{B})=-(\boldsymbol{A}\times\boldsymbol{B})\times\boldsymbol{C}=(\boldsymbol{B}\cdot\boldsymbol{C})\boldsymbol{A}-(\boldsymbol{A}\cdot\boldsymbol{C})\boldsymbol{B}\tag{4.10}$$

于是把(4.10)中的 $\boldsymbol{C}, \boldsymbol{A}, \boldsymbol{B}$ 分别换成 $\boldsymbol{A}, \boldsymbol{B}, \boldsymbol{C}$,就有

$$\boldsymbol{A}\times(\boldsymbol{B}\times\boldsymbol{C})=(\boldsymbol{C}\cdot\boldsymbol{A})\boldsymbol{B}-(\boldsymbol{B}\cdot\boldsymbol{A})\boldsymbol{C}=(\boldsymbol{A}\cdot\boldsymbol{C})\boldsymbol{B}-(\boldsymbol{A}\cdot\boldsymbol{B})\boldsymbol{C}\tag{4.11}$$

其次来计算 $(\boldsymbol{A}\times\boldsymbol{B})\times(\boldsymbol{B}\times\boldsymbol{C})$. 这只要把(4.11)中的 $\boldsymbol{A}$ 换成 $\boldsymbol{A}\times\boldsymbol{B}$, 有

$$\begin{aligned}(\boldsymbol{A}\times\boldsymbol{B})\times(\boldsymbol{B}\times\boldsymbol{C})&=[(\boldsymbol{A}\times\boldsymbol{B})\cdot\boldsymbol{C}]\boldsymbol{B}-[(\boldsymbol{A}\times\boldsymbol{B})\cdot\boldsymbol{B}]\boldsymbol{C}\\&=[\boldsymbol{C}\cdot(\boldsymbol{A}\times\boldsymbol{B})]\boldsymbol{B}=[\boldsymbol{C}\ \boldsymbol{A}\ \boldsymbol{B}]\boldsymbol{B}=[\boldsymbol{A}\ \boldsymbol{B}\ \boldsymbol{C}]\boldsymbol{B}\end{aligned}\tag{4.12}$$

其中用到了 $(\boldsymbol{A}\times\boldsymbol{B})\cdot\boldsymbol{B}=0$(参见例 4.3.1).

例 4.6.1　证明 $(\boldsymbol{A}\times\boldsymbol{B})\cdot(\boldsymbol{C}\times\boldsymbol{D})=(\boldsymbol{A}\cdot\boldsymbol{C})(\boldsymbol{B}\cdot\boldsymbol{D})-(\boldsymbol{A}\cdot\boldsymbol{D})(\boldsymbol{B}\cdot\boldsymbol{C})$.

将(4.7)给出的 $[\boldsymbol{A}\ \boldsymbol{B}\ \boldsymbol{C}]=[\boldsymbol{C}\ \boldsymbol{A}\ \boldsymbol{B}]$,即 $\boldsymbol{A}\cdot(\boldsymbol{B}\times\boldsymbol{C})=\boldsymbol{C}\cdot(\boldsymbol{A}\times\boldsymbol{B})$ 中的 $\boldsymbol{A}$ 取为 $\boldsymbol{A}\times\boldsymbol{B}$, $\boldsymbol{B}$ 取为 $\boldsymbol{C}$, $\boldsymbol{C}$ 取为 $\boldsymbol{D}$,则有

$$\begin{aligned}(\boldsymbol{A}\times\boldsymbol{B})\cdot(\boldsymbol{C}\times\boldsymbol{D})&=\boldsymbol{D}\cdot[(\boldsymbol{A}\times\boldsymbol{B})\times\boldsymbol{C}]=\boldsymbol{D}\cdot[(\boldsymbol{A}\cdot\boldsymbol{C})\boldsymbol{B}-(\boldsymbol{B}\cdot\boldsymbol{C})\boldsymbol{A}]\\&=(\boldsymbol{A}\cdot\boldsymbol{C})(\boldsymbol{B}\cdot\boldsymbol{D})-(\boldsymbol{A}\cdot\boldsymbol{D})(\boldsymbol{B}\cdot\boldsymbol{C})\end{aligned}$$

其中用到了(4.9).这与例 3.6.2 结果一致.

例 4.6.2　计算 $(\boldsymbol{A}\times\boldsymbol{B})\times(\boldsymbol{C}\times\boldsymbol{D})$.

利用(4.11),作必要的取代,有

$$\begin{aligned}(\boldsymbol{A}\times\boldsymbol{B})\times(\boldsymbol{C}\times\boldsymbol{D})&=[(\boldsymbol{A}\times\boldsymbol{B})\cdot\boldsymbol{D}]\boldsymbol{C}-[(\boldsymbol{A}\times\boldsymbol{B})\cdot\boldsymbol{C}]\boldsymbol{D}\\&=[\boldsymbol{D}\ \boldsymbol{A}\ \boldsymbol{B}]\boldsymbol{C}-[\boldsymbol{C}\ \boldsymbol{A}\ \boldsymbol{B}]\boldsymbol{D}=[\boldsymbol{A}\ \boldsymbol{B}\ \boldsymbol{D}]\boldsymbol{C}-[\boldsymbol{A}\ \boldsymbol{B}\ \boldsymbol{C}]\boldsymbol{D}\end{aligned}$$

这一公式推广了(4.12)的结果.

§4.7　应用:球面三角形的正弦定理

单位球面上点 P, Q, R,有大圆弧 PQ, QR, RP 构成球面三角形 PQR,而设 r, p, q 分别为这些弧的弧度. 以球心 O 为起点,分别以点 P, Q, R 为终点构成矢量 $\boldsymbol{a}$, $\boldsymbol{b}$, $\boldsymbol{c}$,如图 4.7.1 所示.

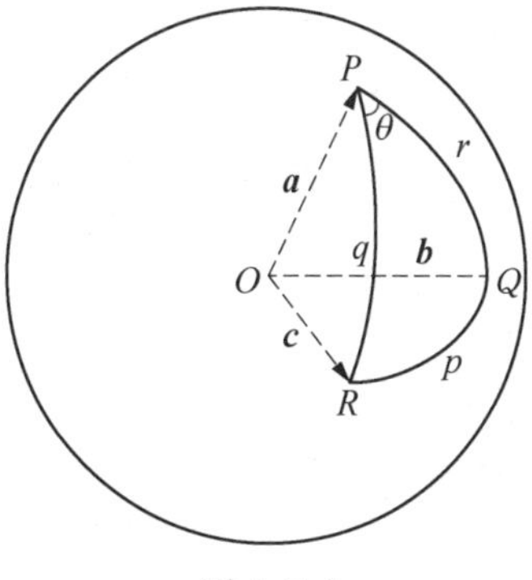

图 4.7.1

这里的几何关系有:弧长 p 等于 $\angle QOR$ 的弧度,以及 $\angle P$ 是二面角 $R-OP-Q$.

从(4.12),有

$$(\boldsymbol{a}\times\boldsymbol{b})\times(\boldsymbol{a}\times\boldsymbol{c})=[\boldsymbol{a}\cdot(\boldsymbol{b}\times\boldsymbol{c})]\boldsymbol{a}\tag{4.13}$$

从该式的右边可知,该式左边的矢量是沿着单位矢量 $\boldsymbol{a}$ 的方向的,而由等式左面可得出此矢量的大小为 $|\boldsymbol{a}\times\boldsymbol{b}|\cdot|\boldsymbol{a}\times\boldsymbol{c}|\sin\theta$. 这里 θ 是 $\boldsymbol{a}\times\boldsymbol{b}$ 与 $\boldsymbol{a}\times\boldsymbol{c}$ 的夹角,而这正是二面角 $R-OP-Q$,即 $\angle P$. 再者 $|\boldsymbol{a}\times\boldsymbol{b}|=|\boldsymbol{a}||\boldsymbol{b}|\cdot\sin\angle POQ=\sin r$,以及 $|\boldsymbol{a}\times\boldsymbol{c}|=\sin q$. 因此,由(4.13)可得

$$\sin r \sin q \sin P = \boldsymbol{a} \cdot (\boldsymbol{b} \times \boldsymbol{c}) = [\boldsymbol{a}\ \boldsymbol{b}\ \boldsymbol{c}]$$

循环轮换 p, q, r；P, Q, R；$\boldsymbol{a}, \boldsymbol{b}, \boldsymbol{c}$，则又可得出

$$\sin p \sin r \sin Q = \boldsymbol{b} \cdot (\boldsymbol{c} \times \boldsymbol{a}) = [\boldsymbol{b}\ \boldsymbol{c}\ \boldsymbol{a}]$$

$$\sin q \sin p \sin R = \boldsymbol{c} \cdot (\boldsymbol{a} \times \boldsymbol{b}) = [\boldsymbol{c}\ \boldsymbol{a}\ \boldsymbol{b}]$$

再从 $[\boldsymbol{a}\ \boldsymbol{b}\ \boldsymbol{c}] = [\boldsymbol{b}\ \boldsymbol{c}\ \boldsymbol{a}] = [\boldsymbol{c}\ \boldsymbol{a}\ \boldsymbol{b}]$，就有下列连等式

$$\sin r \sin q \sin P = \sin p \sin r \sin Q = \sin q \sin p \sin R$$

于是最后有球面三角形的正弦定理

$$\frac{\sin P}{\sin p} = \frac{\sin Q}{\sin q} = \frac{\sin R}{\sin r}$$

第二部分
矢量三重系，矢量三重系的变换和张量，以及笛卡儿张量与4维张量

在这一部分中，我们首先讨论了矢量三重系及其对偶系的概念，论述了三重系之间的变换，以及对偶系之间的变换.

接下来从度规 g_{ij} 的变换方式引入了张量的概念，阐明了协变与逆变的区别，又详述了张量的代数运算，张量的商法则，以及几种特殊的张量. 作为一个应用，我们阐明了矢量的矢量积的张量积本原.

把三重系变换下的张量稍作引申和推广，我们讨论了笛卡儿张量和4维闵可夫斯基空间中的张量及其应用. 这两部分内容对学习电磁学，电动力学，以及狭义相对论等学科是必不可少的.

第五章

矢量三重系

§5.1 矢量三重系和爱因斯坦求和规约

至此我们使用的一直是直角坐标系及其基矢 $\boldsymbol{i}$, $\boldsymbol{j}$, $\boldsymbol{k}$. 但是对一些具有对称性的对象(如球对称,柱对称)而言,使用其他一些坐标系会更方便. 同时为了使理论进一步发展,我们就得把 $\boldsymbol{i}$, $\boldsymbol{j}$, $\boldsymbol{k}$ 推广到更一般的情况中去,为此我们先来讨论矢量三重系.

矢量三重系,或简称三重系,是指通常的三维空间中的任意三个线性无关的矢量 $\boldsymbol{e}_1$, $\boldsymbol{e}_2$, $\boldsymbol{e}_3$,而且我们还要求它们是正向的,即 $[\boldsymbol{e}_1\ \boldsymbol{e}_2\ \boldsymbol{e}_3] > 0$, 因此它们就形成一个广意的右手系(参见例 4.5.1).

例 5.1.1 右手系的基矢 $\boldsymbol{i}$, $\boldsymbol{j}$, $\boldsymbol{k}$ 是一个矢量三重系,而左手系的基矢 $\boldsymbol{i}'$, $\boldsymbol{j}'$, $\boldsymbol{k}'$则不是一个矢量三重系(参见例 4.5.1).

设 $\boldsymbol{e}_1$, $\boldsymbol{e}_2$, $\boldsymbol{e}_3$ 是一个矢量三重系,且 $\boldsymbol{V}$ 是一个任意矢量,那么,就有(参见定理 2.3.1, §2.4)

$$\boldsymbol{V} = v^1\boldsymbol{e}_1 + v^2\boldsymbol{e}_2 + v^3\boldsymbol{e}_3 \tag{5.1}$$

这里 $\boldsymbol{V}$ 的分量 v^i, $i=1, 2, 3$ 中的指标 i 称为上标. 它并不表示 v 的 i 次幂,而 $i=1$, 表示 v^1 是 $\boldsymbol{V}$ 在基矢 $\boldsymbol{e}_1$, $\boldsymbol{e}_2$, $\boldsymbol{e}_3$ 下的第 1 分量; v^2 是第 2 分量; v^3 是第 3 分量. 类似地, $\boldsymbol{e}_i$, $i=1, 2, 3$ 中的指标 i 称为下标. 当它取值 1, 2, 3 时,就分别给出 $\boldsymbol{e}_1$, $\boldsymbol{e}_2$, $\boldsymbol{e}_3$.

利用求和号 $\sum$, 可将(5.1)简洁地写成

$$\boldsymbol{V} = \sum_{i=1}^{3} v^i\boldsymbol{e}_i \tag{5.2}$$

因为

$$\boldsymbol{V}=\sum_{i=1}^{3} v^{i} \boldsymbol{e}_{i}=\sum_{j=1}^{3} v^{j} \boldsymbol{e}_{j}=\sum_{k=1}^{3} v^{k} \boldsymbol{e}_{k}=\cdots \tag{5.3}$$

即求和指标可以用任意字母来表示，而不影响结果，我们就把这一类指标称为哑标.

今后我们会频繁地使用求和号 $\sum$，因此我们再作一步简化：略去求和号. 于是(5.3)就成为

$$\boldsymbol{V}=v^{i} \boldsymbol{e}_{i}=v^{j} \boldsymbol{e}_{j}=v^{k} \boldsymbol{e}_{k}=\cdots \tag{5.4}$$

这约定称为爱因斯坦规约.

§5.2 度规 g_{ij}

对于矢量三重系 $\boldsymbol{e}_1, \boldsymbol{e}_2, \boldsymbol{e}_3$，用矢量的内积可构成

$$g_{ij} \equiv \boldsymbol{e}_{i} \cdot \boldsymbol{e}_{j}, \ i, j=1, 2, 3 \tag{5.5}$$

由于 $i=1, 2, 3$, $j=1, 2, 3$，所以一共有 9 个量，这 9 个量称为 $\boldsymbol{e}_1, \boldsymbol{e}_2, \boldsymbol{e}_3$ 给出的度规. 由于

$$g_{ji}=\boldsymbol{e}_{j} \cdot \boldsymbol{e}_{i}=\boldsymbol{e}_{i} \cdot \boldsymbol{e}_{j}=g_{ij}, \ i, j=1, 2, 3 \tag{5.6}$$

所以 g_{ij} 关于它的 2 个下标是对称的. 这样 g_{ij} 就有 6 个独立量：g_{11}，g_{22}，g_{33}，g_{12}，g_{13}，g_{23}.

利用度规 g_{ij} 以及爱因斯坦规约，我们可以把(5.4)中 $\boldsymbol{V}$ 的大小 v 的平方写为

$$v^{2}=\boldsymbol{V} \cdot \boldsymbol{V}=(v^{i} \boldsymbol{e}_{i}) \cdot (v^{j} \boldsymbol{e}_{j})=v^{i} v^{j} \boldsymbol{e}_{i} \cdot \boldsymbol{e}_{j}=v^{i} v^{j} g_{ij} \tag{5.7}$$

或

$$v=\sqrt{g_{ij} v^{i} v^{j}} \tag{5.8}$$

其中

$$g_{ij}v^iv^j=\sum_{i=1}^{3}\sum_{j=1}^{3}g_{ij}v^iv^j \tag{5.9}$$

对(5.4)中的$\boldsymbol{V}$与矢量$\boldsymbol{W}=w^j\boldsymbol{e}_j$，它们的内积与夹角$\theta$的余弦分别有

$$\boldsymbol{V}\cdot\boldsymbol{W}=(v^i\boldsymbol{e}_i)\cdot(w^j\boldsymbol{e}_j)=v^iw^jg_{ij} \tag{5.10}$$

$$\cos\theta=\frac{\boldsymbol{V}\cdot\boldsymbol{W}}{v\cdot w}=\frac{v^iw^jg_{ij}}{\sqrt{g_{ij}v^iv^j}\sqrt{g_{ij}w^iw^j}} \tag{5.11}$$

§5.3 度规矩阵及其行列式

9个量g_{ij}可排成下列3×3矩阵——度规矩阵.

$$(g_{ij})=\begin{pmatrix}g_{11}&g_{12}&g_{13}\\g_{21}&g_{22}&g_{23}\\g_{31}&g_{32}&g_{33}\end{pmatrix} \tag{5.12}$$

其行列式记为

$$g=|g_{ij}|=\begin{vmatrix}g_{11}&g_{12}&g_{13}\\g_{21}&g_{22}&g_{23}\\g_{31}&g_{32}&g_{33}\end{vmatrix} \tag{5.13}$$

下面我们用两种方法来证明$g>0$.

第一种方法是从(5.7)出发,有

$$\begin{aligned}v^2=v^iv^jg_{ij}&=v^1v^1g_{11}+v^1v^2g_{12}+v^1v^3g_{13}+v^2v^1g_{21}+v^2v^2g_{22}\\&\quad+v^2v^3g_{23}+v^3v^1g_{31}+v^3v^2g_{32}+v^3v^3g_{33}\\&=(v^1\ v^2\ v^3)(g_{ij})\begin{pmatrix}v^1\\v^2\\v^3\end{pmatrix}\end{aligned} \tag{5.14}$$

这就用行向量$(v^1\ v^2\ v^3)$,度规矩阵(g_{ij}),列向量$\begin{pmatrix}v^1\\v^2\\v^3\end{pmatrix}$表示了$v^2$.

注意到 $v^2 \geqslant 0$，且当且仅当 $\mathbf{V}=\mathbf{0}$ 时，$v=0$，所以(5.14)是一个正定二次形式. 因此有 $g>0$(参见附录3).

第二种方法是用(4.8)来计算$[\boldsymbol{e}_1\ \boldsymbol{e}_2\ \boldsymbol{e}_3]$：

$$[\boldsymbol{e}_1\ \boldsymbol{e}_2\ \boldsymbol{e}_3]^2=\begin{vmatrix}\boldsymbol{e}_1\boldsymbol{e}_1 & \boldsymbol{e}_1\boldsymbol{e}_2 & \boldsymbol{e}_1\boldsymbol{e}_3\\ \boldsymbol{e}_2\boldsymbol{e}_1 & \boldsymbol{e}_2\boldsymbol{e}_2 & \boldsymbol{e}_2\boldsymbol{e}_3\\ \boldsymbol{e}_3\boldsymbol{e}_1 & \boldsymbol{e}_3\boldsymbol{e}_2 & \boldsymbol{e}_3\boldsymbol{e}_3\end{vmatrix}=\begin{vmatrix}g_{11} & g_{12} & g_{13}\\ g_{21} & g_{22} & g_{23}\\ g_{31} & g_{32} & g_{33}\end{vmatrix}=g \tag{5.15}$$

因此有 $g>0$. 由于 $\boldsymbol{e}_1, \boldsymbol{e}_2, \boldsymbol{e}_3$ 是正向的，即$[\boldsymbol{e}_1\ \boldsymbol{e}_2\ \boldsymbol{e}_3]>0$，所以从(5.15)又可推得

$$[\boldsymbol{e}_1\ \boldsymbol{e}_2\ \boldsymbol{e}_3]=\sqrt{g} \tag{5.16}$$

这也是一个重要的结论.

§5.4　(g_{ij})的逆矩阵(g^{ij})

由上节所述，可知对称度规矩阵(g_{ij})有逆矩阵

$$(g^{ij})=\begin{pmatrix}g^{11} & g^{12} & g^{13}\\ g^{21} & g^{22} & g^{23}\\ g^{31} & g^{32} & g^{33}\end{pmatrix}，\text{其中 } g^{ij}=\frac{g_{ji}\text{ 的代数余子式}}{g}=\frac{g_{ij}\text{ 的代数余子式}}{g} \tag{5.17}$$

因此

$$(g_{ij})(g^{ij})=(g^{ij})(g_{ij})=\begin{pmatrix}1 & 0 & 0\\ 0 & 1 & 0\\ 0 & 0 & 1\end{pmatrix}\equiv \boldsymbol{I}_3 \tag{5.18}$$

其中 $\boldsymbol{I}_3$ 是 3×3 的单位矩阵，引入下列记号.

$$\delta^{ij}=\delta_{ij}\equiv\delta^i_j=\begin{cases}0, & \text{若 } i\neq j,\\ 1, & \text{若 } i=j,\end{cases}\quad i, j=1, 2, 3 \tag{5.19}$$

则可将 $\boldsymbol{I}_3$ 表示为

$$\boldsymbol{I}_3=(\delta_{ij})=(\delta^{ij})=(\delta_j^i) \tag{5.20}$$

从(g_{ij})是对称矩阵可知(g^{ij})也是对称矩阵，即

$$g^{ij}=g^{ji} \tag{5.21}$$

且有

$$|g^{ij}|=\frac{1}{g}>0 \tag{5.22}$$

(5.19)所示的符号称为克罗内克 δ. 克罗内克(Leopold Kroneeker, 1823—1891)是德国数学家. 他在代数和代数数论以及椭圆函数理论等方面有杰出贡献.

§5.5　三重系 $\boldsymbol{e}_1$, $\boldsymbol{e}_2$, $\boldsymbol{e}_3$ 的对偶系 $\boldsymbol{e}^1$, $\boldsymbol{e}^2$, $\boldsymbol{e}^3$

利用 $\boldsymbol{e}_1$, $\boldsymbol{e}_2$, $\boldsymbol{e}_3$ 以及矩阵 (g^{ij})，我们定义

$$\boldsymbol{e}^i=g^{ij}\boldsymbol{e}_j,\ i=1,\ 2,\ 3 \tag{5.23}$$

这样，我们就得出了 $\boldsymbol{e}^1$, $\boldsymbol{e}^2$, $\boldsymbol{e}^3$——$\boldsymbol{e}_1$, $\boldsymbol{e}_2$, $\boldsymbol{e}_3$ 的对偶系.

利用矩阵符号可将(5.23)写成

$$\begin{pmatrix}\boldsymbol{e}^1\\ \boldsymbol{e}^2\\ \boldsymbol{e}^3\end{pmatrix}=(g^{ij})\begin{pmatrix}\boldsymbol{e}_1\\ \boldsymbol{e}_2\\ \boldsymbol{e}_3\end{pmatrix} \tag{5.24}$$

于是由(5.18)就有

$$\begin{pmatrix}\boldsymbol{e}_1\\ \boldsymbol{e}_2\\ \boldsymbol{e}_3\end{pmatrix}=\boldsymbol{I}_3\begin{pmatrix}\boldsymbol{e}_1\\ \boldsymbol{e}_2\\ \boldsymbol{e}_3\end{pmatrix}=(g_{ij})(g^{ij})\begin{pmatrix}\boldsymbol{e}_1\\ \boldsymbol{e}_2\\ \boldsymbol{e}_3\end{pmatrix}=(g_{ij})\begin{pmatrix}\boldsymbol{e}^1\\ \boldsymbol{e}^2\\ \boldsymbol{e}^3\end{pmatrix} \tag{5.25}$$

即

$$\boldsymbol{e}_i=g_{ij}\boldsymbol{e}^j,\ i=1,\ 2,\ 3 \tag{5.26}$$

此外，从(5.24)，由例 4.4.2 可得

$$[\boldsymbol{e}^1\ \boldsymbol{e}^2\ \boldsymbol{e}^3]=|g^{ij}|[\boldsymbol{e}_1\ \boldsymbol{e}_2\ \boldsymbol{e}_3]>0 \tag{5.27}$$

因此三重系 $\boldsymbol{e}_1$, $\boldsymbol{e}_2$, $\boldsymbol{e}_3$ 的对偶系 $\boldsymbol{e}^1$, $\boldsymbol{e}^2$, $\boldsymbol{e}^3$ 也是一个三重系.

例 5.5.1 在右手直角坐标系中取 $\boldsymbol{e}_1=\boldsymbol{i}$, $\boldsymbol{e}_2=\boldsymbol{j}$, $\boldsymbol{e}_3=\boldsymbol{k}$,而有$(g_{ij})=(g^{ij})=(\delta_{ij})$, $g=\dfrac{1}{g}=1$,而且 $\boldsymbol{e}^1=\boldsymbol{e}_1=\boldsymbol{i}$, $\boldsymbol{e}^2=\boldsymbol{e}_2=\boldsymbol{j}$, $\boldsymbol{e}^3=\boldsymbol{e}_3=\boldsymbol{k}$, 即 $\boldsymbol{i}$, $\boldsymbol{j}$, $\boldsymbol{k}$ 是自对偶的.

§5.6 三重系与其对偶系之间的一些代数关系

从 $\boldsymbol{e}_j\cdot\boldsymbol{e}_k=g_{jk}$, 以及(5.23),(5.26),我们来计算 $\boldsymbol{e}^i\cdot\boldsymbol{e}_j$,以及 $\boldsymbol{e}^i\cdot\boldsymbol{e}^j$：

$$\boldsymbol{e}^i\cdot\boldsymbol{e}_j=g^{ik}\boldsymbol{e}_k\cdot\boldsymbol{e}_j=g^{ik}g_{kj}=\delta^i_j \tag{5.28}$$

$$\boldsymbol{e}^i\cdot\boldsymbol{e}^j=(g^{ik}\boldsymbol{e}_k)\cdot(g^{jl}\boldsymbol{e}_l)=g^{ik}g^{jl}g_{kl}=g^{ik}\delta^j_k=g^{ij} \tag{5.29}$$

(5.28)表明

$$\begin{aligned}\boldsymbol{e}^1\cdot\boldsymbol{e}_1=\boldsymbol{e}^2\cdot\boldsymbol{e}_2=\boldsymbol{e}^3\cdot\boldsymbol{e}_3=1\\ \boldsymbol{e}^1\cdot\boldsymbol{e}_2=\boldsymbol{e}^1\cdot\boldsymbol{e}_3=\boldsymbol{e}^2\cdot\boldsymbol{e}_3=0\end{aligned} \tag{5.30}$$

(5.29)能给出(参见(4.8))：

$$[\boldsymbol{e}^1\ \boldsymbol{e}^2\ \boldsymbol{e}^3]^2=\begin{vmatrix}\boldsymbol{e}^1\cdot\boldsymbol{e}^1 & \boldsymbol{e}^1\cdot\boldsymbol{e}^2 & \boldsymbol{e}^1\cdot\boldsymbol{e}^3\\ \boldsymbol{e}^2\cdot\boldsymbol{e}^1 & \boldsymbol{e}^2\cdot\boldsymbol{e}^2 & \boldsymbol{e}^2\cdot\boldsymbol{e}^3\\ \boldsymbol{e}^3\cdot\boldsymbol{e}^1 & \boldsymbol{e}^3\cdot\boldsymbol{e}^2 & \boldsymbol{e}^3\cdot\boldsymbol{e}^3\end{vmatrix}=\begin{vmatrix}g^{11} & g^{12} & g^{13}\\ g^{21} & g^{22} & g^{23}\\ g^{31} & g^{32} & g^{33}\end{vmatrix}=\frac{1}{g} \tag{5.31}$$

再由(5.31)可得

$$[\boldsymbol{e}^1\ \boldsymbol{e}^2\ \boldsymbol{e}^3]=\frac{1}{\sqrt{g}} \tag{5.32}$$

例 5.6.1 利用(5.28)证明 $\boldsymbol{e}^1$, $\boldsymbol{e}^2$, $\boldsymbol{e}^3$ 是线性无关的.

设存在 a_1, a_2, $a_3\in\mathbf{R}$,使得 $a_1\boldsymbol{e}^1+a_2\boldsymbol{e}^2+a_3\boldsymbol{e}^3=\boldsymbol{0}$. 于是从 $\boldsymbol{e}_1\cdot(a_1\boldsymbol{e}^1+a_2\boldsymbol{e}^2+a_3\boldsymbol{e}^3)=a_1\boldsymbol{e}_1\cdot\boldsymbol{e}^1+a_2\boldsymbol{e}_1\cdot\boldsymbol{e}^2+a_3\boldsymbol{e}_1\cdot\boldsymbol{e}^3=a_1=\boldsymbol{e}_1\cdot\boldsymbol{0}=0$,可得 $a_1=0$.

同理可得 $a_2=a_3=0$. 因此 $\boldsymbol{e}^1$, $\boldsymbol{e}^2$, $\boldsymbol{e}^3$ 线性无关.

§5.7 三重系与其对偶系之间的一个几何关系

由 $\boldsymbol{e}^1\cdot\boldsymbol{e}_2=\boldsymbol{e}^1\cdot\boldsymbol{e}_3=0$，也即 $\boldsymbol{e}^1$ 垂直于 $\boldsymbol{e}_2$ 和 $\boldsymbol{e}_3$，因此有

$$\boldsymbol{e}^1=k(\boldsymbol{e}_2\times\boldsymbol{e}_3),\ k\in\mathbf{R} \tag{5.33}$$

为了求出 k，利用 $\boldsymbol{e}_1\cdot\boldsymbol{e}^1=1$，就有

$$1=k\boldsymbol{e}_1\cdot(\boldsymbol{e}_2\times\boldsymbol{e}_3)=k[\boldsymbol{e}_1\ \boldsymbol{e}_2\ \boldsymbol{e}_3] \tag{5.34}$$

因此，最后有

$$\boldsymbol{e}^1=\frac{1}{[\boldsymbol{e}_1\ \boldsymbol{e}_2\ \boldsymbol{e}_3]}(\boldsymbol{e}_2\times\boldsymbol{e}_3)=\frac{1}{\sqrt{g}}(\boldsymbol{e}_2\times\boldsymbol{e}_3) \tag{5.35}$$

同样可证明有

$$\boldsymbol{e}^2=\frac{1}{\sqrt{g}}(\boldsymbol{e}_3\times\boldsymbol{e}_1),\ \boldsymbol{e}^3=\frac{1}{\sqrt{g}}(\boldsymbol{e}_1\times\boldsymbol{e}_2) \tag{5.36}$$

例 5.7.1 从(5.27)有

$$[\boldsymbol{e}^1\ \boldsymbol{e}^2\ \boldsymbol{e}^3]=|g^{ij}|[\boldsymbol{e}_1\ \boldsymbol{e}_2\ \boldsymbol{e}_3]=\frac{1}{g}\cdot\sqrt{g}=\frac{1}{\sqrt{g}} \tag{5.37}$$

这与(5.32)的结果一致.

由此，类似于上面的推导，可得

$$\boldsymbol{e}_1=\sqrt{g}\,(\boldsymbol{e}^2\times\boldsymbol{e}^3),\ \boldsymbol{e}_2=\sqrt{g}\,(\boldsymbol{e}^3\times\boldsymbol{e}^1),\ \boldsymbol{e}_3=\sqrt{g}\,(\boldsymbol{e}^1\times\boldsymbol{e}^2) \tag{5.38}$$

§5.8 矢量在三重系及其对偶系下的分量

设定三重系 $\boldsymbol{e}_1,\ \boldsymbol{e}_2,\ \boldsymbol{e}_3$ 和它的对偶系 $\boldsymbol{e}^1,\ \boldsymbol{e}^2,\ \boldsymbol{e}^3$，于是对任意矢量 $\mathbf{V}$ 有

$$\mathbf{V}=v^i\boldsymbol{e}_i=v_i\boldsymbol{e}^i \tag{5.39}$$

这样，客观量 $\mathbf{V}$ 在 $\boldsymbol{e}_1,\ \boldsymbol{e}_2,\ \boldsymbol{e}_3$ 的构架中用分量 $(v^1,\ v^2,\ v^3)$ 来描述，而在 $\boldsymbol{e}^1,\ \boldsymbol{e}^2,\ \boldsymbol{e}^3$ 的构架中用分量 $(v_1,\ v_2,\ v_3)$ 来描述. 那么这两种描述之间有怎样的联系呢?

为此，我们应用(5.28). 以 $\boldsymbol{e}_j$ 对(5.39)左右两边作内积，有

$$\boldsymbol{e}_j \cdot \boldsymbol{V}=v^i\boldsymbol{e}_j \cdot \boldsymbol{e}_i=v_i\boldsymbol{e}_j \cdot \boldsymbol{e}^i=v_i\delta_j^i=v_j \tag{5.40}$$

于是有

$$v_j=v^i\boldsymbol{e}_j \cdot \boldsymbol{e}_i=v^i g_{ji} \tag{5.41}$$

同样可得

$$v^j=g^{ji}v_i \tag{5.42}$$

(5.41)用矩阵形式表示就有

$$\begin{pmatrix} v_1 \\ v_2 \\ v_3 \end{pmatrix}=\begin{pmatrix} g_{11} & g_{12} & g_{13} \\ g_{21} & g_{22} & g_{23} \\ g_{31} & g_{32} & g_{33} \end{pmatrix}\begin{pmatrix} v^1 \\ v^2 \\ v^3 \end{pmatrix} \tag{5.43}$$

利用(g_{ij})的逆矩阵(g^{ij})，可得

$$\begin{pmatrix} v^1 \\ v^2 \\ v^3 \end{pmatrix}=\begin{pmatrix} g^{11} & g^{12} & g^{13} \\ g^{21} & g^{22} & g^{23} \\ g^{31} & g^{32} & g^{33} \end{pmatrix}\begin{pmatrix} v_1 \\ v_2 \\ v_3 \end{pmatrix} \tag{5.44}$$

此即(5.42)的矩阵表示.

我们把 v^1，v^2，v^3，也即由 $\boldsymbol{V}=v^i\boldsymbol{e}_i$ 得出的分量称为 $\boldsymbol{V}$ 的逆变分量，而把 v_1，v_2，v_3，也即由 $\boldsymbol{V}=v_i\boldsymbol{e}^i$ 得出的分量称为 $\boldsymbol{V}$ 的协变分量(参见§6.3). 不过，(5.40)告诉我们 v_1，v_2，v_3 不必用对偶系的线性表示(5.39)得出，而直接可以用 $\boldsymbol{V}$ 与三重系的内积得出，即

$$v_j=\boldsymbol{e}_j \cdot \boldsymbol{V} \tag{5.45}$$

以后我们将多次用到这一关系式.

例 5.8.1 对于 $\boldsymbol{e}_1=\boldsymbol{i}$，$\boldsymbol{e}_2=\boldsymbol{j}$，$\boldsymbol{e}_3=\boldsymbol{k}$，有 $\boldsymbol{e}^1=\boldsymbol{i}$，$\boldsymbol{e}^2=\boldsymbol{j}$，$\boldsymbol{e}^3=\boldsymbol{k}$ (参见例5.5.1). 因此此时逆变分量就是协变分量，两者无区别了，即 $v^1=v_1$，$v^2=v_2$，$v^3=v_3$.

在下一部分中，我们将讨论矢量三重系的变换，并由此过渡到对张量的讨论.

第六章

三重系之间的变换

§6.1 三重系之间的变换以及相应的对偶系之间的变换

我们选定矢量三重系 $\boldsymbol{e}_1, \boldsymbol{e}_2, \boldsymbol{e}_3$，以及一个 3×3 大于零的行列式

$$a = |a_{i'}^{j}| = \begin{vmatrix} a_{1'}^{1} & a_{1'}^{2} & a_{1'}^{3} \\ a_{2'}^{1} & a_{2'}^{2} & a_{2'}^{3} \\ a_{3'}^{1} & a_{3'}^{2} & a_{3'}^{3} \end{vmatrix} \tag{6.1}$$

而构造

$$\begin{aligned} \boldsymbol{e}_{1'} &= a_{1'}^{1} \cdot \boldsymbol{e}_1 + a_{1'}^{2} \cdot \boldsymbol{e}_2 + a_{1'}^{3} \cdot \boldsymbol{e}_3 \\ \boldsymbol{e}_{2'} &= a_{2'}^{1} \cdot \boldsymbol{e}_1 + a_{2'}^{2} \cdot \boldsymbol{e}_2 + a_{2'}^{3} \cdot \boldsymbol{e}_3 \\ \boldsymbol{e}_{3'} &= a_{3'}^{1} \cdot \boldsymbol{e}_1 + a_{3'}^{2} \cdot \boldsymbol{e}_2 + a_{3'}^{3} \cdot \boldsymbol{e}_3 \end{aligned} \tag{6.2}$$

即

$$\boldsymbol{e}_{i'} = a_{i'}^{j} \boldsymbol{e}_j, \ i' = 1, 2, 3 \tag{6.3}$$

或写成矩阵形式为

$$\begin{pmatrix} \boldsymbol{e}_{1'} \\ \boldsymbol{e}_{2'} \\ \boldsymbol{e}_{3'} \end{pmatrix} = \begin{pmatrix} a_{1'}^{1} & a_{1'}^{2} & a_{1'}^{3} \\ a_{2'}^{1} & a_{2'}^{2} & a_{2'}^{3} \\ a_{3'}^{1} & a_{3'}^{2} & a_{3'}^{3} \end{pmatrix} \begin{pmatrix} \boldsymbol{e}_1 \\ \boldsymbol{e}_2 \\ \boldsymbol{e}_3 \end{pmatrix} \equiv \boldsymbol{A} \begin{pmatrix} \boldsymbol{e}_1 \\ \boldsymbol{e}_2 \\ \boldsymbol{e}_3 \end{pmatrix} \tag{6.4}$$

此时从(参见例 4.4.2)

$$[\boldsymbol{e}_{1'} \ \boldsymbol{e}_{2'} \ \boldsymbol{e}_{3'}] = a[\boldsymbol{e}_1 \ \boldsymbol{e}_2 \ \boldsymbol{e}_3] \tag{6.5}$$

可知 $\boldsymbol{e}_{1'}$，$\boldsymbol{e}_{2'}$，$\boldsymbol{e}_{3'}$ 仍是一个矢量三重系. 反过来，若 $\boldsymbol{e}_{1'}$，$\boldsymbol{e}_{2'}$，$\boldsymbol{e}_{3'}$ 是一个矢量三重系，那么由(6.2)给出的行列式 $a=|a_{i'}^{j}|>0$. 这就是说，$\boldsymbol{e}_{1'}$，$\boldsymbol{e}_{2'}$，$\boldsymbol{e}_{3'}$ 是矢量三重系的充要条件是 $a=|a_{i'}^{j}|>0$.

为了简便起见我们把 $\boldsymbol{e}_1$，$\boldsymbol{e}_2$，$\boldsymbol{e}_3$ 称为旧三重系，而 $\boldsymbol{e}_{1'}$，$\boldsymbol{e}_{2'}$，$\boldsymbol{e}_{3'}$ 为新三重系，而 $\mathbf{A}=(a_{i'}^{j})$ 就是过渡矩阵了. 于是(6.4)就是用旧三重系来表示新三重系. 我们把(6.4)说成是新三重系与旧三重系以"模式 $\boldsymbol{A}$"相关联. 这是我们的基准.

设矩阵 $\mathbf{A}=(a_{i'}^{j})$ 的逆矩阵为 $\mathbf{A}^{-1}=(a_{i}^{j'})$，即

$$\begin{pmatrix} a_{1'}^{1} & a_{1'}^{2} & a_{1'}^{3} \\ a_{2'}^{1} & a_{2'}^{2} & a_{2'}^{3} \\ a_{3'}^{1} & a_{3'}^{2} & a_{3'}^{3} \end{pmatrix}\begin{pmatrix} a_{1}^{1'} & a_{1}^{2'} & a_{1}^{3'} \\ a_{2}^{1'} & a_{2}^{2'} & a_{2}^{3'} \\ a_{3}^{1'} & a_{3}^{2'} & a_{3}^{3'} \end{pmatrix}=\begin{pmatrix} a_{1}^{1'} & a_{1}^{2'} & a_{1}^{3'} \\ a_{2}^{1'} & a_{2}^{2'} & a_{2}^{3'} \\ a_{3}^{1'} & a_{3}^{2'} & a_{3}^{3'} \end{pmatrix}\begin{pmatrix} a_{1'}^{1} & a_{1'}^{2} & a_{1'}^{3} \\ a_{2'}^{1} & a_{2'}^{2} & a_{2'}^{3} \\ a_{3'}^{1} & a_{3'}^{2} & a_{3'}^{3} \end{pmatrix}=\boldsymbol{I}_3 \tag{6.6}$$

则从(6.4)就有

$$\begin{pmatrix} \boldsymbol{e}_1 \\ \boldsymbol{e}_2 \\ \boldsymbol{e}_3 \end{pmatrix}=\begin{pmatrix} a_{1}^{1'} & a_{1}^{2'} & a_{1}^{3'} \\ a_{2}^{1'} & a_{2}^{2'} & a_{2}^{3'} \\ a_{3}^{1'} & a_{3}^{2'} & a_{3}^{3'} \end{pmatrix}\begin{pmatrix} \boldsymbol{e}_{1'} \\ \boldsymbol{e}_{2'} \\ \boldsymbol{e}_{3'} \end{pmatrix}=\boldsymbol{A}^{-1}\begin{pmatrix} \boldsymbol{e}_{1'} \\ \boldsymbol{e}_{2'} \\ \boldsymbol{e}_{3'} \end{pmatrix} \tag{6.7}$$

这是用新三重系来表示旧三重系. 我们把(6.7)说成是旧三重系与新三重系以"模式 $\mathbf{A}^{-1}$"相关联.

(6.7)还可简略地写成

$$\boldsymbol{e}_i=a_{i}^{j'}\boldsymbol{e}_{j'},\ i=1,\ 2,\ 3 \tag{6.8}$$

这正是(6.3)的逆变换.

§6.2 矢量的逆变分量的变换方式

设矢量 $\mathbf{V}$ 在旧三重系 $\boldsymbol{e}_1$，$\boldsymbol{e}_2$，$\boldsymbol{e}_3$ 下的逆变分量为 v^1，v^2，v^3（参见§5.8)，即

$$\mathbf{V}=v^i\boldsymbol{e}_i \tag{6.9}$$

我们把 v^1，v^2，v^3 称为 $\boldsymbol{V}$ 的旧逆变分量. 现在旧三重系 $\boldsymbol{e}_1$，$\boldsymbol{e}_2$，$\boldsymbol{e}_3$ 变换成新三重系 $\boldsymbol{e}_{1'}$，$\boldsymbol{e}_{2'}$，$\boldsymbol{e}_{3'}$，而

$$\boldsymbol{e}_{i'}=a_{i'}^{j}\boldsymbol{e}_j,\ \boldsymbol{e}_i=a_i^{j'}\boldsymbol{e}_{j'},\ i',\ i=1,\ 2,\ 3 \tag{6.10}$$

此时从

$$\boldsymbol{V}=v^{j'}\boldsymbol{e}_{j'} \tag{6.11}$$

我们有 $\boldsymbol{V}$ 的新逆变分量 $v^{1'}$，$v^{2'}$，$v^{3'}$. 现在要研究的是 $v^{1'}$，$v^{2'}$，$v^{3'}$ 与 v^1，v^2，v^3 之间的关系.

这只要将 $\boldsymbol{e}_i=a_i^{j'}\boldsymbol{e}_{j'}$ 代入(6.9)，而有

$$\boldsymbol{V}=v^i\boldsymbol{e}_i=v^i a_i^{j'}\boldsymbol{e}_{j'}$$

再与(6.11)比较，就有

$$v^{j'}=a_i^{j'}v^i \tag{6.12}$$

写成矩阵形式就是

$$\begin{pmatrix} v^{1'} \\ v^{2'} \\ v^{3'} \end{pmatrix}=\begin{pmatrix} a_1^{1'} & a_2^{1'} & a_3^{1'} \\ a_1^{2'} & a_2^{2'} & a_3^{2'} \\ a_1^{3'} & a_2^{3'} & a_3^{3'} \end{pmatrix}\begin{pmatrix} v^1 \\ v^2 \\ v^3 \end{pmatrix}=(\boldsymbol{A}^T)^{-1}\begin{pmatrix} v^1 \\ v^2 \\ v^3 \end{pmatrix} \tag{6.13}$$

其中 $\boldsymbol{A}^T$ 是 $\boldsymbol{A}$ 的转置矩阵. 依此，我们说新逆变分量与旧逆变分量是以"模式$(\boldsymbol{A}^T)^{-1}$"相关联的. 它与(6.4)不同，这就是我们把这种分量称为逆变分量的原因.

§6.3　矢量的协变分量的变换方式

我们从矢量三重系 $\boldsymbol{e}_1$，$\boldsymbol{e}_2$，$\boldsymbol{e}_3$ 由(6.3)得出了新矢量三重系 $\boldsymbol{e}_{1'}$，$\boldsymbol{e}_{2'}$，$\boldsymbol{e}_{3'}$. 另一方面，按 §5.5 所述，由 $\boldsymbol{e}_1$，$\boldsymbol{e}_2$，$\boldsymbol{e}_3$ 可得出其对偶系 $\boldsymbol{e}^1$，$\boldsymbol{e}^2$，$\boldsymbol{e}^3$，由 $\boldsymbol{e}_{1'}$，$\boldsymbol{e}_{2'}$，$\boldsymbol{e}_{3'}$ 可得出其对偶系 $\boldsymbol{e}^{1'}$，$\boldsymbol{e}^{2'}$，$\boldsymbol{e}^{3'}$，而我们已把矢量 $\boldsymbol{V}$ 用对偶系来线性表示时得出的分量称为 $\boldsymbol{V}$ 的协变分量，于是利用旧对偶系 $\boldsymbol{e}^1$，$\boldsymbol{e}^2$，$\boldsymbol{e}^3$ 与新对偶系来展开 $\boldsymbol{V}$(参见图 6.3.1)，就有：

$$\mathbf{V}=v_i\boldsymbol{e}^i=v_{i'}\boldsymbol{e}^{i'} \tag{6.14}$$

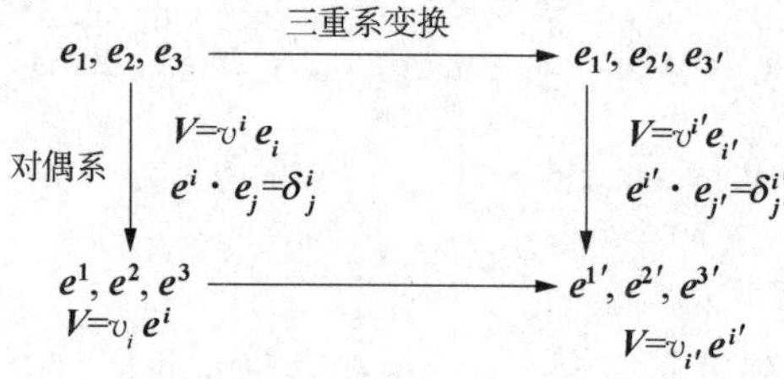

图 6.3.1

我们要研究(6.14)中 $\mathbf{V}$ 的旧分量 v_1，v_2，v_3 与其新分量 $v_{1'}$，$v_{2'}$，$v_{3'}$ 之间的关系. 首先(5.45)给出

$$\mathbf{V}\cdot\boldsymbol{e}_i=v_i,\ \mathbf{V}\cdot\boldsymbol{e}_{i'}=v_{i'} \tag{6.15}$$

接下来我们对(参见(6.3))

$$\boldsymbol{e}_{i'}=a^j_{i'}\boldsymbol{e}_j,\ i'=1,\ 2,\ 3 \tag{6.16}$$

的两边与 $\mathbf{V}$ 作内积，这就有

$$v_{i'}=a^j_{i'}v_j,\ i'=1,\ 2,\ 3 \tag{6.17}$$

这些等式用矩阵形式可表为

$$\begin{pmatrix} v_{1'} \\ v_{2'} \\ v_{3'} \end{pmatrix}=\begin{pmatrix} a^1_{1'} & a^2_{1'} & a^3_{1'} \\ a^1_{2'} & a^2_{2'} & a^3_{2'} \\ a^1_{3'} & a^2_{3'} & a^3_{3'} \end{pmatrix}\begin{pmatrix} v_1 \\ v_2 \\ v_3 \end{pmatrix}=\mathbf{A}\begin{pmatrix} v_1 \\ v_2 \\ v_3 \end{pmatrix} \tag{6.18}$$

于是新协变分量与旧协变分量以“模式 $\mathbf{A}$”相关联. 这与(6.4)具有相同形式，这就是我们把 $\mathbf{V}$ 的分量 v_1，v_2，v_3 称为协变分量的原因.

例 6.3.1 如果在我们讨论的范围之中，所有的矩阵 $\mathbf{A}$ 的行列式都大于零，且 $\boldsymbol{A}^{-1}=\boldsymbol{A}^T$，那么(6.13)，(6.18)就一致了. 也即此时逆变与协变的差别就不存在了.

为了完整起见，在下一节中我们讨论一下由旧对偶系 $\boldsymbol{e}^1$，$\boldsymbol{e}^2$，$\boldsymbol{e}^3$ 到新对偶系 $\boldsymbol{e}^{1'}$，$\boldsymbol{e}^{2'}$，$\boldsymbol{e}^{3'}$ 的变换.

§6.4　对偶系之间的变换

设

$$\boldsymbol{e}^{j'}=b^{j'}_{k}\boldsymbol{e}^{k},\ j'=1,2,3 \tag{6.19}$$

而有

$$\boldsymbol{e}_{i'}\cdot\boldsymbol{e}^{j'}=\delta^{j'}_{i'}=(a^{j}_{i'}\boldsymbol{e}_{j})(b^{j'}_{k}\boldsymbol{e}^{k})=a^{j}_{i'}b^{j'}_{k}\delta^{k}_{j}=a^{j}_{i'}b^{j'}_{j}$$

这说明$(b^{j'}_{i})$是$(a^{j}_{i'})$的逆矩阵，即$b^{j'}_{i}=a^{j'}_{i}$．于是(6.19)用矩阵形式表示就有

$$\begin{pmatrix}\boldsymbol{e}^{1'}\\ \boldsymbol{e}^{2'}\\ \boldsymbol{e}^{3'}\end{pmatrix}=\begin{pmatrix}a^{1'}_{1} & a^{1'}_{2} & a^{1'}_{3}\\ a^{2'}_{1} & a^{2'}_{2} & a^{2'}_{3}\\ a^{3'}_{1} & a^{3'}_{2} & a^{3'}_{3}\end{pmatrix}\begin{pmatrix}\boldsymbol{e}^{1}\\ \boldsymbol{e}^{2}\\ \boldsymbol{e}^{3}\end{pmatrix}=(\mathbf{A}^{T})^{-1}\begin{pmatrix}\boldsymbol{e}^{1}\\ \boldsymbol{e}^{2}\\ \boldsymbol{e}^{3}\end{pmatrix} \tag{6.20}$$

即新对偶系与旧对偶系以“模式$(\mathbf{A}^{T})^{-1}$”相关联.

例 6.4.1　从$\mathbf{V}=(v_{1'}\ v_{2'}\ v_{3'})\begin{pmatrix}\boldsymbol{e}^{1'}\\ \boldsymbol{e}^{2'}\\ \boldsymbol{e}^{3'}\end{pmatrix}=(v_{1}\ v_{2}\ v_{3})\begin{pmatrix}\boldsymbol{e}^{1}\\ \boldsymbol{e}^{2}\\ \boldsymbol{e}^{3}\end{pmatrix}$，有

$$(v_{1'}\ v_{2'}\ v_{3'})(\mathbf{A}^{T})^{-1}\begin{pmatrix}\boldsymbol{e}^{1}\\ \boldsymbol{e}^{2}\\ \boldsymbol{e}^{3}\end{pmatrix}=(v_{1}\ v_{2}\ v_{3})\begin{pmatrix}\boldsymbol{e}^{1}\\ \boldsymbol{e}^{2}\\ \boldsymbol{e}^{3}\end{pmatrix}$$

于是

$$(v_{1'}\ v_{2'}\ v_{3'})(\mathbf{A}^{-1})^{T}=(v_{1}\ v_{2}\ v_{3})$$

即

$$\mathbf{A}^{-1}\begin{pmatrix}v_{1'}\\ v_{2'}\\ v_{3'}\end{pmatrix}=\begin{pmatrix}v_{1}\\ v_{2}\\ v_{3}\end{pmatrix}$$

这就是

$$\begin{pmatrix} v_{1'} \\ v_{2'} \\ v_{3'} \end{pmatrix} = \mathbf{A} \begin{pmatrix} v_1 \\ v_2 \\ v_3 \end{pmatrix} \tag{6.21}$$

这样就又一次得到了(6.18)的结果.

§6.5　度规 g_{ij} 的变换方式——张量概念的一个模型

旧三重系 $\boldsymbol{e}_1, \boldsymbol{e}_2, \boldsymbol{e}_3$ 给出了量 $g_{ij}=\boldsymbol{e}_i \cdot \boldsymbol{e}_j$, $i, j=1, 2, 3$, 同样新三重系 $\boldsymbol{e}_{1'}, \boldsymbol{e}_{2'}, \boldsymbol{e}_{3'}$ 也给出了量 $g_{i'j'}=\boldsymbol{e}_{i'} \cdot \boldsymbol{e}_{j'}$, $i', j'=1, 2, 3$.

若 $\boldsymbol{e}_{i'}=a^j_{i'}\boldsymbol{e}_j$, $i'=1, 2, 3$, 那么这些 $g_{i'j'}$ 与那些 g_{ij} 是如何相关的?

在 $g_{i'j'}=\boldsymbol{e}_{i'} \cdot \boldsymbol{e}_{j'}$ 的右边,以 $\boldsymbol{e}_{i'}=a^l_{i'}\boldsymbol{e}_l$, $\boldsymbol{e}_{j'}=a^k_{j'}\boldsymbol{e}_k$ 代入,而有

$$g_{i'j'}=a^l_{i'}\boldsymbol{e}_l \cdot a^k_{j'}\boldsymbol{e}_k=a^l_{i'}a^k_{j'}g_{lk} \tag{6.22}$$

这就是度规 g_{ij}, $i, j=1, 2, 3$ 的变换法则. 可以这样说:

新度规 $g_{i'j'}$ 与旧度规 g_{ij} 以"模式 ***AA***"相关联. 图 6.5.1 明示了这种关联. 由此,我们把 g_{ij} 称为基本协变张量.

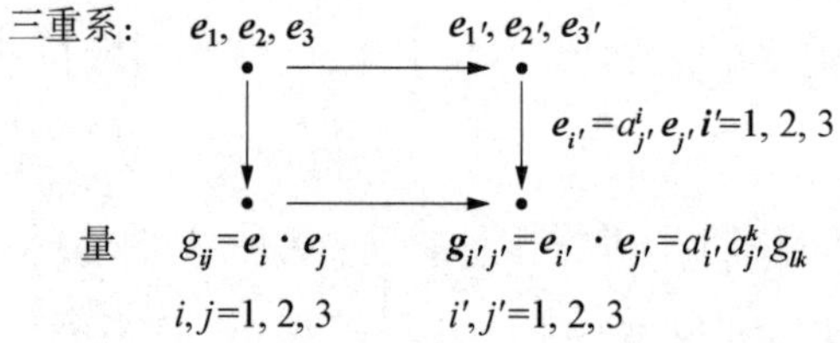

图 6.5.1

那么 g^{ij}, $i, j=1, 2, 3$ 又是怎样变换的呢?

§6.6　量 g^{ij} 的变换方式

我们在§5.4 中,由(g_{ij})的逆矩阵(g^{ij})而引入了 g^{ij}, $i, j=1, 2, 3$. 又在§5.6 中,证明了 $g^{ij}=\boldsymbol{e}^i \cdot \boldsymbol{e}^j$ (参见(5.29)). 这就把 g^{ij} 与对偶系联系在一

起了.

我们先在三重系 $\boldsymbol{e}_1$, $\boldsymbol{e}_2$, $\boldsymbol{e}_3$ 的对偶系 $\boldsymbol{e}^1$, $\boldsymbol{e}^2$, $\boldsymbol{e}^3$ 中构成

$$g^{i'j'}=\boldsymbol{e}^{i'}\cdot\boldsymbol{e}^{j'} \tag{6.23}$$

再以 $\boldsymbol{e}^{i'}=a^{i'}_l\boldsymbol{e}^l$, $\boldsymbol{e}^{j'}=a^{j'}_k\boldsymbol{e}^k$ 代入此式的右边,就有

$$g^{i'j'}=a^{i'}_l\boldsymbol{e}^l\cdot a^{j'}_k\boldsymbol{e}^k=a^{i'}_l a^{j'}_k g^{lk} \tag{6.24}$$

这是量 g^{ij} 的变换法则. 可以这样说:新量 $g^{i'j'}$ 与旧量 g^{ij} 以“模式 $(\boldsymbol{A}^T)^{-1}(\boldsymbol{A}^T)^{-1}$”相关联. 图 6.6.1 给出了这一关联. 由此,我们把 g^{ij} 称为**基本逆变张量**.

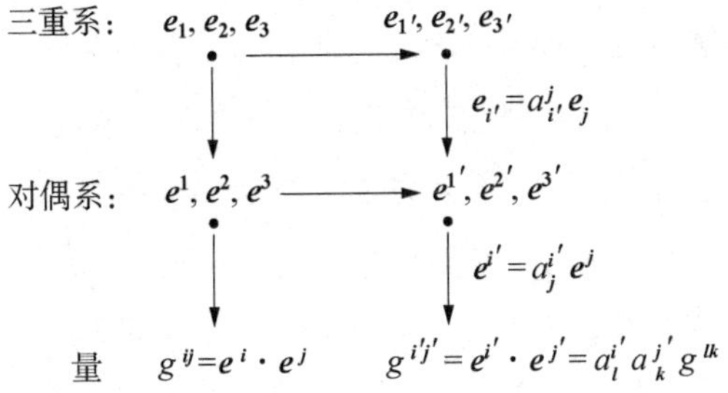

图 6.6.1

至此,我们已打下了很好的基础,可以开始定义和讨论三重系变换下的一般张量了.

第七章

三重系变换下的张量

§7.1　三重系变换下张量的定义

在§6.2和§6.3中我们得出了在$\boldsymbol{e}_1$，$\boldsymbol{e}_2$，$\boldsymbol{e}_3$下定义矢量$\boldsymbol{V}$的协变分量$v_i(=\boldsymbol{V}\cdot\boldsymbol{e}_i)$和逆变分量$v^i$在三重系变换$\boldsymbol{e}_{i'}=a_{i'}^{j}\boldsymbol{e}_j$下分别是以“模式$\boldsymbol{A}$”和“模式$(\boldsymbol{A}^T)^{-1}$”变换的. 而在§6.5和§6.6又表明了在$\boldsymbol{e}_1$，$\boldsymbol{e}_2$，$\boldsymbol{e}_3$下定义的$(g_{ij})$和$(g^{ij})(=(g_{ij})^{-1})$在三重系变换$\boldsymbol{e}_{i'}=a_{i'}^{j}\boldsymbol{e}_j$下分别是以“模式$\boldsymbol{AA}$”和“模式$(\boldsymbol{A}^T)^{-1}(\boldsymbol{A}^T)^{-1}$”变换的. 我们把量$\boldsymbol{V}\equiv(v^i)\equiv(v^1,v^2,v^3)$称为逆变矢量，或者1阶逆变张量，其中的上标$i$，$i=1,2,3$称为逆变指标；把量$\boldsymbol{V}'\equiv(v_i)\equiv(v_1,v_2,v_3)$称为协变矢量，或者1阶协变张量，其中的下标$i$，$i=1,2,3$称为协变指标.

相应地，对于$\boldsymbol{G}\equiv(g_{ij})$和$\boldsymbol{G}'\equiv(g^{ij})$就分别称为2阶协变张量和2阶逆变张量，而其中的下标i，j和上标i，j就分别称为协变指标和逆变指标.

例7.1.1　逆变1阶，协变1阶的混合张量. $\boldsymbol{T}=(T_j^i)$.

在$\boldsymbol{e}_1$，$\boldsymbol{e}_2$，$\boldsymbol{e}_3$下给出的量T_j^i，i，$j=1,2,3$，有1个逆变指标，1个协变指标，它在$\boldsymbol{e}_{1'}$，$\boldsymbol{e}_{2'}$，$\boldsymbol{e}_{3'}$下有相应的量$T_{j'}^{i'}$，i'，$j'=1,2,3$，且应满足以“模式$\boldsymbol{A}(\boldsymbol{A}^T)^{-1}$”变换，即

$$T_{j'}^{i'}=a_{j'}^{l}a_{k}^{i'}T_l^k \tag{7.1}$$

它是一个逆变1阶，协变1阶的2阶张量，它有2个指标：1个逆变指标，1个协变指标，共$3\times3=9$个分量.

以上述各例为模型，我们引入

定义7.1(三重系变换下的张量定义)　设量$\boldsymbol{T}$在坐标基矢$\boldsymbol{e}_1$，$\boldsymbol{e}_2$，$\boldsymbol{e}_3$下

的分量为 $T^{i_1\cdots i_p}_{j_1\cdots j_q}$，$1\leqslant i_1$，$\cdots i_p$；$j_1$，$j_2$，$\cdots j_q\leqslant 3$，而在坐标基矢 $\boldsymbol{e}_{1'}$，$\boldsymbol{e}_{2'}$，$\boldsymbol{e}_{3'}$ 下的分量为 $T^{i_{1'}\cdots i_{p'}}_{j_{1'}\cdots j_{q'}}$，$1\leqslant i_{1'}$，$\cdots i_{p'}$；$j_{1'}$，$j_{2'}\cdots j_{q'}\leqslant 3$，若 $\boldsymbol{e}_{i'}=a^j_{i'}\boldsymbol{e}_j$，则有

$$T^{i_{1'}\cdots i_{p'}}_{j_{1'}\cdots j_{q'}}=a^{l_1}_{j_{1'}}\cdots a^{l_q}_{j_{q'}}a^{i_{1'}}_{k_1}\cdots a^{i_{p'}}_{k_p}T^{k_1\cdots k_p}_{l_1\cdots l_q} \tag{7.2}$$

那么称量 $\boldsymbol{T}=(T^{i_1\cdots i_p}_{j_1\cdots j_q})$ 是一个逆变 p 阶，协变 q 阶的 $m=p+q$ 阶张量. 如果同时有 $p\neq 0$，$q\neq 0$，则称 $\boldsymbol{T}$ 为混合张量.

由于各指标均可取值 1，2，3，所以 m 阶张量共有 $3^m=3^p\cdot 3^q=3^{p+q}$ 个分量. 当两个张量具有相同的 p 和 q 时，则称它们是同类张量.

当 $q=0$ 时，有逆变 p 阶，协变 0 阶的张量，简称为(p 阶)逆变张量，如前面的 $\boldsymbol{V}=(v^i)$ 就是 1 阶逆变张量，即 1 阶逆变矢量，而 $\boldsymbol{G}'=(g^{ij})$ 就是 2 阶逆变张量. 当 $p=0$ 时，有逆变 0 阶，协变 q 阶的张量，简称为(q 阶)协变张量. 如前面的 $\boldsymbol{V}'=(v_i)$ 就是 1 阶协变张量，即 1 阶协变矢量，而 $\boldsymbol{G}=(g_{ij})$ 就是 2 阶协变张量，因此(g_{ij})称为度规张量.

当 $p=q=0$ 时，我们得到只有 1 个分量的张量即是标量或不变量.

例 7.1.2　如果在 $\boldsymbol{e}_1$，$\boldsymbol{e}_2$，$\boldsymbol{e}_3$ 中按(5.19)给出 δ^i_j，并假定它是一个混合 2 阶张量. 我们来研究它在 $\boldsymbol{e}_{1'}$，$\boldsymbol{e}_{2'}$，$\boldsymbol{e}_{3'}$ 中的分量. 由它是混合张量的假定，则它在 $\boldsymbol{e}_{1'}$，$\boldsymbol{e}_{2'}$，$\boldsymbol{e}_{3'}$ 中(参见例 7.1.1)为

$$a^l_{j'}a^{i'}_k\delta^k_l=a^l_{j'}a^{i'}_l=\delta^{i'}_{j'}$$

这表明如果我们在各三重系中都给定 δ^i_j，则它是一个混合 2 阶张量. 作为一个对比，由(5.19)定义的(δ_{ij})，(δ^{ij})都不是张量了(参见例 8.8.1)，因为此时 $a^l_{i'}a^k_{j'}\delta_{lk}=\sum\limits_{l=1}^{3}a^l_{i'}a^l_{j'}\neq\delta_{i'j'}$，$a^{i'}_l a^{j'}_k\delta^{lk}=\sum\limits_{l=1}^{3}a^{i'}_l a^{j'}_l\neq\delta^{i'j'}$.

这也说明了有指标的量不一定是张量. 张量是由(7.2)所示的变换性质严格要求的. 今后我们也会遇到其他一些有指标但不是张量的例子(参见§17.6，§20.10).

§7.2　三重系下张量的加法、减法、张量积和数乘

对张量定义的运算要使我们能从已知的张量产生新的张量.

(i) 张量的加法运算. 这是对于同类张量进行的一种运算. 例如，对 $\boldsymbol{R}=(R^{i_1}_{j_1j_2})$ 和 $\boldsymbol{S}=(S^{i_1}_{j_1j_2})$ 可定义 $\boldsymbol{T}=\boldsymbol{R}+\boldsymbol{S}=(T^{i_1}_{j_1j_2})$，其中

$$T^{i_1}_{j_1j_2}=R^{i_1}_{j_1j_2}+S^{i_1}_{j_1j_2} \tag{7.3}$$

从 $R^{i_{1'}}_{j_{1'}j_{2'}}=a^{k_1}_{j_{1'}}a^{k_2}_{j_{2'}}a^{i_{1'}}_{l_1}R^{l_1}_{k_1k_2}$，$S^{i_{1'}}_{j_{1'}j_{2'}}=a^{k_1}_{j_{1'}}a^{k_2}_{j_{2'}}a^{i_{1'}}_{l_1}S^{l_1}_{k_1k_2}$

有

$$T^{i_{1'}}_{j_{1'}j_{2'}}\equiv R^{i_{1'}}_{j_{1'}j_{2'}}+S^{i_{1'}}_{j_{1'}j_{2'}}=a^{k_1}_{j_{1'}}a^{k_2}_{j_{2'}}a^{i_{1'}}_{l_1}(R^{l_1}_{k_1k_2}+S^{l_1}_{k_1k_2}) \tag{7.4}$$

可知量 $\boldsymbol{T}=\boldsymbol{R}+\boldsymbol{S}$ 是同类的张量，称为 $\boldsymbol{R}$ 和 $\boldsymbol{S}$ 之和.

(ii) 张量的减法运算. 也是对同类张量进行的一种运算. 例如对上述 $\boldsymbol{R}$ 和 $\boldsymbol{S}$，定义 $\boldsymbol{T}=\boldsymbol{R}-\boldsymbol{S}=(T^{i_1}_{j_1j_2})$，其中

$$T^{i_1}_{j_1j_2}=R^{i_1}_{j_1j_2}-S^{i_1}_{j_1j_2} \tag{7.5}$$

得出同类张量 $\boldsymbol{T}=\boldsymbol{R}-\boldsymbol{S}$，称为 $\boldsymbol{R}$ 和 $\boldsymbol{S}$ 之差.

(iii) 张量的张量积. 例如，对于 $\boldsymbol{R}=(R_{j_1j_2})$，$\boldsymbol{S}=(S^{i_1}_{l_1})$ 给出 $\boldsymbol{T}=\boldsymbol{R}\otimes\boldsymbol{S}=(T^{i_1}_{j_1j_2l_1})$，其中

$$T^{i_1}_{j_1j_2l_1}=R_{j_1j_2}S^{i_1}_{l_1} \tag{7.6}$$

从 $R_{j_{1'}j_{2'}}=a^{i_1}_{j_{1'}}a^{i_2}_{j_{2'}}R_{i_1i_2}$，$S^{i_{1'}}_{l_{1'}}=a^{k_1}_{l_{1'}}a^{i_{1'}}_{t_1}S^{t_1}_{k_1}$ 不难得出

$$T^{i_{1'}}_{j_{1'}j_{2'}l_{1'}}=a^{i_1}_{j_{1'}}a^{i_2}_{j_{2'}}a^{k_1}_{l_{1'}}a^{i_{1'}}_{l_1}T^{t_1}_{i_1i_2k_1} \tag{7.7}$$

即 $\boldsymbol{T}=\boldsymbol{R}\otimes\boldsymbol{S}$ 是一个逆变1阶，协变3阶的张量，称为 $\boldsymbol{R}$ 和 $\boldsymbol{S}$ 之张量积.

不难证明张量积运算满足结合律，交换律以及对加法的分配律.

例 7.2.1 设 $k\in\mathbf{R}$，则从 k 是0阶张量，即标量，那么对 k 与张量 $\boldsymbol{T}$ 定义的上述张量积即是数量 k 与张量 $\boldsymbol{T}$ 的数乘. 如 $\boldsymbol{T}=(T^i_j)$，则 $k\otimes\boldsymbol{T}=k\boldsymbol{T}=(kT^i_j)$.

§7.3 张量的缩并

对一个 $p\neq 0$，$q\neq 0$ 的张量，如果令它的一个逆变指标与一个协变指标

都等于同一哑标，而对它们求和，即应用爱因斯坦规约，那么我们就可以给出一个新张量，称为对这对指标的缩并.

例如，对张量 $\boldsymbol{R}=(R^{i_1}_{j_1j_2j_3})$，令 $i_1=j_1=j$，则有张量 $(R^{j}_{jj_2j_3})$.

这是因为从 $R^{i_1}_{j_1j_2j_3}$ 的变换式

$$R^{i_{1'}}_{j_{1'}j_{2'}j_{3'}}=a^{k_1}_{j_{1'}}a^{k_2}_{j_{2'}}a^{k_3}_{j_{3'}}a^{i_{1'}}_{l_1}R^{l_1}_{k_1k_2k_3} \tag{7.8}$$

就有

$$R^{j'}_{j'j_{2'}j_{3'}}=a^{k_1}_{j'}a^{k_2}_{j_{2'}}a^{k_3}_{j_{3'}}a^{j'}_{l_1}R^{l_1}_{k_1k_2k_3} \tag{7.9}$$

$$=\delta^{k_1}_{l_1}a^{k_2}_{j_{2'}}a^{k_3}_{j_{3'}}R^{l_1}_{k_1k_2k_3}$$

$$=a^{k_2}_{j_{2'}}a^{k_3}_{j_{3'}}R^{k_1}_{k_1k_2k_3} \tag{7.10}$$

其中用到了 $a^{k_1}_{j'}a^{j'}_{l_1}=\delta^{k_1}_{l_1}$，$\delta^{k_1}_{l_1}R^{l_1}_{k_1k_2k_3}=R^{k_1}_{k_1k_2k_3}$.

对于由缩并而得出的张量，如果有必要的话，我们对它还能继续进行缩并.

对于逆变 p 阶，协变 q 阶的张量经 1 次缩并后得出一个逆变 $p-1$ 阶，协变 $q-1$ 阶的新张量. 再者，由于有 p 个逆变指标，以及 q 个协变指标可供选取，因此会有 pq 个不同的缩并结果. 不过，如果某些指标有对称性(参见§7.6)，则就会有相同结果.

例 7.3.1　设 $\boldsymbol{T}=(T^i_{jk})$，而用缩并构成 $\boldsymbol{U}=(u_k)\equiv(T^i_{ik})$，$\boldsymbol{V}=(v_j)\equiv(T^i_{ji})$. 如果 $T^i_{jk}=T^i_{kj}$，$i, j, k=1, 2, 3$，则容易证明 $u_i=v_i$，$i=1, 2, 3$，即 $\boldsymbol{U}=\boldsymbol{V}$.

§7.4　张量的内积运算

对于 $\boldsymbol{S}=(S^{i_1i_2\cdots i_p}_{j_1j_2\cdots j_q})$，$\boldsymbol{T}=(T^{k_1k_2\cdots k_r}_{l_1l_2\cdots l_s})$，我们先构成 $\boldsymbol{S}\otimes\boldsymbol{T}$，然后再对 $\boldsymbol{S}\otimes\boldsymbol{T}$ 中 $\boldsymbol{S}$(或 $\boldsymbol{T}$)的一个逆变指标和 $\boldsymbol{T}$(或 $\boldsymbol{S}$)的一个协变指标缩并而得出的新张量称为 $\boldsymbol{S}$，$\boldsymbol{T}$ 的一个内积，记为 $\boldsymbol{S}\cdot\boldsymbol{T}$.

由上述可知 $\boldsymbol{S}$，$\boldsymbol{T}$ 一共有 $ps+rq$ 个内积，它们都是逆变 $p+r-1$ 阶，协变 $q+s-1$ 阶的张量.

例 7.4.1 从逆变矢量 $\boldsymbol{V}=(v^i)$ 和协变矢量 $\boldsymbol{U}=(u_i)$ (参见§7.1)能构成它们的内积,即不变量 $v^i u_i = v^1 u_1 + v^2 u_2 + v^3 u_3$. 为了识别这个与三重系选取无关的量,我们取右手直角系的基矢 $\boldsymbol{i}, \boldsymbol{j}, \boldsymbol{k}$. 此时我们不必区别逆变与协变,即 $v^1=v_1$, $v^2=v_2$, $v^3=v_3$(参见例 5.8.1). 因此该内积就等于 $v_1u_1+v_2u_2+v_3u_3$,即§3.1 定义的矢量的内积 $\boldsymbol{V}\cdot\boldsymbol{U}$(参见(3.11)). 所以张量的内积运算是矢量内积的推广. 不难证明,张量的内积运算满足结合律,交换律以及对加法的分配律.

至此,我们看到矢量代数中的数乘,加法,减法,以及内积运算都在张量的框架中得到了推广. 不过,矢量代数中还有矢量积运算,而张量代数中有张量积运算. 二者之间有关联么? 如果有,又是怎样联系呢? 这些课题,我们将在§7.7 作出研究.

§7.5 张量的商法则

商法则说的是:如果量 $\boldsymbol{X}$ 与一个任意的已知的张量的内积是一个张量,那么我们就能断言 $\boldsymbol{X}$ 是一个张量.

我们通过一个具体的例子来说明这一法则. 例如说,有一个 2 个指标的量 S_{ij}, $i, j=1, 2, 3$, 我们并不知道它是否是一个张量. 如果此时对任意逆变矢量 $\boldsymbol{V}=(v^i)$, 用内积运算构成 $T_i=S_{ik}v^k$, 而能证明 T_i 是一个张量,那么量 $\boldsymbol{S}=(S_{ij})$ 就是一个张量. 这是因为从 v^i 是张量,以及 T_i 是张量就分别有

$$\begin{aligned} &v^{k'}=a^{k'}_l v^l \\ &T_{i'}\equiv S_{i'k'}v^{k'}=a^j_{i'}T_j=a^j_{i'}S_{jl}v^l \end{aligned} \tag{7.11}$$

于是有

$$S_{i'k'}a^{k'}_l v^l=a^j_{i'}S_{jl}v^l \tag{7.12}$$

因为其中 v^l 是任意的,这就给出

$$S_{i'k'}a^{k'}_l=a^j_{i'}S_{jl} \tag{7.13}$$

用 $a^l_{m'}$ 乘等式两边,并对 l 求和,则(7.13)左边给出

$$S_{i'k'}a^{k'}_l a^l_{m'}=S_{i'k'}\delta^{k'}_{m'}=S_{i'm'} \tag{7.14}$$

而右边给出

$$a_{i'}^{j}S_{jl}a_{m'}^{l}=a_{i'}^{j}a_{m'}^{l}S_{jl} \tag{7.15}$$

所以最后有

$$S_{i'm'}=a_{i'}^{j}a_{m'}^{l}S_{jl} \tag{7.16}$$

这就表明了量 $\boldsymbol{S}=(S_{ij})$ 是一个张量.

例 7.5.1 用商法则证明 $\boldsymbol{G}'=(g^{ij})$ 是一个张量.

对于任意矢量 $\boldsymbol{V}$,我们已知由 $\boldsymbol{V}=v^{i}\boldsymbol{e}_{i}=v_{i}\boldsymbol{e}^{i}$,给出的 v^1, v^2, v^3 是 $\boldsymbol{V}$ 的逆变分量,而 v_1, v_2, v_3 是它的协变分量,而 $v^{j}=g^{ji}v_{i}$(参见(5.42)). 于是商法则就告诉我们 $\boldsymbol{G}'=(g^{ij})$ 是一个逆变 2 阶张量.

§7.6 相伴张量、对称张量、反对称张量

从(5.41),(5.42)有

$$v^{i}=g^{ij}v_{j}, \quad v_{i}=g_{ij}v^{j} \tag{7.17}$$

这里的 v^{i}, v_{i}, $i=1, 2, 3$ 分别是同一客观矢量 $\boldsymbol{V}$ 的两个不同表示:逆变分量表示和协变分量表示,而这里 g_{ij}, g^{ij} 通过内积运算起到了下降或上升指标的作用.

更一般地,如果两个张量的分量能通过 g_{ij}, g^{ij} 用这样的方式联系起来,例如 $T_{ijk}=S_{ij}^{l}g_{lk}$,则称它们是**相伴的**. 它们是同一数学或物理对象的不同表示. 因此 v^{i}, v_{i} 是相伴的. 称一个张量关于它的两个逆变(或协变)指标是**对称的**,如果在这两个指标的互换下分量不变;如果一个张量关于它的任意两个逆变指标以及任意两个协变指标都是对称的,则称该张量是对称的. 当然这些定义要有意义,还必须证明它们与坐标系的选取无关. 例如说在某一个三重系 $\boldsymbol{e}_1$, $\boldsymbol{e}_2$, $\boldsymbol{e}_3$ 中张量 $\boldsymbol{T}$ 的分量 T_{ij}^{k} 满足 $T_{ij}^{k}=T_{ji}^{k}$, i, j, $k=1, 2, 3$,那么在任意 $\boldsymbol{e}_{1'}$, $\boldsymbol{e}_{2'}$, $\boldsymbol{e}_{3'}$ 中,由

$$T_{j'k'}^{i'}=a_{j'}^{l}a_{k'}^{m}a_{p}^{i'}T_{lm}^{p}=a_{j'}^{l}a_{k'}^{m}a_{p}^{i'}T_{ml}^{p}=T_{k'j'}^{i'} \tag{7.18}$$

可知,它对协变指标也是对称的.

对于指标的反对性有类似的一些定义，只是在互换指标时分量应改变符号. 例如，若有

$$T^{i}_{jk} = -T^{i}_{kj},\ i,\ j,\ k = 1,\ 2,\ 3 \tag{7.19}$$

则该张量对它的两个协变指标是反对称的.

§7.7 从张量的运算看矢量的矢量积

为简便之计，我们在右手直角坐标系下讨论，取 $\boldsymbol{e}_1 = \boldsymbol{i}$，$\boldsymbol{e}_2 = \boldsymbol{j}$，$\boldsymbol{e}_3 = \boldsymbol{k}$. 设有两个矢量 $\boldsymbol{A} = a_1\boldsymbol{i} + a_2\boldsymbol{j} + a_3\boldsymbol{k}$，$\boldsymbol{B} = b_1\boldsymbol{i} + b_2\boldsymbol{j} + b_3\boldsymbol{k}$，由此我们能用张量的张量积构成 $\boldsymbol{A} \otimes \boldsymbol{B} = (a_ib_j)$ 和 $\boldsymbol{B} \otimes \boldsymbol{A} = (b_ia_j)$. 再利用张量的减法构成

$$\boldsymbol{C} = (c_{ij}) \equiv \boldsymbol{A} \otimes \boldsymbol{B} - \boldsymbol{B} \otimes \boldsymbol{A} \tag{7.20}$$

详细地写出来，即有

$$\begin{aligned}
&c_{11} = a_1b_1 - b_1a_1 = 0,\ c_{22} = a_2b_2 - b_2a_2 = 0,\ c_{33} = a_3b_3 - b_3a_3 = 0\\
&c_{12} = a_1b_2 - b_1a_2 = -c_{21}\\
&c_{13} = a_1b_3 - a_3b_1 = -c_{31}\\
&c_{23} = a_2b_3 - b_2a_3 = -c_{32}
\end{aligned} \tag{7.21}$$

把它们写成 3×3 的矩阵形式，即是

$$(c_{ij}) = \begin{pmatrix} 0 & c_{12} & -c_{31} \\ -c_{12} & 0 & c_{23} \\ c_{31} & -c_{23} & 0 \end{pmatrix} \tag{7.22}$$

$\boldsymbol{C} = \boldsymbol{A} \otimes \boldsymbol{B} - \boldsymbol{B} \otimes \boldsymbol{A}$ 是一个反对称的 2 阶张量. 它的独立元为 c_{23}，c_{31}，c_{12}. 若记

$$\begin{aligned}
c_1 &= c_{23} = a_2b_3 - b_2a_3\\
c_2 &= c_{31} = a_3b_1 - b_3a_1\\
c_3 &= c_{12} = a_1b_2 - b_1a_2
\end{aligned} \tag{7.23}$$

则它们给出的矢量正是由 $\boldsymbol{A}$，$\boldsymbol{B}$ 给出的矢量积 $\boldsymbol{A}\times\boldsymbol{B}$（参见(3.24)）.

这一章中讨论的张量是三重系到三重系的变换下的张量，这就要求变换的过渡矩阵的行列式大于零. 在下一章，我们将讨论正交变换下的张量——笛卡儿张量. 这也是一个有丰富内容且有重要应用的课题.

第八章

三维空间正交变换下的张量——笛卡儿张量

§8.1　三维空间中的正交归一基

设三维空间中的矢量 $\boldsymbol{e}_1$, $\boldsymbol{e}_2$, $\boldsymbol{e}_3$ 构成一个正交归一基,即 $\boldsymbol{e}_1$, $\boldsymbol{e}_2$, $\boldsymbol{e}_3$ 的大小都等于1,且它们相互垂直,即 $\boldsymbol{e}_i \cdot \boldsymbol{e}_j = \delta_{ij}$. 由(4.8)可得 $[\boldsymbol{e}_1, \boldsymbol{e}_2, \boldsymbol{e}_3]^2 = 1$, 而当 $[\boldsymbol{e}_1, \boldsymbol{e}_2, \boldsymbol{e}_3] = 1$, $\boldsymbol{e}_1$, $\boldsymbol{e}_2$, $\boldsymbol{e}_3$ 成右手系,如图 2.6.1 中的 $\boldsymbol{i}$, $\boldsymbol{j}$, $\boldsymbol{k}$; 当 $[\boldsymbol{e}_1\, \boldsymbol{e}_2\, \boldsymbol{e}_3] = -1$ 时, $\boldsymbol{e}_1$, $\boldsymbol{e}_2$, $\boldsymbol{e}_3$ 成左手系,如图 3.7.1 中的 $\boldsymbol{i}'$, $\boldsymbol{j}'$, $\boldsymbol{k}'$(参见例 4.5.1).

由 $\boldsymbol{e}_i \cdot \boldsymbol{e}_j = \delta_{ij}$,可知此时(5.5) 中的 $g_{ij} = \delta_{ij}$,或$(g_{ij}) = \boldsymbol{I}_3$. 所以$(g^{ij}) = \boldsymbol{I}_3$,或 $g^{ij} = \delta^{ij}$. 因此,由(5.23) 给出的对偶系 $\boldsymbol{e}^i = g^{ij}\boldsymbol{e}_j = \delta^{ij}\boldsymbol{e}_j = \boldsymbol{e}_i$, $i = 1, 2, 3$. 这就得出 $\boldsymbol{e}_1$, $\boldsymbol{e}_2$, $\boldsymbol{e}_3$ 是自对偶的(参见例 5.5.1). 由此对任意矢量 $\boldsymbol{V} = v^1\boldsymbol{e}_1 + v^2\boldsymbol{e}_2 + v^3\boldsymbol{e}_3 = v_1\boldsymbol{e}^1 + v_2\boldsymbol{e}^2 + v_3\boldsymbol{e}^3$,就有 $v^1 = v_1$, $v^2 = v_2$, $v^3 = v_3$. 于是就没有逆变与协变的区别了. 因此,我们在下面就用下标,而不用上标了. 不过,仍用爱因斯坦规约,即对重复的下标求和.

§8.2　三维空间中的正交变换

我们讨论正交归一基 $\boldsymbol{e}_1$, $\boldsymbol{e}_2$, $\boldsymbol{e}_3$ 到正交归一基 $\boldsymbol{e}_{1'}$, $\boldsymbol{e}_{2'}$, $\boldsymbol{e}_{3'}$ 的线性变换,称为正交变换:

$$\begin{aligned} \boldsymbol{e}_{1'} &= a_{1'1}\boldsymbol{e}_1 + a_{1'2}\boldsymbol{e}_2 + a_{1'3}\boldsymbol{e}_3 \\ \boldsymbol{e}_{2'} &= a_{2'1}\boldsymbol{e}_1 + a_{2'2}\boldsymbol{e}_2 + a_{2'3}\boldsymbol{e}_3 \\ \boldsymbol{e}_{3'} &= a_{3'1}\boldsymbol{e}_1 + a_{3'2}\boldsymbol{e}_2 + a_{3'3}\boldsymbol{e}_3 \end{aligned} \tag{8.1}$$

写成矩阵形式则有

$$\begin{pmatrix} \boldsymbol{e}_{1'} \\ \boldsymbol{e}_{2'} \\ \boldsymbol{e}_{3'} \end{pmatrix} = \begin{pmatrix} a_{1'1} & a_{1'2} & a_{1'3} \\ a_{2'1} & a_{2'2} & a_{2'3} \\ a_{3'1} & a_{3'2} & a_{3'3} \end{pmatrix} \begin{pmatrix} \boldsymbol{e}_1 \\ \boldsymbol{e}_2 \\ \boldsymbol{e}_3 \end{pmatrix} \equiv \boldsymbol{A} \begin{pmatrix} \boldsymbol{e}_1 \\ \boldsymbol{e}_2 \\ \boldsymbol{e}_3 \end{pmatrix} \tag{8.2}$$

利用 $\boldsymbol{e}_{i'} \cdot \boldsymbol{e}_{j'} = \delta_{i'j'}$，有

$$\boldsymbol{e}_{i'} \cdot \boldsymbol{e}_{j'} = \Big(\sum_{j=1}^{3} a_{i'j}\boldsymbol{e}_j\Big)\Big(\sum_{k=1}^{3} a_{j'k}\boldsymbol{e}_k\Big) = (a_{i'j}\boldsymbol{e}_j)(a_{j'k}\boldsymbol{e}_k) = a_{i'j}a_{j'k}\delta_{jk} = a_{i'k}a_{j'k} = \delta_{i'j'} \tag{8.3}$$

这表明

$$\begin{pmatrix} a_{1'1} & a_{1'2} & a_{1'3} \\ a_{2'1} & a_{2'2} & a_{2'3} \\ a_{3'1} & a_{3'2} & a_{3'3} \end{pmatrix} \begin{pmatrix} a_{1'1} & a_{2'1} & a_{3'1} \\ a_{1'2} & a_{2'2} & a_{3'2} \\ a_{1'3} & a_{2'3} & a_{3'3} \end{pmatrix} = \boldsymbol{I}_3 \tag{8.4}$$

也即

$$\boldsymbol{A}\boldsymbol{A}^T = \boldsymbol{I}_3 \quad (a_{i'k}a_{j'k} = \delta_{i'j'}) \tag{8.5}$$

这表明 $\boldsymbol{A}$ 是一个正交矩阵. 反过来，若 $\boldsymbol{A}$ 是一个正交矩阵，由(8.1)给出的 $\boldsymbol{e}_{1'}$，$\boldsymbol{e}_{2'}$，$\boldsymbol{e}_{3'}$，由(8.3)可见，必定是一个正交归一基.

作为一个对比，§6.1 中研究的三重系之间的变换，是由行列式大于零的 3×3 过渡矩阵相关联的，而现在所讨论的正交归一基之间的变换是由 3×3 的正交矩阵实现的.

例 8.2.1　从 $\boldsymbol{A}\boldsymbol{A}^T = \boldsymbol{I}_3$，有 $\boldsymbol{A}^T\boldsymbol{A} = \boldsymbol{I}_3$，$\boldsymbol{A}^T = \boldsymbol{A}^{-1}$，以及 $\boldsymbol{A} = (\boldsymbol{A}^T)^{-1}$. 因此以"模式 $\boldsymbol{A}$"相关联与以"模式 $(\boldsymbol{A}^T)^{-1}$"相关联是一致的(参见 §6.2，§6.3). 这又一次说明了在正交归一基以及正交变换的框架下，没有逆变和协变之区分.

例 8.2.2　由 $\boldsymbol{A}\boldsymbol{A}^T = \boldsymbol{I}_3$，有 $|\boldsymbol{A}|\,|\boldsymbol{A}^T| = |\boldsymbol{A}|^2 = 1$，因此 $|\boldsymbol{A}| = \pm 1$. 同时由例 4.4.2 可知

$$[\boldsymbol{e}_{1'}\ \boldsymbol{e}_{2'}\ \boldsymbol{e}_{3'}] = |\boldsymbol{A}|\,[\boldsymbol{e}_1\ \boldsymbol{e}_2\ \boldsymbol{e}_3]$$

因此当 $|\boldsymbol{A}| = -1$ 时，该正交变换改变 $\boldsymbol{e}_1$，$\boldsymbol{e}_2$，$\boldsymbol{e}_3$ 的定向(或手征性)，即 $\boldsymbol{e}_1$，

$\boldsymbol{e}_2$，$\boldsymbol{e}_3$ 是右(左)手系，则 $\boldsymbol{e}_{1'}$，$\boldsymbol{e}_{2'}$，$\boldsymbol{e}_{3'}$ 是左(右)手系，而当 $|\boldsymbol{A}|=+1$ 时，$\boldsymbol{e}_1$，$\boldsymbol{e}_2$，$\boldsymbol{e}_3$ 与 $\boldsymbol{e}_{1'}$，$\boldsymbol{e}_{2'}$，$\boldsymbol{e}_{3'}$ 同为右手系或左手系.

§8.3　正交变换的几何意义——保持矢量的内积不变

对于矢量 $\boldsymbol{a}=a_1\boldsymbol{e}_1+a_2\boldsymbol{e}_2+a_3\boldsymbol{e}_3=a_{1'}\boldsymbol{e}_{1'}+a_{2'}\boldsymbol{e}_{2'}+a_{3'}\boldsymbol{e}_{3'}$，以及 $\boldsymbol{b}=b_1\boldsymbol{e}_1+b_2\boldsymbol{e}_2+b_3\boldsymbol{e}_3=b_{1'}\boldsymbol{e}_{1'}+b_{2'}\boldsymbol{e}_{2'}+b_{3'}\boldsymbol{e}_{3'}$，

类似于从(6.4)得出(6.18)，我们现在从(8.2)得出

$$\begin{pmatrix}a_{1'}\\a_{2'}\\a_{3'}\end{pmatrix}=\boldsymbol{A}\begin{pmatrix}a_1\\a_2\\a_3\end{pmatrix},\quad\begin{pmatrix}b_{1'}\\b_{2'}\\b_{3'}\end{pmatrix}=\boldsymbol{A}\begin{pmatrix}b_1\\b_2\\b_3\end{pmatrix}\tag{8.6}$$

于是

$$(a_{1'}\ a_{2'}\ a_{3'})\begin{pmatrix}b_{1'}\\b_{2'}\\b_{3'}\end{pmatrix}=(a_1\ a_2\ a_3)\boldsymbol{A}^T\boldsymbol{A}\begin{pmatrix}b_1\\b_2\\b_3\end{pmatrix}=(a_1\ a_2\ a_3)\begin{pmatrix}b_1\\b_2\\b_3\end{pmatrix}\tag{8.7}$$

即若 $\boldsymbol{A}^T\boldsymbol{A}=\boldsymbol{I}_3$，那么 $\boldsymbol{a}\cdot\boldsymbol{b}$ 就是一个正交变换下的不变量. 反过来，如果任意矢量 $\boldsymbol{a}$，$\boldsymbol{b}$ 的内积 $\boldsymbol{a}\cdot\boldsymbol{b}$ 在(8.2)下不变，那么由(8.7)可得 $\boldsymbol{A}^T\boldsymbol{A}=\boldsymbol{I}_3$，即(8.2)是一个正交变换. 换言之，使任意矢量 $\boldsymbol{a}$，$\boldsymbol{b}$ 的内积 $\boldsymbol{a}\cdot\boldsymbol{b}$ 不变是(8.2)是正交变换的充要条件. 于是正交变换也保持矢量的大小不变了，即

$$a_{1'}^2+a_{2'}^2+a_{3'}^2=a_1^2+a_2^2+a_3^2\tag{8.8}$$

例 8.3.1　证明(8.8)式，并作扩展.

从(8.6)

$$\begin{pmatrix}a_{1'}\\a_{2'}\\a_{3'}\end{pmatrix}=\boldsymbol{A}\begin{pmatrix}a_1\\a_2\\a_3\end{pmatrix}$$

有

$$(a_{1'}\ a_{2'}\ a_{3'})=(a_1\ a_2\ a_3)\boldsymbol{A}^T$$

因此

$$a_{1'}^2+a_{2'}^2+a_{3'}^2=(a_{1'}\ a_{2'}\ a_{3'})\begin{pmatrix}a_{1'}\\a_{2'}\\a_{3'}\end{pmatrix}=(a_1\ a_2\ a_3)\boldsymbol{A}^T\boldsymbol{A}\begin{pmatrix}a_1\\a_2\\a_3\end{pmatrix}$$

$$=(a_1\ a_2\ a_3)\begin{pmatrix}a_1\\a_2\\a_3\end{pmatrix}=a_1^2+a_2^2+a_3^2.$$

把(8.6)写成求和式，且引入 $x_1=a_1$，$x_2=a_2$，$x_3=a_3$；$x_{1'}=a_{1'}$，$x_{2'}=a_{2'}$，$x_{3'}=a_{3'}$ 则有

$$x_{i'}=\sum_j a_{i'j}x_j,\ i'=1',\ 2',\ 3'$$

于是有

$$\mathrm{d}x_{i'}=\sum_j a_{i'j}\,\mathrm{d}x_j$$

针对这一等式，若 $\boldsymbol{A}^T\boldsymbol{A}=\boldsymbol{I}_3$，利用上面的方法，便能得出

$$(\mathrm{d}x_{1'})^2+(\mathrm{d}x_{2'})^2+(\mathrm{d}x_{3'})^2=(\mathrm{d}x_1)^2+(\mathrm{d}x_2)^2+(\mathrm{d}x_3)^2$$

这种类型的表达式下文中会用到(参见(10.13)，(20.15))。

§8.4　正交变换的一些特殊元：转动、镜面反射、反演变换

我们把三维空间中所有正交变换所构成的集合记为 $O(3)$，于是用矩阵来描述就有

$$O(3)=\{\boldsymbol{A}=(a_{ij}),\ i,\ j=1,\ 2,\ 3\mid \boldsymbol{A}^T\boldsymbol{A}=\boldsymbol{I}_3\} \tag{8.9}$$

这里的 O 是 orthogonal(正交的)一词的首字母. 由 $|\boldsymbol{A}|=\pm1$(参见例 8.2.2)，我们有 $O(3)$的一个特别子集

$$SO(3)=\{\boldsymbol{A}\mid \boldsymbol{A}\in O(3),\ |\boldsymbol{A}|=1\} \tag{8.10}$$

这里的 S 是 special(特殊的)一词的首字母. $SO(3)$中的元称为**转动**(参

见图8.5.1,图8.7.1).

如果 $|\boldsymbol{A}|=-1$,则定义$\boldsymbol{A}'=(-\boldsymbol{I}_3)\boldsymbol{A}$,有$|(-\boldsymbol{I}_3)\boldsymbol{A}|=1$,即$\boldsymbol{A}'=-\boldsymbol{I}_3\boldsymbol{A}\in SO(3)$,从而$\boldsymbol{A}=(-\boldsymbol{I}_3)\boldsymbol{A}'$, 于是有

$$O(3)=SO(3)\cup(-\boldsymbol{I}_3)SO(3) \tag{8.11}$$

$-\boldsymbol{I}_3$ 当然也是正交变换,根据(8.1),它就是

$$\boldsymbol{e}_{1'}=-\boldsymbol{e}_1,\ \boldsymbol{e}_{2'}=-\boldsymbol{e}_2,\ \boldsymbol{e}_{3'}=-\boldsymbol{e}_3 \tag{8.12}$$

我们把它称为**反演变换**.当然下列过渡矩阵

$$\begin{aligned}
&\begin{pmatrix}-1&0&0\\0&1&0\\0&0&1\end{pmatrix}:\ \boldsymbol{e}_{1'}=-\boldsymbol{e}_1,\ \boldsymbol{e}_{2'}=\boldsymbol{e}_2,\ \boldsymbol{e}_{3'}=\boldsymbol{e}_3\\
&\begin{pmatrix}1&0&0\\0&-1&0\\0&0&1\end{pmatrix}:\ \boldsymbol{e}_{1'}=\boldsymbol{e}_1,\ \boldsymbol{e}_{2'}=-\boldsymbol{e}_2,\ \boldsymbol{e}_{3'}=\boldsymbol{e}_3\\
&\begin{pmatrix}1&0&0\\0&1&0\\0&0&-1\end{pmatrix}:\ \boldsymbol{e}_{1'}=\boldsymbol{e}_1,\ \boldsymbol{e}_{2'}=\boldsymbol{e}_2,\ \boldsymbol{e}_{3'}=-\boldsymbol{e}_3
\end{aligned} \tag{8.13}$$

都属于$O(3)$的$(-\boldsymbol{I}_3)SO(3)$的那一支.它们分别是关于$\boldsymbol{e}_2$, $\boldsymbol{e}_3$平面的,关于$\boldsymbol{e}_1$, $\boldsymbol{e}_3$平面的,关于$\boldsymbol{e}_1$, $\boldsymbol{e}_2$平面的**镜面反射**.显然$SO(3)$中的元(真转动)不改变坐标系的定向,而$(-\boldsymbol{I}_3)SO(3)$中的元(非真转动)都改变坐标系的定向.

下面我们主要讨论转动,因为$(-\boldsymbol{I}_3)SO(3)$中的元只是转动后再进行一次反演而已.另外,我们为明确起见,从右手系出发讨论,在必要时再转换到左手系.

在下一节中,我们先从二维空间着手,先形成一个概念,再扩展到三维中去.

§8.5 二维空间中转动的矩阵表示和矢量

在图8.5.1中,坐标基矢$\boldsymbol{i}$, $\boldsymbol{j}$以点O为转动中心按逆时针转动了角θ,而

得到坐标基矢 $\boldsymbol{i}'$, $\boldsymbol{j}'$. 此时 $\boldsymbol{i}'$, $\boldsymbol{j}'$的方向余弦分别为$(\cos\theta,\ \sin\theta)$与$(-\sin\theta,\ \cos\theta)$. 因此,有

$$\begin{pmatrix}\boldsymbol{i}'\\ \boldsymbol{j}'\end{pmatrix}=\begin{pmatrix}\cos\theta & \sin\theta\\ -\sin\theta & \cos\theta\end{pmatrix}\begin{pmatrix}\boldsymbol{i}\\ \boldsymbol{j}\end{pmatrix} \tag{8.14}$$

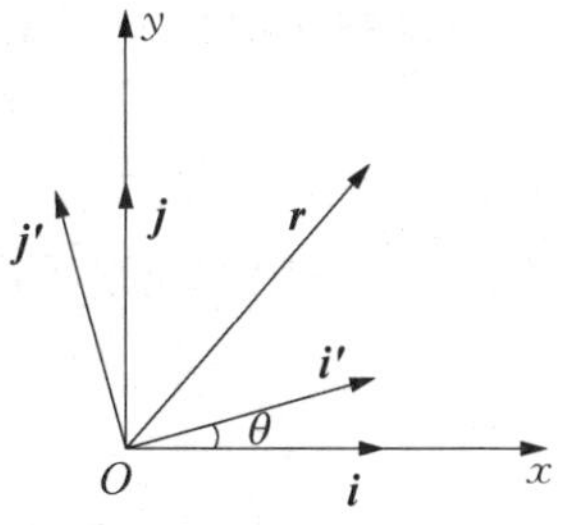

图 8.5.1

对于图中的矢量 $\boldsymbol{r}$,分别在正交归一基 $\boldsymbol{i}$, $\boldsymbol{j}$ 和 $\boldsymbol{i}'$, $\boldsymbol{j}'$中线性展开,则有

$$\boldsymbol{r}=x\boldsymbol{i}+y\boldsymbol{j}=x'\boldsymbol{i}'+y'\boldsymbol{j}' \tag{8.15}$$

于是,利用(8.14),很容易得出

$$\begin{pmatrix}x'\\ y'\end{pmatrix}=\begin{pmatrix}\cos\theta & \sin\theta\\ -\sin\theta & \cos\theta\end{pmatrix}\begin{pmatrix}x\\ y\end{pmatrix} \tag{8.16}$$

至此,我们不再说矢量是一个"有大小,又有方向的量"*,而可以用变换的观点作下列定义:矢量 $\boldsymbol{r}$ 是一个客观量,它在基 $\boldsymbol{i}$, $\boldsymbol{j}$ 与基 $\boldsymbol{i}'$, $\boldsymbol{j}'$中的分量如果分别是 x, y 与 x', y',那么当(8.14)成立时,这两个分量应以(8.16)相联系.

(8.14)中过渡矩阵的全体,给出了

$$SO(2)=\left\{\begin{pmatrix}\cos\theta & \sin\theta\\ -\sin\theta & \cos\theta\end{pmatrix},\ 0\leqslant\theta\leqslant 360^\circ\right\} \tag{8.17}$$

即 2×2 的**特殊实正交矩阵**集合,其中每一个矩阵(S_{ij}),满足

$$|S_{ij}|=1,\ (S_{ij})^T=(S_{ij})^{-1} \tag{8.18}$$

这两个性质是很容易证明的.

§8.6　2 阶笛卡儿张量的一个模型

由矢量

$$\boldsymbol{a}=a_1\boldsymbol{i}+a_2\boldsymbol{j}=a_{1'}\boldsymbol{i}+a_{2'}\boldsymbol{j},\ \boldsymbol{b}=b_1\boldsymbol{i}+b_2\boldsymbol{j}=b_{1'}\boldsymbol{i}+b_{2'}\boldsymbol{j} \tag{8.19}$$

---

* 尽管有限转动有方向又有大小,但它不是一个矢量,而是一个四元数(参见[9]).

我们在 $\boldsymbol{i}, \boldsymbol{j}$ 基中给出下列 4 个量

$$a_1b_1,\ a_1b_2,\ a_2b_1,\ a_2b_2 \tag{8.20}$$

在 $\boldsymbol{i}', \boldsymbol{j}'$ 基中相应地给出

$$a_{1'}b_{1'},\ a_{1'}b_{2'},\ a_{2'}b_{1'},\ a_{2'}b_{2'} \tag{8.21}$$

例 8.6.1 (8.20)中的 4 个量可以用矢量的“张量积”⊗以及张量积对加法满足分配律从形式上如下地得出：

$$\begin{aligned}&(a_1\boldsymbol{i}+a_2\boldsymbol{j})\otimes(b_1\boldsymbol{i}+b_2\boldsymbol{j})\\=&a_1\boldsymbol{i}\otimes(b_1\boldsymbol{i}+b_2\boldsymbol{j})+a_2\boldsymbol{j}\otimes(b_1\boldsymbol{i}+b_2\boldsymbol{j})\\=&a_1b_1\boldsymbol{i}\otimes\boldsymbol{i}+a_1b_2\boldsymbol{i}\otimes\boldsymbol{j}+a_2b_1\boldsymbol{j}\otimes\boldsymbol{i}+a_2b_2\boldsymbol{j}\otimes\boldsymbol{j}\end{aligned} \tag{8.22}$$

这是一个并矢，其中 $\boldsymbol{i}\otimes\boldsymbol{i}, \boldsymbol{i}\otimes\boldsymbol{j}, \boldsymbol{j}\otimes\boldsymbol{i}, \boldsymbol{j}\otimes\boldsymbol{i}$ 称为 $\boldsymbol{i}, \boldsymbol{j}$ 构成的单位张量积，或单位并矢.

于是从 $a_{1'}, a_{2'}$ 与 a_1, a_2 的关系由(8.16)给出，同样 $b_{1'}, b_{2'}$ 与 b_1, b_2 的关系也应由(8.16)给出，我们能得出(8.21)中的 4 个量与(8.20)中的 4 个量的下列联系：

$$\begin{pmatrix}a_{1'}b_{1'}\\a_{1'}b_{2'}\\a_{2'}b_{1'}\\a_{2'}b_{2'}\end{pmatrix}=\begin{pmatrix}\cos\theta\cos\theta & \cos\theta\sin\theta & \sin\theta\cos\theta & \sin\theta\sin\theta\\ \cos\theta(-\sin\theta) & \cos\theta\cos\theta & \sin\theta(-\sin\theta) & \sin\theta\cos\theta\\ -\sin\theta\cos\theta & -\sin\theta\sin\theta & \cos\theta\cos\theta & \cos\theta\sin\theta\\ -\sin\theta(-\sin\theta) & -\sin\theta\cos\theta & \cos\theta(-\sin\theta) & \cos\theta\cos\theta\end{pmatrix}\begin{pmatrix}a_1b_1\\a_1b_2\\a_2b_1\\a_2b_2\end{pmatrix} \tag{8.23}$$

例 8.6.2 根据两个矩阵张量积的定义，对于任意两个 2×2 的矩阵

$$\boldsymbol{A}=\begin{pmatrix}a & b\\c & d\end{pmatrix},\ \boldsymbol{B}=\begin{pmatrix}e & f\\g & h\end{pmatrix} \tag{8.24}$$

我们有

$$\boldsymbol{A}\otimes\boldsymbol{B}=\begin{pmatrix}a & b\\ c & d\end{pmatrix}\otimes\begin{pmatrix}e & f\\ g & h\end{pmatrix}=\begin{pmatrix}a\begin{pmatrix}e & f\\ g & h\end{pmatrix} & b\begin{pmatrix}e & f\\ g & h\end{pmatrix}\\ c\begin{pmatrix}e & f\\ g & h\end{pmatrix} & d\begin{pmatrix}e & f\\ g & h\end{pmatrix}\end{pmatrix}\qquad(8.25)$$

$$=\begin{pmatrix}ae & af & be & bf\\ ag & ah & bg & bh\\ ce & cf & de & df\\ cg & ch & dg & dh\end{pmatrix}$$

显然，我们能把(8.25)推广到更一般的情况中去，比如有多个 2×2 矩阵，或 $\boldsymbol{A}$，$\boldsymbol{B}$ 都是 3×3 矩阵的那些情况.

由例 8.6.2，我们就可以把(8.23)用矩阵的张量积写成

$$\begin{pmatrix}a_{1'}b_{1'}\\ a_{1'}b_{2'}\\ a_{2'}b_{1'}\\ a_{2'}b_{2'}\end{pmatrix}=\left[\begin{pmatrix}\cos\theta & \sin\theta\\ -\sin\theta & \cos\theta\end{pmatrix}\otimes\begin{pmatrix}\cos\theta & \sin\theta\\ -\sin\theta & \cos\theta\end{pmatrix}\right]\begin{pmatrix}a_1b_1\\ a_1b_2\\ a_2b_1\\ a_2b_2\end{pmatrix}\qquad(8.26)$$

这样我们就有了二维空间中 2 阶笛卡儿张量的下述定义：

定义 8.6.1　客观量 $\boldsymbol{T}$，如果在基 $\boldsymbol{i}$，$\boldsymbol{j}$ 中和基 $\boldsymbol{i}'$，$\boldsymbol{j}'$ 中的分量分别以 T_{11}，T_{12}，T_{21}，T_{22} 和 $T_{1'1'}$，$T_{1'2'}$，$T_{2'1'}$，$T_{2'2'}$ 表示，而当 $\boldsymbol{i}$，$\boldsymbol{j}$ 和 $\boldsymbol{i}'$，$\boldsymbol{j}'$ 的关系如(8.14)所示时，有

$$\begin{pmatrix}T_{1'1'}\\ T_{1'2'}\\ T_{2'1'}\\ T_{2'2'}\end{pmatrix}=\left[\begin{pmatrix}\cos\theta & \sin\theta\\ -\sin\theta & \cos\theta\end{pmatrix}\otimes\begin{pmatrix}\cos\theta & \sin\theta\\ -\sin\theta & \cos\theta\end{pmatrix}\right]\begin{pmatrix}T_{11}\\ T_{12}\\ T_{21}\\ T_{22}\end{pmatrix}\qquad(8.27)$$

则称 $\boldsymbol{T}$ 是二维空间中的一个 2 阶笛卡儿张量.

更一般地，有

定义 8.6.2(二维空间中 $\boldsymbol{m}$ 阶笛卡儿张量的定义)　设有客观量 $\boldsymbol{T}$，它在基 $\boldsymbol{i}$，$\boldsymbol{j}$ 和基 $\boldsymbol{i}'$，$\boldsymbol{j}'$ 下分别以分量 $T_{i_1i_2\cdots i_m}$，i_1，i_2，…，$i_m=1$，2，和分量 $T_{i_{1'}i_{2'}\cdots i_{m'}}$，$i_{1'}$，$i_{2'}$，…，$i_{m'}=1'$，$2'$ 表示，而当 $\boldsymbol{i}$，$\boldsymbol{j}$ 与 $\boldsymbol{i}'$，$\boldsymbol{j}'$ 的关系如(8.14)所示时，有

$$\begin{pmatrix} T_{1'1'\cdots 1'} \\ T_{1'1'\cdots 2'} \\ \vdots \\ T_{2'2'\cdots 2'} \end{pmatrix} = \Bigg[\underbrace{\begin{pmatrix} \cos\theta & \sin\theta \\ -\sin\theta & \cos\theta \end{pmatrix} \otimes \cdots \otimes \begin{pmatrix} \cos\theta & \sin\theta \\ -\sin\theta & \cos\theta \end{pmatrix}}_{m\text{个}}\Bigg] \begin{pmatrix} T_{11\cdots 1} \\ T_{11\cdots 2} \\ \vdots \\ T_{22\cdots 2} \end{pmatrix} \tag{8.28}$$

则称量 $\boldsymbol{T}$ 为二维空间中的一个 m 阶笛卡儿张量.

这样的一个 m 阶张量就有 2^m 个分量. 若 $m=1$,有 1 阶张量,即矢量. 当 $m=0$,就有 0 阶张量,即标量,如两个矢量的内积给出的那个标量.

将上述概念推广到三维空间中去,从而得出三维空间中的各种笛卡儿张量是直截了当的. 不过,为了后面的应用,我们还是要简单地陈述一下.

§8.7　三维空间中的转动变换给出的笛卡儿张量

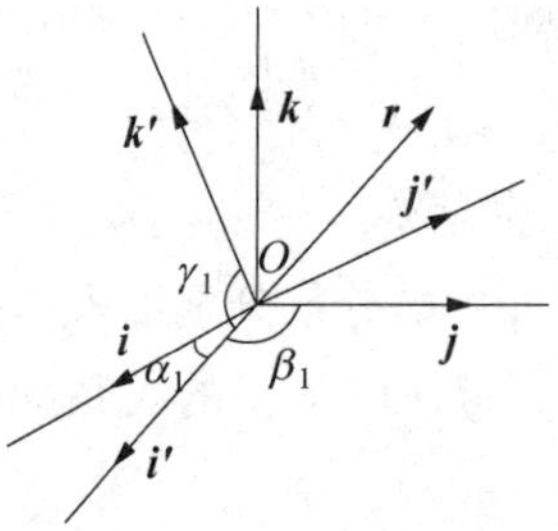

图 8.7.1　$\boldsymbol{i}$, $\boldsymbol{j}$, $\boldsymbol{k}$ 经转动得出了 $\boldsymbol{i}'$, $\boldsymbol{j}'$, $\boldsymbol{k}'$, α_1, β_1, γ_1 分别为 $\boldsymbol{i}'$ 与 $\boldsymbol{i}$, $\boldsymbol{j}$, $\boldsymbol{k}$ 的夹角,其他类同.

图 8.7.1 明示了右手坐标基矢 $\boldsymbol{i}$, $\boldsymbol{j}$, $\boldsymbol{k}$ 经转动而得出的右手坐标基矢 $\boldsymbol{i}'$, $\boldsymbol{j}'$, $\boldsymbol{k}'$. 假定 $\boldsymbol{i}'$, $\boldsymbol{j}'$, $\boldsymbol{k}'$与 $\boldsymbol{i}$, $\boldsymbol{j}$, $\boldsymbol{k}$ 所构成的方向角分别为 α_i, β_i, γ_i, $i=1, 2, 3$, 则有(参见 §2.6)

$$\begin{aligned} \boldsymbol{i}' &= \cos\alpha_1 \boldsymbol{i} + \cos\beta_1 \boldsymbol{j} + \cos\gamma_1 \boldsymbol{k} \\ \boldsymbol{j}' &= \cos\alpha_2 \boldsymbol{i} + \cos\beta_2 \boldsymbol{j} + \cos\gamma_2 \boldsymbol{k} \\ \boldsymbol{k}' &= \cos\alpha_3 \boldsymbol{i} + \cos\beta_3 \boldsymbol{j} + \cos\gamma_3 \boldsymbol{k} \end{aligned} \tag{8.29}$$

或

$$\begin{pmatrix} \boldsymbol{i}' \\ \boldsymbol{j}' \\ \boldsymbol{k}' \end{pmatrix} = (\gamma_{ij}) \begin{pmatrix} \boldsymbol{i} \\ \boldsymbol{j} \\ \boldsymbol{k} \end{pmatrix} \tag{8.30}$$

其中

$$(\gamma_{ij}) = \begin{pmatrix} \cos\alpha_1 & \cos\beta_1 & \cos\gamma_1 \\ \cos\alpha_2 & \cos\beta_2 & \cos\gamma_2 \\ \cos\alpha_3 & \cos\beta_3 & \cos\gamma_3 \end{pmatrix} \tag{8.31}$$

此时对任意矢量 $\boldsymbol{r}$,有

$$\boldsymbol{r}=x\boldsymbol{i}+y\boldsymbol{j}+z\boldsymbol{k}=x'\boldsymbol{i}'+y'\boldsymbol{j}'+z'\boldsymbol{k}' \tag{8.32}$$

而

$$\begin{pmatrix}x'\\y'\\z'\end{pmatrix}=(\gamma_{ij})\begin{pmatrix}x\\y\\z\end{pmatrix} \tag{8.33}$$

此时若有客观量 $\boldsymbol{T}$,它在 $\boldsymbol{i}, \boldsymbol{j}, \boldsymbol{k}$ 和 $\boldsymbol{i}', \boldsymbol{j}', \boldsymbol{k}'$ 下分别以分量 $T_{i_1i_2,\cdots i_m}$, $i_1, i_2, \cdots, i_m=1, 2, 3$, 和 $T_{i_{1'}i_{2'}\cdots i_{m'}}$, $i_{1'}, i_{2'}, \cdots, i_{m'}=1', 2', 3'$ 表示,而当 $\boldsymbol{i}, \boldsymbol{j}, \boldsymbol{k}$ 与 $\boldsymbol{i}', \boldsymbol{j}', \boldsymbol{k}'$ 的关系如(8.30)所示时,有

$$\begin{pmatrix}T_{1'1'\cdots1'}\\T_{1'1'\cdots2'}\\\vdots\\T_{3'3'\cdots3'}\end{pmatrix}=[\underbrace{(\gamma_{ij})\otimes\cdots\otimes(\gamma_{ij})}_{m\text{个}}]\begin{pmatrix}T_{11\cdots1}\\T_{11\cdots2}\\\vdots\\T_{33\cdots3}\end{pmatrix} \tag{8.34}$$

则称量 $\boldsymbol{T}$ 是一个 3 维的 **m 阶笛卡儿张量**.

利用矩阵的张量积运算(参见§8.6),把(8.34)的右边详细地计算出来,就有

$$T_{i_{1'}i_{2'}\cdots i_{m'}}=\gamma_{i_{1'}j_1}\gamma_{i_{2'}j_2}\cdots\gamma_{i_{m'}j_m}T_{j_1j_2\cdots j_m},\ i_{1'}, i_{2'}, \cdots, i_{m'}=1', 2', 3';\ j_1, j_2, \cdots, j_m=1, 2, 3 \tag{8.35}$$

这就具有了 m 阶张量通常定义的形式(参见(7.2)).

当 $m=0, 1, 2, \cdots$,我们就分别有分量个数为 1, 3, 9…的三维空间中的笛卡儿标量,笛卡儿矢量,2 阶笛卡儿张量,…….

例 8.7.1　$(\gamma_{ij})\in SO(3)$

由例 8.2.2,以及 $\boldsymbol{e}_1, \boldsymbol{e}_2, \boldsymbol{e}_3$ 与 $\boldsymbol{e}_{1'}, \boldsymbol{e}_{2'}, \boldsymbol{e}_{3'}$ 都是右手正交归一基,即 $[\boldsymbol{e}_1\ \boldsymbol{e}_2\ \boldsymbol{e}_3]=[\boldsymbol{e}_{1'}\ \boldsymbol{e}_{2'}\ \boldsymbol{e}_{3'}]=1$,可知 $|\gamma_{ij}|=1$. 此外,由

$$
(\gamma_{ij})(\gamma_{ij})^T=\begin{pmatrix}\cos\alpha_1 & \cos\beta_1 & \cos\gamma_1\\ \cos\alpha_2 & \cos\beta_2 & \cos\gamma_2\\ \cos\alpha_3 & \cos\beta_3 & \cos\gamma_3\end{pmatrix}\begin{pmatrix}\cos\alpha_1 & \cos\alpha_2 & \cos\alpha_3\\ \cos\beta_1 & \cos\beta_2 & \cos\beta_3\\ \cos\gamma_1 & \cos\gamma_2 & \cos\gamma_3\end{pmatrix}
$$

$$
=\begin{pmatrix}\boldsymbol{i}'\cdot\boldsymbol{i}' & \boldsymbol{i}'\cdot\boldsymbol{j}' & \boldsymbol{i}'\cdot\boldsymbol{k}'\\ \boldsymbol{j}'\cdot\boldsymbol{i}' & \boldsymbol{j}'\cdot\boldsymbol{j}' & \boldsymbol{j}'\cdot\boldsymbol{k}'\\ \boldsymbol{k}'\cdot\boldsymbol{i}' & \boldsymbol{k}'\cdot\boldsymbol{j}' & \boldsymbol{k}'\cdot\boldsymbol{k}'\end{pmatrix}=\boldsymbol{I}_3
$$

可知 $(\gamma_{ij})\in O(3)$. 因此 $(\gamma_{ij})\in SO(3)$.

§8.8　2阶张量的矩阵表示

2 阶张量 $\boldsymbol{T}$ 的分量变换除了有(8.34),(8.35)的形式外,如果把它的分量写成矩阵形式

$$
\begin{pmatrix}T_{11} & T_{12} & T_{13}\\ T_{21} & T_{22} & T_{23}\\ T_{31} & T_{32} & T_{33}\end{pmatrix} \tag{8.36}
$$

则不难证明(8.34)或(8.35)此时都等价于

$$
\begin{pmatrix}T_{1'1'} & T_{1'2'} & T_{1'3'}\\ T_{2'1'} & T_{2'2'} & T_{2'3'}\\ T_{3'1'} & T_{3'2'} & T_{3'3'}\end{pmatrix}=(\gamma_{ij})\begin{pmatrix}T_{11} & T_{12} & T_{13}\\ T_{21} & T_{22} & T_{23}\\ T_{31} & T_{32} & T_{33}\end{pmatrix}(\gamma_{ij})^T \tag{8.37}
$$

对于 2 阶张量有时使用(8.37)是方便的,因为其中涉及到的都是矩阵的普通乘法.

例 8.8.1　2 阶单位张量.

设在基 $\boldsymbol{i}, \boldsymbol{j}, \boldsymbol{k}$ 中有 2 阶张量 $\boldsymbol{T}=\begin{pmatrix}1 & 0 & 0\\ 0 & 1 & 0\\ 0 & 0 & 1\end{pmatrix}$,它的分量当然就是 δ_{ij}, i, $j=1, 2, 3$. 因为它是一个张量,因此它在 $\boldsymbol{i}'$, $\boldsymbol{j}'$, $\boldsymbol{k}'$基中的分量必为

$$\begin{pmatrix} T_{1'1'} & T_{1'2'} & T_{1'3'} \\ T_{2'1'} & T_{2'2'} & T_{2'3'} \\ T_{3'1'} & T_{3'2'} & T_{3'3'} \end{pmatrix} = (\gamma_{ij})\boldsymbol{I}_3(\gamma_{ij})^T = \boldsymbol{I}_3$$

因此,我们在任意正交归一基中,都以 δ_{ij} 来规定量的分量,那么此量是一个 2 阶单位(常值)张量(参见例 7.1.2).

§8.9　(γ_{ij})的一个性质

从例 8.7.1,有 $(\gamma_{ij})^{-1}=(\gamma_{ij})^T$,以及 $|\gamma_{ij}|=1$. 我们现在利用这两点来导出(γ_{ij})中矩阵元的一些关系.

由线性代数知道若矩阵

$$(m_{ij}) = \begin{pmatrix} m_{11} & m_{12} & m_{13} \\ m_{21} & m_{22} & m_{23} \\ m_{31} & m_{32} & m_{33} \end{pmatrix} \tag{8.38}$$

满足 $m=|m_{ij}|\neq 0$, 且其中元 m_{ij} 的代数余子式为 M_{ij},则(m_{ij})有逆矩阵(n_{ij}):

$$(n_{ij}) = \begin{pmatrix} n_{11} & n_{12} & n_{13} \\ n_{21} & n_{22} & n_{23} \\ n_{31} & n_{32} & n_{33} \end{pmatrix} = (m_{ij})^{-1} \tag{8.39}$$

其中

$$n_{ij} = \frac{1}{m}M_{ji} \tag{8.40}$$

于是对于(γ_{ij})而言,有

$$(\gamma_{ij})^{-1} =$$

$$\begin{pmatrix} \cos\beta_2\cos\gamma_3-\cos\gamma_2\cos\beta_3 & \cos\beta_3\cos\gamma_1-\cos\gamma_3\cos\beta_1 & \cos\beta_1\cos\gamma_2-\cos\gamma_1\cos\beta_2 \\ \cos\gamma_2\cos\alpha_3-\cos\alpha_2\cos\gamma_3 & \cos\gamma_3\cos\alpha_1-\cos\alpha_3\cos\gamma_1 & \cos\gamma_1\cos\alpha_2-\cos\alpha_1\cos\gamma_2 \\ \cos\alpha_2\cos\beta_3-\cos\beta_2\cos\alpha_3 & \cos\alpha_3\cos\beta_1-\cos\beta_3\cos\alpha_1 & \cos\alpha_1\cos\beta_2-\cos\beta_1\cos\alpha_2 \end{pmatrix}$$

$$=(\gamma_{ij})^T=\begin{pmatrix}\cos\alpha_1 & \cos\alpha_2 & \cos\alpha_3\\ \cos\beta_1 & \cos\beta_2 & \cos\beta_3\\ \cos\gamma_1 & \cos\gamma_2 & \cos\gamma_3\end{pmatrix} \tag{8.41}$$

由此可得

$$\begin{aligned}\cos\alpha_1&=\cos\beta_2\cos\gamma_3-\cos\gamma_2\cos\beta_3\\ \cos\beta_1&=\cos\gamma_2\cos\alpha_3-\cos\alpha_2\cos\gamma_3\\ \cos\gamma_1&=\cos\alpha_2\cos\beta_3-\cos\beta_2\cos\alpha_3\\ &\cdots\end{aligned} \tag{8.42}$$

这些等式使我们能研究矢量$\boldsymbol{A}$，$\boldsymbol{B}$的矢量积$\boldsymbol{A}\times\boldsymbol{B}$在转动下的变换性质.

§8.10 $\boldsymbol{A}\times\boldsymbol{B}$ 在转动下的变换

由(8.32)，(8.33)可知，在坐标系的转动(8.29)下，矢量$\boldsymbol{A}$，$\boldsymbol{B}$的分量按

$$\begin{pmatrix}a_{1'}\\ a_{2'}\\ a_{3'}\end{pmatrix}=(\gamma_{ij})\begin{pmatrix}a_1\\ a_2\\ a_3\end{pmatrix},\quad \begin{pmatrix}b_{1'}\\ b_{2'}\\ b_{3'}\end{pmatrix}=(\gamma_{ij})\begin{pmatrix}b_1\\ b_2\\ b_3\end{pmatrix} \tag{8.43}$$

变换，那么由它们的矢量积而得出的$\boldsymbol{C}=\boldsymbol{A}\times\boldsymbol{B}$的分量：$c_1=a_2b_3-a_3b_2$，$c_2=a_3b_1-a_1b_3$，$c_3=a_1b_2-a_2b_1$，是否也按(8.43)同样变换呢?

为此，我们应用(8.43)来计算：

$$\begin{aligned}c_{1'}=a_{2'}b_{3'}-a_{3'}b_{2'}=&(a_1\cos\alpha_2+a_2\cos\beta_2+a_3\cos\gamma_2)(b_1\cos\alpha_3+b_2\cos\beta_3+b_3\cos\gamma_3)\\ &-(a_1\cos\alpha_3+a_2\cos\beta_3+a_3\cos\gamma_3)(b_1\cos\alpha_2+b_2\cos\beta_2+b_3\cos\gamma_2)\end{aligned}$$

经过一些运算，再利用(8.42)，就有

$$c_{1'}=c_1\cos\alpha_1+c_2\cos\beta_1+c_3\cos\gamma_1 \tag{8.44}$$

类似地，有

$$c_{2'}=c_1\cos\alpha_2+c_2\cos\beta_2+c_3\cos\gamma_2,\quad c_{3'}=c_1\cos\alpha_3+c_2\cos\beta_3+c_3\cos\gamma_3 \tag{8.45}$$

于是把(8.44),(8.45)综合起来,就有

$$\begin{pmatrix} c_{1'} \\ c_{2'} \\ c_{3'} \end{pmatrix} = (\gamma_{ij}) \begin{pmatrix} c_1 \\ c_2 \\ c_3 \end{pmatrix} \tag{8.46}$$

这表明由矢量积构成的 $\boldsymbol{C}=\boldsymbol{A}\times\boldsymbol{B}$,在转动下与 $\boldsymbol{A}$ 或 $\boldsymbol{B}$ 有同样的变换性质.

§8.11 $O(3)$的两类笛卡儿张量

这样,§3.7 所讨论的二类矢量在(8.30)的变换下,它们分量的变换是同样的,而只有在(8.12)的反演变换下才显出不同来. 利用(8.11)给出的 $O(3)=SO(3)\cup(-\boldsymbol{I}_3)SO(3)$,我们可以把这两类矢量的变换法则用下列定义表示:

定义 8.11.1 在 $(O_{ij})\in O(3)$ 下,分量按

$$\begin{pmatrix} v_{1'} \\ v_{2'} \\ v_{3'} \end{pmatrix} = (O_{ij}) \begin{pmatrix} v_1 \\ v_2 \\ v_3 \end{pmatrix} \tag{8.47}$$

变换的量 **V** 称为**真矢量**,而分量按

$$\begin{pmatrix} v_{1'} \\ v_{2'} \\ v_{3'} \end{pmatrix} = |O_{ij}|(O_{ij}) \begin{pmatrix} v_1 \\ v_2 \\ v_3 \end{pmatrix} \tag{8.48}$$

变换的量 **V** 称为**赝矢量**.

更一般地,有

定义 8.11.2 在 $(O_{ij})\in O(3)$ 下,3^m 个分量按

$$\begin{bmatrix} T_{1'1'\cdots1'} \\ T_{1'1'\cdots2'} \\ \vdots \\ T_{3'3'\cdots3'} \end{bmatrix} = [\underbrace{(O_{ij})\otimes\cdots\otimes(O_{ij})}_{m\text{个}}] \begin{bmatrix} T_{11\cdots1} \\ T_{11\cdots2} \\ \vdots \\ T_{33\cdots3} \end{bmatrix} \tag{8.49}$$

变量的量 $\boldsymbol{T}$ 称为 m 阶笛卡儿真张量，而分量按

$$\begin{pmatrix} T_{1'1'\cdots 1'} \\ T_{1'1'\cdots 2'} \\ \vdots \\ T_{3'3'\cdots 3'} \end{pmatrix} = |O_{ij}| [\underbrace{(O_{ij}) \otimes \cdots \otimes (O_{ij})}_{m\text{个}}] \begin{pmatrix} T_{11\cdots 1} \\ T_{11\cdots 2} \\ \vdots \\ T_{33\cdots 3} \end{pmatrix} \tag{8.50}$$

变换的量 $\boldsymbol{T}$ 称为 m 个笛卡儿赝张量.（参见§20.8）.

由此，我们不难推得下表：

表 8.11.1

张量的阶	名称	反演下的符号改变
0	真标量 赝标量	+ −
1	真矢量 赝矢量	− +
2	真张量 赝张量	+ −
3	真张量 赝张量	− +
⋮	⋮	⋮

简言之，$O(3)$的奇阶真张量的分量在反演变换下改变符号，而偶阶真张量的分量在反演变换下不变符号；对于赝张量有相反的结论.

在下一章中，我们将讨论闵可夫斯基空间中的张量. 这是狭义相对论的数学框架.

第九章

闵可夫斯基空间中的张量

§9.1 惯性系之间的洛伦兹变换

狭义相对论是对牛顿时空理论的拓展. 简言之,它研究了在惯性系变换下时空的变换,以及物理量作为张量时,其分量的变换及其结果(参见[9],[21],[22]).

给定了惯性系 S,在其中建立了直角坐标系以及给定了计时的钟,那么,例如说,质点 m 就可以用 4 维坐标 x, y, z, t 来标定. 对于另一个相对于 S 作均速直线运动的惯性系 S' 而言,质点 m 的坐标为 x', y', z', t',则 x, y, z, t 与 x', y', z', t' 之间的变换应为(参见附录 4)

$$\begin{pmatrix} x' \\ y' \\ z' \\ t' \end{pmatrix} = (l_{\mu\nu}) \begin{pmatrix} x \\ y \\ z \\ t \end{pmatrix} + \begin{pmatrix} d_1 \\ d_2 \\ d_3 \\ d_4 \end{pmatrix}, \ \mu, \nu = 1, 2, 3, 4 \tag{9.1}$$

而满足(光速 c 不变原理)

$$x'^2 + y'^2 + z'^2 - c^2t'^2 = x^2 + y^2 + z^2 - c^2t^2 \tag{9.2}$$

为简单计,我们假定在 $t' = t = 0$ 时, S 和 S' 的坐标原点 O 和 O' 是重合的,于是从 $t' = t = 0$ 时, $x = y = z = 0$ 推出 $x' = y' = z' = 0$,从而有 $d_1 = d_2 = d_3 = d_4 = 0$. 这就有下列齐次变换:

$$\begin{pmatrix} x' \\ y' \\ z' \\ t' \end{pmatrix} = (l_{\mu\nu}) \begin{pmatrix} x \\ y \\ z \\ t \end{pmatrix} \tag{9.3}$$

其中 4×4 变换矩阵取决于 S' 的坐标系相对于 S 的坐标系的情况(包括取向),以及 S' 相对 S 的速度 $\boldsymbol{v}$.

满足(9.2)的变换(9.3)称为洛伦兹变换. 洛伦兹(Hendrik Antoon Lorentz, 1853—1928)是杰出的荷兰理论物理学家,1902年获诺贝尔物理学奖. 他认为物体在运动时会发生收缩,从而得出了以他命名的这一变换,而并不涉及相对论的时空观.

作为一个简单又重要的特例,考虑 S 和 S' 的坐标各轴在 $t'=t=0$ 时重合,且 $\boldsymbol{v}$ 是图 9.1.1 中的 S' 沿 x 轴正方向的运动. 此时的洛伦兹变换,就是所谓的由 S' 沿 S 的 x 轴有一个速度为 v 的推动(boost)给出的变换. 此时,有

$$\begin{pmatrix} x' \\ y' \\ z' \\ t' \end{pmatrix} = \begin{pmatrix} \gamma & 0 & 0 & -v\gamma \\ 0 & 1 & 0 & 0 \\ 0 & 0 & 1 & 0 \\ -\frac{v}{c^2}\gamma & 0 & 0 & \gamma \end{pmatrix} \begin{pmatrix} x \\ y \\ z \\ t \end{pmatrix} \tag{9.4}$$

其中

$$\gamma = \frac{1}{\sqrt{1-\frac{v^2}{c^2}}} \tag{9.5}$$

例 9.1.1 从(9.4)有

$$x' = \frac{x-vt}{\sqrt{1-\frac{v^2}{c^2}}},\ t' = \frac{t-\frac{v}{c^2}x}{\sqrt{1-\frac{v^2}{c^2}}} \tag{9.6}$$

因此,不难得出

$$x'^2 - c^2t'^2 = x^2 - c^2t^2 \tag{9.7}$$

此即(9.2)的特殊情况.

例 9.1.2 在(9.6)以 $-v$ 取代 v, x, x'; y, y'; z, z' 分别互换则有

$$x=\gamma(x'+vt'),\ t=\gamma\left(\frac{v}{c^2}x'+t'\right),\ y=y',\ z=z'.$$

即

$$\begin{pmatrix} x \\ y \\ z \\ t \end{pmatrix} = \begin{pmatrix} \gamma & 0 & 0 & v\gamma \\ 0 & 1 & 0 & 0 \\ 0 & 0 & 1 & 0 \\ \frac{v}{c^2}\gamma & 0 & 0 & \gamma \end{pmatrix} \begin{pmatrix} x' \\ y' \\ z' \\ t' \end{pmatrix} \tag{9.8}$$

这是(9.4)的逆变换.

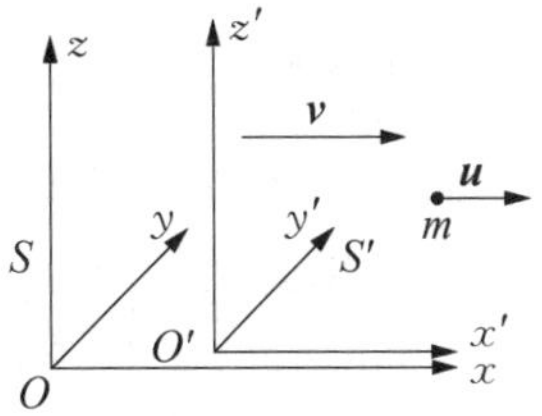

图 9.1.1

例 9.1.3　由图 9.1.1,若粒子 m 在 S' 系中以速度 u 沿 x' 轴正方向作均速直线运动,那么 $\frac{\Delta x'}{\Delta t'} = u$,而 m 相对 S 的速度 w 为

$$w = \frac{\Delta x}{\Delta t} = \frac{\Delta[\gamma(x' + vt')]}{\Delta\left[\gamma\left(\frac{v}{c^2}x' + t'\right)\right]} = \frac{\Delta x' + v\Delta t'}{\frac{v}{c^2}\Delta x' + \Delta t'} = \frac{v+u}{1+\frac{uv}{c^2}} \tag{9.9}$$

此即狭义相对论中的速度相加定理.

例 9.1.4　当 u, $v \ll c$ 时,由(9.9)可得

$$w = v + u \tag{9.10}$$

此即经典力学中的速度相加定理. 再从此时 $\gamma \to 1$, $-\frac{v}{c^2}\gamma \to 0$,从(9.4)有

$$x' = x - vt,\ y' = y,\ z' = z,\ t' = t \tag{9.11}$$

此即经典力学中的伽里略变换.

例 9.1.5　光速不变.

如果在惯性系 S 中沿 x 轴正方向发射光,则在 S 中光速 $c = \frac{\Delta x}{\Delta t}$,或 $\Delta x = c\Delta t$,而在 S' 中,由(9.6)有

$$c' = \frac{\Delta x'}{\Delta t'} = \frac{\Delta x - v\Delta t}{\Delta t - \frac{v}{c^2}\Delta x} = \frac{\Delta t(c - v)}{\frac{1}{c}\Delta t(c - v)} = c,$$

即光速不变. 这一点也可以用速度相加定理来验证:在(9.9)中取 $w = c$,可解得 $u = c$,即光在 S' 中的速率与光在 S 中的速率一样.

§9.2 闵可夫斯基空间

引入

$$M^4=\{(x, y, z, t) \mid x, y, z, t \in \mathbf{R}\} \tag{9.12}$$

这就把物理事件在惯性系 S 中的时空坐标 x, y, z, t 与 M^4 中的点 (x, y, z, t) 一对一地关联起来，而在惯性集 S' 中给出的同一事件的点 (x', y', z', t') 就必须满足(9.2). (9.1)连同(9.2)称为闵可夫斯基空间.

德国数学家闵可夫斯基(Hermann Minkowski, 1864—1909)是爱因斯坦的老师. 他在1907年将爱因斯坦—洛伦兹的理论结果以这种 $3+1$ 维的结构表述. 爱因斯坦最初并不以为然，而当他其后在研究广义相对论时，就发现闵可夫斯基的时间空间框架正是他要发展新理论的基础框架.

因此，正像我们在第八章中考虑三维空间的正交变换相似，我们现在研究的是闵可夫斯基空间中的洛伦兹变换. 不过，从这一变换的一个特殊情况——推动来说，(9.4)中的 4×4 矩阵与它的逆矩阵——(9.8)中的 4×4 矩阵并不满足转置关系，因此变换(9.3)并不是这一四维空间中的正交变换. 事实上，将(8.8)与(9.2)对比一下可知，(9.2)中出现了负号.

能否作一些变动，使得我们在时空变换的这一新情况中仍有类似的四维的正交变换？如果能做到这一点，我们就避免了因逆变与协变带来的复杂性，又可以应用与第八章中许多结果相似的结果.

§9.3 庞加莱空间

法国数学大师庞加莱(Jules Henri Poincaré, 1854—1921)在1905年与1906年期间借助于虚数单位 i 引入了

$$\begin{aligned} &x_1=x, \ x_2=y, \ x_3=z, \ x_4=\mathrm{i}ct \\ &x_1'=x', \ x_2'=y', \ x_3'=z', \ x_4'=\mathrm{i}ct' \end{aligned} \tag{9.13}$$

于是(9.2)成为

$$(x'_1)^2+(x'_2)^2+(x'_3)^2+(x'_4)^2=(x_1)^2+(x_2)^2+(x_3)^2+(x_4)^2 \tag{9.14}$$

而(9.3)成为

$$\begin{pmatrix} x'_1 \\ x'_2 \\ x'_3 \\ x'_4 \end{pmatrix}=\begin{pmatrix} l_{11} & l_{12} & l_{13} & -\frac{\mathrm{i}}{c}l_{14} \\ l_{21} & l_{22} & l_{23} & -\frac{\mathrm{i}}{c}l_{24} \\ l_{31} & l_{32} & l_{33} & -\frac{\mathrm{i}}{c}l_{34} \\ \mathrm{i}cl_{41} & \mathrm{i}cl_{42} & \mathrm{i}cl_{43} & l_{44} \end{pmatrix}\begin{pmatrix} x_1 \\ x_2 \\ x_3 \\ x_4 \end{pmatrix}\equiv(\alpha_{\mu\nu})\begin{pmatrix} x_1 \\ x_2 \\ x_3 \\ x_4 \end{pmatrix} \tag{9.15}$$

利用(9.15)使(9.14)不变不难得出(9.15)中定义的矩阵$(\alpha_{\mu\nu})$满足(参见§8.2)

$$(\alpha_{\mu\nu})^{-1}=(\alpha_{\mu\nu})^T \tag{9.16}$$

这表明$(\alpha_{\mu\nu})$是一个正交矩阵($\alpha_{\nu\mu}\alpha_{\nu\lambda}=\delta_{\mu\lambda}$),不过它的矩阵元必须满足:

$$\alpha_{44},\ \alpha_{ik}\in\mathbf{R},\ i,\ k=1,\ 2,\ 3,\ \alpha_{i4},\ \alpha_{4i}\in\mathrm{i}\mathbf{R},\ i=1,\ 2,\ 3 \tag{9.17}$$

于是我们把这样得出的 4×4 矩阵$(\alpha_{\mu\nu})$称为是一个4维洛伦兹复正交矩阵.

例 9.3.1　现在(9.4),(9.8)则分别为

$$\begin{pmatrix} x'_1 \\ x'_2 \\ x'_3 \\ x'_4 \end{pmatrix}=\begin{pmatrix} \gamma & 0 & 0 & \frac{\mathrm{i}v\gamma}{c} \\ 0 & 1 & 0 & 0 \\ 0 & 0 & 1 & 0 \\ -\frac{\mathrm{i}v\gamma}{c} & 0 & 0 & \gamma \end{pmatrix}\begin{pmatrix} x_1 \\ x_2 \\ x_3 \\ x_4 \end{pmatrix} \tag{9.18}$$

$$\begin{pmatrix} x_1 \\ x_2 \\ x_3 \\ x_4 \end{pmatrix}=\begin{pmatrix} \gamma & 0 & 0 & -\frac{\mathrm{i}v\gamma}{c} \\ 0 & 1 & 0 & 0 \\ 0 & 0 & 1 & 0 \\ \frac{\mathrm{i}v\gamma}{c} & 0 & 0 & \gamma \end{pmatrix}\begin{pmatrix} x'_1 \\ x'_2 \\ x'_3 \\ x'_4 \end{pmatrix} \tag{9.19}$$

其中的两个 4×4 矩阵既互为逆矩阵，又互为转置矩阵，所以都是洛伦兹复正交矩阵.

这样，在把时空坐标中的“时间坐标”处理为“虚”的以后，物理事件在惯性坐标系 S 中的复时空坐标 $x_1,\ x_2,\ x_3,\ x_4$ 就与

$$P^4=\{(x_1,\ x_2,\ x_3,\ x_4)\mid x_1,\ x_2,\ x_3\in\mathbf{R},\ x_4\in\mathrm{i}\mathbf{R}\} \tag{9.20}$$

一对一地关联起来，而在惯性系 S' 中给出的同一事件的点 $(x_1',\ x_2',\ x_3',\ x_4')$ 就必须满足(9.14). 为了同前面的闵可夫斯基空间相区别，(9.20)连同(9.14)不妨称为庞加莱空间(参见附录 4). 于是，我们将研究的是庞加莱空间中保持(9.14)不变的、复洛伦兹变换(9.15)下的张量，即通常称为闵可夫斯基空间中的 4 维张量.

§9.4 4 维张量

类似于关于三重系变换下的张量的定义 7.1 以及§8.7 中关于笛卡儿张量的定义，我们有：

定义 9.4.1(4 维张量的定义) 客观量 $\boldsymbol{T}$ 在惯性系 S 中的分量为 $T_{i_1i_2\cdots i_m}$, $i_1,\ i_2,\ \cdots,\ i_m=1,\ 2,\ 3,\ 4$. 在惯性系 S' 中的分量为 $T'_{i_1i_2\cdots i_m}$, $i_1,\ i_2,\ \cdots,\ i_m=1,\ 2,\ 3,\ 4$, 如果 $x_1',\ x_2',\ x_3',\ x_4'$ 与 $x_1,\ x_2,\ x_3,\ x_4$ 以复洛伦兹变换

$$x'_\mu=\alpha_{\mu\nu}x_\nu,\ \mu,\ \nu=1,\ 2,\ 3,\ 4 \tag{9.21}$$

关联时，有

$$\begin{pmatrix} T'_{11\cdots 1}\\ \vdots \\ T'_{11\cdots 4}\\ \vdots \\ T'_{44\cdots 4}\end{pmatrix}=[\underbrace{(\alpha_{\mu\nu})\otimes\cdots\otimes(\alpha_{\mu\nu})}_{m\text{个}}]\begin{pmatrix} T_{11\cdots 1}\\ \vdots \\ T_{11\cdots 4}\\ \vdots \\ T_{44\cdots 4}\end{pmatrix} \tag{9.22}$$

则称量 $\boldsymbol{T}$ 是一个 4 维张量.

把(9.22)详细地写出来，就有

$$T'_{i_1i_2\cdots i_m}=\alpha_{i_1j_1}\alpha_{i_2j_2}\cdots\alpha_{i_mj_m}T_{j_1j_2\cdots j_m},\ i_1,\ i_2,\ \cdots,\ i_m;\ j_1,\ j_2,\ \cdots,\ j_m=1,\ 2,\ 3,\ 4 \tag{9.23}$$

特别地,当 $m=1$ 时,有 4 个分量,满足

$$T'_{i_1}=\alpha_{i_1j_1}T_{j_1},\ i_1,\ j_1=1,\ 2,\ 3,\ 4 \tag{9.24}$$

当 $m=2$ 时,有 16 个分量,满足

$$T'_{i_1i_2}=\alpha_{i_1j_1}\alpha_{i_2j_2}T_{j_1j_2},\ i_1,\ i_2;\ j_1,\ j_2=1,\ 2,\ 3,\ 4 \tag{9.25}$$

例 9.4.1　物理事件在惯性坐标系中给出的复时空坐标 x_1, x_2, x_3, x_4 显然是一个 4 维 1 阶张量,即 4 维矢量.

例 9.4.2　对坐标 x_1, x_2, x_3, x_4 求偏导数的算符 $\frac{\partial}{\partial x_1}$, $\frac{\partial}{\partial x_2}$, $\frac{\partial}{\partial x_3}$, $\frac{\partial}{\partial x_4}$ 的变换法则.

此时从(9.21),利用(9.16),有(参见(9.19))

$$x_\nu=\alpha_{\mu\nu}x'_\mu \tag{9.26}$$

因此,有

$$\frac{\partial}{\partial x'_\mu}=\frac{\partial}{\partial x_\nu}\frac{\partial x_\nu}{\partial x'_\mu}=\alpha_{\mu\nu}\frac{\partial}{\partial x_\nu} \tag{9.27}$$

这表明 $\frac{\partial}{\partial x_1}$, $\frac{\partial}{\partial x_2}$, $\frac{\partial}{\partial x_3}$, $\frac{\partial}{\partial x_4}$ 是一个 4 维矢量.

§9.5　4 维矢量与 4 维 2 阶张量的结构

考虑惯性系 S' 相对于惯性系 S 静止的这一特殊情况,此时复洛伦兹变换退化为 S 经过一个空间的正交变换变换成 S' 了,而 $x'_4=x_4$, 即时间分量不变. 换言之,有

$$(\alpha_{\mu\nu})=\left(\begin{array}{ccc|c} & & & 0\\ & (O_{ij}) & & 0\\ & & & 0\\ \hline 0 & 0 & 0 & 1\end{array}\right),\text{其中}(O_{ij})\in O(3) \tag{9.28}$$

于是从

$$\begin{pmatrix} T'_1 \\ T'_2 \\ T'_3 \\ T'_4 \end{pmatrix} = \left(\begin{array}{ccc:c} & & & 0 \\ & (O_{ij}) & & 0 \\ & & & 0 \\ \hdashline 0 & 0 & 0 & 1 \end{array}\right) \begin{pmatrix} T_1 \\ T_2 \\ T_3 \\ T_4 \end{pmatrix} \tag{9.29}$$

用分块矩阵运算可得

$$\begin{pmatrix} T'_1 \\ T'_2 \\ T'_3 \end{pmatrix} = (O_{ij}) \begin{pmatrix} T_1 \\ T_2 \\ T_3 \end{pmatrix}, \ T'_4 = T_4 \tag{9.30}$$

这就是说，T_1，T_2，T_3，T_4 的前3个分量构成一个笛卡儿矢量，而第4分量则是一个笛卡儿标量. 物理事件在惯性系 S 中的坐标$(x, y, z, \mathrm{i}ct)$明示了这一点.

例 9.5.1　4维电流密度矢量$(j_1, j_2, j_3, j_4) = (j_u) = (\boldsymbol{J}, \mathrm{i}c\rho)$，其中3维电流密度 $\boldsymbol{J}$ 是一个笛卡儿矢量，而电荷密度 ρ 是一个笛卡儿标量. 当然$(\boldsymbol{J}, \mathrm{i}c\rho)$是一个4维1阶张量，这并不是先验的，而是由实验证实的.

接下来我们研究4维2阶张量的结构. 为此，我们类似于§8.8的描述，有

$$(T'_{\mu v}) = \begin{pmatrix} T'_{11} & T'_{12} & T'_{13} & T'_{14} \\ T'_{21} & T'_{22} & T'_{23} & T'_{24} \\ T'_{31} & T'_{32} & T'_{33} & T'_{34} \\ T'_{41} & T'_{42} & T'_{43} & T'_{44} \end{pmatrix} = (\alpha_{\mu v})(T_{\mu v})(\alpha_{\mu v})^T$$

$$= (\alpha_{\mu v}) \begin{pmatrix} T_{11} & T_{12} & T_{13} & T_{14} \\ T_{21} & T_{22} & T_{23} & T_{24} \\ T_{31} & T_{32} & T_{33} & T_{34} \\ T_{41} & T_{42} & T_{43} & T_{44} \end{pmatrix} (\alpha_{\mu v})^T \tag{9.31}$$

把$(\alpha_{\mu v})$限止在$\left(\begin{array}{ccc:c} & & & 0 \\ & (O_{ij}) & & 0 \\ & & & 0 \\ \hdashline 0 & 0 & 0 & 1 \end{array}\right)$，$(O_{ij}) \in O(3)$上，用矩阵的分块矩阵运算不难

得出：

$$\begin{pmatrix} T'_{11} & T'_{12} & T'_{13} \\ T'_{21} & T'_{22} & T'_{23} \\ T'_{31} & T'_{32} & T'_{33} \end{pmatrix} = (O_{ij}) \begin{pmatrix} T_{11} & T_{12} & T_{13} \\ T_{21} & T_{22} & T_{23} \\ T_{31} & T_{32} & T_{33} \end{pmatrix} (O_{ij})^T \tag{9.32}$$

$$\begin{pmatrix} T'_{14} \\ T'_{24} \\ T'_{34} \end{pmatrix} = (O_{ij}) \begin{pmatrix} T_{14} \\ T_{24} \\ T_{34} \end{pmatrix}, \quad \begin{pmatrix} T'_{41} \\ T'_{42} \\ T'_{43} \end{pmatrix} = (O_{ij}) \begin{pmatrix} T_{41} \\ T_{42} \\ T_{43} \end{pmatrix} \tag{9.33}$$

以及

$$T'_{44} = T'_{44} \tag{9.34}$$

这表明一个 4 维 2 阶张量 T，从 3 维空间来看，是由一个 3 维 2 阶笛卡儿张量，两个 3 维矢量，以及一个 3 维标量而构成的.

例 9.5.1 在 c. g. s 单位制下 4 维 2 阶电磁场强张量为

$$(F_{\mu\nu}) = \begin{pmatrix} 0 & B_z & -B_y & -\mathrm{i}E_x \\ -B_z & 0 & B_x & -\mathrm{i}E_y \\ B_y & -B_x & 0 & -\mathrm{i}E_z \\ \mathrm{i}E_x & \mathrm{i}E_y & \mathrm{i}E_z & 0 \end{pmatrix} \tag{9.35}$$

这是一个 2 阶反对称 4 维张量. 另外可见电场强度 $\boldsymbol{E}$ 是一个真矢量，而磁场强度 $\boldsymbol{B}$ 是一个赝矢量(参见(7.21)). 忆及在电磁学的安培定律中 $\boldsymbol{B}$ 是用矢量积来给出的，这一点就不难理解了.

§9.6　4 维不变量

利用张量运算，我们容易得出一些 4 维不变量.

(i) 4 维 2 阶张量 $\boldsymbol{T}$ 的迹是一个不变量.

$\boldsymbol{T}$ 的迹即是矩阵 $(T_{\mu\nu})$ 对角元的和：$tr(T_{\mu\nu}) = T_{\mu\mu}$，因此也是张量 $(T_{\mu\nu})$ 的缩并，因此它是复洛伦兹变换下的一个不变量. 这从(9.31) 两边的求迹运算也能得出这一结论.

(ii) $\boldsymbol{T}=(T_{\mu\nu})$ 的行列式 $|T_{\mu\nu}|$ 是一个不变量.

这是因为从(9.31)有(参见例8.2.1,例8.2.2)

$$|T'_{\mu\nu}|=|\alpha_{ij}|\,|T_{\mu\nu}|\,|\alpha_{ij}|=|T_{\mu\nu}|$$

作为一个特例,对电磁场强张量(9.35),有

$$|F_{\mu\nu}|=-(\boldsymbol{E}\cdot\boldsymbol{B})^2$$

即 $\boldsymbol{E}$ 和 $\boldsymbol{B}$ 内积的平方是一个复洛伦兹变换下的不变量.

(iii) $T=(T_{\mu\nu})$ 与自身的张量积,再缩并而给出的 $T_{\mu\nu}T_{\mu\nu}$ 是一个不变量.

$\boldsymbol{T}\otimes\boldsymbol{T}=(T_{\mu\nu}T_{\sigma\lambda})$,这是一个具有256个分量的张量.它的2次缩并给出标量 $T_{\mu\nu}T_{\mu\nu}$.

这对电磁场强张量,有

$$F_{\mu\nu}F_{\mu\nu}=2(|\boldsymbol{B}|^2-|\boldsymbol{E}|^2)$$

由此可知磁场能密度与电场能密度之间的差 $\frac{1}{8\pi}(|\boldsymbol{B}|^2-|\boldsymbol{E}|^2)$ 也是一个相对论不变量,即在复洛伦兹变换下的标量.我们进而有 $\boldsymbol{E}\cdot\boldsymbol{B}$ 也是一个不变量的结果.

例 9.6.1 $\boldsymbol{E}\cdot\boldsymbol{B}$ 是一个相对论不变量.

定义

$$\varepsilon_{\mu\nu\kappa\lambda}=\begin{cases}1, & \text{若}(\mu,\nu,\kappa,\lambda)\text{是}(1,2,3,4)\text{的一个偶置换},\\-1, & \text{若}(\mu,\nu,\kappa,\lambda)\text{是}(1,2,3,4)\text{的一个奇置换},\\0, & \text{其他情况}.\end{cases}\tag{9.36}$$

利用(9.16)不难证明这是一个有256个分量的,4维4阶常值张量(参见例8.8.1).由此定义张量 $\boldsymbol{G}=(G_{\mu\nu})$,其中 $G_{\mu\nu}=\frac{1}{2\mathrm{i}}\varepsilon_{\mu\nu\kappa\lambda}F_{\kappa\lambda}$,明晰地写出来,有

$$G_{\mu\nu}=\begin{pmatrix}0 & -E_z & E_y & -\mathrm{i}B_x\\E_z & 0 & -E_x & -\mathrm{i}B_y\\-E_y & E_x & 0 & -\mathrm{i}B_z\\\mathrm{i}B_x & \mathrm{i}B_y & \mathrm{i}B_z & 0\end{pmatrix},\tag{9.37}$$

于是经过缩并就有下列 4 维不变量

$$G_{\mu\nu}F_{\mu\nu}=-4(\boldsymbol{E}\cdot\boldsymbol{B})$$

§9.7　相对性原理和物理规律的协变性

狭义相对论的相对性原理要求所有惯性系在表述物理规律时都是一样的，这就要求表示物理的量应是复洛伦兹变换下的张量，而物理定律应以张量之间的方程表出，即这些方程应在一个惯性系到另一个惯性系的变换之下数学形式不变，即具有协变性.

例 9.7.1　验证张量方程 $\dfrac{\partial F_{\mu\nu}}{\partial x_\nu}=j_\mu$ 的协变性.

从$(F_{\mu\nu})$，(j_μ)，以及(9.27)给出的偏导数$\dfrac{\partial}{\partial x_1}$，$\dfrac{\partial}{\partial x_2}$，$\dfrac{\partial}{\partial x_3}$，$\dfrac{\partial}{\partial x_4}$的变换法则，有

$$\begin{aligned}\frac{\partial F'_{\mu\nu}}{\partial x'_\nu}&=\alpha_{\mu\kappa}\alpha_{\nu\lambda}\frac{\partial F_{\kappa\lambda}}{\partial x'_\nu}=\alpha_{\mu\kappa}\alpha_{\nu\lambda}\alpha_{\nu\tau}\frac{\partial F_{\kappa\lambda}}{\partial x_\tau}=\alpha_{\mu\kappa}\delta_{\lambda\tau}\frac{\partial F_{\kappa\lambda}}{\partial x_\tau}\\&=\alpha_{\mu\kappa}\frac{\partial F_{\kappa\lambda}}{\partial x_\lambda}=\alpha_{\mu\kappa}j_\kappa=j'_\mu.\end{aligned}\tag{9.38}$$

这表明在 S 系成立的物理定律 $\dfrac{\partial F_{\mu\nu}}{\partial x_\nu}=j_\mu$ 在 S'系中具有同样形式.

例 9.7.2　已知在 S'系中

$$\frac{\partial F'_{\mu\nu}}{\partial x'_\lambda}+\frac{\partial F'_{\lambda\mu}}{\partial x'_\nu}+\frac{\partial F'_{\nu\lambda}}{\partial x'_\mu}=0\tag{9.39}$$

那么其中的

$$\frac{\partial F'_{\mu\nu}}{\partial x'_\lambda}=\alpha_{\mu\kappa}\,\alpha_{\nu\tau}\frac{\partial F_{\kappa\tau}}{\partial x_\rho}\frac{\partial x_\rho}{\partial x'_\lambda}=\alpha_{\mu\kappa}\alpha_{\nu\tau}\alpha_{\lambda\rho}\frac{\partial F_{\kappa\tau}}{\partial x_\rho}$$

在此式中把 μ 换成ν，ν 换成λ，λ 换成μ，哑标κ，τ，ρ 分别换成τ，ρ，κ，就有

$$\frac{\partial F'_{\nu\lambda}}{\partial x'_\mu}=\alpha_{\nu\tau}\,\alpha_{\lambda\rho}\,\alpha_{\mu\kappa}\frac{\partial F_{\tau\rho}}{\partial x_\kappa}$$

同样可导出

$$\frac{\partial F'_{\lambda\mu}}{\partial x'_{\nu}}=\alpha_{\lambda\rho}\,\alpha_{\mu\kappa}\,\alpha_{\nu\tau}\,\frac{\partial F_{\rho\kappa}}{\partial x_{\tau}}.$$

由这 3 个式子，就有

$$\alpha_{\mu\kappa}\alpha_{\nu\tau}\alpha_{\lambda\rho}\left(\frac{\partial F_{\kappa\tau}}{\partial x_{\rho}}+\frac{\partial F_{\tau\rho}}{\partial x_{\kappa}}+\frac{\partial F_{\rho\kappa}}{\partial x_{\tau}}\right)=0$$

于是最后有

$$\frac{\partial F_{\kappa\tau}}{\partial x_{\rho}}+\frac{\partial F_{\tau\rho}}{\partial x_{\kappa}}+\frac{\partial F_{\rho\kappa}}{\partial x_{\tau}}=0 \tag{9.40}$$

(9.40)，以及 $\frac{\partial F_{\mu\nu}}{\partial x_{\nu}}=\frac{4\pi}{c}j_{\mu}$ 是电磁学中的麦克斯韦方程组的张量形式(参见[9],[21]). 这也就保证了这一方程组在任意惯性系中都有同样的形式.

麦克斯韦(James Clerk Maxwell, 1831—1879)是伟大的英国物理学家，数学家. 他对整个电磁现象作出了全面又系统的研究：将电磁理论用简洁、完美的数学形式呈现出来. 这在电磁理论，电动力学中应有详细地阐述. 我们只指出一点：(9.35)已表明电磁现象已经是一个完整的整体了.

在所有的运动系(包括非惯性系)中，物理定律应具有同样的形式，这就是**广义协变原理**. 这一原理在爱因斯坦 1915 年所创建的广义相对论中得到了实现，而其数学基础就是黎曼几何和张量分析. 我们在本书的最后一部分再来讨论.

在下一部分中，我们将转入对矢量和矢量场的微分运算的研究.

第三部分
数量场的梯度,矢量场的散度与旋度

在这一部分中,我们引入了变矢量的概念,讨论了它们的微分运算,并利用这一工具研究了空间曲线的曲率与挠率,导出了空间曲线理论中著名的弗雷内—塞雷公式,

接下来,我们引入了数量场与矢量场的概念,讨论了数量场的梯度与方向导数,矢量场的散度与旋度。

这些内容在物理科学中都有重要应用,而且是第四部分——矢量场的线积分和面积分的基础。

第十章

变矢量的微分运算

§10.1 变矢量和导矢量

设质点 m 在时刻 t 的位置点 P 由位矢 $\boldsymbol{r}(t)=\overrightarrow{OP}(t)$ 所描述，则矢量 $\boldsymbol{r}(t)$ 是时间 t 的一个**矢值函数**，即一个**变矢量**.

从 $\boldsymbol{r}=\overrightarrow{OP}(t)$，以及 $\boldsymbol{r}(t+\Delta t)=\overrightarrow{OP}(t+\Delta t)$，可求得质点 m 在时刻 t 的速度

$$\boldsymbol{v}(t)=\frac{\mathrm{d}\boldsymbol{r}}{\mathrm{d}t}=\lim_{\Delta t\to 0}\frac{\boldsymbol{r}(t+\Delta t)-\boldsymbol{r}(t)}{\Delta t} \tag{10.1}$$

于是我们就要讨论对变矢量的极限以及求导等运算.

$\overrightarrow{OP}(t)$ 表示了质点 m 在时刻 t 时的位置点 P. 随着 t 的变化，$\overrightarrow{OP}$ 就在空间中决定一条曲线 C，此时在曲线上的点 P_0 为起点，那么沿着该曲线按一定方向决定的**弧长** s 也可以用来作为描述质点位置的参数，而有 $\boldsymbol{r}(s)=\overrightarrow{OP}(s)$.

一般地，设 $\boldsymbol{A}(t)$ 是以参数 t 为变量的变矢量，那么

$$\frac{\mathrm{d}\boldsymbol{A}}{\mathrm{d}t}=\lim_{\Delta t\to 0}\frac{\boldsymbol{A}(t+\Delta t)-\boldsymbol{A}(t)}{\Delta t} \tag{10.2}$$

定义了变矢量 $\boldsymbol{A}(t)$ 关于 t 的**导矢量**. 同样可以定义 $\frac{\mathrm{d}^2\boldsymbol{A}}{\mathrm{d}t^2}=\frac{\mathrm{d}}{\mathrm{d}t}\left(\frac{\mathrm{d}\boldsymbol{A}}{\mathrm{d}t}\right)$，$\frac{\mathrm{d}^3\boldsymbol{A}(t)}{\mathrm{d}t^3}=\frac{\mathrm{d}}{\mathrm{d}t}\left(\frac{\mathrm{d}^2\boldsymbol{A}}{\mathrm{d}t^2}\right)$，…，它们分别称为 $\boldsymbol{A}(t)$ 关于 t 的 2 阶，3 阶，…**导向量**.

例 10.1.1 若 $\boldsymbol{A}(t)$ 是一个常值矢量，则显然有 $\frac{\mathrm{d}\boldsymbol{A}(t)}{\mathrm{d}t}=\boldsymbol{O}$.

例 10.1.2 若变矢量 $\boldsymbol{A}(t)$ 的大小为常值,即 $\boldsymbol{A}(t)\cdot\boldsymbol{A}(t)=$常数,那么从 $\dfrac{\mathrm{d}}{\mathrm{d}t}(\boldsymbol{A}(t)\cdot\boldsymbol{A}(t))=0$ 有 $2\boldsymbol{A}(t)\cdot\dfrac{\mathrm{d}\boldsymbol{A}(t)}{\mathrm{d}t}=0$(参见 §10.3). 若 $\dfrac{\mathrm{d}\boldsymbol{A}(t)}{\mathrm{d}t}\neq\boldsymbol{O}$, 就能得出 $\dfrac{\mathrm{d}\boldsymbol{A}(t)}{\mathrm{d}t}$ 垂直于 $\boldsymbol{A}(t)$ 的结论.

§10.2 矢量求导运算在三重系下的表达式

在空间中选定三重系 $\boldsymbol{e}_1, \boldsymbol{e}_2, \boldsymbol{e}_3$(参见 §5.1),于是变矢量 $\boldsymbol{A}(t)$ 就可表示为

$$\boldsymbol{A}(t)=A^1(t)\boldsymbol{e}_1+A^2(t)\boldsymbol{e}_2+A^3(t)\boldsymbol{e}_3=\sum_{i=1}^{3}A^i(t)\boldsymbol{e}_i=A^i(t)\boldsymbol{e}_i \tag{10.3}$$

这就有

$$\begin{aligned}\frac{\mathrm{d}\boldsymbol{A}(t)}{\mathrm{d}t}&=\lim_{\Delta t\to 0}\frac{A^i(t+\Delta t)\boldsymbol{e}_i-A^i(t)\boldsymbol{e}_i}{\Delta t}\\&=\lim_{\Delta t\to 0}\left[\frac{A^i(t+\Delta t)-A^i(t)}{\Delta t}\right]\boldsymbol{e}_i=\frac{\mathrm{d}A^i(t)}{\mathrm{d}t}\boldsymbol{e}_i\end{aligned} \tag{10.4}$$

这就是说变矢量的导矢量的分量等于该矢量的分量的导数.

若 $\boldsymbol{e}_1=\boldsymbol{i}, \boldsymbol{e}_2=\boldsymbol{j}, \boldsymbol{e}_3=\boldsymbol{k}$, 则从

$$\boldsymbol{A}(t)=A^1(t)\boldsymbol{i}+A^2(t)\boldsymbol{j}+A^3(t)\boldsymbol{k} \tag{10.5}$$

有

$$\frac{\mathrm{d}\boldsymbol{A}(t)}{\mathrm{d}t}=\frac{\mathrm{d}A^1(t)}{\mathrm{d}t}\boldsymbol{i}+\frac{\mathrm{d}A^2(t)}{\mathrm{d}t}\boldsymbol{j}+\frac{\mathrm{d}A^3(t)}{\mathrm{d}t}\boldsymbol{k} \tag{10.6}$$

例 10.2.1 设 $\boldsymbol{A}(t)=(t^2+2)\boldsymbol{i}+(3e^t)\boldsymbol{j}+\sin t\boldsymbol{k}$, 则有

$$\frac{\mathrm{d}\boldsymbol{A}(t)}{\mathrm{d}t}=2t\boldsymbol{i}+3e^t\boldsymbol{j}+\cos t\boldsymbol{k},\quad \frac{\mathrm{d}^2\boldsymbol{A}(t)}{\mathrm{d}t}=2\boldsymbol{i}+3e^t\boldsymbol{j}-\sin t\boldsymbol{k}$$

§10.3　矢量求导运算的公式

对于变矢 $\boldsymbol{A}(t)=\boldsymbol{A}$，$\boldsymbol{B}(t)=\boldsymbol{B}$，以及函数 $k(t)=k$，由矢量求导运算的定义(10.2)以及矢量加法，减法，数乘，以及矢量的内积和矢量积(参见§3.1，§3.5)的定义，不难得出下列公式：

$$
\begin{aligned}
&\text{(i)}\ \frac{\mathrm{d}}{\mathrm{d}t}(\boldsymbol{A}\pm\boldsymbol{B})=\frac{\mathrm{d}\boldsymbol{A}}{\mathrm{d}t}+\frac{\mathrm{d}\boldsymbol{B}}{\mathrm{d}t}\\
&\text{(ii)}\ \frac{\mathrm{d}}{\mathrm{d}t}(k\boldsymbol{A})=\frac{\mathrm{d}k}{\mathrm{d}t}\boldsymbol{A}+k\frac{\mathrm{d}\boldsymbol{A}}{\mathrm{d}t}\\
&\text{(iii)}\ \frac{\mathrm{d}}{\mathrm{d}t}(\boldsymbol{A}\cdot\boldsymbol{B})=\frac{\mathrm{d}\boldsymbol{A}}{\mathrm{d}t}\cdot\boldsymbol{B}+\boldsymbol{A}\cdot\frac{\mathrm{d}\boldsymbol{B}}{\mathrm{d}t}\\
&\text{(iv)}\ \frac{\mathrm{d}}{\mathrm{d}t}(\boldsymbol{A}\times\boldsymbol{B})=\frac{\mathrm{d}\boldsymbol{A}}{\mathrm{d}t}\times\boldsymbol{B}+\boldsymbol{A}\times\frac{\mathrm{d}\boldsymbol{B}}{\mathrm{d}t}
\end{aligned}
\tag{10.7}
$$

这些公式与微积分中函数的求导法则基本上是一致的，只是因为矢量有数乘，内积与矢量积三种乘法运算，因此公式就多了些. 此外，因为在矢量的矢量积之中 $\boldsymbol{A}\times\boldsymbol{B}=-\boldsymbol{B}\times\boldsymbol{A}$，所以在(iv)中矢量积的顺序是重要的.

例 10.3.1　推导(iv)中的结果，并加以验证.

从导矢量的定义，有 $\dfrac{\mathrm{d}}{\mathrm{d}t}(\boldsymbol{A}\times\boldsymbol{B})=\lim\limits_{\Delta t\to 0}\dfrac{(\boldsymbol{A}+\Delta\boldsymbol{A})\times(\boldsymbol{B}+\Delta\boldsymbol{B})-\boldsymbol{A}\times\boldsymbol{B}}{\Delta t}$

$=\lim\limits_{\Delta t\to 0}\left(\boldsymbol{A}\times\dfrac{\Delta\boldsymbol{B}}{\Delta t}+\dfrac{\Delta\boldsymbol{A}}{\Delta t}\times\boldsymbol{B}+\dfrac{\Delta\boldsymbol{A}}{\Delta t}\times\Delta\boldsymbol{B}\right)=\boldsymbol{A}\times\dfrac{\mathrm{d}\boldsymbol{B}}{\mathrm{d}t}+\dfrac{\mathrm{d}\boldsymbol{A}}{\mathrm{d}t}\times\boldsymbol{B}$，其中 $\boldsymbol{B}=B^1(t)\boldsymbol{i}+B^2(t)\boldsymbol{j}+B^3(t)\boldsymbol{k}$.

我们可以用“相应分量相等法”来验证这一公式. 从 $\dfrac{\mathrm{d}}{\mathrm{d}t}(\boldsymbol{A}\times\boldsymbol{B})=\dfrac{\mathrm{d}}{\mathrm{d}t}\begin{vmatrix}\boldsymbol{i}&\boldsymbol{j}&\boldsymbol{k}\\A^1&A^2&A^3\\B^1&B^2&B^3\end{vmatrix}$ 不难算出该导矢量的 x 分量. 同样，从 $\boldsymbol{A}\times\dfrac{\mathrm{d}\boldsymbol{B}}{\mathrm{d}t}+\dfrac{\mathrm{d}\boldsymbol{A}}{\mathrm{d}t}\times\boldsymbol{B}=$

$\begin{vmatrix}\boldsymbol{i}&\boldsymbol{j}&\boldsymbol{k}\\\dfrac{\mathrm{d}A^1}{\mathrm{d}t}&\dfrac{\mathrm{d}A^2}{\mathrm{d}t}&\dfrac{\mathrm{d}A^3}{\mathrm{d}t}\\B^1&B^2&B^3\end{vmatrix}+\begin{vmatrix}\boldsymbol{i}&\boldsymbol{j}&\boldsymbol{k}\\A^1&A^2&A^3\\\dfrac{\mathrm{d}B^1}{\mathrm{d}t}&\dfrac{\mathrm{d}B^2}{\mathrm{d}t}&\dfrac{\mathrm{d}B^3}{\mathrm{d}t}\end{vmatrix}$ 也容易算出此时的 x 分量. 这两个

分量是相等的. 对于(iv)中公式左、右两边的 y 分量与 z 分量也有同样结果,因此 $\dfrac{\mathrm{d}}{\mathrm{d}t}(\boldsymbol{A}\times\boldsymbol{B})=\boldsymbol{A}\times\dfrac{\mathrm{d}\boldsymbol{B}}{\mathrm{d}t}+\dfrac{\mathrm{d}\boldsymbol{A}}{\mathrm{d}t}\times\boldsymbol{B}$ 得证.

§ 10.4 弧长作为参数时曲线的切线矢量

从 $\boldsymbol{r}(s)=\overrightarrow{OP}(s)$, 有

$$\frac{\mathrm{d}\boldsymbol{r}(s)}{\mathrm{d}s}=\lim_{\Delta s\to 0}\frac{\boldsymbol{r}(s+\Delta s)-\boldsymbol{r}(s)}{\Delta s} \tag{10.8}$$

这一矢量的方向是曲线 C 在点 P 处的切线矢量方向(图 10.4.1).

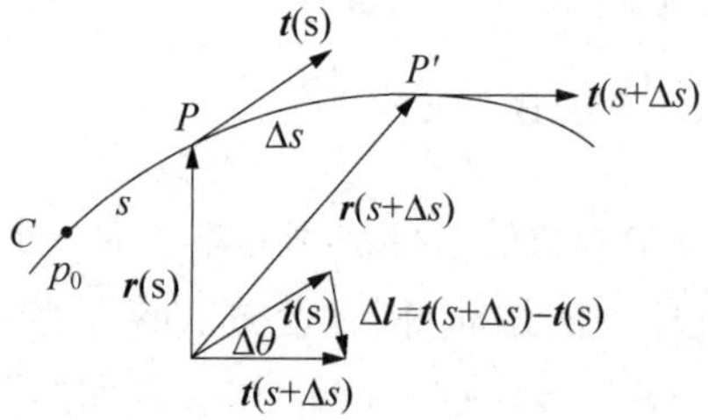

图 10.4.1

注意到弦 PP' 的大小 $|\boldsymbol{r}(s+\Delta s)-\boldsymbol{r}(s)|$ 在 $\Delta s\to 0$ 时,趋向于 Δs,因此

$$\left|\frac{\mathrm{d}\boldsymbol{r}}{\mathrm{d}s}\right|=1 \tag{10.9}$$

于是定义

$$\boldsymbol{t}(s)=\frac{\mathrm{d}\boldsymbol{r}(s)}{\mathrm{d}s} \tag{10.10}$$

则 $\boldsymbol{t}(s)$ 是点 P 处沿着曲线弧长增大方向的(**单位**)切线矢量.

例 10.4.1 令 $\boldsymbol{r}(s)=x(s)\boldsymbol{i}+y(s)\boldsymbol{j}+z(s)\boldsymbol{k}$, 有

$$\boldsymbol{t}(s)=\frac{\mathrm{d}x}{\mathrm{d}s}\boldsymbol{i}+\frac{\mathrm{d}y}{\mathrm{d}s}\boldsymbol{j}+\frac{\mathrm{d}z}{\mathrm{d}s}\boldsymbol{k}. \tag{10.11}$$

以及

$$\boldsymbol{t}(s)\cdot\boldsymbol{t}(s)=\left(\frac{\mathrm{d}x}{\mathrm{d}s}\right)^2+\left(\frac{\mathrm{d}y}{\mathrm{d}s}\right)^2+\left(\frac{\mathrm{d}z}{\mathrm{d}s}\right)^2=1 \tag{10.12}$$

$$\mathrm{d}s^2\equiv(\mathrm{d}s)^2=(\mathrm{d}x)^2+(\mathrm{d}y)^2+(\mathrm{d}z)^2\equiv\mathrm{d}x^2+\mathrm{d}y^2+\mathrm{d}z^2 \tag{10.13}$$

过点 P 而垂直于 $\boldsymbol{t}$ 的平面称为曲线 C 在点 P 的法平面，因此点 P 处的切线矢量是该平面的一条法线.

§10.5　曲线的曲率与主法线矢量

为了描述曲线的弯曲程度，我们来考虑点 P 处的 $\boldsymbol{t}(s)$ 与点 P' 处的 $\boldsymbol{t}(s+\Delta s)$ 之间的夹角 $\Delta\theta$，而定义

$$\kappa=\lim_{\Delta s\to 0}\left|\frac{\Delta\theta}{\Delta s}\right| \tag{10.14}$$

称为曲线 C 在点 P 处的曲率.

例 10.5.1　由图 10.5.1 可得到直线的曲率 $\kappa=0$，而半径为 r 的圆的曲率 $\kappa=\dfrac{1}{r}$.

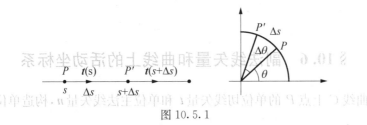

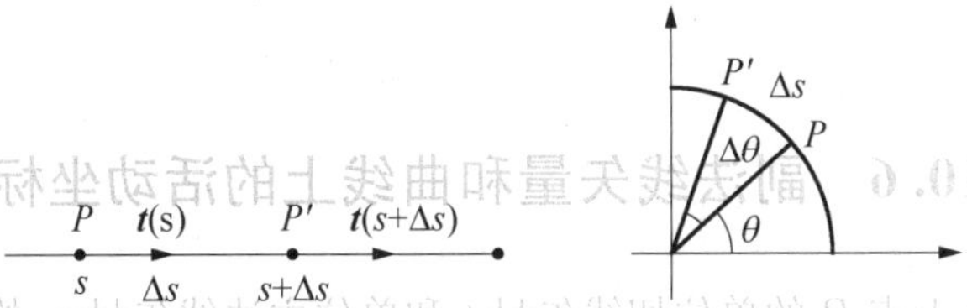

图 10.5.1

κ 显然与切线矢量 $\boldsymbol{t}(s)$ 随 s 的变化率有关. 我们下面来讨论它们之间的确切关系.

(i) 由图 10.4.1 可知 $\boldsymbol{t}(s+\Delta s)-\boldsymbol{t}(s)$ 之大小 Δl 为

$$\Delta l=2|\boldsymbol{t}(s)|\sin\frac{\Delta\theta}{2}\approx 2|\boldsymbol{t}(s)|\frac{\Delta\theta}{2}=|\boldsymbol{t}(s)|\Delta\theta \tag{10.15}$$

因此

$$\lim_{\Delta s\to 0}\frac{\Delta l}{\Delta\theta}=|\boldsymbol{t}(s)|=1. \tag{10.16}$$

(ii)
$$\left|\frac{\mathrm{d}\boldsymbol{t}(s)}{\mathrm{d}s}\right|=\left|\lim_{\Delta s\to 0}\frac{\Delta l}{\Delta s}\right|=\left|\lim_{\Delta s\to 0}\frac{\Delta l}{\Delta\theta}\right|\cdot\left|\lim_{\Delta s\to 0}\frac{\Delta\theta}{\Delta s}\right|=\kappa \tag{10.17}$$

(iii) 令 $\boldsymbol{n}$ 表示沿$\frac{\mathrm{d}\boldsymbol{t}(s)}{\mathrm{d}s}$的单位矢量,因此有

$$\frac{\mathrm{d}\boldsymbol{t}(s)}{\mathrm{d}s}=\kappa\boldsymbol{n} \tag{10.18}$$

(iv) 由例 10.1.2 可知 $\boldsymbol{n}$ 与 $\boldsymbol{t}$ 是相互垂直的.

我们把 $\boldsymbol{n}$ 称为曲线 C 在点 P 的主法线矢量,而由 $\boldsymbol{t}$ 和 $\boldsymbol{n}$ 构成的平面称为点 P 的密切平面.

例 10.5.1 由(10.11)有

$$\frac{\mathrm{d}\boldsymbol{t}}{\mathrm{d}s}=\frac{\mathrm{d}^2x}{\mathrm{d}s^2}\boldsymbol{i}+\frac{\mathrm{d}^2y}{\mathrm{d}s^2}\boldsymbol{j}+\frac{\mathrm{d}^2z}{\mathrm{d}s^2}\boldsymbol{k} \tag{10.19}$$

再从(10.18),有

$$\kappa=\sqrt{\left(\frac{\mathrm{d}^2x}{\mathrm{d}s^2}\right)^2+\left(\frac{\mathrm{d}^2y}{\mathrm{d}s^2}\right)^2+\left(\frac{\mathrm{d}^2z}{\mathrm{d}s^2}\right)^2} \tag{10.20}$$

§ 10.6 副法线矢量和曲线上的活动坐标系

从曲线 C 上点 P 的单位切线矢量 $\boldsymbol{t}$ 和单位主法线矢量 $\boldsymbol{n}$,构造单位矢量

$$\boldsymbol{b}=\boldsymbol{t}\times\boldsymbol{n} \tag{10.21}$$

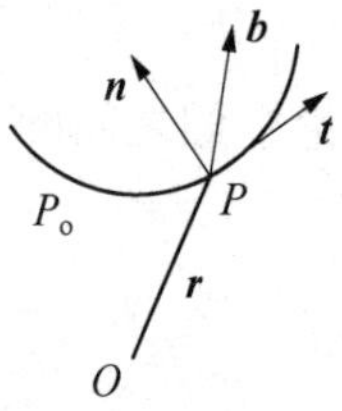

图 10.6.1

$\boldsymbol{b}$ 称为点 P 处的副法线矢量. $\boldsymbol{t}$, $\boldsymbol{n}$, $\boldsymbol{b}$ 构成点 P 的一个右手正交归一基. 随着点 P 在曲线 C 上的移动,此坐标系也随之移动,于是它们组成 C 上的一个活动坐标系.(图 10.6.1)

由 $\boldsymbol{t}$ 与 $\boldsymbol{b}$ 所决定的平面称为从切平面.

§10.7　曲线的挠率以及弗雷内—塞雷公式

曲线 C 不仅会在密切平面内弯曲，即曲线有曲率，而且还会从这一平面脱离开去，即密切平面会变动，或者说 $\boldsymbol{b}$ 会有变化率. 下面我们就讨论$\frac{\mathrm{d}\boldsymbol{b}}{\mathrm{d}\boldsymbol{t}}$及挠率 τ.

(i) 由(10.21)以及(10.7)的(iv)，有

$$\frac{\mathrm{d}\boldsymbol{b}}{\mathrm{d}s}=\boldsymbol{t}\times\frac{\mathrm{d}\boldsymbol{n}}{\mathrm{d}s}+\frac{\mathrm{d}\boldsymbol{t}}{\mathrm{d}s}\times\boldsymbol{n}=\boldsymbol{t}\times\frac{\mathrm{d}\boldsymbol{n}}{\mathrm{d}s}+(\kappa\boldsymbol{n})\times\boldsymbol{n}=\boldsymbol{t}\times\frac{\mathrm{d}\boldsymbol{n}}{\mathrm{d}s}\tag{10.22}$$

这表明$\frac{\mathrm{d}\boldsymbol{b}}{\mathrm{d}s}$垂直于 $\boldsymbol{t}$.

(ii) 由 $\boldsymbol{b}\cdot\boldsymbol{b}=1$，以及例 10.1.2，可知$\frac{\mathrm{d}\boldsymbol{b}}{\mathrm{d}s}$也垂直于 $\boldsymbol{b}$. 于是 $\frac{\mathrm{d}\boldsymbol{b}}{\mathrm{d}s}\parallel\boldsymbol{n}$. 令

$$\frac{\mathrm{d}\boldsymbol{b}}{\mathrm{d}s}\equiv-\tau\boldsymbol{n}^{*}\tag{10.23}$$

其中 τ 称为曲线 C 在点 P 处的挠率，它表示了 $\boldsymbol{b}$ 随 s 的变化. C 为平面曲线的充要条件显然是 C 上挠率处处为零.

$\boldsymbol{n}$ 随 s 的变化可以从 $\boldsymbol{n}=\boldsymbol{b}\times\boldsymbol{t}$ 来求得：

$$\frac{\mathrm{d}\boldsymbol{n}}{\mathrm{d}s}=\frac{\mathrm{d}\boldsymbol{b}}{\mathrm{d}s}\times\boldsymbol{t}+\boldsymbol{b}\times\frac{\mathrm{d}\boldsymbol{t}}{\mathrm{d}s}=-\tau(\boldsymbol{n}\times\boldsymbol{t})+\kappa(\boldsymbol{b}\times\boldsymbol{n})=\tau\boldsymbol{b}-\kappa\boldsymbol{t}\tag{10.24}$$

这样，我们就得出了空间曲线理论中的弗雷内—塞雷公式：

$$\begin{aligned}\frac{\mathrm{d}\boldsymbol{r}}{\mathrm{d}s}=\boldsymbol{t},\quad &\frac{\mathrm{d}\boldsymbol{t}}{\mathrm{d}s}=\kappa\boldsymbol{n}\\ &\frac{\mathrm{d}\boldsymbol{n}}{\mathrm{d}s}=-\kappa\boldsymbol{t}+\tau\boldsymbol{b}\\ &\frac{\mathrm{d}\boldsymbol{b}}{\mathrm{d}s}=-\tau\boldsymbol{n}\end{aligned}\tag{10.25}$$

---

* 我们在 τ 前选用了负号，而也有作者选用正号的，符号的不同选取就使得得出的 τ 的符号不同.

弗雷内(Jean Frédéric Frenet, 1816—1900),法国数学家;塞雷(Joseph Alfred Serret, 1819—1885)也是法国数学家.他们分别在 1847 年和 1851 年独立发现这组公式.

§ 10.8 应用:螺旋线

螺旋线(图 10.8.1)

$$\begin{aligned} \boldsymbol{r}(t) &= \cos t\boldsymbol{i} + \sin t\boldsymbol{j} + t\boldsymbol{k},\ -\infty < t < \infty \\ &\equiv (\cos t,\ \sin t,\ t) \end{aligned} \tag{10.26}$$

其螺矩 $h = 2\pi$.

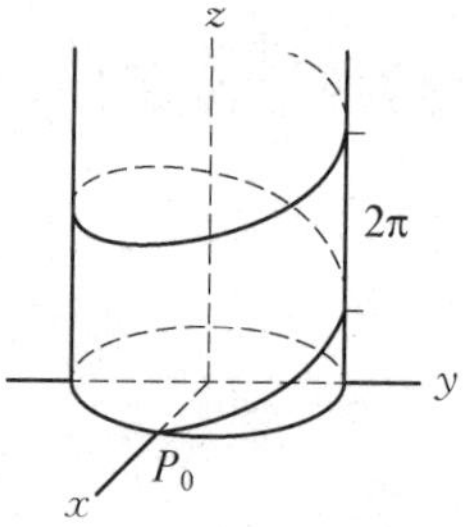

图 10.8.1

先有

$$\begin{aligned} \frac{\mathrm{d}\boldsymbol{r}}{\mathrm{d}t} &= (-\sin t,\ \cos t,\ 1) \\ \mathrm{d}\boldsymbol{r} &= (-\sin t\mathrm{d}t,\ \cos t\mathrm{d}t,\ \mathrm{d}t) \end{aligned} \tag{10.27}$$

用下列方法引入以弧长 s 为参数:

从(10.9),有 $\mathrm{d}s = |\mathrm{d}\boldsymbol{r}|$,所以

$$\mathrm{d}s = |\mathrm{d}\boldsymbol{r}| = \sqrt{(-\sin t\mathrm{d}t)^2 + (\cos t\mathrm{d}t)^2 + (\mathrm{d}t)^2} = \sqrt{2}\,\mathrm{d}t \tag{10.28}$$

再令对应于 $t = 0$ 的点 P_0 为弧长参数的始点,则有

$$s = \int_0^t \mathrm{d}s = \int_0^t \sqrt{2}\,\mathrm{d}t = \sqrt{2}\,t \tag{10.29}$$

于是在弧长 s 作参数下,由(10.26)有

$$\boldsymbol{r}(s) = \left(\cos\frac{s}{\sqrt{2}},\ \sin\frac{s}{\sqrt{2}},\ \frac{s}{\sqrt{2}}\right) \tag{10.30}$$

由此求得:

$$\boldsymbol{t}(s)=\frac{\mathrm{d}\boldsymbol{r}}{\mathrm{d}s}=\left(-\frac{1}{\sqrt{2}}\sin\frac{s}{\sqrt{2}},\ \frac{1}{\sqrt{2}}\cos\frac{s}{\sqrt{2}},\ \frac{1}{\sqrt{2}}\right),\ \kappa=\left|\frac{\mathrm{d}\boldsymbol{t}}{\mathrm{d}s}\right|=\frac{1}{2}$$

$$\kappa\boldsymbol{n}(s)=\frac{\mathrm{d}\boldsymbol{t}}{\mathrm{d}s}=\left(-\frac{1}{2}\cos\frac{s}{\sqrt{2}},\ -\frac{1}{2}\sin\frac{s}{\sqrt{2}},\ 0\right)$$

$$\boldsymbol{b}(s)=\boldsymbol{t}\times\boldsymbol{n}=\left(\frac{1}{\sqrt{2}}\sin\frac{s}{\sqrt{2}},\ -\frac{1}{\sqrt{2}}\cos\frac{s}{\sqrt{2}},\ \frac{1}{\sqrt{2}}\right),\ \tau=-\boldsymbol{n}\cdot\frac{\mathrm{d}\boldsymbol{b}}{\mathrm{d}s}=\frac{1}{2} \tag{10.31}$$

§ 10.9　应用:空间曲面的法矢量

三维空间的曲面 S 可由隐函数(隐式)

$$F(x,\ y,\ z)=0 \tag{10.32}$$

表示,设点 $P(x_0,\ y_0,\ z_0)$ 是 S 上一点,而 S 上过点 P 的任意曲线 C 可表为(图 10.9.1)

$$C:(\varphi(t),\ \psi(t),\ \theta(t)) \tag{10.33}$$

$$F(\varphi(t),\ \psi(t),\ \theta(t))=0 \tag{10.34}$$

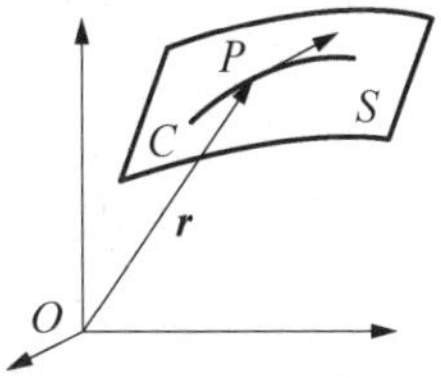

图 10.9.1

从

$$\boldsymbol{r}=\overrightarrow{OP}=\varphi(t)\boldsymbol{i}+\psi(t)\boldsymbol{j}+\theta(t)\boldsymbol{k} \tag{10.35}$$

可知

$$\frac{\mathrm{d}\boldsymbol{r}}{\mathrm{d}t}=\varphi'(t)\boldsymbol{i}+\psi'(t)\boldsymbol{j}+\theta'(t)\boldsymbol{k} \tag{10.36}$$

是过点 P 的曲线 C 位于 S 切平面上的一根切线. 此外,从(10.34)有

$$\frac{\mathrm{d}F}{\mathrm{d}t}=\frac{\partial F}{\partial x}\frac{\mathrm{d}\varphi}{\mathrm{d}t}+\frac{\partial F}{\partial y}\frac{\mathrm{d}\psi}{\mathrm{d}t}+\frac{\partial F}{\partial z}\frac{\mathrm{d}\theta}{\mathrm{d}t} \tag{10.37}$$

$$\equiv F_x\varphi'+F_y\psi'+F_z\theta'=0 \tag{10.38}$$

由此定义矢量 $\boldsymbol{F}=(F_x,\ F_y,\ F_z)$,则(10.38)表明 $\boldsymbol{F}$ 垂直于$\frac{\mathrm{d}\boldsymbol{r}}{\mathrm{d}t}$. 由于过

点 P 的曲线 C 是任意的，故 $\boldsymbol{F}$ 垂直于曲面 S 上点 P 处的切平面. 因此，$\boldsymbol{F}$ 是该切平面的一根法矢量.

由 $|\boldsymbol{F}|=\sqrt{F_x^2+F_y^2+F_z^2}$，就有下列单位法矢量(参见§2.6)

$$\boldsymbol{n}=(\cos\alpha,\ \cos\beta,\ \cos\gamma),$$

其中

$$\cos\alpha\equiv\frac{F_x}{|\boldsymbol{F}|},\ \cos\beta=\frac{F_y}{|\boldsymbol{F}|},\ \cos\gamma=\frac{F_z}{|\boldsymbol{F}|} \tag{10.39}$$

当曲面 S 用

$$z=g(x,\ y) \tag{10.40}$$

形式表示时，那么引入

$$F(x,\ y,\ z)=z-g(x,\ y)=0 \tag{10.41}$$

就能归结为上面的隐式情况. 此时从

$$F_x=-g_x,\ F_y=-g_y,\ F_z=1.$$

则(10.39)就是

$$\cos\alpha=\frac{-g_x}{\sqrt{1+g_x^2+g_y^2}},\ \cos\beta=\frac{-g_y}{\sqrt{1+g_x^2+g_y^2}},\ \cos\gamma=\frac{1}{\sqrt{1+g_x^2+g_y^2}} \tag{10.42}$$

当然 $\left(\dfrac{g_x}{\sqrt{1+g_x^2+g_y^2}},\ \dfrac{g_y}{\sqrt{1+g_x^2+g_y^2}},\ \dfrac{-1}{\sqrt{1+g_x^2+g_y^2}}\right)$ 也是上述切平面的单位法矢量. 选哪一个作为法矢量 $\boldsymbol{n}$ 是曲面的定向问题. 对于图 10.9.2 中由曲面 S_1，S_2 构成的闭曲面而言，我们取 S 的外法线来定向. 由于 S_1 的法矢量 $\boldsymbol{n}_1=(\cos\alpha_1,\ \cos\beta_1,\ \cos\gamma_1)$ 与 z 轴的夹角大于 90°，所以 $\cos\gamma_1<0$，而 S_2 的法矢量 $\boldsymbol{n}_2(\cos\alpha_2,\ \cos\beta_2,\ \cos\gamma_2)$ 与 z 轴的夹角小于 90°，所以 $\cos\gamma_2>0$(参见§14.6).

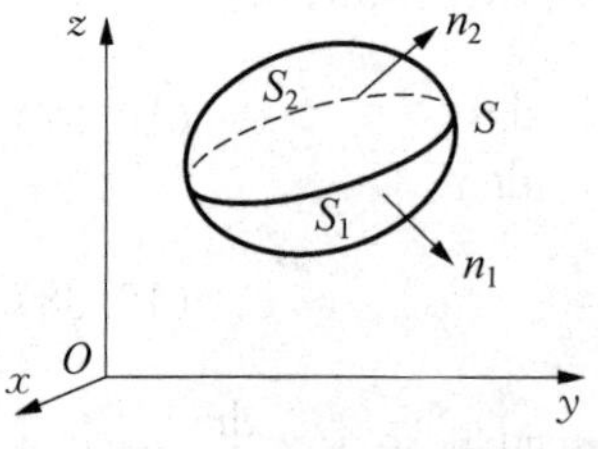

图 10.9.2

在下面几章中我们将转向对场论—矢量分析的研究.

第十一章

数量场的梯度

§ 11.1 数量场和矢量场

大气层中的每一点都有一个确定的温度，这就是数量场的一个例子．一般地，三维空间中的一个数量场是一个函数 $f(x, y, z)$，它对该场的定义域中的每一点 x_0, y_0, z_0 都给出一个数量 $f(x_0, y_0, z_0)$．

例 11.1.1 $d(x, y, z)=\sqrt{x^2+y^2+z^2}$ 确定了三维空间中的一个数量场，它对空间中的每一点 $P(x, y, z)$ 给出了该点到直角坐标系原点 $O(0, 0, 0)$ 之间的距离．

对于常数 c，满足

$$f(x, y, z)=c \tag{11.1}$$

的所有点 (x, y, z) 组成了该数量场 $f(x, y, z)$ 中的一个等值面，不同的常数则定义了不同的等值面．我们熟知的等高面，等温面，等压面等就是最常见的一些例子．

另一方面，电场，磁场，引力场等提供了矢量场的一些例子：对于空间中一个区域中的每一点 (x, y, z) 都有一个矢量 $\boldsymbol{V}(x, y, z)$ 与之对应．

例 11.1.2 矢值函数 $\boldsymbol{r}(x, y, z)=x\boldsymbol{i}+y\boldsymbol{j}+z\boldsymbol{k}$ 给出了三维空间中的一个矢量场．

我们将讨论数量场以及矢量场的运算和种种性质，尤其是如何从已知的场产生新的场．它们在自然科学的许多领域中都有重大应用．

例 11.1.3 设有标量场 $f(x, y, z)$，且对其中点 $P(x_0, y_0, z_0)$ 有 $f(x_0, y_0, z_0)=c$，于是 $f(x, y, z)=c$ 为过点 P 的一个等值面．令

$F(x, y, z)=f(x, y, z)-c=0$，则是该等值面的一个隐式表示（参见 §10.9）.

于是从 $F_x=f_x$，$F_y=f_y$，$F_z=f_z$，可知

$$\boldsymbol{F}=f_x\boldsymbol{i}+f_y\boldsymbol{j}+f_z\boldsymbol{k} \tag{11.2}$$

是该等值面的一个过点 P 的法矢量. 这就由一个标量场产生了一个矢量场.

§11.2 数量场的梯度

由例 11.1.3 可知引入下列定义是有用的：

定义 11.2.1（数量场的梯度） 设有数量场 $f(x, y, z)$，以 $f(x, y, z)$ 关于 x，y，z 的偏导数 $\frac{\partial f}{\partial x}$，$\frac{\partial f}{\partial y}$，$\frac{\partial f}{\partial z}$ 为分量的矢量场

$$\boldsymbol{V}(x, y, z)=\frac{\partial f}{\partial x}\boldsymbol{i}+\frac{\partial f}{\partial y}\boldsymbol{j}+\frac{\partial f}{\partial z}\boldsymbol{k} \tag{11.3}$$

称为 $f(x, y, z)$ 的**梯度矢量（场）**，记为 $\mathrm{grad}\, f$.

例 11.2.1 令 $f(x, y, z)$ 分别等于 x，y，z，则有

$$\mathrm{grad}\, x=\boldsymbol{i},\ \mathrm{grad}\, y=\boldsymbol{j},\ \mathrm{grad}\, z=\boldsymbol{k}$$

例 11.2.2 对于例 11.1.1 中的 $d(x, y, z)=r=\sqrt{x^2+y^2+z^2}$，从 $\frac{\partial r}{\partial x}=\frac{x}{r}$，$\frac{\partial r}{\partial y}=\frac{y}{r}$，$\frac{\partial r}{\partial z}=\frac{z}{r}$，有

$$\mathrm{grad}\, r=\frac{x}{r}\boldsymbol{i}+\frac{y}{r}\boldsymbol{j}+\frac{z}{r}\boldsymbol{k}=\frac{\boldsymbol{r}}{r}. \tag{11.4}$$

例 11.2.3 计算 $\mathrm{grad}(3xy^3-y^2z^2)$ 在点 $P(1, 1, 2)$ 处的值.

$$\mathrm{grad}(3xy^3-y^2z^2)=3y^3\boldsymbol{i}+(9xy^2-2yz^2)\boldsymbol{j}-2y^2z\boldsymbol{k}$$
$$\mathrm{grad}(3xy^3-y^2z^2)(P)=3\boldsymbol{i}+\boldsymbol{j}-4\boldsymbol{k}.$$

例 11.2.4 从 $f=f(x, y, z)$ 有

$$\mathrm{d}f=f_x\mathrm{d}x+f_y\mathrm{d}y+f_z\mathrm{d}z=(\mathrm{grad}\, f)\cdot\mathrm{d}\boldsymbol{r}.$$

即 f 的全微分 $\mathrm{d}f$ 可用 grad f 与 $\mathrm{d}\boldsymbol{r}$ 的内积表示.

§11.3　算子∇以及梯度的运算性质

grad 是英语中 gradient(梯度)一词的缩写,用来表示(11.3)所示的运算.也有用算子∇来表示的,即定义矢量运算子

$$\nabla = \boldsymbol{i}\frac{\partial}{\partial x} + \boldsymbol{j}\frac{\partial}{\partial y} + \boldsymbol{k}\frac{\partial}{\partial z} \tag{11.5}$$

而令

$$\nabla f = \left(\boldsymbol{i}\frac{\partial}{\partial x} + \boldsymbol{j}\frac{\partial}{\partial y} + \boldsymbol{k}\frac{\partial}{\partial z}\right) f = \frac{\partial f}{\partial x}\boldsymbol{i} + \frac{\partial f}{\partial y}\boldsymbol{j} + \frac{\partial f}{\partial z}\boldsymbol{k} \tag{11.6}$$

对于 $f(x, y, z)$, $g(x, y, z)$,以及 $f(u)$,其中 $u = u(x, y, z)$,不难得出梯度运算的下列各性质:

(i) $\nabla(f+g) = \nabla f + \nabla g$,

(ii) $\nabla(fg) = (\nabla f)g + f(\nabla g)$, (11.7)

(iii) $\nabla(f(u)) = \frac{\partial f}{\partial x}\boldsymbol{i} + \frac{\partial f}{\partial y}\boldsymbol{j} + \frac{\partial f}{\partial z}\boldsymbol{k} = \frac{\mathrm{d}f}{\mathrm{d}u}\frac{\partial u}{\partial x}\boldsymbol{i} + \frac{\mathrm{d}f}{\mathrm{d}u}\frac{\partial u}{\partial y}\boldsymbol{j} + \frac{\mathrm{d}f}{\mathrm{d}u}\frac{\partial u}{\partial z}\boldsymbol{k}$

$$= \frac{\mathrm{d}f}{\mathrm{d}u}\nabla u.$$

例 11.3.1　若 $f(u) = \frac{1}{u}$,则有

$$\nabla\left(\frac{1}{u}\right) = \frac{\mathrm{d}\left(\frac{1}{u}\right)}{\mathrm{d}u}\nabla u = -\frac{1}{u^2}\nabla u$$

作为一个特例,若 $f(r) = \frac{1}{r}$, $r = \sqrt{x^2+y^2+z^2}$,则有(参见(11.4))

$$\nabla\left(\frac{1}{r}\right) = -\frac{1}{r^2}\nabla r = -\frac{1}{r^2}\frac{\boldsymbol{r}}{r} = -\frac{\boldsymbol{r}}{r^3}$$

更一般地，若 $f=r^n$，则有(作为练习)

$$\nabla r^n=\frac{\mathrm{d}r^n}{\mathrm{d}r}\nabla r=nr^{n-1}\frac{\boldsymbol{r}}{r}=nr^{n-2}\boldsymbol{r}$$

例 11.3.2 用(11.7)的(ii)计算

$$\nabla\left(\frac{f}{g}\right)=(\nabla f)\frac{1}{g}+f\nabla\left(\frac{1}{g}\right)=\frac{\nabla f}{g}-\frac{f}{g^2}\nabla g=\frac{g\nabla f-f\nabla g}{g^2}.$$

例 11.3.3 设 $u=u(x, y, z)$，$v=v(x, y, z)$，则

$$\begin{aligned}\nabla f(u, v)&=\boldsymbol{i}\frac{\partial}{\partial x}f(u, v)+\boldsymbol{j}\frac{\partial}{\partial y}f(u, v)+\boldsymbol{k}\frac{\partial}{\partial z}f(u, v)\\&=\boldsymbol{i}\left(\frac{\partial f}{\partial u}\frac{\partial u}{\partial x}+\frac{\partial f}{\partial v}\frac{\partial v}{\partial x}\right)+\boldsymbol{j}\left(\frac{\partial f}{\partial u}\frac{\partial u}{\partial y}+\frac{\partial f}{\partial v}\frac{\partial v}{\partial y}\right)+\boldsymbol{k}\left(\frac{\partial f}{\partial u}\frac{\partial u}{\partial z}+\frac{\partial f}{\partial v}\frac{\partial v}{\partial z}\right)\\&=\frac{\partial f}{\partial u}\nabla u+\frac{\partial f}{\partial v}\nabla v\end{aligned}$$

§ 11.4 数量场的方向导数

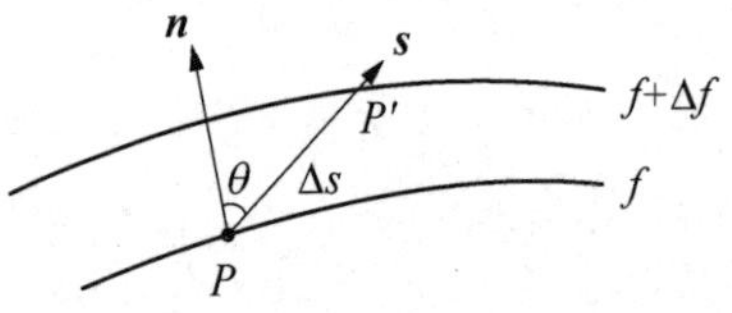

图 11.4.1

下面研究数量场 $f(x, y, z)$ 在点 $P(x, y, z)$ 附近的变化. 图 11.4.1 明示了点 P，与它附近的点 $P'(x+\Delta x, y+\Delta y, z+\Delta z)$，以及分别过点 P 与点 P' 的等值面 $f(x, y, z)=f$，与 $f(x, y, z)=f+\Delta f$，其中矢量 $\boldsymbol{n}$ 是过点 P 的，垂直于点 P 等值面的单位法线矢量，而 $\boldsymbol{s}$ 是 $\overrightarrow{PP'}$ 方向上的单位矢量：$\boldsymbol{s}=s_1\boldsymbol{i}+s_2\boldsymbol{j}+s_3\boldsymbol{k}$.

记 $\Delta s=|\overrightarrow{PP'}|$，那么 $f(x, y, z)$ 沿 $\boldsymbol{s}$ 的变化率，即数量场 f 沿 $\boldsymbol{s}$ 方向上的**方向导数**

$$\frac{\partial f}{\partial s}=\lim_{\Delta s\to 0}\frac{\Delta f}{\Delta s} \tag{11.8}$$

从偏导数的定义可知，$f(x, y, z)$对 x, y, z 的变化率分别等于$\frac{\partial f}{\partial x}$，$\frac{\partial f}{\partial y}$，$\frac{\partial f}{\partial z}$，于是从

$$\Delta f=\frac{\partial f}{\partial x}\Delta x+\frac{\partial f}{\partial y}\Delta y+\frac{\partial f}{\partial z}\Delta z, \tag{11.9}$$

就有

$$\frac{\Delta f}{\Delta s}=\frac{\partial f}{\partial x}\frac{\Delta x}{\Delta s}+\frac{\partial f}{\partial y}\frac{\Delta y}{\Delta s}+\frac{\partial f}{\partial z}\frac{\Delta z}{\Delta s}, \tag{11.10}$$

$$\frac{\Delta x}{\Delta s}=s_1,\ \frac{\Delta y}{\Delta s}=s_2,\ \frac{\Delta z}{\Delta s}=s_3 \tag{11.11}$$

而当 $\Delta s\to 0$ 时，最后可得

$$\frac{\partial f}{\partial s}=\lim_{\Delta s\to 0}\frac{\Delta f}{\Delta s}=\frac{\partial f}{\partial x}s_1+\frac{\partial f}{\partial y}s_2+\frac{\partial f}{\partial z}s_3=(\nabla f)\cdot \boldsymbol{s} \tag{11.12}$$

注意到∇f 是沿等值面的法线 $\boldsymbol{n}$ 方向的（参见 §10.9，(11.2)），所以(11.12)就表明方向导数$\frac{\partial f}{\partial s}$，在 $\boldsymbol{s}$ 与 $\boldsymbol{n}$ 一致时取得最大值$\frac{\partial f}{\partial n}=|\nabla f|$，即 $f(x, y, z)$在垂直等值面的方向上变化最大，而有 $\frac{\partial f}{\partial n}=(\nabla f)\cdot\boldsymbol{n}$，或等价地

$$\nabla f=\frac{\partial f}{\partial n}\boldsymbol{n} \tag{11.13}$$

这就是梯度的数学意义：数量场 $f(x, y, z)$中，点 P 变化最快的方向就是该点梯度的方向，最大的变化率就是该梯度的大小.

§11.5　矢量场可能有的势

如果对于矢量场 $\mathbf{A}$，存在一个数量场 f，使得

$$\mathbf{A}=-\nabla f \tag{11.14}$$

则称矢量场 $\mathbf{A}$ 具有**势** f.

例 11.5.1 静电场 $\boldsymbol{E}$ 的势.

设在坐标原点 O 有电荷 q,那么根据库仑定律,它对 $\boldsymbol{r}=\overrightarrow{OP}$ 处的试验电荷 q',就有作用力

$$\boldsymbol{F}=k\frac{qq'}{r^2}\frac{\boldsymbol{r}}{r}=k\frac{qq'}{r^3}\boldsymbol{r} \tag{11.15}$$

其中 $r=|\boldsymbol{r}|=|\overrightarrow{OP}|$. 于是 $|\boldsymbol{F}|\propto q'$,即作用力与试验电荷 q' 有关.

所以为了表示点电荷 q 给出的电场的性质,就要引入电场强度

$$\boldsymbol{E}=\frac{\boldsymbol{F}}{q'}=k\frac{q}{r^3}\boldsymbol{r} \tag{11.16}$$

由例 11.3.1,就有

$$\boldsymbol{E}=-\nabla\left(k\frac{q}{r}\right)\equiv-\nabla f \tag{11.17}$$

其中 $f=\frac{kq}{r}$ 为静电场的势. (11.17)中出现了负号,这就是在(11.14)的定义中引入负号的原因.

矢量场 $\boldsymbol{A}=a_1\boldsymbol{i}+a_2\boldsymbol{j}+a_3\boldsymbol{k}$ 有 3 个分量 a_1, a_2, a_3,而若 $\boldsymbol{A}$ 具有势 f 的话,则 $\boldsymbol{A}$ 可以通过 f 的梯度求得. 这就是讨论矢量场势的好处. 不过,并不是所有矢量场都有势的. 我们将在 §14.4 和 §14.5 中讨论这一问题.

第十二章

矢量场的散度

§12.1　矢量场散度的定义

定义 12.1.1(矢量场的散度)　对于矢量场 $\boldsymbol{A}=a_1\boldsymbol{i}+a_2\boldsymbol{j}+a_3\boldsymbol{k}$，构成

$$\operatorname{div}\boldsymbol{A}=\frac{\partial a_1}{\partial x}+\frac{\partial a_2}{\partial y}+\frac{\partial a_3}{\partial z}, \tag{12.1}$$

数量场 div **A** 称为 **A** 的散度.

div 是英语中 divergence(散开)一词的缩写. div 的运算将矢量场 **A** 变为一个数量场. 如果如下地引入矢量算子 $\nabla=\boldsymbol{i}\frac{\partial}{\partial x}+\boldsymbol{j}\frac{\partial}{\partial y}+\boldsymbol{k}\frac{\partial}{\partial z}$ 的矢量内积作用：

$$\begin{aligned}\nabla\cdot\boldsymbol{A}&=\left(\boldsymbol{i}\frac{\partial}{\partial x}+\boldsymbol{j}\frac{\partial}{\partial y}+\boldsymbol{k}\frac{\partial}{\partial z}\right)\cdot(a_1\boldsymbol{i}+a_2\boldsymbol{j}+a_3\boldsymbol{k})\\&=\frac{\partial a_1}{\partial x}+\frac{\partial a_2}{\partial y}+\frac{\partial a_3}{\partial z}\end{aligned} \tag{12.2}$$

则有

$$\operatorname{div}\boldsymbol{A}=\nabla\cdot\boldsymbol{A} \tag{12.3}$$

例 12.1.1　计算 $\boldsymbol{A}=x^2z\boldsymbol{i}-2y^3z^2\boldsymbol{j}+xyz^2\boldsymbol{k}$ 在点 $P(1,-1,1)$处的散度.

$$\operatorname{div}\boldsymbol{A}=2xz-6y^2z^2+2xyz$$

于是

$$\operatorname{div}\boldsymbol{A}(P)=2-6-2=-6.$$

例 12.1.2 设 $f(x, y, z)$是一个数量场,而 $\boldsymbol{C}=c_1\boldsymbol{i}+c_2\boldsymbol{j}+c_3\boldsymbol{k}$ 是一个常值矢量,于是有

$$\nabla\cdot(f\boldsymbol{C})=\nabla\cdot(fc_1\boldsymbol{i}+fc_2\boldsymbol{j}+fc_3\boldsymbol{k})=c_1\frac{\partial f}{\partial x}+c_2\frac{\partial f}{\partial y}+c_3\frac{\partial f}{\partial z}=(\nabla f)\cdot\boldsymbol{C}.$$

§12.2 散度的意义

为了说明矢量场 $\boldsymbol{A}$ 的散度 $\operatorname{div}\boldsymbol{A}$ 的意义,我们先从静电场谈起. 我们引入电力线的概念来形象化地描述电场:电场中一些从正电荷出发而终止于负电荷的曲线,其切线方向表示电场强度的方向,而电力线密的地方则表示电场强度大. 对于一般的矢量场 $\boldsymbol{A}$,我们就引入它的流线这一概念:流线的切线方向表示 $\boldsymbol{A}$ 的方向,而在流线上任意一点,过此点通过垂直 $\boldsymbol{A}$ 的单位平面上的流线数则等于矢量 $\boldsymbol{A}$ 在此点上的大小. 于是通过任意单位平面上的流线的数目,由于射影关系,就等于 $\boldsymbol{A}$ 在该平面的单位法线上的垂直射影之大小.

有了这些准备,我们在矢量场 $\boldsymbol{A}$ 中考虑以点 P 为一个顶点的一个长方体(图 12.2.1),它的三边 PL, PM, PN 分别平行于 x 轴,y 轴,z 轴,且 $PL=\Delta x$, $PM=\Delta y$, $PN=\Delta z$. 我们现在来计算流入流出这一长方体的流线总数.

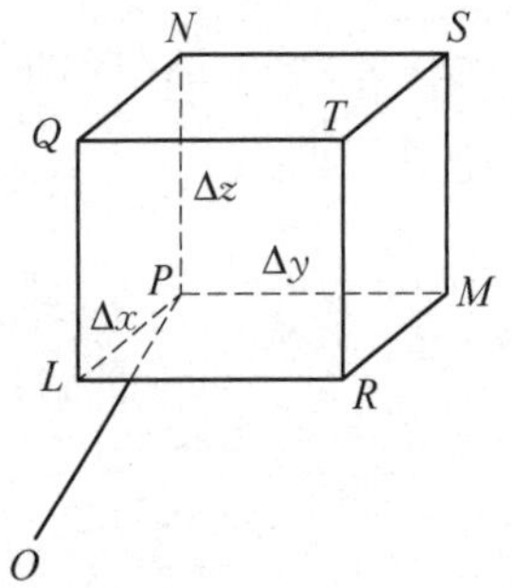

图 12.2.1

先考虑流入由 $NPMS$ 标记的长方形的流线数. 由于该面的法线方向是 $\overrightarrow{PL}$ 所指的方向,于是根据上述,该流线数等于 $\boldsymbol{A}$ 在 $\overrightarrow{PL}$ 上的垂直射影之长与面 $NPMS$ 的面积 $\Delta y\Delta z$ 的乘积,而前者显然就是 a_1. 因此有

$$a_1\Delta y\Delta z \tag{12.4}$$

接下来考虑由 $QLRT$ 而流出的流线数. 该面的面积仍为 $\Delta y\Delta z$,不过 a_1 变为 $a_1+\dfrac{\partial a_1}{\partial x}\Delta x$. 因此这就有

$$\left(a_1+\frac{\partial a_1}{\partial x}\Delta x\right)\Delta y\Delta z \tag{12.5}$$

这样,在这两个平行面上流出与流进的流线差数就是

$$\frac{\partial a_1}{\partial x}\Delta x\,\Delta y\,\Delta z \tag{12.6}$$

类似地,对于面 $PNQL$ 与面 $MSTR$,有

$$\frac{\partial a_2}{\partial y}\Delta x\,\Delta y\,\Delta z \tag{12.7}$$

对于面 $PLRM$ 与面 $NQTS$,有

$$\frac{\partial a_3}{\partial z}\Delta x\,\Delta y\,\Delta z \tag{12.8}$$

因此,对于图中的长方体而言,总的流出数应为

$$\left(\frac{\partial a_1}{\partial x}+\frac{\partial a_2}{\partial y}+\frac{\partial a_3}{\partial z}\right)\Delta x\,\Delta y\,\Delta z=(\operatorname{div}\boldsymbol{A})\,\Delta x\,\Delta y\,\Delta z \tag{12.9}$$

其中出现了 div $\boldsymbol{A}$,而

$$\operatorname{div}\boldsymbol{A}=\frac{\left(\frac{\partial a_1}{\partial x}+\frac{\partial a_2}{\partial y}+\frac{\partial a_3}{\partial z}\right)\Delta x\,\Delta y\,\Delta z}{\Delta x\,\Delta y\,\Delta z} \tag{12.10}$$

这表明了 div $\boldsymbol{A}$ 的意义:点 P 附近单位体积中流出的流线数.

如果 div $\boldsymbol{A}>0$, 则称点 P 是一个源;如果 div $\boldsymbol{A}<0$, 则称点 P 是一个沟. 因此,流线在散度大于零处开始,而在小于零处终止. 散度的大小表示了源或沟的强度.

例 12.2.1　对于(11.16)所示的静电场强度 $\boldsymbol{E}$,有 $E_1=kq\,\frac{x}{r^3}$, $E_2=kq\,\frac{y}{r^3}$, $E_3=kq\,\frac{z}{r^3}$, 因此有 $\frac{\partial E_1}{\partial x}=kq\left(\frac{1}{r^3}-\frac{3x^2}{r^5}\right)$, $\frac{\partial E_2}{\partial y}=kq\left(\frac{1}{r^3}-\frac{3y^2}{r^5}\right)$, $\frac{\partial E_3}{\partial z}=kq\left(\frac{1}{r^3}-\frac{3z^2}{r^5}\right)$. 于是最后有

$$\operatorname{div}\boldsymbol{E}=\frac{\partial E_1}{\partial x}+\frac{\partial E_2}{\partial y}+\frac{\partial E_3}{\partial z}=0 \tag{12.11}$$

在§15.3中，我们将从积分的角度来叙述 div $\boldsymbol{A}$ 的意义.

§12.3　散度的两个公式

对于矢量场 $\boldsymbol{A}$，$\boldsymbol{B}$，以及数量场 $f(x, y, z)$，我们不难得出：

$$\text{(i) } \operatorname{div}(\boldsymbol{A}+\boldsymbol{B})=\operatorname{div}\boldsymbol{A}+\operatorname{div}\boldsymbol{B}, \tag{12.12}$$

$$\text{(ii) } \operatorname{div}(f\boldsymbol{A})=(\operatorname{grad} f)\cdot\boldsymbol{A}+f\operatorname{div}\boldsymbol{A}. \tag{12.13}$$

对于(i)，这从 $\boldsymbol{A}=a_1\boldsymbol{i}+a_2\boldsymbol{j}+a_3\boldsymbol{k}$，$\boldsymbol{B}=b_1\boldsymbol{i}+b_2\boldsymbol{j}+b_3\boldsymbol{k}$，有

$$\boldsymbol{A}+\boldsymbol{B}=(a_1+b_1)\boldsymbol{i}+(a_2+b_2)\boldsymbol{j}+(a_3+b_3)\boldsymbol{k},$$

所以，

$$\begin{aligned}\operatorname{div}(\boldsymbol{A}+\boldsymbol{B})&=\frac{\partial(a_1+b_1)}{\partial x}+\frac{\partial(a_2+b_2)}{\partial y}+\frac{\partial(a_3+b_3)}{\partial z}\\&=\frac{\partial a_1}{\partial x}+\frac{\partial b_1}{\partial x}+\frac{\partial a_2}{\partial y}+\frac{\partial b_2}{\partial y}+\frac{\partial a_3}{\partial z}+\frac{\partial b_3}{\partial z}=\operatorname{div}\boldsymbol{A}+\operatorname{div}\boldsymbol{B}.\end{aligned}$$

对于(ii)，可以证明如下：

$$\begin{aligned}\operatorname{div}(f\boldsymbol{A})&=\frac{\partial(fa_1)}{\partial x}+\frac{\partial(fa_2)}{\partial y}+\frac{\partial(fa_3)}{\partial z}\\&=\left(\frac{\partial f}{\partial x}a_1+\frac{\partial f}{\partial y}a_2+\frac{\partial f}{\partial z}a_3\right)+f\left(\frac{\partial a_1}{\partial x}+\frac{\partial a_2}{\partial y}+\frac{\partial a_3}{\partial z}\right)\\&=(\operatorname{grad} f)\cdot\boldsymbol{A}+f\operatorname{div}\boldsymbol{A}.\end{aligned}$$

涉及到散度的其他一些公式，我们在§13.4中叙述.

§12.4　拉普拉斯算子和调和函数

对于数量场 $f(x, y, z)$，先构成它的梯度 $\operatorname{grad} f=\nabla f$，然后对矢量场 $\operatorname{grad} f$ 再构成它的散度 $\operatorname{div}\operatorname{grad} f=\nabla\cdot(\nabla f)$. 这样就有

$$\nabla\cdot(\nabla f)=\nabla\cdot\left(\frac{\partial f}{\partial x}\boldsymbol{i}+\frac{\partial f}{\partial y}\boldsymbol{j}+\frac{\partial f}{\partial z}\boldsymbol{k}\right)=\frac{\partial^2 f}{\partial x^2}+\frac{\partial^2 f}{\partial y^2}+\frac{\partial^2 f}{\partial z^2} \tag{12.14}$$

由此,我们定义**拉普拉斯算子** $\nabla^2=\frac{\partial^2}{\partial x^2}+\frac{\partial^2}{\partial y^2}+\frac{\partial^2}{\partial z^2}$,它对数量场作用为:

$$\nabla^2 f=\frac{\partial^2 f}{\partial x^2}+\frac{\partial^2 f}{\partial y^2}+\frac{\partial^2 f}{\partial z^2} \tag{12.15}$$

而偏微分方程

$$\nabla^2 f=0 \tag{12.16}$$

就称为**拉普拉斯方程**,满足此方程的函数则称为**调和函数**. 它们在数学物理方程中有重大应用.

拉普拉斯(Pierre-Simon Laplace, 1749—1827)是法国数学家和物理学家. 他在天体力学方面有巨大成就,著有《天体力学》和《宇宙体系论》等专著.

例 12.4.1 从例 11.5.1 可知 $\boldsymbol{E}=-\nabla f$, $f=\frac{kq}{r}$, 而例 12.2.1 给出 $\operatorname{div}\boldsymbol{E}=0$,于是有 $\nabla^2 f=\operatorname{div}\operatorname{grad} f=\operatorname{div}(-\boldsymbol{E})=0$, 这就给出

$$\nabla^2\left(\frac{1}{r}\right)=0 \tag{12.17}$$

即 $\frac{1}{r}$ 是调和函数,其中 $r=\sqrt{x^2+y^2+z^2}$.

第十三章

矢量场的旋度

§13.1 矢量场旋度的定义

定义 13.1.1(矢量场的旋度) 对于矢量场 $\boldsymbol{A}=a_1\boldsymbol{i}+a_2\boldsymbol{j}+a_3\boldsymbol{k}$，构成

$$\operatorname{rot}\boldsymbol{A}=\left(\frac{\partial a_3}{\partial y}-\frac{\partial a_2}{\partial z}\right)\boldsymbol{i}+\left(\frac{\partial a_1}{\partial z}-\frac{\partial a_3}{\partial x}\right)\boldsymbol{j}+\left(\frac{\partial a_2}{\partial x}-\frac{\partial a_1}{\partial y}\right)\boldsymbol{k} \tag{13.1}$$

矢量场 rot $\boldsymbol{A}$ 称为 $\boldsymbol{A}$ 的旋度.

rot 是英语中 rotation(旋转)一词的缩写. rot 运算将矢量场 $\boldsymbol{A}$ 变成一个矢量场. 如下地引入矢量算子∇ 的矢量积作用：

$$\begin{aligned}\nabla\times\boldsymbol{A}&=\left(\boldsymbol{i}\frac{\partial}{\partial x}+\boldsymbol{j}\frac{\partial}{\partial y}+\boldsymbol{k}\frac{\partial}{\partial z}\right)\times(a_1\boldsymbol{i}+a_2\boldsymbol{j}+a_3\boldsymbol{k})\\&=\left(\frac{\partial a_3}{\partial y}-\frac{\partial a_2}{\partial z}\right)\boldsymbol{i}+\left(\frac{\partial a_1}{\partial z}-\frac{\partial a_3}{\partial x}\right)\boldsymbol{j}+\left(\frac{\partial a_2}{\partial x}-\frac{\partial a_1}{\partial y}\right)\boldsymbol{k}\end{aligned}$$

就有

$$\operatorname{rot}\boldsymbol{A}=\nabla\times\boldsymbol{A} \tag{13.2}$$

另外，利用行列式又可将(13.1)简洁地表示为

$$\operatorname{rot}\boldsymbol{A}=\begin{vmatrix}\boldsymbol{i}&\boldsymbol{j}&\boldsymbol{k}\\\frac{\partial}{\partial x}&\frac{\partial}{\partial y}&\frac{\partial}{\partial z}\\a_1&a_2&a_3\end{vmatrix} \tag{13.3}$$

§13.2 旋度的两个公式

对于矢量场 $\boldsymbol{A}$ 和 $\boldsymbol{B}$，以及数量场 $f(x, y, z)$，有

(i) $\mathrm{rot}(\boldsymbol{A}+\boldsymbol{B})=\mathrm{rot}\,\boldsymbol{A}+\mathrm{rot}\,\boldsymbol{B}$. (13.4)

(ii) $\mathrm{rot}(f\boldsymbol{A})=\mathrm{grad}\,f\times\boldsymbol{A}+f\,\mathrm{rot}\,\boldsymbol{A}$. (13.5)

(i) 从旋度的定义直接能得出，而 (ii) 用“相应分量相等法”(参见 §10.3)也不难证得. 例如对于 x 分量，(ii)的左边，有

$$\frac{\partial}{\partial y}(fa_3)-\frac{\partial}{\partial z}(fa_2)=\left(\frac{\partial f}{\partial y}a_3-\frac{\partial f}{\partial z}a_2\right)+f\left(\frac{\partial a_3}{\partial y}-\frac{\partial a_2}{\partial z}\right)$$

此式右边的第一项即是 $(\mathrm{grad}\,f\times\boldsymbol{A})$ 的 x 分量，而此式右边的第二项即是 $f\,\mathrm{rot}\,\boldsymbol{A}$ 的 x 分量. 对(ii)左右两边的 y 分量和 z 分量也可以同样予以证明.

例 13.2.1　已知 $\boldsymbol{V}=x^2z^2\boldsymbol{i}-2y^2z^2\boldsymbol{j}+xy^2z\boldsymbol{k}$，求 $\nabla\times\boldsymbol{V}$ 在点 $P(1,-1,1)$处的值.

先从

$$\nabla\times\boldsymbol{V}=\begin{vmatrix}\boldsymbol{i} & \boldsymbol{j} & \boldsymbol{k}\\ \dfrac{\partial}{\partial x} & \dfrac{\partial}{\partial y} & \dfrac{\partial}{\partial z}\\ x^2z^2 & -2y^2z^2 & xy^2z\end{vmatrix}=(2xyz+4y^2z)\boldsymbol{i}+(2x^2z-y^2z)\boldsymbol{j}$$

有

$$\nabla\times\boldsymbol{V}(P)=2\boldsymbol{i}+\boldsymbol{j}$$

例 13.2.2　对静电场场强 $\boldsymbol{E}=k\dfrac{q}{r^3}\boldsymbol{r}$，试计算 $\nabla\times\boldsymbol{E}$.

由例 11.2.2 与例 12.2.1 不难计算(参见例 13.4.1)

$$\mathrm{rot}\,\boldsymbol{E}=\begin{vmatrix}\boldsymbol{i} & \boldsymbol{j} & \boldsymbol{k}\\ \dfrac{\partial}{\partial x} & \dfrac{\partial}{\partial y} & \dfrac{\partial}{\partial z}\\ E_1 & E_2 & E_3\end{vmatrix}=\boldsymbol{O}$$

例 13.2.3　试计算 $\nabla\cdot(\boldsymbol{A}\times\boldsymbol{r})$.

首先由 $\boldsymbol{A}\times\boldsymbol{r}=\begin{vmatrix}\boldsymbol{i} & \boldsymbol{j} & \boldsymbol{k}\\ a_1 & a_2 & a_3\\ x & y & z\end{vmatrix}=(a_2z-a_3y)\boldsymbol{i}+(a_3x-a_1z)\boldsymbol{j}+$

$(a_1y-a_2x)\boldsymbol{k}$,然后有$\nabla\cdot(\boldsymbol{A}\times\boldsymbol{r})=\frac{\partial}{\partial x}(a_2z-a_3y)+\frac{\partial}{\partial y}(a_3x-a_1z)+\frac{\partial}{\partial z}(a_1y-a_2x)=x\left(\frac{\partial a_3}{\partial y}-\frac{\partial a_2}{\partial z}\right)+y\left(\frac{\partial a_1}{\partial z}-\frac{\partial a_3}{\partial x}\right)+z\left(\frac{\partial a_2}{\partial x}-\frac{\partial a_1}{\partial y}\right)=\boldsymbol{r}\cdot(\nabla\times\boldsymbol{A})$.

如果 $\nabla\times\boldsymbol{A}=\boldsymbol{0}$,则有$\nabla\cdot(\boldsymbol{A}\times\boldsymbol{r})=0$.

例 13.2.4 证明 $\nabla\cdot(\boldsymbol{A}\times\boldsymbol{C})=\boldsymbol{C}\cdot(\nabla\times\boldsymbol{A})$,其中 $\boldsymbol{C}$ 是常值矢量.

等式左边$=\nabla\cdot\begin{vmatrix}\boldsymbol{i}&\boldsymbol{j}&\boldsymbol{k}\\a_1&a_2&a_3\\c_1&c_2&c_3\end{vmatrix}=\nabla\cdot[(a_2c_3-a_3c_2)\boldsymbol{i}+(a_3c_1-a_1c_3)\boldsymbol{j}+(a_1c_2-a_2c_1)\boldsymbol{k}]=\left(c_3\frac{\partial a_2}{\partial x}-c_2\frac{\partial a_3}{\partial x}\right)+\left(c_1\frac{\partial a_3}{\partial y}-c_3\frac{\partial a_1}{\partial y}\right)+\left(c_2\frac{\partial a_1}{\partial z}-c_1\frac{\partial a_2}{\partial z}\right)=c_1\left(\frac{\partial a_3}{\partial y}-\frac{\partial a_2}{\partial z}\right)+c_2\left(\frac{\partial a_1}{\partial z}-\frac{\partial a_3}{\partial x}\right)+c_3\left(\frac{\partial a_2}{\partial x}-\frac{\partial a_1}{\partial y}\right)=\boldsymbol{C}\cdot(\nabla\times\boldsymbol{A})$.

§13.3 从一个特例看旋度的意义

按图 3.5.3 所示,设 $\boldsymbol{\omega}$ 是一个常值角速度矢量,则 $\boldsymbol{V}=\boldsymbol{\omega}\times\boldsymbol{r}$ 是表示线速度的矢量. 从 $\mathrm{rot}\,\boldsymbol{V}=\nabla\times\boldsymbol{V}=\nabla\times(\boldsymbol{\omega}\times\boldsymbol{r})=\nabla\times\begin{vmatrix}\boldsymbol{i}&\boldsymbol{j}&\boldsymbol{k}\\\omega_1&\omega_2&\omega_3\\x&y&z\end{vmatrix}=\begin{vmatrix}\boldsymbol{i}&\boldsymbol{j}&\boldsymbol{k}\\\frac{\partial}{\partial x}&\frac{\partial}{\partial y}&\frac{\partial}{\partial z}\\\omega_2z-\omega_3y&\omega_3x-\omega_1z&\omega_1y-\omega_2x\end{vmatrix}=2(\omega_1\boldsymbol{i}+\omega_2\boldsymbol{j}+\omega_3\boldsymbol{k})=2\boldsymbol{\omega}$. 于是若 $\boldsymbol{\omega}=\boldsymbol{0}$,则 $\boldsymbol{V}=\boldsymbol{0}$, $\mathrm{rot}\,\boldsymbol{V}=\boldsymbol{0}$;若 $\boldsymbol{\omega}\neq\boldsymbol{0}$,则 $\mathrm{rot}\,\boldsymbol{V}\neq\boldsymbol{0}$. 这表明矢量场 $\boldsymbol{V}$ 的旋度与该场的旋转特性 $\boldsymbol{\omega}$ 有关.

在附录 5 中,我们会再从矢量的环流的角度来阐明旋度的意义.

§13.4　有关梯度、散度、旋度的一些重要公式

利用"相应分量相等法"，我们能够证明下面一些重要公式(作为练习)：

(i) $\text{grad}(\boldsymbol{A}\cdot\boldsymbol{B})=(\boldsymbol{A}\cdot\nabla)\boldsymbol{B}+(\boldsymbol{B}\cdot\nabla)\boldsymbol{A}+\boldsymbol{A}\times\text{rot}\,\boldsymbol{B}+\boldsymbol{B}\times\text{rot}\,\boldsymbol{A}$.

(ii) $\text{div}(\boldsymbol{A}\times\boldsymbol{B})=\boldsymbol{B}\text{rot}\,\boldsymbol{A}-\boldsymbol{A}\text{rot}\,\boldsymbol{B}$.

(iii) $\text{rot}(\boldsymbol{A}\times\boldsymbol{B})=(\boldsymbol{B}\cdot\nabla)\boldsymbol{A}-(\boldsymbol{A}\cdot\nabla)\boldsymbol{B}+\boldsymbol{A}\text{div}\,\boldsymbol{B}-\boldsymbol{B}\text{div}\,\boldsymbol{A}$.

(iv) $\text{rot}\,\text{rot}\,\boldsymbol{A}=\nabla(\nabla\cdot\boldsymbol{A})-\nabla^2\boldsymbol{A}$.

其中 $\nabla^2\boldsymbol{A}\equiv\left(\dfrac{\partial^2}{\partial x^2}+\dfrac{\partial^2}{\partial y^2}+\dfrac{\partial^2}{\partial z^2}\right)(a_1\boldsymbol{i}+a_2\boldsymbol{j}+a_3\boldsymbol{k})$

$$=\left(\frac{\partial^2 a_1}{\partial x^2}+\frac{\partial^2 a_1}{\partial y^2}+\frac{\partial^2 a_1}{\partial z^2}\right)\boldsymbol{i}+\left(\frac{\partial^2 a_2}{\partial x^2}+\frac{\partial^2 a_2}{\partial y^2}+\frac{\partial^2 a_2}{\partial z^2}\right)\boldsymbol{j}+\left(\frac{\partial^2 a_3}{\partial x^2}+\frac{\partial^2 a_3}{\partial y^2}+\frac{\partial^2 a_3}{\partial z^2}\right)\boldsymbol{k}$$

此外，还有下列两个分别矢量为零和数字为零的结果：

(v) $\text{rot}\,\text{grad}\,f=\mathbf{0}$.

(vi) $\text{div}\,\text{rot}\,\boldsymbol{A}=0$.

在附录 12 中，我们利用外微分形式的外微分法证明了其中的部分公式.

例 13.4.1　对于静电场场强 $\boldsymbol{E}$，则从(11.17)的 $\boldsymbol{E}=-\nabla f$，由上述(v)有 $\text{rot}\,\boldsymbol{E}=\text{rot}(-\nabla f)=-\text{rot}\,\text{grad}\,f=\mathbf{0}$. 这与例 13.2.2 的结果一致.

例 13.4.2　应用：电磁理论中的波动方程.

电磁理论的麦克斯韦方程组有 $\nabla\cdot\boldsymbol{E}=0$, $\nabla\cdot\boldsymbol{H}=0$, $\nabla\times\boldsymbol{E}=-\dfrac{1}{c}\dfrac{\partial\boldsymbol{H}}{\partial t}$, $\nabla\times\boldsymbol{H}=\dfrac{1}{c}\dfrac{\partial\boldsymbol{E}}{\partial t}$，因此有，$\nabla\times(\nabla\times\boldsymbol{E})=\nabla\times\left(-\dfrac{1}{c}\dfrac{\partial\boldsymbol{H}}{\partial t}\right)=-\dfrac{1}{c}\dfrac{\partial}{\partial t}(\nabla\times\boldsymbol{H})=-\dfrac{1}{c^2}\dfrac{\partial^2\boldsymbol{E}}{\partial t^2}$. 另一方面，由本节中的(iv)可知 $\nabla\times(\nabla\times\boldsymbol{E})=\nabla(\nabla\cdot\boldsymbol{E})-\nabla^2\boldsymbol{E}=-\nabla^2\boldsymbol{E}$. 这就得出 $\nabla^2\boldsymbol{E}=\dfrac{1}{c^2}\dfrac{\partial^2\boldsymbol{E}}{\partial t^2}$，也即

$$\nabla^2 E_i=\frac{1}{c^2}\frac{\partial^2 E_i}{\partial t^2},\ i=1,\ 2,\ 3$$

类似地，有 $\nabla^2 \boldsymbol{H} = \frac{1}{c^2} \frac{\partial^2 \boldsymbol{H}}{\partial t^2}$，也即

$$\nabla^2 H_i = \frac{1}{c^2} \frac{\partial^2 H_i}{\partial t^2},\ i = 1,\ 2,\ 3$$

这两个方程具有数学物理中波动方程的形式.

下一章中，我们讨论数量场的线积分以及矢量场的线积分与面积分运算.

第四部分
矢量场的线积分和面积分

在这一部分中，我们讨论矢量场的线积分与面积分，并导出了有重大应用的散度定理，斯托克斯定理，以及格林第一恒等式和第二恒等式.

作为应用，我们还详细论述了保守矢量场的充要条件，以及连续性方程等物理应用.

第十四章

矢量场的线积分与面积分

§14.1 变矢的通常积分

设 $\boldsymbol{T}(u)=t_1(u)\boldsymbol{i}+t_2(u)\boldsymbol{j}+t_3(u)\boldsymbol{k}$ 是单变量 u 的一个变矢，且其分量 $t_i(u)$, $i=1, 2, 3$ 在 u 的一个特定区间内连续，那么定义

$$\int \boldsymbol{T}(u)\mathrm{d}u=\boldsymbol{i}\int t_1(u)\mathrm{d}u+\boldsymbol{j}\int t_2(u)\mathrm{d}u+\boldsymbol{k}\int t_3(u)\mathrm{d}u \tag{14.1}$$

为变矢 $\boldsymbol{T}(u)$的不定积分. 与通常的函数的微积分中那样，若存在变矢 $\boldsymbol{S}(u)$，而使得

$$\boldsymbol{T}(u)=\frac{\mathrm{d}}{\mathrm{d}u}(\boldsymbol{S}(u)) \tag{14.2}$$

则有

$$\int \boldsymbol{T}(u)\mathrm{d}u=\int \frac{\mathrm{d}}{\mathrm{d}u}(\boldsymbol{S}(u))\mathrm{d}u=\boldsymbol{S}(u)+\boldsymbol{C} \tag{14.3}$$

这里 $\boldsymbol{C}$ 是任意常矢量. 类似于通常函数微积分中的定积分——作为求和的一个极限，这里也有

$$\int_a^b \boldsymbol{T}(u)\mathrm{d}u=\int_a^b \frac{\mathrm{d}}{\mathrm{d}u}(\boldsymbol{S}(u))=[\boldsymbol{S}(u)+\boldsymbol{C}]\Big|_a^b=\boldsymbol{S}(b)-\boldsymbol{S}(a) \tag{14.4}$$

此即矢值函数定积分的牛顿—莱布尼兹公式.

例 14.1.1 计算 $\int_0^1[3\boldsymbol{i}+(u^3+4u^7)\boldsymbol{j}+u\boldsymbol{k}]\mathrm{d}u$.

$$原式=\boldsymbol{i}\int_0^1 3\mathrm{d}u+\boldsymbol{j}\int_0^1(u^3+4u^7)\mathrm{d}u+\boldsymbol{k}\int_0^1 u\mathrm{d}u$$

$$=\left[\boldsymbol{i}3u+\boldsymbol{j}\left(\frac{u^4}{4}+\frac{1}{2}u^8\right)+\boldsymbol{k}\frac{u^2}{2}\right]\Bigg|_0^1=3\boldsymbol{i}+\frac{3}{4}\boldsymbol{j}+\frac{1}{2}\boldsymbol{k}$$

§14.2 数量场的线积分

定义 14.2.1(线积分定义) 设空间中有数量场 $f(P)=f(x, y, z)$，以及连接 A，B 两点的，以弧长 s 为参数的曲线 C：

$$x=x(s),\ y=y(s),\ z=z(s),\ s_0\leqslant s\leqslant s_1 \tag{14.5}$$

用点 A_1，A_2，…，A_{n-1} 分割曲线 AB，这样就得出弧 AA_1，A_1A_2，…，$A_{n-1}B$. 设它们的长各为 Δs_1，Δs_2，…，Δs_n，并在它们上面分别任意取点 P_1，P_2，…，P_n，则将

$$\int_{s_0}^{s_1} f(x, y, z)\mathrm{d}s=\lim_{\Delta s_i\to 0}\sum_{i=1}^{n} f(P_i)\Delta s_i \tag{14.6}$$

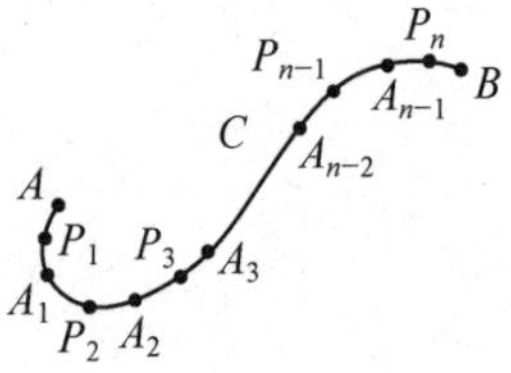

图 14.2.1

称为数量场 $f(x, y, z)$沿曲线 C 对弧长的线积分(图 14.2.1).

这一类曲线积分又称为第一类曲线积分，且也用 $\int_C f\mathrm{d}s$ 以及 $\int_{AB} f\mathrm{d}s$ 来表示. 当 C 是闭曲线时，又往往写成 $\oint_C f\mathrm{d}s$.

如果 $f(x, y, z)$表示 C 上电荷分布的线密度，那么此积分显然表示了 C 上的电荷总值.

记 $\overrightarrow{A_{i-1}A_i}=\Delta x_i\boldsymbol{i}+\Delta y_i\boldsymbol{j}+\Delta z_i\boldsymbol{k}$，我们就有下列三个和式：

$$\sum_{i=1}^{n} f(P_i)\Delta x_i,\ \sum_{i=1}^{n} f(P_i)\Delta y_i,\ \sum_{i=1}^{n} f(P_i)\Delta z_i \tag{14.7}$$

它们的极限分别记为

$$\int_C f(x, y, z)\mathrm{d}x,\ \int_C f(x, y, z)\mathrm{d}y,\ \int_C f(x, y, z)\mathrm{d}z \tag{14.8}$$

称它们为对坐标的曲线积分，或第二类曲线积分.

考虑到该曲线 C 的切线 $\boldsymbol{t}(s)=\left(\frac{\mathrm{d}x}{\mathrm{d}s},\ \frac{\mathrm{d}y}{\mathrm{d}s},\ \frac{\mathrm{d}z}{\mathrm{d}s}\right)$（参见(10.11)）的方向余弦为$(\cos\alpha,\ \cos\beta,\ \cos\gamma)$（参见§2.6），则从

$$\mathrm{d}x=\mathrm{d}s\cos\alpha,\ \mathrm{d}y=\mathrm{d}s\cos\beta,\ \mathrm{d}z=\mathrm{d}s\cos\gamma \tag{14.9}$$

上述 3 个积分则分别可表示为

$$\int_C f(x,\ y,\ z)\cos\alpha\,\mathrm{d}s,\ \int_C f(x,\ y,\ z)\cos\beta\,\mathrm{d}s,\ \int_C f(x,\ y,\ z)\cos\gamma\,\mathrm{d}s \tag{14.10}$$

也就是说第二类曲线积分也具有第一类曲线积分的形式.

§14.3　矢量场的切线线积分

设沿曲线 C 给定了一个矢量场 $\boldsymbol{A}$，此时利用 C 上的切线矢量 $\boldsymbol{t}$，可构成沿着 C 有定义的数量场 $\boldsymbol{A}\cdot\boldsymbol{t}$. 由此我们有积分（图 14.3.1）

$$\int_C \boldsymbol{A}\cdot\boldsymbol{t}\,\mathrm{d}s \tag{14.11}$$

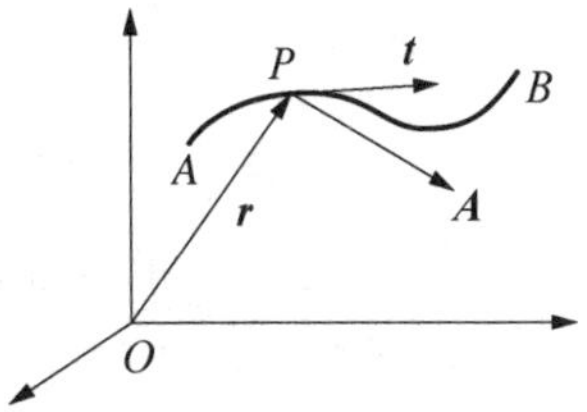

图 14.3.1

我们把这个积分称为 $\boldsymbol{A}$ 沿着曲线 C 的**切线线积分**. 若 $\boldsymbol{r}=x\boldsymbol{i}+y\boldsymbol{j}+z\boldsymbol{k}$ 表示 C 上点 P 的矢径，则从

$$\boldsymbol{t}\,\mathrm{d}s=\frac{\mathrm{d}\boldsymbol{r}}{\mathrm{d}s}\mathrm{d}s=\mathrm{d}\boldsymbol{r}=\mathrm{d}x\boldsymbol{i}+\mathrm{d}y\boldsymbol{j}+\mathrm{d}z\boldsymbol{k} \tag{14.12}$$

有

$$\int_C \boldsymbol{A}\cdot\boldsymbol{t}\,\mathrm{d}s\equiv\int_C \boldsymbol{A}\cdot\mathrm{d}\boldsymbol{r}=\int_C(a_1\mathrm{d}x+a_2\mathrm{d}y+a_3\mathrm{d}z) \tag{14.13}$$

若 $\boldsymbol{A}$ 是作用在沿 C 运动的质点上的力场 $\boldsymbol{F}$，那么 $\int_C \boldsymbol{F}\cdot\mathrm{d}\boldsymbol{r}$ 就是该力 $\boldsymbol{F}$ 使该质点沿着曲线从 A 移动到 B 所做的功.

例 14.3.1　设 $\boldsymbol{F}=-3x^2\boldsymbol{i}+5xy\boldsymbol{j}$，而 C 是 xy 平面中的曲线 $y=2x^2$，试

计算从 $P_1(0, 0)$ 沿该曲线到 $P_2(1, 2)$ 的积分 $\int_C \boldsymbol{F}\cdot \mathrm{d}\boldsymbol{r}$.

由 $z=0$, $\boldsymbol{r}=x\boldsymbol{i}+y\boldsymbol{j}$, 此时要计算

$$\int_C \boldsymbol{F}\cdot \mathrm{d}\boldsymbol{r}=\int_C(-3x^2\boldsymbol{i}+5xy\boldsymbol{j})\cdot(\mathrm{d}x\boldsymbol{i}+\mathrm{d}y\boldsymbol{j})=\int_C(-3x^2\mathrm{d}x+5xy\mathrm{d}y)$$

取 $x=t$,则 C 的参数方程为 $x=t$, $y=2t^2$, 而 $P_1(0, 0)$ 和 $P_2(1, 2)$ 的参数分别为 $t=0$, $t=1$. 于是有

$$\int_C F\cdot \mathrm{d}\boldsymbol{r}=\int_{t=0}^{1}[-3t^2\mathrm{d}t+5t(2t^2)\mathrm{d}(2t^2)=(-t^3+8t^5)\mid_0^1=7.$$

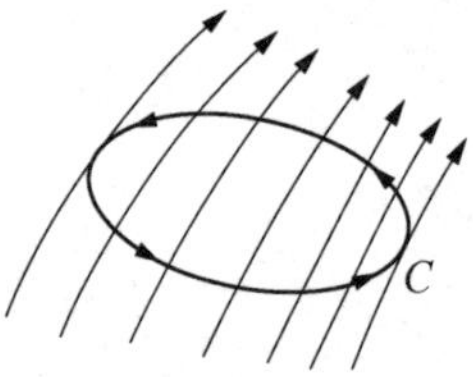

图 14.3.2

如果(14.13)中的曲线 C 是简单的闭曲线(即在任何处都不自相交的),而 $\boldsymbol{A}$ 表示流体的速度场时,那么积分

$$\oint_C \boldsymbol{A}\cdot \mathrm{d}\boldsymbol{r}=\oint_C(a_1\mathrm{d}x+a_2\mathrm{d}y+a_3\mathrm{d}z) \tag{14.14}$$

则称为 $\boldsymbol{A}$ 关于 C 的环流,当我们采用右手坐标系时,则取在周界上的积分方向是按逆时针进行的(图 14.3.2).

§14.4 应用:保守矢量场

如果对于矢量场 $\boldsymbol{A}$,存在标量函数 $\phi(x, y, z)$,使得在区域 R 中处处有

$$\boldsymbol{A}=\nabla\phi$$

则称 $\boldsymbol{A}$ 是一个保守矢量场. 很显然此时的充要条件是 $\boldsymbol{A}$ 有势. 事实上,此时 $-\phi$ 就是 $\boldsymbol{A}$ 的一个势(参见(11.14)).

设 $\boldsymbol{A}$ 是一个保守矢量场,我们来研究它的一些性质. 此时从(参见例 11.2.4)

$$\int_{AB}\boldsymbol{A}\cdot \mathrm{d}\boldsymbol{r}=\int_{AB}(\nabla\phi)\cdot \mathrm{d}\boldsymbol{r}=\int_{AB}\left(\frac{\partial\phi}{\partial x}\mathrm{d}x+\frac{\partial\phi}{\partial y}\mathrm{d}y+\frac{\partial\phi}{\partial z}\mathrm{d}z\right)$$

$$=\int_{AB}\mathrm{d}\phi=\phi(B)-\phi(A). \tag{14.15}$$

可推出：

(i) $\int_{AB}\boldsymbol{A}\cdot\mathrm{d}\boldsymbol{r}$，只与起点 A 和终点 B 有关，而与连接 A 和 B 的曲线无关，即取连接 A 和 B 两点的任意曲线，都有同样的积分值.

(ii) 对于 $\boldsymbol{A}=\nabla\phi$ 处处成立的区域 R 而言，对其中任意闭曲线 C 都有 $\oint_C\boldsymbol{A}\cdot\mathrm{d}\boldsymbol{r}=0$.

(iii) $\int_{BA}\boldsymbol{A}\cdot\mathrm{d}\boldsymbol{r}=-\int_{AB}\boldsymbol{A}\cdot\mathrm{d}\boldsymbol{r}$.

反过来，假如 $\int_C\boldsymbol{A}\cdot\mathrm{d}\boldsymbol{r}$ 与连接任意两点的曲线 C 无关，则存在 $\phi(x,y,z)$ 使得 $\boldsymbol{A}=\nabla\phi$（参见附录 6），即 $\boldsymbol{A}$ 是一个保守矢量场.

这样，我们就有结论：上述(i)是 $\boldsymbol{A}$ 为保守矢量场的充要条件.

例 14.4.1　由例 11.5.1 可知静电场场强 $\boldsymbol{E}$ 是保守矢量场，且有（参见附录 7 中的例 2）

$$\int_{AB}\boldsymbol{E}\mathrm{d}\boldsymbol{r}=f(A)-f(B)$$

其中 f 是静电场场强 $\boldsymbol{E}$ 的势，即 $\boldsymbol{E}=-\nabla f$.

例 14.4.2　若力场 $\boldsymbol{F}$ 有势，即 $\boldsymbol{F}$ 是保守力场，那么力 $\boldsymbol{F}$ 把质点从点 A 移动到点 B 所做的功与路径无关.

§14.5　保守矢量场的充要条件是场无旋

如果一个矢量场的旋度总是为零矢量，则称该矢量场是**无旋**的. 假定 $\boldsymbol{A}$ 是保守矢量场，即存在 $\phi(x,y,z)$ 使得 $\boldsymbol{A}=\nabla\phi$. 此时从 $\nabla\times(\nabla\phi)=\boldsymbol{O}$（参见 §13.4 中的(v)），可知 $\boldsymbol{A}$ 是无旋的. 反过来，假定 $\boldsymbol{A}$ 是无旋的，即 $\nabla\times\boldsymbol{A}=\boldsymbol{O}$，我们能证明此时存在 $\phi(x,y,z)$ 满足 $\boldsymbol{A}=\nabla\phi$，即 $\boldsymbol{A}$ 是保守矢量场（参见附录 7）.

于是矢量场 $\boldsymbol{A}$ 是保守的，其充要条件是 $\boldsymbol{A}$ 是无旋的.

例 14.5.1 在点电荷 q 的静电场中 $\boldsymbol{F}=\boldsymbol{E}\cdot q'$，其中 q' 是试验电荷(参见(11.15)). 从 $\nabla\times\boldsymbol{E}=\boldsymbol{O}$ (参见例 13.2.2，例 13.4.1)，有 $\nabla\times\boldsymbol{F}=\boldsymbol{O}$. 所以点电荷所产生的力是保守力.

§14.6 数量场的面积分

定义 14.6.1(面积分的定义) 设在三维空间中有数量场 $f(P)=f(x, y, z)$，以及一个曲面 S. 将 S 用一些分别垂直于 x 轴，y 轴，z 轴的平面细分为一系列小区域. 在第 i 个小区域里取任意点 P_i，并设此小区域的面积为 ΔS_i，从而构造

$$\sum_{i=1}^{n} f(P_i)\Delta S_i \tag{14.16}$$

那么这一和式的极限，记为

$$\iint_S f(x, y, z)\mathrm{d}S \tag{14.17}$$

则称为数量场 $f(x, y, z)$ 关于曲面 S 的面积分，或第一类曲面积分.

如果 $f(x, y, z)$ 是曲面 S 上的电荷面密度，那么上述积分就是 S 上的总电荷.

为了求出该项积分，我们一般还得用上直角坐标系. 为此设 ΔS_i 在 xy，yz，zx 各坐标面上的垂直射影分别为 $\Delta x_i\Delta y_i$，$\Delta y_i\Delta z_i$，$\Delta z_i\Delta x_i$，就相应地可构成

$$\sum_{i=1}^{n} f(P_i)\Delta x_i\Delta y_i,\ \sum_{i=1}^{n} f(P_i)\Delta y_i\Delta z_i,\ \sum_{i=1}^{n} f(P_i)\Delta z_i\Delta x_i, \tag{14.18}$$

于是在极限的情况下，就有下列各积分

$$\iint_S f(x, y, z)\mathrm{d}x\mathrm{d}y,\ \iint_S f(x, y, z)\mathrm{d}y\mathrm{d}z,\ \iint_S f(x, y, z)\mathrm{d}z\mathrm{d}x \tag{14.19}$$

这就有了曲面 S 对坐标的曲面积分，或第二类曲面积分.

设 ΔS 的单位法矢量 $\boldsymbol{n}$ 的方向余弦为 $\cos\alpha$, $\cos\beta$, $\cos\gamma$(参见§10.9)，

即 $\boldsymbol{n}=\cos\alpha\boldsymbol{i}+\cos\beta\boldsymbol{j}+\cos\gamma\boldsymbol{k}$，那么就有

$$\mathrm{d}x\,\mathrm{d}y=\cos\gamma\,\mathrm{d}S,\ \mathrm{d}y\,\mathrm{d}z=\cos\alpha\,\mathrm{d}S,\ \mathrm{d}z\,\mathrm{d}x=\cos\beta\,\mathrm{d}S \tag{14.20}$$

于是上面 3 个积分就分别可以写成

$$\iint_S f(x,y,z)\cos\gamma\,\mathrm{d}S,\ \iint_S f(x,y,z)\cos\alpha\,\mathrm{d}S,\ \iint_S f(x,y,z)\cos\beta\,\mathrm{d}S \tag{14.21}$$

这表明第二类曲面积分可以归结为第一类曲面积分. 不过，要计算第一类曲面积分，通常把它转换成第二类对坐标的双重积分是更为方便的.

有以下两点要提请注意：一是这里考虑的是两侧曲面 S，而把其中的一面称为正面，以此确定 S 的法线方向(参见§10.9)；二是(14.20)中的 $\cos\alpha$，$\cos\beta$，$\cos\gamma$ 有大于零、等于零、小于零各情况，因此 $\mathrm{d}y\mathrm{d}z$，$\mathrm{d}z\mathrm{d}x$，$\mathrm{d}x\mathrm{d}y$ 也有相应的情况.

例 14.6.1　莫比乌斯带.

德国数学家莫比乌斯(Angust Ferdinand Möbius，1790—1868)在 1858 年发现了只有一个面的曲面，即单侧曲面，它是把一根纸条扭转 180°以后，再把两头粘接起来而形成的纸带(图 14.6.1). 如果用一种颜色涂这个纸带，可以不经过边缘而涂遍它的全部.

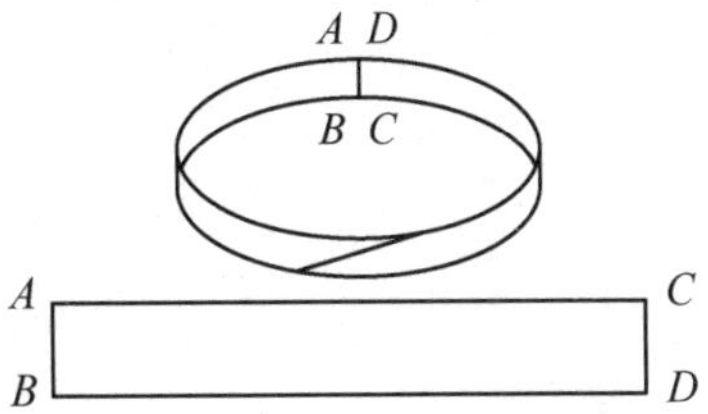

图 14.6.1

§14.7　矢量场给出的面积分

设在曲面 S 上给定了一个矢量场 $\boldsymbol{A}$，于是利用 S 上的单位法矢量 $\boldsymbol{n}$，可构成 S 上的标量场 $\boldsymbol{A}\cdot\boldsymbol{n}$，从而有面积分

$$\begin{aligned}\iint_S \boldsymbol{A}\cdot\boldsymbol{n}\,\mathrm{d}S&=\iint_S(a_1\cos\alpha+a_2\cos\beta+a_3\cos\gamma)\mathrm{d}S\\&=\iint_S(a_1\mathrm{d}y\mathrm{d}z+a_2\mathrm{d}z\mathrm{d}x+a_3\mathrm{d}x\mathrm{d}y)\end{aligned} \tag{14.22}$$

如果引入**面积元矢量**

$$\mathrm{d}\boldsymbol{S}=\boldsymbol{n}\mathrm{d}S=(\boldsymbol{i}\cos\alpha+\boldsymbol{j}\cos\beta+\boldsymbol{k}\cos\gamma)\mathrm{d}S=\boldsymbol{i}\mathrm{d}y\mathrm{d}z+\boldsymbol{j}\mathrm{d}z\mathrm{d}x+\boldsymbol{k}\mathrm{d}x\mathrm{d}y \tag{14.23}$$

即 $\mathrm{d}\boldsymbol{S}$ 这一矢量的大小为 $\mathrm{d}S$，而以 $\boldsymbol{n}$ 为它的方向，那么(14.22)可写为

$$\iint_S \boldsymbol{A}\cdot\boldsymbol{n}\mathrm{d}S=\iint_S \boldsymbol{A}\cdot\mathrm{d}\boldsymbol{S} \tag{14.24}$$

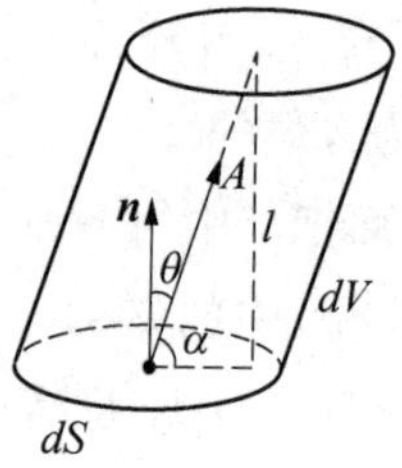

图 14.7.1

这一积分称为 $\boldsymbol{A}$ 在曲面 S 上的**流量**或**通量**. 这是因为如果 $\boldsymbol{A}$ 是流体的速度场，则上述积分表示单位时间内通过 S 的流量.

按图 14.7.1，在 t 秒钟内，流体流过的元体积 $=l\mathrm{d}S=|\boldsymbol{A}|\cdot t\cdot\sin\alpha\cdot\mathrm{d}S=|\boldsymbol{A}|\cdot t\cdot\cos\theta\cdot\mathrm{d}S$，所以若流体的密度为 1，则单位时间中流过 $\mathrm{d}S$ 的流体质量为 $|\boldsymbol{A}|\cos\theta\mathrm{d}S=\boldsymbol{A}\cdot\boldsymbol{n}\mathrm{d}S$. 因此，单位时间中通过 S 的总流量

$$m=\iint_S \boldsymbol{A}\cdot\mathrm{d}\boldsymbol{S}$$

第十五章

散度定理、斯托克斯定理和格林恒等式

§15.1　一条重要的引理

引理 15.1.1　对给定的闭曲面 S，以及定义在 S 上，由 S 所包围的立体部分 V 中的函数 $f(x, y, z)$，有

$$\iiint_V \frac{\partial f}{\partial z}\mathrm{d}x\,\mathrm{d}y\mathrm{d}z = \oiint_S f\,\mathrm{d}x\,\mathrm{d}y \tag{15.1}$$

我们按图 15.1.1 去证明. 这里假定平行于 z 轴的直线与曲面 S 的交点最多只有两点. 对于更复杂的图形，我们可以把 S 切割为一些满足这一条件的区域，然后逐一地去证明.

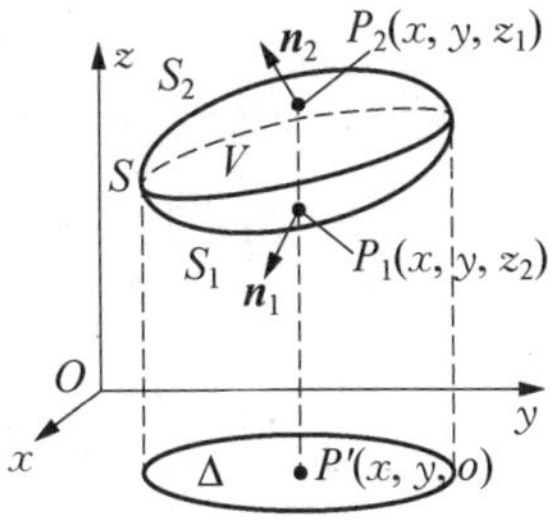

图 15.1.1

假定 S 在 xy 平面上的垂直射影为 Δ，对其中任一点 $P'(x, y, 0)$ 作平行于 z 轴的直线而交于 S_1 中的 $P_1(x, y, z_1)$，S_2 中的 $P_2(x, y, z_2)$，先计算

$$\int_{z_1}^{z_2} \frac{\partial f}{\partial z}\mathrm{d}z = [f(x, y, z)]\Big|_{z_1}^{z_2} = f(x, y, z_2) - f(x, y, z_1) \tag{15.2}$$

于是有

$$\iiint_V \frac{\partial f}{\partial z}\mathrm{d}x\,\mathrm{d}y\mathrm{d}z = \iint_\Delta [f(x, y, z_2) - f(x, y, z_1)]\mathrm{d}x\,\mathrm{d}y$$

下面要把在平面区域 Δ 上的积分转移到在 S_1，S_2 上的积分，这就要考虑到 S 的定向：在 S_2 上 $\mathrm{d}x\mathrm{d}y$ 取正号，而在 S_1 上 $\mathrm{d}x\mathrm{d}y$ 要取负号（参见

§10.9). 因此就有:

$$\iiint_V \frac{\partial f}{\partial z}\mathrm{d}x\,\mathrm{d}y\,\mathrm{d}z = \iint_{S_2} f(x, y, z)\mathrm{d}x\,\mathrm{d}y + \iint_{S_1} f(x, y, z)\mathrm{d}x\,\mathrm{d}y$$

$$= \oiint_S f(x, y, z)\mathrm{d}x\,\mathrm{d}y \tag{15.3}$$

引理得证. 这一引理在以后几节中有重要应用.

§15.2 有关梯度的一个积分定理

类似于(15.3),同样可以证明,

$$\iiint_V \frac{\partial f}{\partial x}\mathrm{d}x\,\mathrm{d}y\,\mathrm{d}z = \oiint_S f(x, y, z)\mathrm{d}y\,\mathrm{d}z \tag{15.4}$$

$$\iiint_V \frac{\partial f}{\partial y}\mathrm{d}x\,\mathrm{d}y\,\mathrm{d}z = \oiint_S f(x, y, z)\mathrm{d}z\,\mathrm{d}x \tag{15.5}$$

将(15.3),(15.4),(15.5)分别乘以 $\boldsymbol{k}$, $\boldsymbol{i}$, $\boldsymbol{j}$,并加在一起,就有

$$\boldsymbol{i}\iiint_V \frac{\partial f}{\partial x}\mathrm{d}x\,\mathrm{d}y\,\mathrm{d}z + \boldsymbol{j}\iiint_V \frac{\partial f}{\partial y}\mathrm{d}x\,\mathrm{d}y\,\mathrm{d}z + \boldsymbol{k}\iiint_V \frac{\partial f}{\partial z}\mathrm{d}x\,\mathrm{d}y\,\mathrm{d}z$$

$$= \boldsymbol{i}\iint_S f\,\mathrm{d}y\,\mathrm{d}z + \boldsymbol{j}\iint_S f\,\mathrm{d}z\,\mathrm{d}x + \boldsymbol{k}\iint_S f\,\mathrm{d}x\,\mathrm{d}y$$

$$= \boldsymbol{i}\iint_S f\cos\alpha\,\mathrm{d}S + \boldsymbol{j}\iint_S f\cos\beta\,\mathrm{d}S + \boldsymbol{k}\iint_S f\cos\gamma\,\mathrm{d}S$$

也就是(参见(14.23))

$$\iiint_V \nabla f\,\mathrm{d}V = \oiint_S f\boldsymbol{n}\,\mathrm{d}S \tag{15.6}$$

其中出现了∇f,所以,(15.6)称为有关梯度的积分定理.

例 15.2.1 若 $f=1$, 则由(15.6)可得 $\oiint_S \boldsymbol{n}\,\mathrm{d}S = \oiint_S \mathrm{d}\boldsymbol{S} = 0$.

§15.3　散度定理

对给定的矢量场 $\boldsymbol{A}$，以及闭曲面 S，我们分别把(15.3)，(15.4)，(15.5)中的 $f(x, y, z)$取为 $\boldsymbol{A}=a_1\boldsymbol{i}+a_2\boldsymbol{j}+a_3\boldsymbol{k}$ 中的 a_3, a_1, a_2，就有

$$\iiint_V \frac{\partial a_3}{\partial z}\mathrm{d}V=\iint_S a_3\mathrm{d}x\mathrm{d}y,\ \iiint_V \frac{\partial a_1}{\partial x}\mathrm{d}V=\iint_S a_1\mathrm{d}y\mathrm{d}x,\ \iiint_V \frac{\partial a_2}{\partial y}\mathrm{d}V=\iint_S a_2\mathrm{d}z\mathrm{d}x \tag{15.7}$$

把这 3 个式子加在一起，就得出了：

定理 15.3.1(散度定理)　对于一个矢量场 $\boldsymbol{A}$ 及闭曲面 S，有

$$\iiint_V \mathrm{div}\,\boldsymbol{A}\mathrm{d}V=\oiint_S \boldsymbol{A}\cdot\boldsymbol{n}\mathrm{d}S=\oiint_S \boldsymbol{A}\cdot\mathrm{d}\boldsymbol{S} \tag{15.8}$$

散度定理又名高斯定理. 高斯(Carl Friedrich Gauss, 1777—1855)德国数学家，物理学家，天文学家. 他在纯粹数学和应用数学的许多领域都有卓越贡献.

例 15.3.1　若矢量场 $\boldsymbol{A}$ 有势，即存在 $f(x, y, z)$满足 $\boldsymbol{A}=-\nabla f$ (参见§11.5)，则由 $\mathrm{div}\,\boldsymbol{A}=-\nabla^2 f$, $\boldsymbol{A}\cdot\boldsymbol{n}=-\nabla f\cdot\boldsymbol{n}=-\frac{\partial f}{\partial n}$ (参见(12.14)，(11.13))，(15.8)给出

$$\iiint_V \nabla^2 f\mathrm{d}V=\oiint_S \frac{\partial f}{\partial n}\mathrm{d}S \tag{15.9}$$

例 15.3.2　对于任意 $f(x, y, z)$，令 $\boldsymbol{A}=f(x, y, z)\boldsymbol{C}$，这里 $\boldsymbol{C}$ 是一个任意常值矢量. 于是散度定理给出 $\iiint_V \nabla\cdot(f\boldsymbol{C})\mathrm{d}V=\oiint_S f\boldsymbol{C}\cdot\boldsymbol{n}\mathrm{d}S$. 从 $\nabla\cdot(f\boldsymbol{C})=(\nabla f)\cdot\boldsymbol{C}$ (参见例 12.1.2)，有 $\iiint_V(\nabla f)\cdot\boldsymbol{C}\mathrm{d}V=\oiint_S \boldsymbol{C}\cdot(f\boldsymbol{n})\mathrm{d}S$. 由于 $\boldsymbol{C}$ 是一个任意常值矢量，这就证明了 $\iiint_V \nabla f\mathrm{d}V=\oiint_S f\boldsymbol{n}\mathrm{d}S$，此即(15.6).

§15.4 有关旋度的一个积分定理

对于矢量场 $\boldsymbol{A}=a_1\boldsymbol{i}+a_2\boldsymbol{j}+a_3\boldsymbol{k}$，如果在(15.5)中令 $f=a_3$，在(15.3)中令 $f=a_2$，则有

$$\iiint_V \frac{\partial a_3}{\partial y}\mathrm{d}V=\oiint_S a_3\mathrm{d}z\mathrm{d}x\,,\ \iiint_V \frac{\partial a_2}{\partial z}\mathrm{d}V=\oiint_S a_2\mathrm{d}x\mathrm{d}y \tag{15.10}$$

将此两式相减,就可得

$$\iiint_V\left(\frac{\partial a_3}{\partial y}-\frac{\partial a_2}{\partial z}\right)\mathrm{d}V=\oiint_S(a_3\mathrm{d}z\mathrm{d}x-a_2\mathrm{d}x\mathrm{d}y) \tag{15.11}$$

同样,也能得出

$$\iiint_V\left(\frac{\partial a_1}{\partial z}-\frac{\partial a_3}{\partial x}\right)\mathrm{d}V=\oiint_S(a_1\mathrm{d}x\mathrm{d}y-a_3\mathrm{d}y\mathrm{d}z) \tag{15.12}$$

$$\iiint_V\left(\frac{\partial a_2}{\partial x}-\frac{\partial a_1}{\partial y}\right)\mathrm{d}V=\oiint_S(a_2\mathrm{d}y\mathrm{d}z-a_1\mathrm{d}z\mathrm{d}x) \tag{15.13}$$

将这 3 个式分别乘以 $\boldsymbol{i}$, $\boldsymbol{j}$, $\boldsymbol{k}$,再相加就能得出下列简洁的表达式

$$\iiint_V \mathrm{rot}\boldsymbol{A}\,\mathrm{d}V=\oiint_S(\boldsymbol{n}\times\boldsymbol{A})\mathrm{d}S \tag{15.14}$$

例 15.4.1 从散度定理推出(15.14).

在散度定理中,以 $\boldsymbol{A}\times\boldsymbol{C}$ 代替 $\boldsymbol{A}$,其中 $\boldsymbol{C}$ 是一个任意的常值矢量,于是有

$$\iiint_V \nabla\cdot(\boldsymbol{A}\times\boldsymbol{C})\mathrm{d}V=\oiint_S(\boldsymbol{A}\times\boldsymbol{C})\cdot\boldsymbol{n}\mathrm{d}S$$

又由 $\nabla\cdot(\boldsymbol{A}\times\boldsymbol{C})=\boldsymbol{C}\cdot(\nabla\times\boldsymbol{A})$ (参见例 13.2.4),以及 $(\boldsymbol{A}\times\boldsymbol{C})\cdot\boldsymbol{n}=[\boldsymbol{nAC}]=[\boldsymbol{CnA}]=\boldsymbol{C}\cdot(\boldsymbol{n}\times\boldsymbol{A})$ (参见(4.7)),就有

$$\iiint_V \boldsymbol{C}\cdot(\nabla\times\boldsymbol{A})\mathrm{d}V=\oiint_S\boldsymbol{C}\cdot(\boldsymbol{n}\times\boldsymbol{A})\mathrm{d}S$$

此即(15.14).

§ 15.5　应用:连续性方程

设流动液体的密度为 $\rho(x, y, z, t)$,其速度为 $\boldsymbol{v}(x, y, z, t)$. 于是在 Δt 中流过单位法矢量为 $\boldsymbol{n}$ 的 $\mathrm{d}S$ 的流体体积为(参见图 14.7.1)

$$\Delta V=(\boldsymbol{v}\cdot\Delta t)\cdot\boldsymbol{n}\,\mathrm{d}S \tag{15.15}$$

因此,单位时间内流过 $\mathrm{d}S$ 的流体质量为 $\rho\boldsymbol{v}\cdot\boldsymbol{n}\,\mathrm{d}S$. 设曲面 S 所围的体积为 V,那么单位时间内流出 V 的流体质量就是

$$\iint_S \rho\boldsymbol{v}\cdot\boldsymbol{n}\,\mathrm{d}S \tag{15.16}$$

所以 V 中质量随时间增长的变化率就是 $-\iint_S \rho\boldsymbol{v}\cdot\boldsymbol{n}\,\mathrm{d}S$. 由散度定理它就等于 $-\iiint_V \nabla\cdot(\rho\boldsymbol{v})\,\mathrm{d}V$.

另一方面,在任意时刻体积 V 中的流体质量为

$$M=\iiint_V \rho\,\mathrm{d}V \tag{15.17}$$

这一质量随时间增长的变化率应为

$$\frac{\partial M}{\partial t}=\frac{\partial}{\partial t}\iiint_V \rho\,\mathrm{d}V=\iiint_V \frac{\partial\rho}{\partial t}\mathrm{d}V \tag{15.18}$$

如果在考虑的区间中既无沟也无源,那么上述两个质量随时间增长的比率应相等,就有

$$\iiint_V \frac{\partial\rho}{\partial t}\mathrm{d}V=-\iiint_V \nabla\cdot(\rho\boldsymbol{v})\,\mathrm{d}V. \tag{15.19}$$

由于 V 是任意的,由此就推出

$$\nabla\cdot(\rho\boldsymbol{v})+\frac{\partial\rho}{\partial t}=0 \tag{15.20}$$

令 $\boldsymbol{J}=\rho\boldsymbol{v}$, 最后就有

$$\nabla \cdot \boldsymbol{J} + \frac{\partial \rho}{\partial t} = 0 \tag{15.21}$$

这就是连续性方程.

如果 ρ 是一个常数,即流体是不可压缩的,那么从 $\frac{\partial \rho}{\partial t}=0$,就有 $\nabla \cdot \boldsymbol{v}=0$,即 $\boldsymbol{v}$ 的散度处处为零. 这就是所谓的无散场.

在电磁理论中,ρ 是电荷密度,而 $\boldsymbol{J}=\rho\boldsymbol{v}$ 就是电流密度.

§15.6 平面中的斯托克斯定理——格林定理

设 C 是平面上的一条闭曲线,它所包围的区域记为 σ,又给定在 σ 上具有一阶连续偏导数的函数 $P(x, y)$, $Q(x, y)$. 此时针对闭曲线 C(以图 15.6.1 中所取的方向为正向)可以构成积分 $\oint_C (P\mathrm{d}x + Q\mathrm{d}y)$,针对区域 σ 可以构成积分 $\iint_\sigma \left(\frac{\partial Q}{\partial x} - \frac{\partial P}{\partial y}\right)\mathrm{d}x\,\mathrm{d}y$,于是有:

定理 15.6.1(格林定理)

$$\iint_\sigma \left(\frac{\partial Q}{\partial x} - \frac{\partial P}{\partial y}\right)\mathrm{d}x\,\mathrm{d}y = \oint_C (P\mathrm{d}x + Q\mathrm{d}y) \tag{15.22}$$

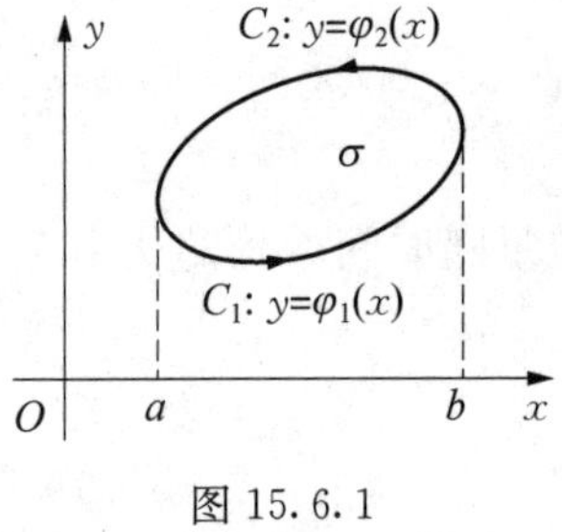

图 15.6.1

格林(George Green, 1793—1841)是英国数学家、物理学家. 他还首先研究了与数学物理中的边值问题的解有关的格林函数等.

事实上,我们假定平行坐标轴的直线与曲线 C 的交点不超过 2 个(参见例 15.6.1),此时区域 σ 可表示为

$$\sigma = \{(x, y) \mid \varphi_1(x) \leqslant y \leqslant \varphi_2(x), a \leqslant x \leqslant b\} \tag{15.23}$$

于是有

$$\iint_\sigma \frac{\partial P}{\partial y}\mathrm{d}x\,\mathrm{d}y = \int_a^b \left\{\int_{\varphi_1(x)}^{\varphi_2(x)} \frac{\partial P(x, y)}{\partial y}\mathrm{d}y\right\}\mathrm{d}x$$

$$=\int_a^b \{P(x, \varphi_2(x)) - P(x, \varphi_1(x))\}\mathrm{d}x \qquad (15.24)$$

然而

$$\begin{aligned}\oint_C P\mathrm{d}x &= \int_{C_1} P\mathrm{d}x + \int_{C_2} P\mathrm{d}x \\ &= \int_a^b P(x, \varphi_1(x))\mathrm{d}x + \int_b^a P(x, \varphi_2(x))\mathrm{d}x \\ &= \int_a^b P(x, \varphi_1(x))\mathrm{d}x - \int_a^b P(x, \varphi_2(x))\mathrm{d}x \\ &= \int_a^b \{P(x, \varphi_1(x)) - P(x, \varphi_2(x))\}\mathrm{d}x\end{aligned} \qquad (15.25)$$

比较(15.24)与(15.25),就有

$$-\iint_\sigma \frac{\partial P}{\partial y}\mathrm{d}x\,\mathrm{d}y = \oint_C P\mathrm{d}x \qquad (15.26)$$

同理可证

$$\iint_\sigma \frac{\partial Q}{\partial x}\mathrm{d}x\,\mathrm{d}y = \oint_C Q\mathrm{d}y \qquad (15.27)$$

把最后两个式子相加就得出格林定理(15.22).

对于复杂一些的图形,可类似于下例那样处理.

例 15.6.1 在图 15.6.2 中,构建线段 ST,使得平行坐标轴的各直线与曲线 $STUS$ 与曲线 $SVTS$ 的交点分别都不超过 2 个. 于是有

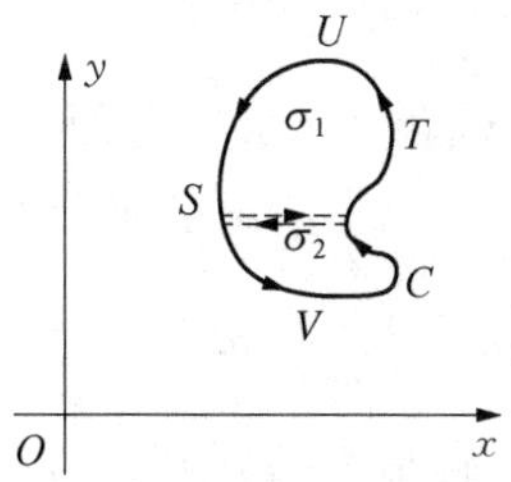

图 15.6.2

$$\oint_{STUS} P\mathrm{d}x + Q\mathrm{d}y = \iint_{\sigma_1}\left(\frac{\partial Q}{\partial x} - \frac{\partial P}{\partial y}\right)\mathrm{d}x\,\mathrm{d}y$$

以及

$$\oint_{SVTS} P\mathrm{d}x + Q\mathrm{d}y = \iint_{\sigma_2} \left(\frac{\partial Q}{\partial x} - \frac{\partial P}{\partial y}\right) \mathrm{d}x\,\mathrm{d}y$$

然而,对于这两式的左边,我们分别有

$$\int_{STUS} P\mathrm{d}x + Q\mathrm{d}y = \int_{ST} P\mathrm{d}x + Q\mathrm{d}y + \int_{TUS} P\mathrm{d}x + Q\mathrm{d}y$$

$$\begin{aligned}\int_{SVTS} P\mathrm{d}x + Q\mathrm{d}y &= \int_{SVT} P\mathrm{d}x + Q\mathrm{d}y + \int_{TS} P\mathrm{d}x + Q\mathrm{d}y \\ &= \int_{SVT} P\mathrm{d}x + Q\mathrm{d}y - \int_{ST} P\mathrm{d}x + Q\mathrm{d}y\end{aligned}$$

因此

$$\begin{aligned}\oint_C P\mathrm{d}x + Q\mathrm{d}y &= \oint_{SVTUS} P\mathrm{d}x + Q\mathrm{d}y = \int_{SVTS} P\mathrm{d}x + Q\mathrm{d}y + \int_{STUS} P\mathrm{d}x + Q\mathrm{d}y \\ &= \iint_{\sigma_2} \left(\frac{\partial Q}{\partial x} - \frac{\partial P}{\partial y}\right) \mathrm{d}x\,\mathrm{d}y + \iint_{\sigma_1} \left(\frac{\partial Q}{\partial x} - \frac{\partial P}{\partial y}\right) \mathrm{d}x\,\mathrm{d}y \\ &= \iint_{\sigma} \left(\frac{\partial Q}{\partial x} - \frac{\partial P}{\partial y}\right) \mathrm{d}x\,\mathrm{d}y\end{aligned}$$

此即(15.22).

例 15.6.2 计算$\oint_C x\,\mathrm{d}y - y\mathrm{d}x$.

在格林定理中,置 $P=-y$, $Q=x$,就有

$$\oint_C x\,\mathrm{d}y - y\mathrm{d}x = \iint_{\sigma} \left(\frac{\partial x}{\partial x} - \frac{\partial(-y)}{\partial y}\right) \mathrm{d}x\,\mathrm{d}y = 2\iint_{\sigma} \mathrm{d}x\,\mathrm{d}y = 2 \cdot \sigma \text{ 的面积.}$$

例 15.6.3 图 15.6.3,以参数方程组 $x = a\cos\theta$, $y = b\sin\theta$, $0 \leqslant \theta \leqslant 360°$,给出的平面曲线 C,由于 $1=\sin^2\theta+\cos^2\theta=\frac{x^2}{a^2}+\frac{y^2}{b^2}$,所以此参数方程组给出的是一个长半轴为 a,短半轴为 b 的椭圆.

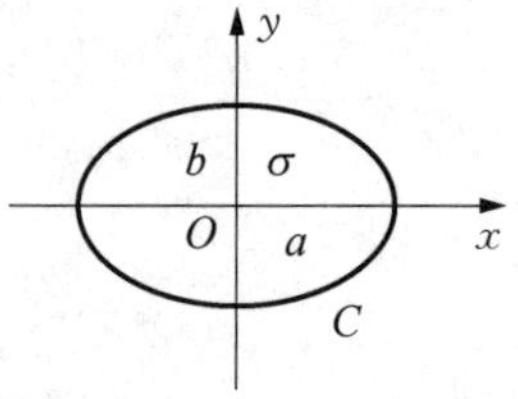

图 15.6.3

该椭圆的面积 $= \frac{1}{2}\oint x\,\mathrm{d}y - y\mathrm{d}x = \frac{1}{2}\int_0^{2\pi}$ $(a\cos\theta)(b\cos\theta)\mathrm{d}\theta - (b\sin\theta)(-a\sin\theta)\mathrm{d}\theta = \frac{1}{2}\int_0^{2\pi} ab\mathrm{d}\theta = \pi ab.$

这就导出了椭圆面积的计算公式.

例 15.6.4 格林定理的矢量形式.

令 $\boldsymbol{A}=P\boldsymbol{i}+Q\boldsymbol{j}$，$\boldsymbol{r}=x\boldsymbol{i}+y\boldsymbol{j}$，则从 $\mathrm{d}\boldsymbol{r}=\mathrm{d}x\boldsymbol{i}+\mathrm{d}y\boldsymbol{j}$，有 $\boldsymbol{A}\cdot\mathrm{d}\boldsymbol{r}=P\mathrm{d}x+Q\mathrm{d}y$. 另一方面，

$$\nabla\times\boldsymbol{A}=\begin{vmatrix}\boldsymbol{i} & \boldsymbol{j} & \boldsymbol{k}\\ \dfrac{\partial}{\partial x} & \dfrac{\partial}{\partial y} & \dfrac{\partial}{\partial z}\\ P & Q & 0\end{vmatrix}=-\frac{\partial Q}{\partial z}\boldsymbol{i}+\frac{\partial P}{\partial z}\boldsymbol{j}+\left(\frac{\partial Q}{\partial x}-\frac{\partial P}{\partial y}\right)\boldsymbol{k}.$$

因此 $(\nabla\times\boldsymbol{A})\cdot\boldsymbol{k}=\dfrac{\partial Q}{\partial x}-\dfrac{\partial P}{\partial y}$. 所以(15.22)的格林定理有下列矢量形式

$$\iint_{\sigma}(\nabla\times\boldsymbol{A})\cdot\boldsymbol{k}\,\mathrm{d}x\,\mathrm{d}y=\oint_{C}\boldsymbol{A}\cdot\mathrm{d}\boldsymbol{r}. \tag{15.28}$$

§ 15.7 斯托克斯定理

我们把(15.28)推广到三维空间中，就有

定理 15.7.1(斯托克斯定理) 设空间曲线 C 是分段光滑的有向闭曲线，S 是以 C 为边界的分片光滑的有定向曲面，而 C 的正向与 S 的正侧按图 15.7.1 所示(右手规则). 此外，函数 $a_i(x, y, z)$，$i=1, 2, 3$ 在 S 上及 C 上有一阶连续偏导数，那么对矢量场 $\boldsymbol{A}=a_1\boldsymbol{i}+a_2\boldsymbol{j}+a_3\boldsymbol{k}$，有

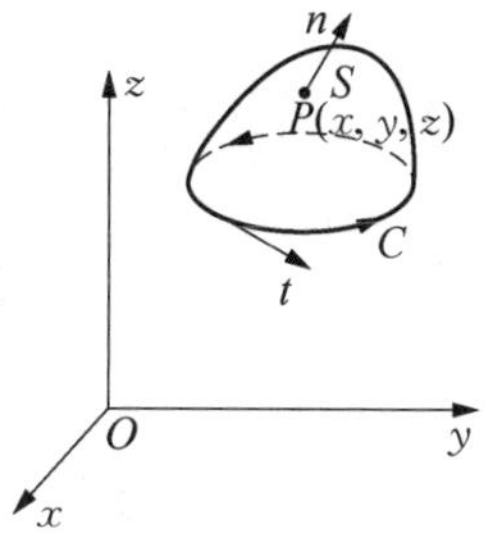

图 15.7.1

$$\iint_{S}(\nabla\times\boldsymbol{A})\cdot\boldsymbol{n}\,\mathrm{d}S=\oint_{C}\boldsymbol{A}\cdot\mathrm{d}\boldsymbol{r} \tag{15.29}$$

或用行列式表示为(作为练习)

$$\oint_{C}(a_1\mathrm{d}x+a_2\mathrm{d}y+a_3\mathrm{d}z)=\iint_{S}\begin{vmatrix}\mathrm{d}y\mathrm{d}z & \mathrm{d}z\mathrm{d}x & \mathrm{d}x\mathrm{d}y\\ \dfrac{\partial}{\partial x} & \dfrac{\partial}{\partial y} & \dfrac{\partial}{\partial z}\\ a_1 & a_2 & a_3\end{vmatrix} \tag{15.30}$$

为了证明这一定理,我们需要下列引理(参见附录8).

引理 15.7.1 对于在 S 上及 C 上有一阶连续偏导数的任意标量场 $f(x, y, z)$,有

$$\oint_C f\,\mathrm{d}x = \iint_S \left(\frac{\partial f}{\partial z}\mathrm{d}z\,\mathrm{d}x - \frac{\partial f}{\partial y}\mathrm{d}x\,\mathrm{d}y\right) \tag{15.31}$$

将式中的 x 变为 y, y 变为 z, z 变为 x,就有

$$\oint_C f\,\mathrm{d}y = \iint_S \left(\frac{\partial f}{\partial x}\mathrm{d}x\,\mathrm{d}y - \frac{\partial f}{\partial z}\mathrm{d}y\,\mathrm{d}z\right) \tag{15.32}$$

同理可得

$$\oint_C f\,\mathrm{d}z = \iint_S \left(\frac{\partial f}{\partial y}\mathrm{d}y\,\mathrm{d}z - \frac{\partial f}{\partial x}\mathrm{d}z\,\mathrm{d}x\right) \tag{15.33}$$

于是在这3个式子中分别令 $f(x, y, z)$ 为 a_1, a_2, a_3,则有

$$\oint_C a_1\,\mathrm{d}x = \iint_S \left(\frac{\partial a_1}{\partial z}\mathrm{d}z\,\mathrm{d}x - \frac{\partial a_1}{\partial y}\mathrm{d}x\,\mathrm{d}y\right) \tag{15.34}$$

$$\oint a_2\,\mathrm{d}y = \iint_S \left(\frac{\partial a_2}{\partial x}\mathrm{d}x\,\mathrm{d}y - \frac{\partial a_2}{\partial z}\mathrm{d}y\,\mathrm{d}z\right) \tag{15.35}$$

$$\oint a_3\,\mathrm{d}z = \iint_S \left(\frac{\partial a_3}{\partial y}\mathrm{d}y\,\mathrm{d}z - \frac{\partial a_3}{\partial x}\mathrm{d}z\,\mathrm{d}x\right) \tag{15.36}$$

把这3个式子相加,且注意到对曲线 C 的切线 $\boldsymbol{t}$,有 $\mathrm{d}\boldsymbol{r} = \frac{\mathrm{d}\boldsymbol{r}}{\mathrm{d}s}\cdot\mathrm{d}s = \boldsymbol{t}\,\mathrm{d}s$ (参见(14.12),其中 s 为弧长),以及 $\boldsymbol{n}\mathrm{d}S = \boldsymbol{i}\,\mathrm{d}y\,\mathrm{d}z + \boldsymbol{j}\,\mathrm{d}z\,\mathrm{d}x + \boldsymbol{k}\,\mathrm{d}x\,\mathrm{d}y$ (参见(14.23),其中 S 为面积)最后就有

$$\oint_C \boldsymbol{A}\cdot\boldsymbol{t}\,\mathrm{d}s = \oint_C (a_1\mathrm{d}x + a_2\mathrm{d}y + a_3\mathrm{d}z) = \iint_S \left[\left(\frac{\partial a_3}{\partial y} - \frac{\partial a_2}{\partial z}\right)\mathrm{d}y\,\mathrm{d}z + \left(\frac{\partial a_1}{\partial z} - \frac{\partial a_3}{\partial x}\right)\mathrm{d}z\,\mathrm{d}x + \left(\frac{\partial a_2}{\partial x} - \frac{\partial a_1}{\partial y}\right)\mathrm{d}x\,\mathrm{d}y\right] = \iint_S (\nabla\times\boldsymbol{A})\cdot\boldsymbol{n}\,\mathrm{d}S \tag{15.37}$$

此即(15.29)

例 15.7.1 把(15.31),(15.32),(15.33)分别乘以 $\boldsymbol{i}$, $\boldsymbol{j}$, $\boldsymbol{k}$ 相加就有

$$\oint_C f\,\mathrm{d}\boldsymbol{r}=\iint_S(\boldsymbol{n}\times\nabla f)\mathrm{d}S \tag{15.38}$$

例 15.7.2 在(15.33)中令 $f=y$,在(15.32)中令 $f=z$,则分别有

$$\oint_C y\,\mathrm{d}z=\iint_S \mathrm{d}y\mathrm{d}z,\ \oint_C z\,\mathrm{d}y=-\iint_S \mathrm{d}y\mathrm{d}z \tag{15.39}$$

然后将此两式相减,可得

$$\oint_C(y\mathrm{d}z-z\mathrm{d}y)=2\iint_S \mathrm{d}y\mathrm{d}z \tag{15.40}$$

同样可得

$$\oint_C(z\mathrm{d}x-x\mathrm{d}z)=2\iint_S \mathrm{d}z\mathrm{d}x,\ \oint_C(x\mathrm{d}y-y\mathrm{d}x)=2\iint_S \mathrm{d}x\mathrm{d}y \tag{15.41}$$

将(15.40)乘以 $\boldsymbol{i}$,并将(15.41)中的两个式子分别乘以 $\boldsymbol{j}$, $\boldsymbol{k}$,再把它们相加,最后有

$$\oint_C \boldsymbol{r}\times\mathrm{d}\boldsymbol{r}=2\iint_S \boldsymbol{n}\mathrm{d}S. \tag{15.42}$$

斯托克斯(George Gabricl Stokes, 1819—1903)是英国数学家、物理学家. 他是继牛顿之后任卢卡斯数学教授席位、皇家学会书记、皇家学会会长这三项职务的第二个人.

§15.8 斯托克斯定理的逆定理

定理 15.8.1(斯托克斯定理的逆定理) 在三维空间中若对于任意的闭曲线 C 及其包围的曲面 S,以及其上定义的矢量场 $\boldsymbol{A}$,如果下式成立

$$\oint_C \boldsymbol{A}\cdot\boldsymbol{t}\,\mathrm{d}s=\iint_S \boldsymbol{n}\cdot\boldsymbol{B}\mathrm{d}S \tag{15.43}$$

则对其中的矢量场 $\boldsymbol{B}$ 有

$$\boldsymbol{B}=\mathrm{rot}\ \boldsymbol{A} \tag{15.44}$$

这是因为先由斯托克斯定理有

$$\oint_C \boldsymbol{A}\cdot\boldsymbol{t}\,\mathrm{d}s=\iint_S \boldsymbol{n}\cdot(\nabla\times\boldsymbol{A})\,\mathrm{d}S \tag{15.45}$$

于是有

$$\iint_S \boldsymbol{n}\cdot(\boldsymbol{B}-\mathrm{rot}\ \boldsymbol{A})\,\mathrm{d}S=0 \tag{15.46}$$

再由于曲线 C 是任意的,因而曲面 S 也是任意的,因而有 $\boldsymbol{B}-\mathrm{rot}\ \boldsymbol{A}=\boldsymbol{0}$,即

$$\boldsymbol{B}=\mathrm{rot}\ \boldsymbol{A} \tag{15.47}$$

§15.9 格林第一恒等式和第二恒等式

假定闭曲面 S 包围的区域为 V,在 V 中与 S 上数量场 $f(x, y, z)$ 和 $g(x, y, z)$ 至少有 2 阶的连续导数. 令 $\boldsymbol{A}=f\nabla g$,那么从散度定理就有

$$\iiint_V \nabla\cdot(f\,\nabla g)\,\mathrm{d}V=\iint_S (f\,\nabla g)\cdot\boldsymbol{n}\,\mathrm{d}S=\iint_S f\,\frac{\partial g}{\partial n}\mathrm{d}S \tag{15.48}$$

其中用到了(11.13). 另一方面,由(12.13),可得

$$\nabla\cdot(f\,\nabla g)=f(\nabla\cdot\nabla g)+(\nabla f)\cdot(\nabla g)=f\,\nabla^2 g+(\nabla f)\cdot(\nabla g) \tag{15.49}$$

从而有

$$\iiint_V [f\,\nabla^2 g+(\nabla f)\cdot(\nabla g)]\,\mathrm{d}V=\iint_S f\,\frac{\partial g}{\partial n}\mathrm{d}S. \tag{15.50}$$

这个公式称为**格林第一恒等式**.

若在(15.50)中交换 f 与 g,则有

$$\iiint_V [g\,\nabla^2 f+(\nabla g)\cdot(\nabla f)]\,\mathrm{d}V=\iint_S g\,\frac{\partial f}{\partial n}\mathrm{d}S \tag{15.51}$$

将(15.50)减去(15.51)，有

$$\iiint_V (f\,\nabla^2 g - g\,\nabla^2 f)\,\mathrm{d}V = \iint_S \left(f\,\frac{\partial g}{\partial n} - g\,\frac{\partial f}{\partial n}\right)\mathrm{d}S \tag{15.52}$$

这个公式称为格林第二恒等式，或格林对称定理.

例 15.9.1　在(15.50)中，若 $f=g$，则有

$$\iiint_V (f\,\nabla^2 f + (\nabla f)^2)\,\mathrm{d}V = \iint_S f\,\frac{\partial f}{\partial n}\mathrm{d}S. \tag{15.53}$$

例 15.9.2　在(15.53)中，若 $\nabla^2 f=0$，即 f 是调和函数，则有

$$\iiint_V (\nabla f)^2\,\mathrm{d}V = \iint_S f\,\frac{\partial f}{\partial n}\mathrm{d}S. \tag{15.54}$$

例 15.9.3　在(15.50)中，若 g 是调和函数，则有

$$\iiint_V (\nabla f)\cdot(\nabla g)\,\mathrm{d}V = \iint_S f\,\frac{\partial g}{\partial n}\mathrm{d}S \tag{15.55}$$

例 15.9.4　在(15.52)中，若 f，g 都是调和函数，则有

$$\iint_S \left(f\,\frac{\partial g}{\partial n} - g\,\frac{\partial f}{\partial n}\right)\mathrm{d}S = 0. \tag{15.56}$$

在这繁多的积分公式中还是有某种共性的. 例如，

微积分中的牛顿—莱布尼兹公式

$$\int_a^b \frac{\mathrm{d}F}{\mathrm{d}x}\mathrm{d}x = F(b) - F(a) \tag{15.57}$$

表明 $F'(x)$在区间$[a, b]$上的积分可以用 $F(x)$在这一区间端点 a，b 处的值来表示.

§15.6 中所述的格林定理

$$\iint_\sigma \left(\frac{\partial Q}{\partial x} - \frac{\partial P}{\partial y}\right)\mathrm{d}x\,\mathrm{d}y = \oint_C (P\,\mathrm{d}x + Q\,\mathrm{d}y) \tag{15.58}$$

表明平面区域 σ 上的二重积分可以用该区域的边界曲线 C 上的曲线积分来表示.

同样§15.7中证明的斯托克斯定理

$$\iint_S (\nabla \times \boldsymbol{A}) \cdot \boldsymbol{n} \mathrm{d}S = \oint_C \boldsymbol{A} \cdot \mathrm{d}\boldsymbol{r} \tag{15.59}$$

也表明二维曲面上的积分可以用该区域的边界曲线 C 上的曲线积分来表示.这一共性在论述流形上的积分理论,或近代微分几何的专著中会加以研究(参见[9]).有兴趣的读者也可参考在本书的附录12中给出的简要论述.

在下一部分中,我们将转向对曲线坐标的讨论.

第五部分
曲线坐标和协变微分

在这一部分中，我们讨论三维空间中的曲线坐标理论，其中有应用极广的柱面坐标和球面坐标. 在平直的三维空间中引入曲线坐标，这就出现了一些接近于弯曲空间的特征. 这为我们讨论黎曼空间的数学性质提供了一个背景.

这里主要的内容有：曲线坐标的概念，活动坐标系，曲线坐标系变换下的张量，协变微分等. 作为应用，我们导出了曲线坐标下的梯度、散度、旋度，以及拉普拉斯算子等.

第十六章

曲线坐标

§16.1　一个例子——平面极坐标

我们从平面中的极坐标讲起. 在图 16.1.1 中平面里的点 P 可以用其直角坐标 $(x,\ y)$ 来表示，其中 $x,\ y \in \mathbf{R}$. 反过来，对每一个数对 $(x,\ y)$ 便有平面中的一点 P 与之对应.

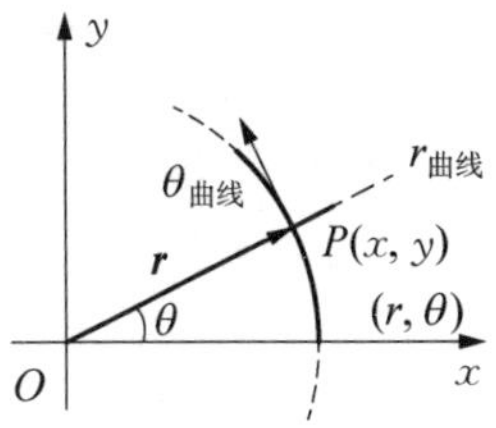

图 16.1.1

也可以用数对 $(r,\ \theta)$ 来表示点 P，其中 $r = |\overrightarrow{OP}|$，$\theta$ 则是 $\overrightarrow{OP}$ 与 x 轴的夹角. $(r,\ \theta)$ 称为点 P 的**极坐标**. 与直角坐标不同的是，平面中点 P 的极坐标不是唯一的，例如 $(0,\ 0)$，$\left(0,\ \frac{\pi}{2}\right)$，…都表示原点 O. 若限定 $r > 0$，$0 \leqslant \theta < 2\pi$，则平面上，除了原点以外的点就与极坐标一一对应了. 此时对于点的直角坐标与该点的极坐标 $(r,\ \theta)$ 之间有

$$\begin{aligned} x &= r\cos\theta \\ y &= r\sin\theta \end{aligned} \tag{16.1}$$

如果采用了极坐标，那继续使用 $\boldsymbol{i},\ \boldsymbol{j}$ 也就不方便了. 好在此时在每一点 P 都有一个由极坐标自然而产生的活动坐标系（参见 §10.6）：在点 P 的 $\overrightarrow{OP}$ 方向取一个单位矢量，在点 P 垂直 $\overrightarrow{OP}$ 沿 θ 增大的方向取一个单位矢量（图 16.1.1），这两个矢量构成了点 P 处的一个活动坐标系的基矢. 或者，也可以这样说，在点 $P(r,\ \theta)$ 有两条曲线：一条是使 θ 不变而让 r 单独增加的直线——r 曲线；另一条是使 r 不变，而让 θ 单独增加的圆——θ 曲线. 这两条曲线的切向量就构成点 P 处的一个活动坐标系，即对 $\boldsymbol{r} = \overrightarrow{OP} = x\boldsymbol{i} + y\boldsymbol{j} =$

$r\cos\theta\boldsymbol{i}+r\sin\theta\boldsymbol{j}$，定义：

$$\boldsymbol{X}_1=\frac{\partial\boldsymbol{r}}{\partial r}=\cos\theta\boldsymbol{i}+\sin\theta\boldsymbol{j}$$
$$\boldsymbol{X}_2=\frac{\partial\boldsymbol{r}}{\partial\theta}=-r\sin\theta\boldsymbol{i}+r\cos\theta\boldsymbol{j} \tag{16.2}$$

在极坐标系中，$\boldsymbol{X}_1$，$\boldsymbol{X}_2$ 取代了直角坐标系中的 $\boldsymbol{i}$，$\boldsymbol{j}$.

例16.1.1 计算 $I=\iint_S(x^2+y^2)\mathrm{d}x\,\mathrm{d}y$，其中 S 为 $x^2+y^2\leqslant 1$ 界定的区域.

如果用直角坐标，由对称性可只对第一象积分，而有

$$I=4\int_0^1\mathrm{d}x\int_0^{\sqrt{1-x^2}}(x^2+y^2)\mathrm{d}y=4\int_0^1\left[x^2\sqrt{1-x^2}+\frac{1}{3}(1-x^2)\sqrt{1-x^2}\right]\mathrm{d}x$$
$$=\frac{4}{3}\int_0^1\sqrt{1-x^2}\,\mathrm{d}x+\frac{8}{3}\int_0^1x^2\sqrt{1-x^2}\,\mathrm{d}x$$

对其中的 $\int_0^1\sqrt{1-x^2}\,\mathrm{d}x$，利用变量更换 $x=\sin t$ 可计算得 $\int_0^1\sqrt{1-x^2}\,\mathrm{d}x=\int_0^{\frac{\pi}{2}}\cos^2t\,\mathrm{d}t=\frac{\pi}{4}$；对其中的 $\int_0^1x^2\sqrt{1-x^2}\,\mathrm{d}x$ 同样可计算得 $\frac{\pi}{16}$. 于是最后有 $I=\frac{\pi}{2}$. 如果用极坐标则简单多了. 此时雅可比行列式（参见 §16.7）$J=\frac{\partial(x,y)}{\partial(r,\theta)}=\begin{vmatrix}\cos\theta & -r\sin\theta\\ \sin\theta & r\cos\theta\end{vmatrix}=r$，因此 $I=\iint_S r^2\cdot r\,\mathrm{d}r\,\mathrm{d}\theta=\int_0^{2\pi}\mathrm{d}\theta\int_0^1r^3\mathrm{d}r=\frac{\pi}{2}$.

例 16.1.2 对于直角坐标 x，y，此时的 $\boldsymbol{X}_1$，$\boldsymbol{X}_2$ 为

$$\boldsymbol{X}_1=\frac{\partial\boldsymbol{r}}{\partial x}=\boldsymbol{i},\ \boldsymbol{X}_2=\frac{\partial\boldsymbol{r}}{\partial y}=\boldsymbol{j}$$

这表明平面中的每一点 P 都配有同样的 $\boldsymbol{i}$，$\boldsymbol{j}$.

§16.2 曲线坐标的概念

把上面关于平面中极坐标的概念形象化表示出来就是：在平面中布满了

r 曲线和 θ 曲线，对于平面中的点 P（除原点以外），经过它的 r 曲线和 θ 曲线，决定了 r_0，θ_0，因此有 $P(r_0, \theta_0)$. 把这一概念推广到三维空间：为了使以 (x, y, z) 描述的空间点 P 可用数组 (u^1, u^2, u^3) 来描述，这就要求在已设定直交轴的空间中有下列三族曲面

$$F(x, y, z)=u^1,\ G(x, y, z)=u^2,\ H(x, y, z)=u^3 \tag{16.3}$$

而当在空间中的某一区域 D 内，当 u^1，u^2，u^3 确定后，这三个曲面有唯一交点 P. 这样就有 $P(u^1, u^2, u^3)$.（图 16.2.1）

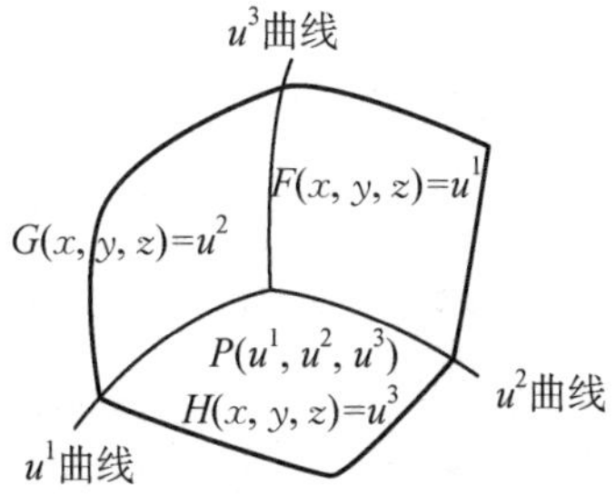

图 16.2.1

反过来，对于空间中的点 P，由它的直角坐标 x，y，z 就可用(16.3)确定 u^1，u^2，u^3，即确定以点 P 为交点的三个曲面.

这样，在区域 D 中点 $P(x, y, z)$ 与 (u^1, u^2, u^3) 成为一对一对应. 因此，可用 u^1，u^2，u^3 作为点 P 的坐标，即**曲线坐标**. 这在数学上要求

$$\frac{\partial(F, G, H)}{\partial(x, y, z)} \equiv \begin{vmatrix} \frac{\partial F}{\partial x} & \frac{\partial F}{\partial y} & \frac{\partial F}{\partial z} \\ \frac{\partial G}{\partial x} & \frac{\partial G}{\partial y} & \frac{\partial G}{\partial z} \\ \frac{\partial H}{\partial x} & \frac{\partial H}{\partial y} & \frac{\partial H}{\partial z} \end{vmatrix} \neq 0 \tag{16.4}$$

而由 u^1，u^2，u^3 可确定 x，y，z，可表示为存在函数 f，g，h 使得

$$x=f(u^1, u^2, u^3),\ y=g(u^1, u^2, u^3),\ z=h(u^1, u^2, u^3) \tag{16.5}$$

类似于极坐标的情况，此时有**坐标曲面**：分别由各定值 u^1，u^2，u^3 确定的 $F(x, y, z)=u^1$，$G(x, y, z)=u^2$，$H(x, y, z)=u^3$，分别称为 **u^1 曲面**，**u^2 曲面**，**u^3 曲面**. 而它们的交线为**坐标曲线**：固定 u^2，u^3，由 u^1 单独变化时得出一条 **u^1 曲线**；固定 u^1，u^3，由 u^2 单独变化时得出一条 **u^2 曲线**；固定 u^1，u^2，由 u^3 单独变化时得出一条 **u^3 曲线**. 一般说来，这些坐标曲线都是曲线，这就是我们把它们称为曲线坐标的原因. 柱面坐标、球面坐标，抛物柱面坐标、抛物面坐标等都是曲线坐标.

例 16.2.1 当使用直角坐标系时,过点 P 的三个坐标曲面就分别是平行于 yz, zx, xy 坐标面的平面,而过点 P 的 x 曲线,y 曲线,z 曲线则分别是平行于 x 轴,y 轴,z 轴的直线.

下面我们将阐明曲线坐标的一般理论,并以柱面坐标与球面坐标这两个有广泛应用的曲线坐标为具体例子详加论述.

§16.3 柱面坐标

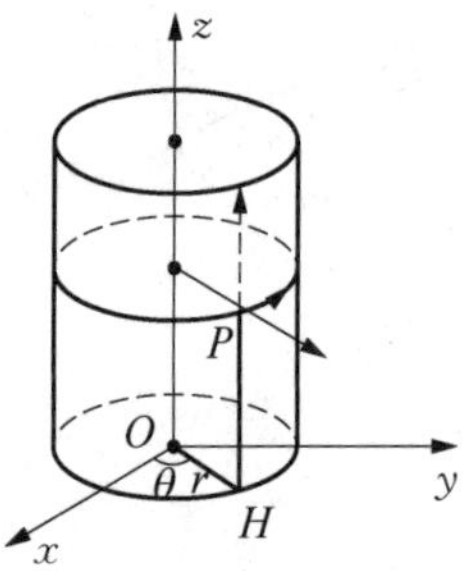

图 16.3.1

空间点 P 的柱面坐标是这样构成的:由点 $P(x, y, z)$ 作垂直于 xy 平面的直线 PH,垂足为 H. 令 $OH=r$,且点 H 的极坐标为(r, θ),那么点 P 有**柱面坐标**(r, θ, z)(图 16.3.1). 此时显然有

$$x=r\cos\theta,\ y=r\sin\theta,\ z=z,\ r\geqslant 0,$$
$$0\leqslant\theta<2\pi,\ -\infty<z<\infty. \tag{16.6}$$

从图中很容易得出,交于点 P 的坐标面是:以 z 轴为中心轴的圆柱面——r 曲面,包含 z 轴的半平面——θ 曲面,平行于 xy 平面的平面——z 曲面. 而过点 P 的坐标曲线是:平行于 xy 平面且和 z 轴相交的射线——r 曲线,在平行于 xy 平面的平面上的,且圆心在 z 轴上的圆——θ 曲线,垂直于 xy 平面的直线——z 曲线.

§16.4 球面坐标

空间点 $P(x, y, z)$的球面坐标可以这样构成:从点 P 作 xy 平面的垂线 PH,而令 $OP=r$, $\angle ZOP=\theta$, $\angle XOH=\varphi$,我们就有 P 点的**球坐标**(r, θ, φ)(图 16.4.1). 此时显然有

$$x=r\sin\theta\cos\varphi,\ y=r\sin\theta\sin\varphi,\ z=r\cos\theta,$$
$$r\geqslant 0,\ 0\leqslant\theta\leqslant\pi,\ 0\leqslant\varphi<2\pi \tag{16.7}$$

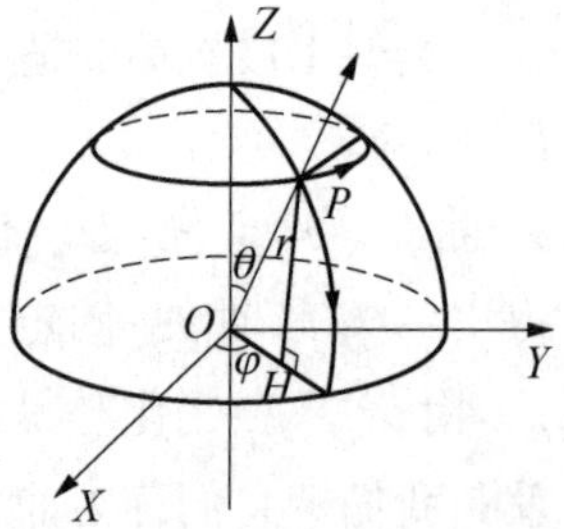

图 16.4.1

从图 16.4.1 容易看出交过点 P 的三个坐标曲面和它们的三条交线：r 曲面是以原点为中心的球面，θ 曲面是以原点为顶点，z 轴为中心的直圆锥面，φ 曲面是包围 z 轴的半平面；r 曲线是过原点的射线，θ 曲线位于过 z 轴的平面上，而以原点为圆心的圆，最后 φ 曲线是位于同 xy 平面平行的面上，且圆心在 z 轴上的圆.

§16.5　曲线坐标下的矢量三重系

在§5.1 中我们引进了矢量三重系. 这指的是三维空间中的一个正向基矢量. 现在我们要在曲线坐标(u^1, u^2, u^3)的框架下，对空间的每一点 $P(x, y, z)$都构造一个矢量三重系.

对点 P 的矢径 $\overrightarrow{OP}$，记

$$\boldsymbol{r}=\overrightarrow{OP}=x\boldsymbol{i}+y\boldsymbol{j}+z\boldsymbol{k}=\boldsymbol{r}(u^1, u^2, u^3) \tag{16.8}$$

由此构造

$$\begin{aligned}\boldsymbol{X}_1&=\frac{\partial \boldsymbol{r}}{\partial u^1}=\frac{\partial x}{\partial u^1}\boldsymbol{i}+\frac{\partial y}{\partial u^1}\boldsymbol{j}+\frac{\partial z}{\partial u^1}\boldsymbol{k},\\ \boldsymbol{X}_2&=\frac{\partial \boldsymbol{r}}{\partial u^2}=\frac{\partial x}{\partial u^2}\boldsymbol{i}+\frac{\partial y}{\partial u^2}\boldsymbol{j}+\frac{\partial z}{\partial u^2}\boldsymbol{k},\\ \boldsymbol{X}_3&=\frac{\partial \boldsymbol{r}}{\partial u^3}=\frac{\partial x}{\partial u^3}\boldsymbol{i}+\frac{\partial y}{\partial u^3}\boldsymbol{j}+\frac{\partial z}{\partial u^3}\boldsymbol{k}\end{aligned} \tag{16.9}$$

从几何上看，$\boldsymbol{X}_i$ 分别是过点 P 的 u^i 曲线的切矢量，$i=1, 2, 3$(图 16.5.1). 这是因为，例如说，对点 P 的 $\boldsymbol{r}$ 对 u^1 求偏导数，即是在固定点 P 的 u^2, u^3 的情况下，求 $\boldsymbol{r}$ 在 u^1 单独变化时的变化率. 因此就是在过点 P 的 u^1 曲线上求变化率，那就是 u^1 曲线的切矢量了.

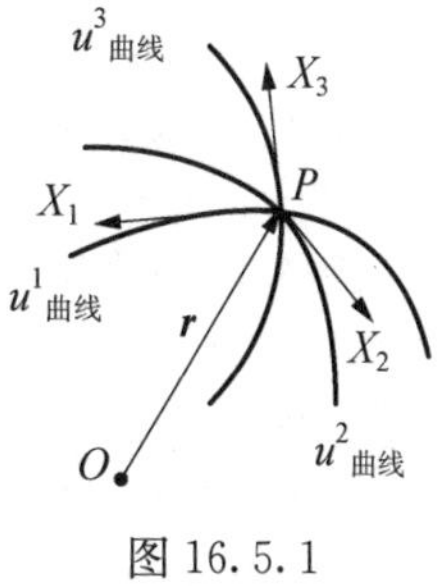

图 16.5.1

由(16.4)的要求，可知 $\boldsymbol{X}_1$, $\boldsymbol{X}_2$, $\boldsymbol{X}_3$ 是线性无关的(参见例 4.4.2, (16, 18), §16.2). 因此，只要适当选择 u^1, u^2, u^3 的顺序，就能安排得使 $\boldsymbol{X}_1$, $\boldsymbol{X}_2$, $\boldsymbol{X}_3$ 成为点 P 处的一个正向基矢量(参见§5.1)，即一个三重系. 当然随着点 P 的不同，由此给出的矢量三重系也不同——它们形成了一个活动坐标系.

例 16.5.1 在三维空间中,类似于例 16.1.2,从(16.8)可得

$$\boldsymbol{X}_1=\frac{\partial \boldsymbol{r}}{\partial x}=\boldsymbol{i},\ \boldsymbol{X}_2=\frac{\partial \boldsymbol{r}}{\partial y}=\boldsymbol{j},\ \boldsymbol{X}_3=\frac{\partial \boldsymbol{r}}{\partial z}=\boldsymbol{k}$$

§16.6 基本度量形式以及正交曲线坐标系

从(16.8),(16.9)可得

$$\begin{aligned}\mathrm{d}\boldsymbol{r}&=\frac{\partial \boldsymbol{r}}{\partial u^1}\mathrm{d}u^1+\frac{\partial \boldsymbol{r}}{\partial u^2}\mathrm{d}u^2+\frac{\partial \boldsymbol{r}}{\partial u^3}\mathrm{d}u^3\\&=\boldsymbol{X}_1\mathrm{d}u^1+\boldsymbol{X}_2\mathrm{d}u^2+\boldsymbol{X}_3\mathrm{d}u^3=\boldsymbol{X}_i\mathrm{d}u^i\end{aligned}\tag{16.10}$$

于是点 $P(u^1,\ u^2,\ u^3)$与点 $P^1(u^1+\mathrm{d}u^1,\ u^2+\mathrm{d}u^2,\ u^3+\mathrm{d}u^3)$之间的距离 $\mathrm{d}s$ 的平方为

$$\mathrm{d}s^2=\mathrm{d}\boldsymbol{r}\cdot\mathrm{d}\boldsymbol{r}=(\boldsymbol{X}_i\mathrm{d}u^i)\cdot(\boldsymbol{X}_j\mathrm{d}u^j)=g_{ij}\mathrm{d}u^i\mathrm{d}u^j\tag{16.11}$$

其中

$$g_{ij}=\boldsymbol{X}_i\cdot\boldsymbol{X}_j=\frac{\partial x}{\partial u^i}\ \frac{\partial x}{\partial u^j}+\frac{\partial y}{\partial u^i}\ \frac{\partial y}{\partial u^j}+\frac{\partial z}{\partial u^i}\ \frac{\partial z}{\partial u^j},\ i,\ j=1,\ 2,\ 3\tag{16.12}$$

称为关于曲线坐标 u^1, u^2, u^3 的度规,而(16.11)称为基本度量形式.

把 g_{ij} 这些量排成矩阵,则有下列度规矩阵

$$(g_{ij})=\begin{pmatrix}g_{11}&g_{12}&g_{13}\\g_{21}&g_{22}&g_{23}\\g_{31}&g_{32}&g_{33}\end{pmatrix}=\begin{pmatrix}\boldsymbol{X}_1\cdot\boldsymbol{X}_1&\boldsymbol{X}_1\cdot\boldsymbol{X}_2&\boldsymbol{X}_1\cdot\boldsymbol{X}_3\\\boldsymbol{X}_2\cdot\boldsymbol{X}_1&\boldsymbol{X}_2\cdot\boldsymbol{X}_2&\boldsymbol{X}_2\cdot\boldsymbol{X}_3\\\boldsymbol{X}_3\cdot\boldsymbol{X}_1&\boldsymbol{X}_3\cdot\boldsymbol{X}_2&\boldsymbol{X}_3\cdot\boldsymbol{X}_3\end{pmatrix}\tag{16.13}$$

这个矩阵与(5.12)不同之处在于(5.12)中的各矩阵元都是一些常数,而(16.13)中的各矩阵元一般会是点 P 的坐标 u^1, u^2, u^3 的函数.

利用这些 g_{ij},我们有

$$|\boldsymbol{X}_1|=\sqrt{g_{11}},\ |\boldsymbol{X}_2|=\sqrt{g_{22}},\ |\boldsymbol{X}_3|=\sqrt{g_{33}}\tag{16.14}$$

而且若把 u^i 曲线与 u^j 曲线所夹的角记为 θ_{ij} 的话，则有

$$\cos\theta_{12}=\frac{g_{12}}{\sqrt{g_{11}}\sqrt{g_{22}}},\ \cos\theta_{23}=\frac{g_{23}}{\sqrt{g_{22}}\sqrt{g_{33}}},\ \cos\theta_{31}=\frac{g_{31}}{\sqrt{g_{33}}\sqrt{g_{11}}} \tag{16.15}$$

如果 $\cos\theta_{12}=\cos\theta_{23}=\cos\theta_{31}=0$，即 $g_{12}=g_{23}=g_{31}=0$，或者说坐标曲线两两相互正交，那么我们把这种曲线坐标系称为**正交曲线坐标系**. 另外，由于 $g_{ij}=\boldsymbol{X}_i\cdot\boldsymbol{X}_j=\boldsymbol{X}_j\cdot\boldsymbol{X}_i=g_{ji}$，度规矩阵(16.13)是对称矩阵. 因此正交曲线坐标系的度规矩阵及其逆矩阵具有下列形式(参见§5.3，§5.4，(16.24))：

$$(g_{ij})=\begin{pmatrix} g_{11} & 0 & 0 \\ 0 & g_{22} & 0 \\ 0 & 0 & g_{33} \end{pmatrix},\ (g^{ij})=(g_{ij})^{-1}=\begin{pmatrix} \frac{1}{g_{11}} & 0 & 0 \\ 0 & \frac{1}{g_{22}} & 0 \\ 0 & 0 & \frac{1}{g_{33}} \end{pmatrix} \tag{16.16}$$

例 16.6.1　从例 16.5.1，对于直角坐标系 x，y，z，有

$$(g_{ij})=\begin{pmatrix} 1 & 0 & 0 \\ 0 & 1 & 0 \\ 0 & 0 & 1 \end{pmatrix},\ (g^{ij})=(g_{ij})^{-1}=\begin{pmatrix} 1 & 0 & 0 \\ 0 & 1 & 0 \\ 0 & 0 & 1 \end{pmatrix}$$

§16.7　雅可比矩阵、雅可比行列式，以及体积元

上面我们是从(16.3)引入曲线坐标 u^1，u^2，u^3 的，并在(16.4)条件下，引入了逆变换(16.5). 反过来进行也是一样的，而且考虑到特例(16.6)，(16.7)，以及(16.9)中出现的 $\frac{\partial x}{\partial u^1}$ 等，反过来进行会更方便：

设我们有

$$x=x(u^1,\ u^2,\ u^3),\ y=y(u^1,\ u^2,\ u^3),\ z=z(u^1,\ u^2,\ u^3) \tag{16.17}$$

且

$$\frac{\partial(x, y, z)}{\partial(u^1, u^2, u^3)} = \begin{vmatrix} \frac{\partial x}{\partial u^1} & \frac{\partial x}{\partial u^2} & \frac{\partial x}{\partial u^3} \\ \frac{\partial y}{\partial u^1} & \frac{\partial y}{\partial u^2} & \frac{\partial y}{\partial u^3} \\ \frac{\partial z}{\partial u^1} & \frac{\partial z}{\partial u^2} & \frac{\partial z}{\partial u^3} \end{vmatrix} \neq 0 \tag{16.18}$$

那么由隐函数存在定理可知,存在逆变换

$$u^1 = u^1(x, y, z),\ u^2 = u^2(x, y, z),\ u^3 = u^3(x, y, z) \tag{16.19}$$

且

$$\frac{\partial(u^1, u^2, u^3)}{\partial(x, y, z)} = \begin{vmatrix} \frac{\partial u^1}{\partial x} & \frac{\partial u^1}{\partial y} & \frac{\partial u^1}{\partial z} \\ \frac{\partial u^2}{\partial x} & \frac{\partial u^2}{\partial y} & \frac{\partial u^2}{\partial z} \\ \frac{\partial u^3}{\partial x} & \frac{\partial u^3}{\partial y} & \frac{\partial u^3}{\partial z} \end{vmatrix} \neq 0 \tag{16.20}$$

我们把矩阵

$$(j_{ij}) = \begin{pmatrix} \frac{\partial x}{\partial u^1} & \frac{\partial x}{\partial u^2} & \frac{\partial x}{\partial u^3} \\ \frac{\partial y}{\partial u^1} & \frac{\partial y}{\partial u^2} & \frac{\partial y}{\partial u^3} \\ \frac{\partial z}{\partial u^1} & \frac{\partial z}{\partial u^2} & \frac{\partial z}{\partial u^3} \end{pmatrix} \tag{16.21}$$

称为关于曲线坐标 u^1, u^2, u^3 的**雅可比矩阵**,而(16.18)中的行列式则是相应的**雅可比行列式**,记为 $J = |j_{ij}|$.

雅可比(Carl Gustav Jacob Jacobi, 1804—1851),德国数学家. 他在函数、方程、积分、矩阵等诸多方面都有冠以他名字的定理、公式和恒等式. 也是最多产的数学家之一.

从(16.9)以及例 4.4.2 可知

$$[\boldsymbol{X}_1\ \boldsymbol{X}_2\ \boldsymbol{X}_3]=J[\boldsymbol{i}\ \boldsymbol{j}\ \boldsymbol{k}] \tag{16.22}$$

于是从 $\boldsymbol{i}$, $\boldsymbol{j}$, $\boldsymbol{k}$ 以及 $\boldsymbol{X}_1$, $\boldsymbol{X}_2$, $\boldsymbol{X}_3$ 都是三重系,就有(参见§6.1)

$$J>0 \tag{16.23}$$

再则从

$$J\cdot J=\begin{vmatrix}\dfrac{\partial x}{\partial u^1} & \dfrac{\partial y}{\partial u^1} & \dfrac{\partial z}{\partial u^1}\\ \dfrac{\partial x}{\partial u^2} & \dfrac{\partial y}{\partial u^2} & \dfrac{\partial z}{\partial u^2}\\ \dfrac{\partial x}{\partial u^3} & \dfrac{\partial y}{\partial u^3} & \dfrac{\partial z}{\partial u^3}\end{vmatrix}\cdot\begin{vmatrix}\dfrac{\partial x}{\partial u^1} & \dfrac{\partial x}{\partial u^2} & \dfrac{\partial x}{\partial u^3}\\ \dfrac{\partial y}{\partial u^1} & \dfrac{\partial y}{\partial u^2} & \dfrac{\partial y}{\partial u^3}\\ \dfrac{\partial z}{\partial u^1} & \dfrac{\partial z}{\partial u^2} & \dfrac{\partial z}{\partial u^3}\end{vmatrix} \tag{16.24}$$

$$=\begin{vmatrix}\boldsymbol{X}_1\cdot\boldsymbol{X}_1 & \boldsymbol{X}_1\cdot\boldsymbol{X}_2 & \boldsymbol{X}_1\cdot\boldsymbol{X}_3\\ \boldsymbol{X}_2\cdot\boldsymbol{X}_1 & \boldsymbol{X}_2\cdot\boldsymbol{X}_2 & \boldsymbol{X}_2\cdot\boldsymbol{X}_3\\ \boldsymbol{X}_3\cdot\boldsymbol{X}_1 & \boldsymbol{X}_3\cdot\boldsymbol{X}_2 & \boldsymbol{X}_3\cdot\boldsymbol{X}_3\end{vmatrix}=|g_{ij}|>0$$

因此有

$$g=|g_{ij}|>0,\ J=\sqrt{g} \tag{16.25}$$

由此,我们引入体积元 dV 这一记号.(参见例 20.8.2 以及附录 12)

$$dV=dx\,dy\,dz=J\,du^1du^2du^3=\sqrt{g}\,du^1du^2du^3 \tag{16.26}$$

这一记号在三重积分的换元法中有应用.

§16.8　拉梅系数

在这一节中我们讨论正交曲线坐标,并在下两节中应用到柱面坐标和球面坐标中去.

对于正交曲线坐标,先从(16.16),有

$$g=g_{11}g_{22}g_{33} \tag{16.27}$$

另外引入单位矢量

$$\boldsymbol{s}=\frac{1}{|\boldsymbol{X}_1|}\boldsymbol{X}_1=\frac{1}{\sqrt{g_{11}}}\boldsymbol{X}_1=\frac{1}{h_1}\boldsymbol{X}_1,\ \boldsymbol{t}=\frac{1}{|\boldsymbol{X}_2|}\boldsymbol{X}_2=\frac{1}{\sqrt{g_{22}}}\boldsymbol{X}_2=\frac{1}{h_2}\boldsymbol{X}_2,$$

$$\boldsymbol{u}=\frac{1}{|\boldsymbol{X}_3|}\boldsymbol{X}_3=\frac{1}{\sqrt{g_{33}}}\boldsymbol{X}_3=\frac{1}{h_3}\boldsymbol{X}_3 \tag{16.28}$$

其中(参见(16.14))

$$h_1=|\boldsymbol{X}_1|=\sqrt{g_{11}},\ h_2=|\boldsymbol{X}_2|=\sqrt{g_{22}},\ h_3=|\boldsymbol{X}_3|=\sqrt{g_{33}} \tag{16.29}$$

称为该正交曲线坐标的拉梅系数.

拉梅(Gabricl Lamé, 1795—1870),法国数学家、工程师. 1859 年发表了《曲线坐标讲义》. 他研究过弹性理论以及费马大定理.

例 16.8.1 使用拉梅系数,则(16.27),(16.25),(16.26),以及(16.11),可表达为

$$g=h_1^2h_2^2h_3^2,\ J=h_1h_2h_3,\ \mathrm{d}V=h_1h_2h_3\mathrm{d}u^1\mathrm{d}u^2\mathrm{d}u^3.$$

以及

$$\begin{aligned}\mathrm{d}s^2&=g_{ij}\mathrm{d}u^i\mathrm{d}u^j=g_{11}\mathrm{d}u^1\mathrm{d}u^1+g_{22}\mathrm{d}u^2\mathrm{d}u^2+g_{33}\mathrm{d}u^3\mathrm{d}u^3\\&=h_1^2(\mathrm{d}u^1)^2+h_2^2(\mathrm{d}u^2)^2+h_3^2(\mathrm{d}u^3)^2\end{aligned} \tag{16.30}$$

§ 16.9 应用:柱面坐标

对于柱面坐标,有

$$\boldsymbol{r}=x\boldsymbol{i}+y\boldsymbol{j}+z\boldsymbol{k}=r\cos\theta\boldsymbol{i}+r\sin\theta\boldsymbol{j}+z\boldsymbol{k} \tag{16.31}$$

由此得出

$$\begin{aligned}\boldsymbol{X}_1&=\cos\theta\boldsymbol{i}+\sin\theta\boldsymbol{j}\\\boldsymbol{X}_2&=-r\sin\theta\boldsymbol{i}+r\cos\theta\boldsymbol{j}\\\boldsymbol{X}_3&=\boldsymbol{k}\end{aligned} \tag{16.32}$$

因而从 $\boldsymbol{X}_1\cdot\boldsymbol{X}_1=1$, $\boldsymbol{X}_2\cdot\boldsymbol{X}_2=r^2$, $\boldsymbol{X}_3\cdot\boldsymbol{X}_3=1$, 有

$$(g_{ij})=\begin{pmatrix}1 & 0 & 0\\ 0 & r^2 & 0\\ 0 & 0 & 1\end{pmatrix} \tag{16.33}$$

$$h_1=1,\ h_2=r,\ h_3=1 \tag{16.34}$$

$$J=\sqrt{g}=r \tag{16.35}$$

$$\mathrm{d}V=r\,\mathrm{d}r\,\mathrm{d}\theta\,\mathrm{d}z \tag{16.36}$$

$$\mathrm{d}s^2=\mathrm{d}r^2+r^2\mathrm{d}\theta^2+\mathrm{d}z^2 \tag{16.37}$$

以及

$$\begin{gathered}\boldsymbol{s}=\cos\theta\boldsymbol{i}+\sin\theta\boldsymbol{j}\\ \boldsymbol{t}=-\sin\theta\boldsymbol{i}+\cos\theta\boldsymbol{j}\\ \boldsymbol{u}=\boldsymbol{k}\end{gathered} \tag{16.38}$$

§16.10　应用:球面坐标

对于球面坐标,有

$$\boldsymbol{r}=x\boldsymbol{i}+y\boldsymbol{j}+z\boldsymbol{k}=r\sin\theta\cos\varphi\boldsymbol{i}+r\sin\theta\sin\varphi\boldsymbol{j}+r\cos\theta\boldsymbol{k} \tag{16.39}$$

由此能算得

$$\begin{aligned}\boldsymbol{X}_1&=\sin\theta\cos\varphi\boldsymbol{i}+\sin\theta\sin\varphi\boldsymbol{j}+\cos\theta\boldsymbol{k}\\ \boldsymbol{X}_2&=r\cos\theta\cos\varphi\boldsymbol{i}+r\cos\theta\sin\varphi\boldsymbol{j}-r\sin\theta\boldsymbol{k}\\ \boldsymbol{X}_3&=-r\sin\theta\sin\varphi\boldsymbol{i}+r\sin\theta\cos\varphi\boldsymbol{j}\end{aligned} \tag{16.40}$$

因而从 $\boldsymbol{X}_1\cdot\boldsymbol{X}_1=1$, $\boldsymbol{X}_2\cdot\boldsymbol{X}_2=r^2$, $\boldsymbol{X}_3\cdot\boldsymbol{X}_3=r^2\sin^2\theta$, 有

$$(g_{ij})=\begin{pmatrix}1 & 0 & 0\\ 0 & r^2 & 0\\ 0 & 0 & r^2\sin^2\theta\end{pmatrix} \tag{16.41}$$

$$h_1=1,\ h_2=r,\ h_3=r\sin\theta \tag{16.42}$$

$$J=\sqrt{g}=r^2\sin\theta \tag{16.43}$$

$$dV = r^2 \sin\theta \, dr \, d\theta \, d\varphi \tag{16.44}$$

$$ds^2 = dr^2 + r^2 d\theta^2 + r^2 \sin^2\theta \, d\varphi^2 \tag{16.45}$$

以及

$$\begin{aligned} \boldsymbol{s} &= \sin\theta\cos\varphi\boldsymbol{i} + \sin\theta\sin\varphi\boldsymbol{j} + \cos\theta\boldsymbol{k} \\ \boldsymbol{t} &= \cos\theta\cos\varphi\boldsymbol{i} + \cos\theta\sin\varphi\boldsymbol{j} - \sin\theta\boldsymbol{k} \\ \boldsymbol{u} &= -\sin\varphi\boldsymbol{i} + \cos\varphi\boldsymbol{j} \end{aligned} \tag{16.46}$$

§16.11 矢量关于正交曲线坐标系的物理分量

设有矢量场 **V**,在正交坐标系的情况下,我们可以分别将它在 $\boldsymbol{i}, \boldsymbol{j}, \boldsymbol{k}$ 下展开以及在 $\boldsymbol{s}, \boldsymbol{t}, \boldsymbol{u}$ 下展开,而有

$$\boldsymbol{V} = v_1\boldsymbol{i} + v_2\boldsymbol{j} + v_3\boldsymbol{k} = v_s\boldsymbol{s} + v_t\boldsymbol{t} + v_u\boldsymbol{u} \tag{16.47}$$

分量 v_s, v_t, v_u 称为**关于正交曲线坐标系的物理分量**.

例 16.11.1 对于柱面坐标,记

$$\boldsymbol{A} = a_1\boldsymbol{i} + a_2\boldsymbol{j} + a_3\boldsymbol{k} = a_r\boldsymbol{s} + a_\theta\boldsymbol{t} + a_z\boldsymbol{u}$$

有

$$\begin{aligned} a_r &= \boldsymbol{A}\cdot\boldsymbol{s} = (a_1\boldsymbol{i} + a_2\boldsymbol{j} + a_3\boldsymbol{k})\cdot(\cos\theta\boldsymbol{i} + \sin\theta\boldsymbol{j}) = a_1\cos\theta + a_2\sin\theta \\ a_\theta &= \boldsymbol{A}\cdot\boldsymbol{t} = (a_1\boldsymbol{i} + a_2\boldsymbol{j} + a_3\boldsymbol{k})\cdot(-\sin\theta\boldsymbol{i} + \cos\theta\boldsymbol{j}) = -a_1\sin\theta + a_2\cos\theta \\ a_z &= \boldsymbol{A}\cdot\boldsymbol{u} = (a_1\boldsymbol{i} + a_2\boldsymbol{j} + a_3\boldsymbol{k})\cdot\boldsymbol{k} = a_3 \end{aligned} \tag{16.48}$$

例 16.11.2 对于球面坐标,记

$$\boldsymbol{A} = a_1\boldsymbol{i} + a_2\boldsymbol{j} + a_3\boldsymbol{k} = a_r\boldsymbol{s} + a_\theta\boldsymbol{t} + a_\varphi\boldsymbol{u}$$

有

$$\begin{aligned} a_r &= \boldsymbol{A}\cdot\boldsymbol{s} = (a_1\boldsymbol{i} + a_2\boldsymbol{j} + a_3\boldsymbol{k})\cdot(\sin\theta\cos\varphi\boldsymbol{i} + \sin\theta\sin\varphi\boldsymbol{j} + \cos\theta\boldsymbol{k}) \\ &= a_1\sin\theta\cos\varphi + a_2\sin\theta\sin\varphi + a_3\cos\theta \end{aligned}$$

$$a_\theta = \boldsymbol{A}\cdot\boldsymbol{t} = (a_1\boldsymbol{i}+a_2\boldsymbol{j}+a_3\boldsymbol{k})\cdot(\cos\theta\cos\varphi\boldsymbol{i}+\cos\theta\sin\varphi\boldsymbol{j}-\sin\theta\boldsymbol{k})$$
$$= a_1\cos\theta\cos\varphi + a_2\cos\theta\sin\varphi - a_3\sin\theta$$
$$a_\varphi = \boldsymbol{A}\cdot\boldsymbol{u} = (a_1\boldsymbol{i}+a_2\boldsymbol{j}+a_3\boldsymbol{k})\cdot(-\sin\varphi\boldsymbol{i}+\cos\varphi\boldsymbol{j}) = -a_1\sin\varphi + a_2\cos\varphi. \tag{16.49}$$

§16.12 矢量关于活动坐标系的几何分量

在空间点 P 处给定一个矢量 $\mathbf{V}$,于是它就可以用点 P 处的三重系基矢量 $\boldsymbol{X}_1$, $\boldsymbol{X}_2$, $\boldsymbol{X}_3$ 来线性表示:

$$\mathbf{V} = v^1\boldsymbol{X}_1 + v^2\boldsymbol{X}_2 + v^3\boldsymbol{X}_3 = v^i\boldsymbol{X}_i. \tag{16.50}$$

我们把 v^1, v^2, v^3 称为矢量 $\mathbf{V}$ 关于活动坐标系 $\boldsymbol{X}_i$ 的几何分量.

由此,我们能得出矢量 $\mathbf{V}$ 之大小的平方为

$$v^2 = \mathbf{V}\cdot\mathbf{V} = (v^i\boldsymbol{X}_i)\cdot(v^j\boldsymbol{X}_j) = (\boldsymbol{X}_i\cdot\boldsymbol{X}_j)v^iv^j = g_{ij}v^iv^j \tag{16.51}$$

$\mathbf{V}$ 与矢量 $\mathbf{W}$:

$$\boldsymbol{w} = w^1\boldsymbol{X}_1 + w^2\boldsymbol{X}_2 + w^3\boldsymbol{X}_3 = w^j\boldsymbol{X}_j \tag{16.52}$$

的内积可表示为

$$\mathbf{V}\cdot\mathbf{W} = (v^i\boldsymbol{X}_i)\cdot(w^j\boldsymbol{X}_j) = (\boldsymbol{X}_i\cdot\boldsymbol{X}_j)v^iw^j = g_{ij}v^iw^j \tag{16.53}$$

因此,它们的夹角的余弦可由下列给出

$$\cos\theta = \frac{g_{ij}v^iw^j}{\sqrt{g_{ij}v^iv^j}\sqrt{g_{ij}w^iw^j}} \tag{16.54}$$

例 16.12.1 矢量 $\mathbf{V}$ 的物理分量与几何分量之间的关系

从 $\mathbf{V} = v^i\boldsymbol{X}_i = v_s\boldsymbol{s} + v_t\boldsymbol{t} + v_u\boldsymbol{u}$,以及 $\boldsymbol{s} = \frac{1}{h_1}\boldsymbol{X}_1$, $\boldsymbol{t} = \frac{1}{h_2}\boldsymbol{X}_2$, $\boldsymbol{u} = \frac{1}{h_3}\boldsymbol{X}_3$(参见(16.28)),有 $v_s = h_1v^1$, $v_t = h_2v^2$, $v_u = h_3v^3$.

第十七章

曲线坐标系的变换和基本方程

§17.1　曲线坐标系的变换

我们现在考虑曲线坐标 u^1, u^2, u^3，以及曲线坐标 $u^{1'}, u^{2'}, u^{3'}$，它们以

$$
\begin{aligned}
&u^{i'} = u^{i'}(u^1, u^2, u^3),\ i' = 1', 2', 3',\ \frac{\partial(u^{1'}, u^{2'}, u^{3'})}{\partial(u^1, u^2, u^3)} \neq 0 \\
&u^i = u^i(u^{1'}, u^{2'}, u^{3'}),\ i = 1, 2, 3,\ \frac{\partial(u^1, u^2, u^3)}{\partial(u^{1'}, u^{2'}, u^{3'})} \neq 0
\end{aligned}
\tag{17.1}
$$

相关联. 对于它们，分别有下列活动坐标系

$$
\boldsymbol{X}_i = \frac{\partial \boldsymbol{r}}{\partial u^i},\ \boldsymbol{X}_{i'} = \frac{\partial \boldsymbol{r}}{\partial u^{i'}},\ i = 1, 2, 3,\ i' = 1', 2', 3' \tag{17.2}
$$

若引入

$$
a_i^{j'} = \frac{\partial u^{j'}}{\partial u^i},\ a_{i'}^{j} = \frac{\partial u^j}{\partial u^{i'}} \tag{17.3}
$$

就有

$$
\boldsymbol{X}_i = \frac{\partial \boldsymbol{r}}{\partial u^{j'}} \frac{\partial u^{j'}}{\partial u^i} = a_i^{j'} \boldsymbol{X}_{j'},\ \boldsymbol{X}_{i'} = \frac{\partial \boldsymbol{r}}{\partial u^j} \frac{\partial u^j}{\partial u^{i'}} = a_{i'}^{j} \boldsymbol{X}_j \tag{17.4}
$$

这两式类似于§6.1中的(6.7)，(6.2). 不过，当时的 $a_i^{j'}$，$a_{i'}^{j}$ 都是一些常数，而现在的 $a_i^{j'}$，$a_{i'}^{j}$ 都是点 P 的函数，即曲线坐标的函数. 详细写出来，有

$$(a_{i'}^{j})=\begin{pmatrix} a_{1'}^{1} & a_{1'}^{2} & a_{1'}^{3} \\ a_{2'}^{1} & a_{2'}^{2} & a_{2'}^{3} \\ a_{3'}^{1} & a_{3'}^{2} & a_{3'}^{3} \end{pmatrix}=\begin{pmatrix} \dfrac{\partial u^{1}}{\partial u^{1'}} & \dfrac{\partial u^{2}}{\partial u^{1'}} & \dfrac{\partial u^{3}}{\partial u^{1'}} \\ \dfrac{\partial u^{1}}{\partial u^{2'}} & \dfrac{\partial u^{2}}{\partial u^{2'}} & \dfrac{\partial u^{3}}{\partial u^{2'}} \\ \dfrac{\partial u^{1}}{\partial u^{3'}} & \dfrac{\partial u^{2}}{\partial u^{3'}} & \dfrac{\partial u^{3}}{\partial u^{3'}} \end{pmatrix} \tag{17.5}$$

$$(a_{i}^{j'})=(a_{i'}^{j})^{-1}=\begin{pmatrix} a_{1}^{1'} & a_{1}^{2'} & a_{1}^{3'} \\ a_{2}^{1'} & a_{2}^{2'} & a_{2}^{3'} \\ a_{3}^{1'} & a_{3}^{2'} & a_{3}^{3'} \end{pmatrix}=\begin{pmatrix} \dfrac{\partial u^{1'}}{\partial u^{1}} & \dfrac{\partial u^{2'}}{\partial u^{1}} & \dfrac{\partial u^{3'}}{\partial u^{1}} \\ \dfrac{\partial u^{1'}}{\partial u^{2}} & \dfrac{\partial u^{2'}}{\partial u^{2}} & \dfrac{\partial u^{3'}}{\partial u^{2}} \\ \dfrac{\partial u^{1'}}{\partial u^{3}} & \dfrac{\partial u^{2'}}{\partial u^{3}} & \dfrac{\partial u^{3'}}{\partial u^{3}} \end{pmatrix} \tag{17.6}$$

令

$$\Delta=\frac{\partial(u^{1}\ u^{2}\ u^{3})}{\partial(u^{1'}\ u^{2'}\ u^{3'})}=|a_{i'}^{j}| \tag{17.7}$$

则有

$$\Delta^{-1}=\frac{\partial(u^{1'}\ u^{2'}\ u^{3'})}{\partial(u^{1}\ u^{2}\ u^{3})}=|a_{i}^{j'}| \tag{17.8}$$

且由(17.4)得出(参见例 4.4.2)

$$[\boldsymbol{X}_{1'}\ \boldsymbol{X}_{2'}\ \boldsymbol{X}_{3'}]=\Delta[\boldsymbol{X}_{1}\ \boldsymbol{X}_{2}\ \boldsymbol{X}_{3}] \tag{17.9}$$

因此,若 $\boldsymbol{X}_1$, $\boldsymbol{X}_2$, $\boldsymbol{X}_3$; $\boldsymbol{X}_{1'}$, $\boldsymbol{X}_{2'}$, $\boldsymbol{X}_{3'}$ 都是三重系的话,则 Δ 不仅不等于零,而且

$$\Delta>0 \tag{17.10}$$

再则从

$$g_{ij}\equiv\boldsymbol{X}_i\cdot\boldsymbol{X}_j \tag{17.11}$$

有(参见(4.8))

$$[\boldsymbol{X}_1\ \boldsymbol{X}_2\ \boldsymbol{X}_3]^2=\begin{vmatrix}\boldsymbol{X}_1\cdot\boldsymbol{X}_1 & \boldsymbol{X}_1\cdot\boldsymbol{X}_2 & \boldsymbol{X}_1\cdot\boldsymbol{X}_3\\ \boldsymbol{X}_2\cdot\boldsymbol{X}_1 & \boldsymbol{X}_2\cdot\boldsymbol{X}_2 & \boldsymbol{X}_2\cdot\boldsymbol{X}_3\\ \boldsymbol{X}_3\cdot\boldsymbol{X}_1 & \boldsymbol{X}_3\cdot\boldsymbol{X}_2 & \boldsymbol{X}_3\cdot\boldsymbol{X}_3\end{vmatrix}=\begin{vmatrix}g_{11} & g_{12} & g_{13}\\ g_{21} & g_{22} & g_{23}\\ g_{31} & g_{32} & g_{33}\end{vmatrix}=g>0 \tag{17.12}$$

利用这里的($a^{j}_{i'}$)和($a^{j'}_{i}$)我们可以按(7.2)定义曲线坐标系变换下的张量,以及张量的各种运算(参见§7.2).不同之处仅在于在三重系下 $a^{j}_{i'}$, $a^{j'}_{i}$ 都是常数,而对曲线坐标而言,它们都是曲线坐标的函数.

§17.2 矢量分量的变换方式

对于任意矢量 $\boldsymbol{V}$ 分别按 $\boldsymbol{X}_1$, $\boldsymbol{X}_2$, $\boldsymbol{X}_3$ 与 $\boldsymbol{X}_{1'}$, $\boldsymbol{X}_{2'}$, $\boldsymbol{X}_{3'}$展开,有

$$\boldsymbol{V}=v^i\boldsymbol{X}_i=v^{j'}\boldsymbol{X}_{j'} \tag{17.13}$$

为了求出 v^i 与 $v^{j'}$的联系,以 $\boldsymbol{X}_i=a^{j'}_i\boldsymbol{X}_{j'}$ 代入上式,可得

$$v^ia^{j'}_i\boldsymbol{X}_{j'}=v^{j'}\boldsymbol{X}_{j'} \tag{17.14}$$

这就有

$$v^{j'}=a^{j'}_iv^i \tag{17.15}$$

与我们的基准 $\boldsymbol{X}_{j'}=a^i_{j'}\boldsymbol{X}_i$ 相比较,我们得出矢量 $\boldsymbol{V}$ 关于曲线坐标 u^1, u^2, u^3 的几何分量 v^1, v^2, v^3 是逆变的(参见§6.2).

接下来讨论矢量 $\boldsymbol{V}$ 的下列分量(参见(5.45))

$$v_i=\boldsymbol{V}\cdot\boldsymbol{X}_i \tag{17.16}$$

在 $u^{1'}$, $u^{2'}$, $u^{3'}$系中,相应的量为

$$v_{i'}=\boldsymbol{V}\cdot\boldsymbol{X}_{i'}=\boldsymbol{V}\cdot(a^j_{i'}\boldsymbol{X}_j)=a^j_{i'}v_j \tag{17.17}$$

因此,矢量 $\boldsymbol{V}$ 的分量 v_1, v_2, v_3 就是 $\boldsymbol{V}$ 关于曲线坐标 u^1, u^2, u^3 的协变分量.

例 17.2.1 由 $u^{i'}=u^{i'}(u^1, u^2, u^3)$ 可得

$$\mathrm{d}u^{i'}=\frac{\partial u^{i'}}{\partial u^{j}}\mathrm{d}u^{j}=a_{j}^{i'}du^{j}$$

因此，$\mathrm{d}u^1$，$\mathrm{d}u^2$，$\mathrm{d}u^3$ 是逆变的.

例 17.2.2　由 $u^i=u^i(u^{1'},\ u^{2'},\ u^{3'})$ 可得

$$\frac{\partial}{\partial u^{i'}}=\frac{\partial}{\partial u^{i}}\frac{\partial u^{j}}{\partial u^{i'}}=a_{i'}^{j}\frac{\partial}{\partial u^{j}}$$

因此，$\frac{\partial}{\partial u^1}$，$\frac{\partial}{\partial u^2}$，$\frac{\partial}{\partial u^3}$是协变的.

§17.3　度规张量 g_{ij}

从 $g_{ij}=\boldsymbol{X}_i\cdot\boldsymbol{X}_j$，则在 $u^{1'}$，$u^{2'}$，$u^{3'}$ 系中有

$$g_{i'j'}=\boldsymbol{X}_{i'}\cdot\boldsymbol{X}_{j'}=(a_{i'}^{k}\boldsymbol{X}_k)\cdot(a_{j'}^{l}\boldsymbol{X}_l)=a_{i'}^{k}a_{j'}^{l}(\boldsymbol{X}_k\cdot\boldsymbol{X}_l)=a_{i'}^{k}a_{j'}^{l}g_{kl} \tag{17.18}$$

这表明度规 g_{ij} 是 2 阶协变张量,因此称为度规张量.

利用 g_{ij} 可以降低张量的逆变指标,例如矢量 **V** 的协变分量 v_i,也可以由其逆变分量 v^i 得到

$$v_i=\mathbf{V}\cdot\boldsymbol{X}_i=v^j\boldsymbol{X}_j\cdot\boldsymbol{X}_i=g_{ij}v^j \tag{17.19}$$

对于由(g_{ij})的逆矩阵(参见(17.12))

$$(g^{ij})=(g_{ij})^{-1}=\begin{pmatrix}g^{11} & g^{12} & g^{13}\\ g^{21} & g^{22} & g^{23}\\ g^{31} & g^{32} & g^{33}\end{pmatrix} \tag{17.20}$$

给出的量 g^{ij}，i，$j=1$，2，3，从(17.19)有

$$g^{ki}v_i=g^{ki}g_{ij}v^j=\delta_j^k v^j=v^k \tag{17.21}$$

这不仅表明 g^{ij} 可以用来上升张量的协变指标,而且由于商法则这也证明了 g^{ij} 是 2 阶逆变张量.

作为一个副产品,由 g_{ij} 与 g^{ij} 的缩并得出的克罗纳克 $\delta_j^i=g^{ik}g_{kj}$ 是曲线

坐标下的一个1阶逆变1阶协变的常值张量.

类似于(8.37),我们可将(17.18)表示为

$$\begin{pmatrix} g_{1'1'} & g_{1'2'} & g_{1'3'} \\ g_{2'1'} & g_{2'2'} & g_{2'3'} \\ g_{3'1'} & g_{3'2'} & g_{3'3'} \end{pmatrix} = \begin{pmatrix} a_{1'}^{1} & a_{1'}^{2} & a_{1'}^{3} \\ a_{2'}^{1} & a_{2'}^{2} & a_{2'}^{3} \\ a_{3'}^{1} & a_{3'}^{2} & a_{3'}^{3} \end{pmatrix} \begin{pmatrix} g_{11} & g_{12} & g_{13} \\ g_{21} & g_{22} & g_{23} \\ g_{31} & g_{32} & g_{33} \end{pmatrix} \begin{pmatrix} a_{1'}^{1} & a_{1'}^{2} & a_{1'}^{3} \\ a_{2'}^{1} & a_{2'}^{2} & a_{2'}^{3} \\ a_{3'}^{1} & a_{3'}^{2} & a_{3'}^{3} \end{pmatrix}^{T} \tag{17.22}$$

对此式两边取行列式,则有

$$g' = \Delta^2 g \tag{17.23}$$

这表明 g 的变换方式与标量的变换方式有些不同,我们就把这样变换的量称为权重为2的标量.(参见表8.11.1,§20.8)

而且因为 $g'>0$, $g>0$, $\Delta>0$,进而有

$$\sqrt{g'} = \Delta\sqrt{g} \tag{17.24}$$

这样,$\sqrt{g}$ 就是一个权重为1的标量或标量密度(参见§20.8).

如果采用直角坐标 x, y, z,则从 $\boldsymbol{r}=x\boldsymbol{i}+y\boldsymbol{j}+z\boldsymbol{k}$,有 $\dfrac{\partial \boldsymbol{r}}{\partial x}=\boldsymbol{i}$, $\dfrac{\partial \boldsymbol{r}}{\partial y}=\boldsymbol{j}$, $\dfrac{\partial \boldsymbol{r}}{\partial z}=\boldsymbol{k}$,因此就有 $\dfrac{\partial^2 \boldsymbol{r}}{\partial x^2}$, $\dfrac{\partial^2 \boldsymbol{r}}{\partial x \partial y}$, …,全部为 $\mathbf{0}$. 如果采用曲线坐标 u^1, u^2, u^3,则从 $\boldsymbol{X}_i=\dfrac{\partial \boldsymbol{r}}{\partial u^i}$,得出的 $\dfrac{\partial \boldsymbol{X}_i}{\partial u^j}=\dfrac{\partial^2 \boldsymbol{r}}{\partial u^i \partial u^j}$ 等一般就不恒等于 $\mathbf{0}$ 了. 在下一节中,我们就来研究这一问题.

§17.4 曲线坐标系下的基本方程

对于 $\boldsymbol{X}_i=\dfrac{\partial \boldsymbol{r}}{\partial u^i}$,作 $\dfrac{\partial \boldsymbol{X}_i}{\partial u^j} \equiv \partial_j \boldsymbol{X}_i$,因为它仍是点 P 处的矢量,因此可用 $\boldsymbol{X}_i$, $i=1, 2, 3$ 展开,而有

$$\partial_j \boldsymbol{X}_i = \Gamma_{ji}^{k} \boldsymbol{X}_k \tag{17.25}$$

这一表达式称为曲线坐标系下的基本方程，其中由 $i, j, k=1, 2, 3$，给出的 27 个量 Γ_{ji}^{k} 称为曲线坐标 u^1, u^2, u^3 下的克里斯托夫三指标记号——克氏符号.

克里斯托夫(Elwin Bruno Christoffel, 1829—1900)，德国数学家，他在不变量理论、微分几何和黎曼几何等方面有重要贡献.

如果用微分来表示的话，则由(17.25)可得

$$d\boldsymbol{X}_i=\partial_j\boldsymbol{X}_i du^j=\Gamma_{ji}^{k} du^j\boldsymbol{X}_k \tag{17.26}$$

例 17.4.1 从 $\partial_j\boldsymbol{X}_i=\dfrac{\partial}{\partial u^j}\dfrac{\partial \boldsymbol{r}}{\partial u^i}=\dfrac{\partial}{\partial u^i}\dfrac{\partial \boldsymbol{r}}{\partial u^j}=\partial_i\boldsymbol{X}_j$，就有 $\Gamma_{ji}^{k}\boldsymbol{X}_k=\Gamma_{ij}^{k}\boldsymbol{X}_k$. 因此

$$\Gamma_{ji}^{k}=\Gamma_{ij}^{k} \tag{17.27}$$

即克氏符号对其两个下指标是对称的.

例 17.4.2 从例 16.5.1，对于直角坐标 x, y, z 有 $\partial_j\boldsymbol{X}_1=\partial_j\boldsymbol{i}=\boldsymbol{0}$，因此 $\Gamma_{j1}^{k}=0$, $k, j=1, 2, 3$. 同理可证其他 18 个克氏符号也都为零.

§ 17.5　用度规张量表示克氏符号

我们要用度规张量 g_{ij} 把克氏符号明晰地表示出来.

为此，我们对 $g_{ij}=\boldsymbol{X}_i\cdot\boldsymbol{X}_j$ 的两边关于 u^k 作偏微分(参见 § 10.3 中(iii))：

$$\partial_k g_{ij}=(\partial_k\boldsymbol{X}_i)\cdot\boldsymbol{X}_j+\boldsymbol{X}_i\cdot(\partial_k\boldsymbol{X}_j)=\Gamma_{ki}^{l}\boldsymbol{X}_l\cdot\boldsymbol{X}_j+\Gamma_{kj}^{l}\boldsymbol{X}_i\cdot\boldsymbol{X}_l=\Gamma_{ki}^{l}g_{lj}+\Gamma_{kj}^{l}g_{il} \tag{17.28}$$

式中还有两个克氏符号，为了求得一个克氏符号的表达式，我们在此式中交换指标 k 与 i，而有

$$\partial_i g_{kj}=\Gamma_{ik}^{l}g_{lj}+\Gamma_{ij}^{l}g_{kl} \tag{17.29}$$

再在此式中交换指标 i 与 j，有

$$\partial_j g_{ki}=\Gamma_{jk}^{l}g_{li}+\Gamma_{ji}^{l}g_{kl} \tag{17.30}$$

我们把(17.28),(17.29)相加,再减去(17.30),并考虑到克氏符号中的下指标是对称的,度规张量 g_{ij} 的下指标也是对称的,就能得出

$$\partial_k g_{ij} + \partial_i g_{kj} - \partial_j g_{ki} = 2\Gamma^l_{ki} g_{lj} \tag{17.31}$$

用$\frac{1}{2}g^{mj}$ 乘上式两边,并对 $j=1, 2, 3$ 求和,有

$$\frac{1}{2}g^{mj}(\partial_k g_{ij} + \partial_i g_{kj} - \partial_j g_{ki}) = g^{mj} g_{lj}\Gamma^l_{ki} = \delta^m_l \Gamma^l_{ki} = \Gamma^m_{ki}, \tag{17.32}$$

当 Γ^m_{ki} 用 g^{ij}, g_{ij} 表出时,一般就用符号$\begin{Bmatrix} m \\ ki \end{Bmatrix}$,因此最后有

$$\begin{Bmatrix} m \\ ki \end{Bmatrix} = \Gamma^m_{ki} \equiv \frac{1}{2}g^{mj}(\partial_k g_{ij} + \partial_i g_{kj} - \partial_j g_{ki}). \tag{17.33}$$

$\begin{Bmatrix} m \\ ki \end{Bmatrix}$有 3 个指标,那么它是否是一个张量呢?

例 17.5.1 (17.33)称为第二类克氏符号,而

$$[ki, j] \equiv \frac{1}{2}(\partial_k g_{ij} + \partial_i g_{kj} - \partial_j g_{ki}) \tag{17.34}$$

则称为第一类克氏符号. 显然有

$$\begin{Bmatrix} m \\ ki \end{Bmatrix} = g^{mj}[ki, j] \tag{17.35}$$

例 17.5.2 在$\begin{Bmatrix} i \\ jk \end{Bmatrix}$中,若 $k=i$ 并求和,则有

$$\begin{Bmatrix} i \\ ji \end{Bmatrix} = \frac{1}{2}g^{il}(\partial_j g_{il} + \partial_i g_{jl} - \partial_l g_{ji})$$

其中 $g^{il}\partial_i g_{jl} = g^{il}\partial_l g_{ji}$(交换左边项中的哑标 i, l,即得右边项),因此

$$\begin{Bmatrix} i \\ ji \end{Bmatrix} = \frac{1}{2}g^{il}\partial_j g_{il} = \frac{1}{2}\partial_j \ln g = \partial_j \ln\sqrt{g} = \frac{1}{\sqrt{g}}\partial_j\sqrt{g}$$

其中用到了行列式的求导法则(参见附录 9).

§17.6　克氏符号的变换性质

设新曲线坐标 $u^{1'}$, $u^{2'}$, $u^{3'}$ 与老曲线坐标 u^1, u^2, u^3 的联系为

$$u^{i'}=u^{i'}(u^1,\ u^2,\ u^3) \tag{17.36}$$

在 $u^{1'}$, $u^{2'}$, $u^{3'}$ 中也有基本方程

$$\partial_{j'}\boldsymbol{X}_{i'}=\begin{Bmatrix} k' \\ j'i' \end{Bmatrix}\boldsymbol{X}_{k'} \tag{17.37}$$

对于其中的 $\boldsymbol{X}_{i'}$, $\boldsymbol{X}_{k'}$ 分别有

$$\boldsymbol{X}_{i'}=a^l_{i'}\boldsymbol{X}_l,\ \boldsymbol{X}_{k'}=a^l_{k'}\boldsymbol{X}_l \tag{17.38}$$

由此(17.37)的右边为

$$\begin{Bmatrix} k' \\ j'i' \end{Bmatrix}\boldsymbol{X}_{k'}=\begin{Bmatrix} k' \\ j'i' \end{Bmatrix}a^l_{k'}\boldsymbol{X}_l \tag{17.39}$$

而左边为(参见§10.3 中的(ii))

$$\partial_{j'}\boldsymbol{X}_{i'}=\partial_{j'}(a^l_{i'}\boldsymbol{X}_l)=(\partial_{j'}a^l_{i'})\boldsymbol{X}_l+a^l_{i'}\partial_{j'}\boldsymbol{X}_l \tag{17.40}$$

而其中的 $\partial_{j'}\boldsymbol{X}_l$ 为

$$\partial_{j'}\boldsymbol{X}_l=\frac{\partial\boldsymbol{X}_l}{\partial u^{j'}}=\frac{\partial\boldsymbol{X}_l}{\partial u^j}\ \frac{\partial u^j}{\partial u^{j'}}=a^j_{j'}\partial_j\boldsymbol{X}_l=a^j_{j'}\begin{Bmatrix} k \\ jl \end{Bmatrix}\boldsymbol{X}_k \tag{17.41}$$

这样左边则为

$$\partial_{j'}\boldsymbol{X}_{i'}=(\partial_{j'}a^l_{i'})\boldsymbol{X}_l+a^l_{i'}a^j_{j'}\begin{Bmatrix} k \\ jl \end{Bmatrix}\boldsymbol{X}_k=\left(\partial_{j'}a^k_{i'}+a^i_{i'}a^j_{j'}\begin{Bmatrix} k \\ ji \end{Bmatrix}\right)\boldsymbol{X}_k \tag{17.42}$$

所以(17.37)最终给出

$$a^k_{k'}\begin{Bmatrix} k' \\ j'i' \end{Bmatrix}=a^j_{j'}a^i_{i'}\begin{Bmatrix} k \\ ji \end{Bmatrix}+\partial_{j'}a^k_{i'}, \tag{17.43}$$

即

$$\begin{Bmatrix} k' \\ j'i' \end{Bmatrix} = a^{k'}_k a^j_{j'} a^i_{i'} \begin{Bmatrix} k \\ ji \end{Bmatrix} + a^{k'}_k \partial_{j'} a^k_{i'} \tag{17.44}$$

这就是$\begin{Bmatrix} k' \\ j'i' \end{Bmatrix}$与$\begin{Bmatrix} k \\ ji \end{Bmatrix}$之间必须满足的关系. 所以$\begin{Bmatrix} k \\ ji \end{Bmatrix}$不是曲线坐标下的张量. 不过,如果当$\partial_{j'} a^k_{i'} = \dfrac{\partial}{\partial u^{j'}} \dfrac{\partial u^k}{\partial u^{i'}} \equiv 0$时, $\begin{Bmatrix} k \\ ji \end{Bmatrix}$就是一个张量. 当$u^k$ 等是$u^{1'}$, $u^{2'}$, $u^{3'}$的线性函数时会出现这一种情况. 由此,有些作者把$\begin{Bmatrix} k \\ ji \end{Bmatrix}$称为**仿射张量**.(参见[28])

§17.7 克氏符号的一个重要性质

利用恒等式

$$\partial_i \partial_j \boldsymbol{X}_k = \partial_j \partial_i \boldsymbol{X}_k \tag{17.45}$$

可得出曲线坐标下克氏符号的一个重要性质. 分别以

$$\partial_j \boldsymbol{X}_k = \begin{Bmatrix} l \\ jk \end{Bmatrix} \boldsymbol{X}_l, \ \partial_i \boldsymbol{X}_k = \begin{Bmatrix} l \\ ik \end{Bmatrix} \boldsymbol{X}_l \tag{17.46}$$

代入(17.45)的左边进行计算,有

$$\partial_i \partial_j \boldsymbol{X}_k = \left(\partial_i \begin{Bmatrix} l \\ jk \end{Bmatrix} \right) \boldsymbol{X}_l + \begin{Bmatrix} m \\ jk \end{Bmatrix} \partial_i \boldsymbol{X}_m = \left(\partial_i \begin{Bmatrix} l \\ jk \end{Bmatrix} \right) \boldsymbol{X}_l + \begin{Bmatrix} m \\ jk \end{Bmatrix} \begin{Bmatrix} l \\ im \end{Bmatrix} \boldsymbol{X}_l \tag{17.47}$$

在此式中交换i, j,便有(17.45)的右边

$$\partial_j \partial_i \boldsymbol{X}_k = \left(\partial_j \begin{Bmatrix} l \\ ik \end{Bmatrix} \right) \boldsymbol{X}_l + \begin{Bmatrix} m \\ ik \end{Bmatrix} \begin{Bmatrix} l \\ jm \end{Bmatrix} \boldsymbol{X}_l \tag{17.48}$$

于是从(17.45),(17.47),(17.48),就能得出

$$K^{l}_{ijk} \equiv \partial_i \begin{Bmatrix} l \\ jk \end{Bmatrix} - \partial_j \begin{Bmatrix} l \\ ik \end{Bmatrix} + \begin{Bmatrix} l \\ im \end{Bmatrix} \begin{Bmatrix} m \\ jk \end{Bmatrix} - \begin{Bmatrix} l \\ jm \end{Bmatrix} \begin{Bmatrix} m \\ ik \end{Bmatrix} = 0 \qquad (17.49)$$

即在曲线坐标中由克氏符号构成的(17.49)中的量 K^{l}_{ijk} 等于零.

今后我们将看到在黎曼空间中，一般来说 $K^{l}_{ijk} \neq 0$(参见§20.16). 这反映出我们现在所讨论的三维空间的一个特性.

第十八章

曲线坐标下的协变微分

§18.1　曲线坐标与协变微分

如果我们采用直角坐标系,则在空间的任意点 P,都有 $\boldsymbol{i}$, $\boldsymbol{j}$, $\boldsymbol{k}$ 构成的活动坐标系,因此对矢量场

$$\boldsymbol{V}(x, y, z)=v_1(x, y, z)\boldsymbol{i}+v_2(x, y, z)\boldsymbol{j}+v_3(x, y, z)\boldsymbol{k} \tag{18.1}$$

有

$$\mathrm{d}\boldsymbol{V}=\mathrm{d}v_1\boldsymbol{i}+\mathrm{d}v_2\boldsymbol{j}+\mathrm{d}v_3\boldsymbol{k} \tag{18.2}$$

这就是说由矢量 $\boldsymbol{V}$ 的分量 v_1, v_2, v_3 经过微分得出的微分 $\mathrm{d}v_1$, $\mathrm{d}v_2$, $\mathrm{d}v_3$ 便是矢量 $\mathrm{d}\boldsymbol{V}$ 的分量.

但是,使用曲面坐标系的话,情况就不同了.因为此时从

$$\boldsymbol{V}=v^i\boldsymbol{X}_i \tag{18.3}$$

有

$$\mathrm{d}\boldsymbol{V}=(\mathrm{d}v^k)\boldsymbol{X}_k+v^j\mathrm{d}\boldsymbol{X}_j \tag{18.4}$$

此时虽然 $\mathrm{d}\boldsymbol{V}$ 是一个矢量,但 $\mathrm{d}v^1$, $\mathrm{d}v^2$, $\mathrm{d}v^3$ 只是 $\mathrm{d}\boldsymbol{V}$ 的分量的一部分,另一部分来自活动坐标系随点的变化,即(18.4)中的 $v^j\mathrm{d}\boldsymbol{X}_j$.

(17.26)给出

$$\mathrm{d}\boldsymbol{X}_j=\begin{Bmatrix}k\\ij\end{Bmatrix}\mathrm{d}u^i\boldsymbol{X}_k \tag{18.5}$$

因此

$$\mathrm{d}\boldsymbol{V}=\left(\mathrm{d}v^k+\begin{Bmatrix}k\\ij\end{Bmatrix}\mathrm{d}u^iv^j\right)\boldsymbol{X}_k \tag{18.6}$$

所以,如果要从 **V** 的分量 $v^1,\ v^2,\ v^3$ 通过微分直接求出 d**V** 的分量就得修改原来微分的定义.

§ 18.2　矢量场逆变分量的协变微分和协变导数

这样从

$$\mathrm{d}\boldsymbol{V}\equiv\delta v^k\boldsymbol{X}_k \tag{18.7}$$

而引入

$$\delta v^k=\mathrm{d}v^k+\begin{Bmatrix}k\\ij\end{Bmatrix}\mathrm{d}u^iv^j \tag{18.8}$$

就称为逆变分量 v^k 的协变微分,其中 $\mathrm{d}v^k$ 是 v^k 的通常微分,而附加部分 $\begin{Bmatrix}k\\ij\end{Bmatrix}du^iv^j$ 即是由活动坐标系随点的变化引起的修正.

从(17.13),(18.7)可知 δv^k 是一个逆变矢量的分量. 考虑到 $\mathrm{d}v^k=\partial_iv^k\mathrm{d}u^i$,因此(18.8)就给出

$$\delta v^k=\left(\partial_iv^k+\begin{Bmatrix}k\\ij\end{Bmatrix}v^j\right)\mathrm{d}u^i\equiv(\nabla_iv^k)\mathrm{d}u^i \tag{18.9}$$

由此定义

$$\nabla_iv^k=\partial_iv^k+\begin{Bmatrix}k\\ij\end{Bmatrix}v^j \tag{18.10}$$

称为 **V** 的逆变分量 v^k 的(偏)协变导数. ∇_i 与通常的偏导数 ∂_i 的区别在于它多了一项由活动坐标随点的变化引起的修正. 从(18.9),以及 $\mathrm{d}u^i$ 是逆变的(参见例 17.2.1),由商法则可知 ∇_iv^k 是一个张量的分量,它比 v^k 多了一个协变指标.

对于标量场 $f(u^1,\ u^2,\ u^3)$ 由于它与活动坐标系无关,所以此时的协变

微分或导数就是通常的微分或导数.

§18.3 矢量场协变分量的协变微分和协变导数

$\boldsymbol{V}$ 的协变分量由

$$v_i = \boldsymbol{V} \cdot \boldsymbol{X}_i \tag{18.11}$$

给出. 因此, $\mathrm{d}\boldsymbol{V}$ 的协变分量由 $\mathrm{d}\boldsymbol{V} \cdot \boldsymbol{X}_i \equiv \delta v_i$ 确定. 为了求得此量,就得对(18.11)两边取微分,而有

$$\mathrm{d}v_i = \mathrm{d}\boldsymbol{V} \cdot \boldsymbol{X}_i + \boldsymbol{V} \cdot \mathrm{d}\boldsymbol{X}_i = \delta v_i + \boldsymbol{V} \left\{ \begin{matrix} k \\ ji \end{matrix} \right\} \mathrm{d}u^j \boldsymbol{X}_k = \delta v_i + \left\{ \begin{matrix} k \\ ji \end{matrix} \right\} \mathrm{d}u^j v_k$$

其中用到了(18.5). 于是最后有

$$\delta v_i = \mathrm{d}v_i - \left\{ \begin{matrix} k \\ ji \end{matrix} \right\} \mathrm{d}u^j v_k \tag{18.12}$$

这就给出了 $\boldsymbol{V}$ 的协变分量 v_i 的**协变微分** δv_i,它的通常的微分 $\mathrm{d}v_i$ 多了一项修正项 $-\left\{ \begin{matrix} k \\ ji \end{matrix} \right\} \mathrm{d}u^j v_k$.

于是从

$$\delta v_i = \left(\partial_j v_i - \left\{ \begin{matrix} k \\ ji \end{matrix} \right\} v_k \right) \mathrm{d}u^j = (\nabla_j v_i) \mathrm{d}u^j \tag{18.13}$$

定义

$$\nabla_j v_i \equiv \partial_j v_i - \left\{ \begin{matrix} k \\ ji \end{matrix} \right\} v_k \tag{18.14}$$

类似于上面对于 $\nabla_i v^k$ 的讨论,可知(18.14)是一个比 v_i 多 1 个协变指标的张量的分量,称为 v_i 的(偏)**协变导数**.

§18.4 张量场的协变微分和协变导数

有了矢量场的逆变分量和协变分量的协变微分和协变导数作为模型,我

们就能对曲线坐标下的张量场定义相应的运算(参见定义 20.13.1).

例如,对 T^i_{jk} 定义**协变微分**

$$\delta T^i_{jk} = \mathrm{d}T^i_{jk} + \begin{Bmatrix} i \\ lm \end{Bmatrix} \mathrm{d}u^l T^m_{jk} - \begin{Bmatrix} m \\ lj \end{Bmatrix} \mathrm{d}u^l T^i_{mk} - \begin{Bmatrix} m \\ lk \end{Bmatrix} \mathrm{d}u^l T^i_{jm}$$
$$= \nabla_l T^i_{jk} \mathrm{d}u^l \tag{18.15}$$

其中

$$\nabla_l T^i_{jk} = \partial_l T^i_{jk} + \begin{Bmatrix} i \\ lm \end{Bmatrix} T^m_{jk} - \begin{Bmatrix} m \\ lj \end{Bmatrix} T^i_{mk} - \begin{Bmatrix} m \\ lk \end{Bmatrix} T^i_{jm} \tag{18.16}$$

称为**协变导数**.

由此我们知道,张量的协变微分是与原张量同型的张量,而张量场的协变导数是比原张量协变指标多 1 的张量.

例 18.4.1 证明 $\nabla_i \nabla_j v^k = \nabla_j \nabla_i v^k$.

计算 $\nabla_i \nabla_j v^k - \nabla_j \nabla_i v^k$,可得

$$\nabla_i \nabla_j v^k - \nabla_j \nabla_i v^k = K^k_{ijl} v^l = 0 \tag{18.17}$$

其中应用了(17.49)的结果. 上式表明协变导数对矢量场逆变分量的作用是可交换的. 对矢量场的协变分量也同样成立,即

$$\nabla_i \nabla_j v_k - \nabla_j \nabla_i v_k = -K^l_{ijk} v_l = 0 \tag{18.18}$$

§ 18.5 g_{ij} 和 g^{ij} 的协变微分

对于 g_{ij},这时有两项减号的修正项,这就要计算

$$\delta g_{ij} = \mathrm{d}g_{ij} - \begin{Bmatrix} m \\ li \end{Bmatrix} \mathrm{d}u^l g_{mj} - \begin{Bmatrix} m \\ lj \end{Bmatrix} \mathrm{d}u^l g_{im} \tag{18.19}$$

而其中的

$$\begin{aligned}\mathrm{d}g_{ij} &= \mathrm{d}(\boldsymbol{X}_i \cdot \boldsymbol{X}_j) = (\mathrm{d}\boldsymbol{X}_i) \cdot \boldsymbol{X}_j + \boldsymbol{X}_i \cdot \mathrm{d}\boldsymbol{X}_j \\ &= \begin{Bmatrix} m \\ li \end{Bmatrix} \mathrm{d}u^l \boldsymbol{X}_m \cdot \boldsymbol{X}_j + \begin{Bmatrix} m \\ lj \end{Bmatrix} \mathrm{d}u^l \boldsymbol{X}_i \cdot \boldsymbol{X}_m \\ &= \begin{Bmatrix} m \\ li \end{Bmatrix} \mathrm{d}u^l g_{mj} + \begin{Bmatrix} m \\ lj \end{Bmatrix} \mathrm{d}u^l g_{im}\end{aligned}$$

因此最后有

$$\delta g_{ij} = 0 \tag{18.20}$$

因此 g_{ij} 的协变导数也为零. 同理可证(这时有两项加号的修正项)

$$\delta g^{ij} = 0 \tag{18.21}$$

因此 g^{ij} 的协变导数也为零.

§18.6　张量的和与张量积的协变微分和协变导数

根据张量的和与张量积的定义(参见§7.2),以及协变运算的定义,例如说,对 $R^k_{ij} + S^k_{ij}$ 就不难得出

$$\begin{aligned}\nabla_l (R^k_{ij} + S^k_{ij}) &= \frac{\partial}{\partial u^l}(R^k_{ij} + S^k_{ij}) + \begin{Bmatrix} k \\ lm \end{Bmatrix} (R^k_{ij} + S^k_{ij}) - \\ &\qquad \begin{Bmatrix} m \\ li \end{Bmatrix} (R^k_{mj} + S^k_{mj}) - \begin{Bmatrix} m \\ lj \end{Bmatrix} (R^k_{im} + S^k_{im}) \\ &= \nabla_l R^k_{ij} + \nabla_l S^k_{ij}\end{aligned} \tag{18.22}$$

也即协变导数与普通导数对求和运算有完全同样的运算法则. 因此对微分也有同样的法则.

对于,例如说, R_{ij} 和 S^l_k 的张量积,有

$$\nabla_p(R_{ij}S_k^l)=\frac{\partial(R_{ij}S_k^l)}{\partial x^p}+\begin{Bmatrix}l\\pm\end{Bmatrix}R_{ij}S_k^m-\begin{Bmatrix}m\\pi\end{Bmatrix}R_{mj}S_k^l-\begin{Bmatrix}m\\pj\end{Bmatrix}R_{im}S_k^l-\begin{Bmatrix}m\\pk\end{Bmatrix}R_{ij}S_k^l$$
$$=\left(\frac{\partial R_{ij}}{\partial u^p}-\begin{Bmatrix}m\\pi\end{Bmatrix}R_{mj}-\begin{Bmatrix}m\\pj\end{Bmatrix}R_{im}\right)S_k^l+R_{ij}\left(\frac{\partial S_k^l}{\partial u^p}+\begin{Bmatrix}l\\pm\end{Bmatrix}S_k^m-\begin{Bmatrix}m\\pk\end{Bmatrix}S_m^l\right)$$
$$=(\nabla_pR_{ij})S_k^l+R_{ij}(\nabla_pS_k^l) \tag{18.23}$$

也即协变导数与普通导数对乘积运算有完全同样的运算法则. 因此对微分也有同样的法则.

因此,对于张量的缩并也有同样的结论,例如有

$$\begin{aligned}&\nabla_p(R_{ij}S_k^j)=(\nabla_pR_{ij})S_k^j+R_{ij}(\nabla_pS_k^j)\\&\delta(R_{ij}S_k^j)=(\delta R_{ij})S_k^j+R_{ij}(\delta S_k^j)\end{aligned} \tag{18.24}$$

例 18.6.1 计算 $\delta(g_{ij}S_k^j)$.

$$\delta(g_{ij}S_k^j)=(\delta g_{ij})S_k^j+g_{ij}(\delta S_k^j)=g_{ij}(\delta S_k^j)$$

其中用到了(18.20). 对于 g^{ij} 也有类似的结论. 这表明对于协变微分运算或协变导数运算而言, g_{ij} 或 g^{ij} 就好像常数一样,可以提到运算外面.

§ 18.7 应用:曲线坐标下的梯度

给定空间 D 中的一个数量场 $f(u^1, u^2, u^3)$,我们要依此构造一个矢量场

$$\boldsymbol{V}=v^1\boldsymbol{X}_1+v^2\boldsymbol{X}_2+v^3\boldsymbol{X}_3 \tag{18.25}$$

先用协变导数给出(参见 § 18.2)

$$\nabla_1f=\frac{\partial f}{\partial u^1},\ \nabla_2f=\frac{\partial f}{\partial u^2},\ \nabla_3f=\frac{\partial f}{\partial u^3} \tag{18.26}$$

再用 g^{ij} 使它成为逆变分量

$$v^1=g^{1i}\nabla_if=g^{1i}\partial_if,\ v^2=g^{2i}\nabla_if=g^{2i}\partial_if,\ v^3=g^{3i}\nabla_if=g^{3i}\partial_if \tag{18.27}$$

由此定义

$$V=(g^{1i}\ \nabla_i f)\boldsymbol{X}_1+(g^{2i}\ \nabla_i f)\boldsymbol{X}_2+(g^{3i}\ \nabla_i f)\boldsymbol{X}_3 \tag{18.27}$$

为了识别这一矢量场,我们取 $u^1=x$, $u^2=y$, $u^3=z$. 此时由例 16.6.1,例 16.5.1,有

$$V=\frac{\partial f}{\partial x}\boldsymbol{i}+\frac{\partial f}{\partial y}\boldsymbol{j}+\frac{\partial f}{\partial z}\boldsymbol{k}, \tag{18.28}$$

因此 $V=\nabla f=(g^{1i}\partial_i f)\boldsymbol{X}_1+(g^{2i}\partial_i f)\boldsymbol{X}_2+(g^{3i}\partial_i f)\boldsymbol{X}_3$

即是曲线坐标下 f 的梯度,考虑到在正交曲线坐标中有 $g^{ii}=\frac{1}{g_{ii}}$(参见(16.16)),所以如果采用单位矢量 $\boldsymbol{s}$, $\boldsymbol{t}$, $\boldsymbol{u}$(参见(16.28)),则有

$$\nabla f=\frac{1}{h_1}\frac{\partial f}{\partial u^1}\boldsymbol{s}+\frac{1}{h_2}\frac{\partial f}{\partial u^2}\boldsymbol{t}+\frac{1}{h_3}\frac{\partial f}{\partial u^3}\boldsymbol{u} \tag{18.29}$$

例 18.7.1 对于柱面坐标有 $u^1=r$, $u^2=\theta$, $u^3=z$; $h_1=1$, $h_2=r$, $h_3=1$, 则有

$$\nabla f=\frac{\partial f}{\partial r}\boldsymbol{s}+\frac{1}{r}\frac{\partial f}{\partial \theta}\boldsymbol{t}+\frac{\partial f}{\partial z}\boldsymbol{u} \tag{18.30}$$

例 18.7.2 对于球面坐标有 $u^1=r$, $u^2=\theta$, $u^3=\varphi$; $h_1=1$, $h_2=r$, $h_3=r\sin\theta$, 则有

$$\nabla f=\frac{\partial f}{\partial r}\boldsymbol{s}+\frac{1}{r}\frac{\partial f}{\partial \theta}\boldsymbol{t}+\frac{1}{r\sin\theta}\frac{\partial f}{\partial \varphi}\boldsymbol{u} \tag{18.31}$$

例 18.7.3 对于一般的正交曲线坐标,因为 $g^{12}=g^{23}=g^{31}=0$, 所以(18.27)给出∇f 的几何分量分别为 $g^{11}\partial_1 f$, $g^{22}\partial_2 f$, $g^{33}\partial_3 f$.

§18.8 应用:曲线坐标下的散度

在§12.1 中我们在直角坐标系下作出了散度:从给定的矢量场作出一个标量场. 现在对曲线坐标下的矢量场

$$\mathbf{V}=v^i\boldsymbol{X}_i \tag{18.32}$$

来做同样的事. 先对逆变分量 v^i 作协变导数，而得出张量

$$\nabla_j v^i=\partial_j v^i+\begin{Bmatrix} i \\ jk \end{Bmatrix} v^k \tag{18.33}$$

进而对它缩并而有

$$\nabla_i v^i=\partial_i v^i+\begin{Bmatrix} i \\ ik \end{Bmatrix} v^k=\partial_i v^i+\frac{1}{\sqrt{g}}\left(\frac{\partial\sqrt{g}}{\partial u^j}\right)v^j=\frac{1}{\sqrt{g}}\frac{\partial(\sqrt{g}v^j)}{\partial u^j} \tag{18.34}$$

其中用到了例 17.5.2. 这样，就从矢量场 $\mathbf{V}$ 得出了一个标量场.

为了识别这一标量场，取

$$\mathbf{V}=v^1\boldsymbol{i}+v^2\boldsymbol{j}+v^3\boldsymbol{k}$$

那么就有

$$\nabla_i v^i=\partial_i v^i=\frac{\partial v^1}{\partial x}+\frac{\partial v^2}{\partial y}+\frac{\partial v^3}{\partial z}=\operatorname{div}\mathbf{V} \tag{18.35}$$

这表明(18.34)是曲线坐标系下的矢量场 $\mathbf{V}$ 的散度.

当采用正交曲线坐标时，则从(参见(16.16))

$$\begin{aligned}&g_{12}=g_{21}=g_{23}=g_{32}=g_{31}=g_{13}=0\\&g=g_{11}g_{22}g_{33}\end{aligned} \tag{18.36}$$

有

$$\begin{aligned}\nabla_i v^i&=\frac{1}{\sqrt{g_{11}g_{22}g_{33}}}\left[\frac{\partial(\sqrt{g_{11}g_{22}g_{33}}\,v^1)}{\partial u^1}+\frac{\partial(\sqrt{g_{11}g_{22}g_{33}}\,v^2)}{\partial u^2}+\frac{\partial(\sqrt{g_{11}g_{22}g_{33}}\,v^3)}{\partial u^3}\right]\\&=\frac{1}{h_1h_2h_3}\left(\frac{\partial(h_1h_2h_3v^1)}{\partial u^1}+\frac{\partial(h_1h_2h_3v^2)}{\partial u^2}+\frac{\partial(h_1h_2h_3v^3)}{\partial u^3}\right)\end{aligned} \tag{18.37}$$

如果采用标准正交基 $\boldsymbol{s}$，$\boldsymbol{t}$，$\boldsymbol{u}$ 下的分量 v_s，v_t，v_u，则从

$$\mathbf{V}=v^i\boldsymbol{X}_i=v_s\boldsymbol{s}+v_t\boldsymbol{t}+v_u\boldsymbol{u} \tag{18.38}$$

有(参见例 16.12.1)

$$v_s=\sqrt{g_{11}}\,v^1=h_1v^1,\ v_t=\sqrt{g_{22}}\,v^2=h_2v^2,\ v_u=\sqrt{g_{33}}\,v^3=h_3v^3 \tag{18.39}$$

那么

$$\operatorname{div}\mathbf{V}=\frac{1}{h_1h_2h_3}\left(\frac{\partial(h_2h_3v_s)}{\partial u^1}+\frac{\partial(h_1h_3v_t)}{\partial u^2}+\frac{\partial(h_1h_2v_u)}{\partial u^3}\right) \tag{18.40}$$

例 18.8.1 对于柱面坐标,有 $u^1=r,\ u^2=\theta,\ u^3=z;\ h_1=1,\ h_2=r,\ h_3=1$,则有

$$\begin{aligned}\operatorname{div}\mathbf{V}&=\frac{1}{r}\left(\frac{\partial(rv_r)}{\partial r}+\frac{\partial v_\theta}{\partial\theta}+\frac{\partial(rv_z)}{\partial z}\right)\\&=\frac{1}{r}\,\frac{\partial(rv_r)}{\partial r}+\frac{1}{r}\,\frac{\partial v_\theta}{\partial\theta}+\frac{\partial v_z}{\partial z}\end{aligned} \tag{18.41}$$

其中 $\frac{1}{r}\,\frac{\partial(rv_z)}{\partial z}=\frac{\partial v_z}{\partial z}$ 是因为在柱面坐标中 $r,\ z$ 都是独立变量.

例 18.8.2 对于球面坐标,有 $u^1=r,\ u^2=\theta,\ u^3=\varphi;\ h_1=1,\ h_2=r,\ h_3=r\sin\theta$,则有

$$\begin{aligned}\operatorname{div}\mathbf{V}&=\frac{1}{r^2\sin\theta}\left(\frac{\partial(r^2\sin\theta v_r)}{\partial r}+\frac{\partial(r\sin\theta v_\theta)}{\partial\theta}+\frac{\partial(rv_\varphi)}{\partial\varphi}\right)\\&=\frac{1}{r^2}\,\frac{\partial(r^2v_r)}{\partial r}+\frac{1}{r\sin\theta}\,\frac{\partial(\sin\theta v_\theta)}{\partial\theta}+\frac{1}{r\sin\theta}\,\frac{\partial v_\varphi}{\partial\varphi}\end{aligned} \tag{18.42}$$

§ 18.9 应用:曲线坐标系下的旋度

我们来构造曲线坐标系 $u^1,\ u^2,\ u^3$ 下的旋度. 从矢量场 $\mathbf{V}$ 关于活动坐标系的协变分量(参见(18.11))

$$v_i=\mathbf{V}\cdot\mathbf{X}_i \tag{18.43}$$

首先,对它作协变导数

$$\nabla_j v_i = \partial_j v_i - \begin{Bmatrix} k \\ ji \end{Bmatrix} v_k \tag{18.44}$$

在此式中交换指标 i, j,有

$$\nabla_i v_j = \partial_i v_j - \begin{Bmatrix} k \\ ij \end{Bmatrix} v_k \tag{18.45}$$

于是得出

$$\nabla_j v_i - \nabla_i v_j = \partial_j v_i - \partial_i v_j \tag{18.46}$$

这是一个 2 阶反对称逆变张量的分量. 为了由此得出一个矢量场,我们使用置换张量 e^{ijk}(参见附录 10),以下列分量在 $\boldsymbol{Z}_1$、$\boldsymbol{Z}_2$、$\boldsymbol{Z}_3$ 下构造矢量场

$$(\mathrm{curl}\,\mathbf{V})^i = \frac{1}{2} e^{ijk} (\nabla_j v_k - \nabla_k v_j) = \frac{1}{2} e^{ijk} (\partial_j v_k - \partial_k v_j), \ i = 1, 2, 3 \tag{18.47}$$

若采用 u^1, u^2, u^3 为直角坐标系中的 x, y, z,则容易算出(18.47)为

$$\frac{\partial v_1}{\partial y} - \frac{\partial v_2}{\partial z}, \ \frac{\partial v_1}{\partial z} - \frac{\partial v_3}{\partial x}, \ \frac{\partial v_2}{\partial x} - \frac{\partial v_1}{\partial y}, \tag{18.48}$$

即矢量场 $\mathbf{V}$ 的旋度. 因此,有 $\mathrm{curl}\,\mathbf{V} = \mathrm{rot}\,\mathbf{V}$. 所以(18.47)即是曲线坐标下用 $\mathbf{V}$ 的协变分量 v_1, v_2, v_3 来计算旋度的表达式. curl 在英语中有旋转的意思,因此也有作者用 curl 表示旋度.

下面我们把(18.47)在正交曲线坐标系中表示出来. 从

$$\mathbf{V} = v^i \boldsymbol{X}_i \tag{18.49}$$

而 $\boldsymbol{X}_1$, $\boldsymbol{X}_2$, $\boldsymbol{X}_3$ 是相互正交的,则 $\mathbf{V}$ 的协变分量 v_j, $j = 1, 2, 3$, 为(参见(17.19))

$$v_j = \mathbf{V} \cdot \boldsymbol{X}_j = g_{ji} v^i, \tag{18.50}$$

所以有

$$v_1 = g_{11} v^1, \ v_2 = g_{22} v^2, \ v_3 = g_{33} v^3, \tag{18.51}$$

故从 $\mathrm{rot}\,\mathbf{V}$ 的几何分量表达式(16.49)

$$\mathrm{rot}\,\boldsymbol{V}=(\mathrm{rot}\,\boldsymbol{V})^1\boldsymbol{X}_1+(\mathrm{rot}\,\boldsymbol{V})^2\boldsymbol{X}_2+(\mathrm{rot}\,\boldsymbol{V})^3\boldsymbol{X}_3 \tag{18.52}$$

有(参见(18.47))

$$\begin{aligned}(\mathrm{rot}\,\boldsymbol{V})^1&=\frac{1}{2}e^{1jk}(\partial_j v_k-\partial_k v_j)=\frac{1}{\sqrt{g_{11}g_{22}g_{33}}}[\partial_2(g_{33}v^3)-\partial_3(g_{22}v^2)]\\(\mathrm{rot}\,\boldsymbol{V})^2&=\frac{1}{2}e^{2jk}(\partial_j v_k-\partial_k v_j)=\frac{1}{\sqrt{g_{11}g_{22}g_{33}}}[\partial_3(g_{11}v^1)-\partial_1(g_{33}v^3)]\\(\mathrm{rot}\,\boldsymbol{V})^3&=\frac{1}{2}e^{3jk}(\partial_j v_k-\partial_k v_j)=\frac{1}{\sqrt{g_{11}g_{22}g_{33}}}[\partial_1(g_{22}v^2)-\partial_2(g_{11}v^1)]\end{aligned} \tag{18.53}$$

其中用到了 $e^{ijk}=\frac{1}{\sqrt{g}}\varepsilon^{ijk}=\frac{\varepsilon^{ijk}}{\sqrt{g_{11}g_{22}g_{33}}}$，$\varepsilon^{ijk}$ 是置换符号(参见附录[10]).

进而再引入标准正交基 $\boldsymbol{s}$，$\boldsymbol{t}$，$\boldsymbol{u}$，一般地从

$$\boldsymbol{s}=\frac{1}{|\boldsymbol{X}_1|}\boldsymbol{X}_1,\ \boldsymbol{t}=\frac{1}{|\boldsymbol{X}_2|}\boldsymbol{X}_2,\ \boldsymbol{u}=\frac{1}{|\boldsymbol{X}_3|}\boldsymbol{X}_3 \tag{18.54}$$

以及

$$\boldsymbol{V}=v^1\boldsymbol{X}_1+v^2\boldsymbol{X}_2+v^3\boldsymbol{X}_3=v_s\boldsymbol{s}+v_t\boldsymbol{t}+v_u\boldsymbol{u} \tag{18.55}$$

有(参见例 16.12.1)

$$\begin{aligned}v_s&=|\boldsymbol{X}_1|v^1=\sqrt{g_{11}}\,v^1=h_1v^1\\v_t&=|\boldsymbol{X}_2|v^2=\sqrt{g_{22}}\,v^2=h_2v^2\\v_u&=|\boldsymbol{X}_3|v^3=\sqrt{g_{33}}\,v^3=h_3v^3\end{aligned} \tag{18.56}$$

于是对于矢量场 $\boldsymbol{V}$ 的旋度 rot $\boldsymbol{V}$ 就从

$$\begin{aligned}\mathrm{rot}\,\boldsymbol{V}&=(\mathrm{rot}\,\boldsymbol{V})^1\boldsymbol{X}_1+(\mathrm{rot}\,\boldsymbol{V})^2\boldsymbol{X}_2+(\mathrm{rot}\,\boldsymbol{V})^3\boldsymbol{X}_3\\&\equiv(\mathrm{rot}\,\boldsymbol{V})_s\boldsymbol{s}+(\mathrm{rot}\,\boldsymbol{V})_t\boldsymbol{t}+(\mathrm{rot}\,\boldsymbol{V})_u\boldsymbol{u}\end{aligned} \tag{18.57}$$

有

$$\begin{aligned}(\mathrm{rot}\,\boldsymbol{V})_s&=h_1(\mathrm{rot}\,\boldsymbol{V})^1\\(\mathrm{rot}\,\boldsymbol{V})_t&=h_2(\mathrm{rot}\,\boldsymbol{V})^2\\(\mathrm{rot}\,\boldsymbol{V})_u&=h_3(\mathrm{rot}\,\boldsymbol{V})^3\end{aligned} \tag{18.58}$$

于是最后有

$$
\begin{aligned}
(\mathrm{rot}\ \mathbf{V})_s &= \frac{1}{h_2h_3}\left[\frac{\partial(h_3v_u)}{\partial u^2} - \frac{\partial(h_2v_t)}{\partial u^3}\right] \\
(\mathrm{rot}\ \mathbf{V})_t &= \frac{1}{h_3h_1}\left[\frac{\partial(h_1v_s)}{\partial u^3} - \frac{\partial(h_3v_u)}{\partial u^1}\right] \\
(\mathrm{rot}\ \mathbf{V})_u &= \frac{1}{h_1h_2}\left[\frac{\partial(h_2v_t)}{\partial u^1} - \frac{\partial(h_1v_s)}{\partial u^2}\right]
\end{aligned} \tag{18.59}
$$

例 18.9.1 对于柱坐标,有 $u^1=r,\ u^2=\theta,\ u^3=z;\ h_1=1,\ h_2=r,\ h_3=1$,则有

$$
\begin{aligned}
(\mathrm{rot}\ \mathbf{V})_r &= \frac{1}{r}\left[\frac{\partial v_z}{\partial \theta} - \frac{\partial(rv_\theta)}{\partial z}\right] = \frac{1}{r}\frac{\partial v_z}{\partial \theta} - \frac{\partial v_\theta}{\partial z} \\
(\mathrm{rot}\ \mathbf{V})_\theta &= \frac{\partial v_r}{\partial z} - \frac{\partial v_z}{\partial r} \\
(\mathrm{rot}\ \mathbf{V})_z &= \frac{1}{r}\left[\frac{\partial(rv_\theta)}{\partial r} - \frac{\partial v_r}{\partial \theta}\right]
\end{aligned} \tag{18.60}
$$

例 18.9.2 对于球面坐标,有 $u^1=r,\ u^2=\theta,\ u^3=\varphi;\ h_1=1,\ h_2=r,\ h_3=r\sin\theta$,则有

$$
\begin{aligned}
(\mathrm{rot}\ \mathbf{V})_r &= \frac{1}{r^2\sin\theta}\left[\frac{\partial(r\sin\theta v_\varphi)}{\partial \theta} - \frac{\partial(rv_\theta)}{\partial \varphi}\right] = \frac{1}{r\sin\theta}\left[\frac{\partial(\sin\theta v_\varphi)}{\partial \theta}\right] - \frac{\partial v_\theta}{\partial \varphi}\right] \\
(\mathrm{rot}\ \mathbf{V})_\theta &= \frac{1}{r\sin\theta}\left[\frac{\partial v_r}{\partial \varphi} - \frac{\partial(r\sin\theta v_\varphi)}{\partial r}\right] = \frac{1}{r}\left[\frac{1}{\sin\theta}\frac{\partial v_r}{\partial \varphi} - \frac{\partial(rv_\varphi)}{\partial r}\right] \\
(\mathrm{rot}\ \mathbf{V})_\varphi &= \frac{1}{r}\left[\frac{\partial(rv_\theta)}{\partial r} - \frac{\partial v_r}{\partial \theta}\right]
\end{aligned} \tag{18.61}
$$

§ 18.10 应用:曲线坐标下的拉普拉斯算子

在 § 12.4 我们讨论过直角坐标系下的拉普拉斯算子. 现在我们在曲线坐标的框架下来研究这一问题. 为此对标量场 $f(u^1,\ u^2,\ u^3)$先作它的梯度∇f,其逆变分量为

$$\nabla^j f = g^{ji} \nabla_i f \tag{18.62}$$

再作该梯度的散度，而有标量

$$\nabla_j(\nabla^j f) = \nabla_j(g^{ji} \nabla_i f) = g^{ji} \nabla_j \nabla_i f \tag{18.63}$$

其中用到了例 18.6.1 的结果.

对于直角坐标系而言，不难验证(18.63)给出了

$$\frac{\partial^2 f}{\partial x^2} + \frac{\partial^2 f}{\partial y^2} + \frac{\partial^2 f}{\partial z^2} \tag{18.64}$$

由此，(18.63)就是曲线坐标系中的拉普拉斯算子.

在对正交曲线坐标成立的(18.37)中令(参见例 18.7.3)

$$v^1 = g^{11}\partial_1 f,\ v^2 = g^{22}\partial_2 f,\ v^3 = g^{33}\partial_3 f$$

就可得

$$\nabla^2 f = \nabla_j(\nabla^j f) = \frac{1}{h_1 h_2 h_3}\left[\partial_1\left(\frac{h_2 h_3}{h_1}\partial_1 f\right) + \partial_2\left(\frac{h_3 h_1}{h_2}\partial_2 f\right) + \partial_3\left(\frac{h_1 h_2}{h_3}\partial_3 f\right)\right] \tag{18.65}$$

例 18.10.1 对于柱面坐标，有 $u^1 = r$, $u^2 = \theta$, $u^3 = z$; $h_1 = 1$, $h_2 = r$, $h_3 = 1$，则有

$$\begin{aligned}\nabla^2 f &= \frac{1}{r}\left[\frac{\partial}{\partial r}\left(r\frac{\partial f}{\partial r}\right) + \frac{\partial}{\partial \theta}\left(\frac{1}{r}\frac{\partial f}{\partial \theta}\right) + \frac{\partial}{\partial z}\left(r\frac{\partial f}{\partial z}\right)\right] \\ &= \frac{1}{r}\frac{\partial}{\partial r}\left(r\frac{\partial f}{\partial r}\right) + \frac{1}{r^2}\frac{\partial^2 f}{\partial \theta^2} + \frac{\partial^2 f}{\partial z^2}\end{aligned} \tag{18.66}$$

例 18.10.2 对于球面坐标，有 $u^1 = r$, $u^2 = \theta$, $u^3 = \varphi$; $h_1 = 1$, $h_2 = r$, $h_3 = r\sin\theta$，则有

$$\begin{aligned}\nabla^2 f &= \frac{1}{r^2\sin\theta}\left[\frac{\partial}{\partial r}\left(r^2\sin\theta\frac{\partial f}{\partial r}\right) + \frac{\partial}{\partial \theta}\left(\sin\theta\frac{\partial f}{\partial \theta}\right) + \frac{\partial}{\partial \varphi}\left(\frac{1}{\sin\theta}\frac{\partial f}{\partial \varphi}\right)\right] \\ &= \frac{1}{r^2}\frac{\partial}{\partial r}\left(r^2\frac{\partial f}{\partial r}\right) + \frac{1}{r^2\sin\theta}\frac{\partial}{\partial \theta}\left(\sin\theta\frac{\partial f}{\partial \theta}\right) + \frac{1}{r^2\sin^2\theta}\frac{\partial^2 f}{\partial \varphi}\end{aligned} \tag{18.67}$$

对于具有柱对称和球对称的物理问题，这两个例子就有重大应用了.

第六部分
黎曼空间中的张量

在这一部分中，我们讨论 n 维实空间 $\mathbf{R}^n$ 中的容许变换，以及在其下的向量和张量，并且为了研究张量场的微分运算我们引入了黎曼空间和论述了张量分析，其中特别有克氏符号，协变微分，测地线，向量场沿一条曲线的绝对导数等内容.

我们还深入讨论了里奇公式，比安基恒等式，里奇张量，以及爱因斯坦张量. 作为应用，我们由此阐明了爱因斯坦是如何“推测出”引力场方程的.

第十九章

n 维空间 $\mathbf{R}^n$ 及其中的坐标变换

§19.1 n 维空间 $\mathbf{R}^n$

我们在前面看到三维空间中的一个点,在取定了坐标系后,是由 3 个实数来标定的. 例如,在直角坐标系,柱面坐标系,球面坐标系之中,点 P 可以分别以 (x, y, z), (r, θ, z), (r, θ, φ)来标定. 这些三重数即是该点在所考虑的坐标系下的坐标. 利用这一模型,我们就有更一般的情况:n 维实空间 $\mathbf{R}^n$ 中的一个点可由 n 个数 $x^1, x^2, \cdots, x^n$,即它的坐标$(x^1, x^2, \cdots, x^n)$来标定. 这里

$$(x^1, x^2, \cdots, x^n) \in \mathbf{R}^n = \{(r^1, r^2, \cdots, r^n) \mid r^i \in \mathbf{R}, i = 1, 2, \cdots, n\} \tag{19.1}$$

注意,这里的 $1, 2, \cdots, n$ 是上标,而不是幂指数. 所以要表示幂的话,需要加了括号来表示,如$(x^2)^3$ 就表示 $x^2 \cdot x^2 \cdot x^2$.

§19.2 $\mathbf{R}^n$ 中的坐标变换

与三维情况相似,如果在 $\mathbf{R}^n$ 的某区域中定义了两个不同的坐标系,而点 P 的坐标分别为$(x^1, x^2, \cdots, x^n)$, $(\bar{x}^1, \bar{x}^2, \cdots, \bar{x}^n)$,且它们之间有

$$\begin{aligned} \bar{x}^1 &= \bar{x}^1(x^1, x^2, \cdots, x^n) \\ \bar{x}^2 &= \bar{x}^2(x^1, x^2, \cdots, x^n) \\ &\vdots \\ \bar{x}^n &= \bar{x}^n(x^1, x^2, \cdots, x^n) \end{aligned} \tag{19.2}$$

或简记为

$$\bar{x}^i = \bar{x}^i(x^1, x^2, \cdots, x^n),\ i=1, 2, \cdots, n \tag{19.3}$$

则称(19.2)或(19.3)给出了 $x^1, x^2, \cdots, x^n$ 到 $\bar{x}^1, \bar{x}^2, \cdots, \bar{x}^n$ 的一个坐标变换. 当然我们要求这些函数都是单值,连续,且有连续的偏导数,以及有逆变换

$$x^i = x^i(\bar{x}^1, \bar{x}^2, \cdots, \bar{x}^n) \tag{19.4}$$

这就要求变换(19.2)的雅可比行列式(参见§16.7)

$$J = \left|\frac{\partial \bar{x}^j}{\partial x^i}\right| \neq 0 \tag{19.5}$$

从而从(19.3),有

$$\frac{\partial \bar{x}^i}{\partial \bar{x}^j} = \frac{\partial \bar{x}^i}{\partial x^k}\frac{\partial x^k}{\partial \bar{x}^j} = \delta^i_j \tag{19.6}$$

即

$$\begin{pmatrix} \frac{\partial \bar{x}^1}{\partial x^1} & \frac{\partial \bar{x}^1}{\partial x^2} & \cdots & \frac{\partial \bar{x}^1}{\partial x^n} \\ \frac{\partial \bar{x}^2}{\partial x^1} & \frac{\partial \bar{x}^2}{\partial x^2} & \cdots & \frac{\partial \bar{x}^2}{\partial x^n} \\ & \cdots & & \\ \frac{\partial x^n}{\partial x^1} & \frac{\partial x^n}{\partial x^2} & \cdots & \frac{\partial x^n}{\partial x^n} \end{pmatrix} \begin{pmatrix} \frac{\partial x^1}{\partial \bar{x}^1} & \frac{\partial x^1}{\partial \bar{x}^2} & \cdots & \frac{\partial x^1}{\partial \bar{x}^n} \\ \frac{\partial x^2}{\partial \bar{x}^1} & \frac{\partial x^2}{\partial \bar{x}^2} & \cdots & \frac{\partial x^2}{\partial \bar{x}^n} \\ & \cdots & & \\ \frac{\partial x^n}{\partial \bar{x}^1} & \frac{\partial x^n}{\partial \bar{x}^2} & \cdots & \frac{\partial x^n}{\partial \bar{x}^n} \end{pmatrix} = \begin{pmatrix} 1 & 0 & \cdots & 0 \\ 0 & 1 & \cdots & 0 \\ & \cdots & & \\ 0 & 0 & \cdots & 1 \end{pmatrix} = I_n \tag{19.7}$$

我们把满足这些条件的坐标变换(19.2)称为一个容许的坐标变换. 下面我们就考虑 $\mathbf{R}^n$ 的所有的容许的坐标变换.

§19.3 一些例子

例 19.3.1 在 $\mathbf{R}^2$ 中,设 $x^1 = x$, $x^2 = y$; $\bar{x}^1 = x^1 x^2$, $\bar{x}^2 = (x^2)^2$, 则有

$$\mathscr{J}=\begin{pmatrix}\dfrac{\partial \bar{x}^1}{\partial x^1} & \dfrac{\partial \bar{x}^1}{\partial x^2}\\ \dfrac{\partial \bar{x}^2}{\partial x^1} & \dfrac{\partial \bar{x}^2}{\partial x^2}\end{pmatrix}=\begin{pmatrix}x^2 & x^1\\ 0 & 2x^2\end{pmatrix}\quad J=\begin{vmatrix}x^2 & x^1\\ 0 & 2x^2\end{vmatrix}=2(x^2)^2$$

当 $x^2\neq 0$ 时,有容许的坐标变换.

例 19.3.2　沿用上例的符号,由 $\mathscr{J}\neq 0$,有 $x^2\neq 0$,即 $x^2>0$, $x^2<0$. 在 $x^2>0$, $\bar{x}^2>0$ 时,有

$$x^1=\frac{\bar{x}^1}{\sqrt{\bar{x}^2}},\ x^2=\sqrt{\bar{x}^2}$$

在 $x^2<0$, $\bar{x}^2>0$ 时,有

$$x^1=\frac{-\bar{x}^1}{\sqrt{\bar{x}^2}},\ x^2=-\sqrt{\bar{x}^2}$$

例 19.3.3　沿用上面两例符号,从

$$\mathscr{J}=\begin{pmatrix}x^2 & x^1\\ 0 & 2x^2\end{pmatrix}$$

在 $x^2>0$,以及 $x^2<0$ 这两区域中都有

$$\mathscr{J}^{-1}=\frac{1}{2(x^2)^2}\begin{pmatrix}2x^2 & -x^1\\ 0 & x^2\end{pmatrix}$$

当 $x^2>0$, $\bar{x}^2>0$ 时

$$\bar{\mathscr{J}}\equiv\begin{pmatrix}\dfrac{\partial x^1}{\partial \bar{x}^1} & \dfrac{\partial x^1}{\partial \bar{x}^2}\\ \dfrac{\partial x^2}{\partial \bar{x}^1} & \dfrac{\partial x^2}{\partial \bar{x}^2}\end{pmatrix}=\begin{pmatrix}(\bar{x}^2)^{-1/2} & -\dfrac{1}{2}\bar{x}^1(\bar{x}^2)^{-3/2}\\ 0 & \dfrac{1}{2}(\bar{x}^2)^{-1/2}\end{pmatrix}$$

$$=\begin{pmatrix}(x^2)^{-1} & -\dfrac{1}{2}x^1(x^2)^{-2}\\ 0 & \dfrac{1}{2}(x^2)^{-1}\end{pmatrix}=\mathscr{J}^{-1}$$

当 $x^2<0$, $\bar{x}^2>0$ 时

$$\bar{\mathscr{J}}=\begin{pmatrix}-(\bar{x}^2)^{-1/2} & \frac{1}{2}\bar{x}^1(\bar{x}^2)^{-3/2}\\ 0 & -\frac{1}{2}(\bar{x}^2)^{-1/2}\end{pmatrix}=\begin{pmatrix}(x^2)^{-1} & -\frac{1}{2}x^1(x^2)^{-2}\\ 0 & \frac{1}{2}(x^2)^{-1}\end{pmatrix}=\mathscr{J}^{-1}$$

例 19.3.4 对于 $(\bar{x}^1, \bar{x}^2, \bar{x}^3)=(x, y, z)$, $(x^1, x^2, x^3)=(r, \theta, z)$，即柱面坐标，以及 $(\bar{x}^1, \bar{x}^2, \bar{x}^3)=(x, y, z)$, $(x^1, x^2, x^3)=(r, \theta, \varphi)$，即球面坐标，我们分别有(参见 § 16.3，§ 16.4)

$$\begin{aligned}&\bar{x}^1=x^1\cos x^2 && x^1=\sqrt{(\bar{x}^1)^2+(\bar{x}^2)^2}\\ &\bar{x}^2=x^1\sin x^2 && x^2=\arctan\left(\frac{\bar{x}^2}{\bar{x}^1}\right)\\ &\bar{x}^3=x^3 && x^3=\bar{x}^3\end{aligned}$$

和

$$\begin{aligned}&\bar{x}^1=x^1\sin x^2\cos x^3 && x^1=\sqrt{(\bar{x}^1)^2+(\bar{x}^2)^2+(\bar{x}^3)^2}\\ &\bar{x}^2=x^1\sin x^2\sin x^3 && x^2=\arccos\left(\frac{\bar{x}^3}{\sqrt{(\bar{x}^1)^2+(\bar{x}^2)^2+(\bar{x}^3)^2}}\right)\\ &\bar{x}^3=x^1\cos x^2 && x^3=\arctan\left(\frac{\bar{x}^2}{\bar{x}^1}\right)\end{aligned}$$

§ 19.4 容许变换下的向量

例 19.4.1 一个原型.

设在三维空间中有矢量 **V**，以及曲线坐标系 (x^1, x^2, x^3) 和 $(\bar{x}^1, \bar{x}^2, \bar{x}^3)$，从

$$x^i=x^i(\bar{x}^1, \bar{x}^2, \bar{x}^3),\ \bar{x}^i=\bar{x}^i(x^1, x^2, x^3),\ i=1, 2, 3 \tag{19.8}$$

有

$$\frac{\partial}{\partial\bar{x}^i}=\frac{\partial}{\partial x^j}\frac{\partial x^j}{\partial\bar{x}^i},\ i=1, 2, 3 \tag{19.9}$$

另从 $\boldsymbol{r}=\overrightarrow{OP}$，有(参见(17.2))

$$\frac{\partial \boldsymbol{r}}{\partial x^i}=\boldsymbol{X}_i,\ \frac{\partial \boldsymbol{r}}{\partial \bar{x}^i}=\bar{\boldsymbol{X}}_i=\frac{\partial \boldsymbol{r}}{\partial x^j}\ \frac{\partial x^j}{\partial \bar{x}^i},\ i=1,\ 2,\ 3. \tag{19.10}$$

于是从

$$\mathbf{V}=v^i\boldsymbol{X}_i=\bar{v}^i\bar{\boldsymbol{X}}_i \tag{19.11}$$

就给出 $\mathbf{V}$ 的逆变分量的变换法则

$$v^i=\frac{\partial x^i}{\partial \bar{x}^j}\bar{v}^j,\ i=1,\ 2,\ 3 \tag{19.12}$$

或

$$\bar{v}^i=\frac{\partial \bar{x}^i}{\partial x^j}v^j,\ i=1,\ 2,\ 3 \tag{19.13}$$

这个例子提示我们如何在容许变换下——此时有 n 个变量，而且没有可直观化的基矢量等概念下推广定义矢量和张量这些量.

定义 19.4.1　设客观量 $\mathbf{V}$，它在坐标系 $x^1,\ x^2,\ \cdots,\ x^n$ 中，和坐标系 $\bar{x}^1,\ \bar{x}^2,\ \cdots,\ \bar{x}^n$ 中分别以 $v^1,\ v^2,\ \cdots,\ v^n$ 和 $\bar{v}^1,\ \bar{v}^2,\ \cdots,\ \bar{v}^n$ 表示，而当这两个任意的坐标系以(19.2)关联时，有

$$\bar{v}^i=\frac{\partial \bar{x}^i}{\partial x^j}v^j,\ i=1,\ 2,\ \cdots,\ n \tag{19.14}$$

则称 $\mathbf{V}$ 是一个逆变向量，而 $v^1,\ v^2,\ \cdots,\ v^n$ ($\bar{v}^1,\ \bar{v}^2,\ \cdots,\ \bar{v}^n$)是 $\mathbf{V}$ 在坐标系 $x^1,\ x^2,\ \cdots,\ x^n$ ($\bar{x}^1,\ \bar{x}^2,\ \cdots,\ \bar{x}^n$)中的逆变分量.

类似地，

定义 19.4.2　设客观量 $\mathbf{V}$，它在坐标系 $x^1,\ x^2,\ \cdots,\ x^n$ 中，和在坐标系 $\bar{x}^1,\ \bar{x}^2,\ \cdots,\ \bar{x}^n$ 中分别以 $v_1,\ v_2,\ \cdots,\ v_n$ 和 $\bar{v}_1,\ \bar{v}_2,\ \cdots,\ \bar{v}_n$ 表示，而当这两个任意的坐标系以(19.2)关联时，有

$$\bar{v}_i=\frac{\partial x^j}{\partial \bar{x}^i}v_j,\ i=1,\ 2,\ \cdots,\ n \tag{19.15}$$

则称 $\mathbf{V}$ 是一个协变向量，而 $v_1,\ v_2,\ \cdots,\ v_n$ ($\bar{v}_1,\ \bar{v}_2,\ \cdots,\ \bar{v}_n$)是 $\mathbf{V}$ 在坐标系

$x^1, x^2, \cdots, x^n(\bar{x}^1, \bar{x}^2, \cdots, \bar{x}^n)$中的协变分量.

例 19.4.2 从(19.2)有

$$d\bar{x}^i = \frac{\partial \bar{x}^i}{\partial x^j} dx^j$$

可知 $dx^1, dx^2, \cdots, dx^n$ 是逆变的,而从

$$\frac{\partial}{\partial \bar{x}^i} = \frac{\partial}{\partial x^j} \frac{\partial x^j}{\partial \bar{x}^i},$$

可知$\frac{\partial}{\partial x^1}, \frac{\partial}{\partial x^2}, \cdots, \frac{\partial}{\partial x^n}$是协变的(参见例 17.2.1,例 17.2.2).

§19.5 容许变换下的张量

把上一节中关于 $\mathbf{R}^n$ 下的逆变向量和协变向量的定义推广到定义张量就十分直截了当了.

定义 19.5.1 客观量 $\boldsymbol{T}=(T^{i_1 i_2 \cdots i_p}_{j_1 j_2 \cdots j_q})$,若在坐标系 $x^1, x^2, \cdots, x^n$ 与坐标系 $\bar{x}^1, \bar{x}^2, \cdots, \bar{x}^n$ 下的分量分别为 $T^{i_1 i_2 \cdots i_p}_{j_1 j_2 \cdots j_q}$ 和 $\bar{T}^{i_1 i_2 \cdots i_p}_{j_1 j_2 \cdots j_q}$,且在(19.2)的变换下,有

$$\bar{T}^{i_1 i_2 \cdots i_p}_{j_1 j_2 \cdots j_q} = \frac{\partial \bar{x}^{i_1}}{\partial x^{l_1}} \frac{\partial \bar{x}^{i_2}}{\partial x^{l_2}} \cdots \frac{\partial \bar{x}^{i_p}}{\partial x^{l_p}} \frac{\partial x^{k_1}}{\partial \bar{x}^{j_1}} \frac{\partial x^{k_2}}{\partial \bar{x}^{j_2}} \cdots \frac{\partial x^{k_q}}{\partial \bar{x}^{j_q}} T^{l_1 l_2 \cdots l_p}_{k_1 k_2 \cdots k_q},$$

$$i_1, i_2, \cdots, i_p = 1, 2, \cdots, n;\ j_1, j_2, \cdots, j_q = 1, 2, \cdots, n \tag{19.16}$$

则称 $\boldsymbol{T}$ 是一个逆变 p 阶,协变 q 阶的 $m=p+q$ 阶张量.

提醒一下,一个张量指的并不仅仅是它在某一特别的坐标系中的分量,而是它在所有容许变换下所有可能的分量的一个总体,尽管我们有时用它的一个特定的分量来表示. 一个 m 阶张量(场)显然有 n^m 个分量.

例 19.5.1 若 $m=0$, 此时就有一个标量场,也即函数 $f(x^1, x^2, \cdots, x^n)$. 它对于所有容许的变换(19.2),有

$$f(x^1, x^2, \cdots, x^n) = \bar{f}(\bar{x}^1, \bar{x}^2, \cdots, \bar{x}^n) \tag{19.17}$$

例 19.5.2 2 阶混合张量 $\boldsymbol{T}=(T^i_j)$.

此时有

$$\bar{T}^i_j = \frac{\partial \bar{x}^i}{\partial x^l} \frac{\partial x^k}{\partial x^j} T^l_k \tag{19.18}$$

从 $\frac{\partial \bar{x}^i}{\partial x^l} \frac{\partial x^k}{\partial x^j} \delta^l_k = \delta^i_j$，而定义 $\bar{\delta}^i_j = \delta^i_j$ 可知 δ^i_j 是一个 2 阶混合张量(参见例 7.1.1).

例 19.5.3　设 $\boldsymbol{T} = (T^{ij})$ 为 $\mathbf{R}^2$ 上的一个 2 阶逆变矢量，若它在 $x^1 = 1$，$x^2 = -2$ 时的分量 $T^{11} = 1$，$T^{12} = 1$，$T^{21} = -1$，$T^{22} = 2$. 求它在坐标系 $\bar{x}^1$，$\bar{x}^2$ 中的分量 $\bar{T}^{ij}$，其中

$$\bar{x}^1 = x^1 x^2,\ \bar{x}^2 = (x^2)^2$$

从(19.16)有

$$\bar{T}^{ij} = \frac{\partial \bar{x}^i}{\partial x^k} \frac{\partial \bar{x}^j}{\partial x^l} T^{kl}$$

于是从例 19.3.1 有

$$\begin{aligned}
\bar{T}^{11} &= \frac{\partial \bar{x}^1}{\partial x^1} \frac{\partial \bar{x}^1}{\partial x^1} T^{11} + \frac{\partial \bar{x}^1}{\partial x^1} \frac{\partial \bar{x}^1}{\partial x^2} T^{12} + \frac{\partial \bar{x}^1}{\partial x^2} \frac{\partial \bar{x}^1}{\partial x^1} T^{21} + \frac{\partial \bar{x}^1}{\partial x^2} \frac{\partial \bar{x}^1}{\partial x^2} T^{22} \\
&= (x^2)^2 + 2(x^1)^2 \\
\bar{T}^{12} &= \frac{\partial \bar{x}^1}{\partial x^1} \frac{\partial \bar{x}^2}{\partial x^1} T^{11} + \frac{\partial \bar{x}^1}{\partial x^1} \frac{\partial \bar{x}^2}{\partial x^2} T^{12} + \frac{\partial \bar{x}^1}{\partial x^2} \frac{\partial \bar{x}^2}{\partial x^1} T^{21} + \frac{\partial \bar{x}^1}{\partial x^2} \frac{\partial \bar{x}^2}{\partial x^2} T^{22} \\
&= 2(x^2)^2 + 4x^1 x^2 \\
\bar{T}^{21} &= \frac{\partial \bar{x}^2}{\partial x^1} \frac{\partial \bar{x}^1}{\partial x^1} T^{11} + \frac{\partial \bar{x}^2}{\partial x^1} \frac{\partial \bar{x}^1}{\partial x^2} T^{12} + \frac{\partial \bar{x}^2}{\partial x^2} \frac{\partial \bar{x}^1}{\partial x^1} T^{21} + \frac{\partial \bar{x}^2}{\partial x^2} \frac{\partial \bar{x}^1}{\partial x^2} T^{22} \\
&= -2(x^2)^2 + 4x^1 x^2 \\
\bar{T}^{22} &= \frac{\partial \bar{x}^2}{\partial x^1} \frac{\partial \bar{x}^2}{\partial x^1} T^{11} + \frac{\partial \bar{x}^2}{\partial x^1} \frac{\partial \bar{x}^2}{\partial x^2} T^{12} + \frac{\partial \bar{x}^2}{\partial x^2} \frac{\partial \bar{x}^2}{\partial x^1} T^{21} + \frac{\partial \bar{x}^2}{\partial x^2} \frac{\partial \bar{x}^2}{\partial x^2} T^{22} \\
&= 8(x^2)^2
\end{aligned}$$

因此在点 $x^1 = 1$，$x^2 = -2$(相应于 $\bar{x}^1 = -2$，$\bar{x}^2 = 4$) 有

$$\bar{T}^{11} = 6,\ \bar{T}^{12} = 0,\ \bar{T}^{21} = -16,\ \bar{T}^{22} = 32$$

§19.6 容许变换下张量的代数运算

与三重系下张量一样(参见§7.2，§7.3，§7.4，§7.5)，对于容许变换下的张量我们也有相仿的代数运算. 为完整起见，我们简要地论述一下.

(i) 同类张量 $\boldsymbol{S}=(S^{i_1i_2\cdots i_p}_{j_1j_2\cdots j_q})$，$\boldsymbol{T}=(T^{i_1i_2\cdots i_p}_{j_1j_2\cdots j_q})$ 的加法运算，此时有

$$\boldsymbol{S}+\boldsymbol{T}=(S^{i_1i_2\cdots i_p}_{j_1j_2\cdots j_q}+T^{i_1i_2\cdots i_p}_{j_1j_2\cdots j_q}) \tag{19.19}$$

同类张量 $\boldsymbol{S}+\boldsymbol{T}$，称为 $\boldsymbol{S}$ 与 $\boldsymbol{T}$ 之和.

(ii) 同类张量 $\boldsymbol{S}=(S^{i_1i_2\cdots i_p}_{j_1j_2\cdots j_q})$，$\boldsymbol{T}=(T^{i_1i_2\cdots i_p}_{j_1j_2\cdots j_q})$ 的减法运算，此时有

$$\boldsymbol{S}-\boldsymbol{T}=(S^{i_1i_2\cdots i_p}_{j_1j_2\cdots j_q}-T^{i_1i_2\cdots i_p}_{j_1j_2\cdots j_q}) \tag{19.20}$$

同类张量 $\boldsymbol{S}-\boldsymbol{T}$，称为 $\boldsymbol{S}$ 与 $\boldsymbol{T}$ 之差.

(iii) 张量 $\boldsymbol{S}=(S^{i_1i_2\cdots i_p}_{j_1j_2\cdots j_q})$ 与 $\boldsymbol{T}=(T^{k_1k_2\cdots k_r}_{l_1l_2\cdots l_s})$ 之张量积定义为

$$\boldsymbol{S}\otimes\boldsymbol{T}=(S^{i_1i_2\cdots i_p}_{j_1j_2\cdots j_q}T^{k_1k_2\cdots k_r}_{l_1l_2\cdots l_s}) \tag{19.21}$$

这是一个逆变 $p+r$ 阶，协变 $q+s$ 阶的 $m=p+q+r+s$ 阶张量.

不难得出张量积满足交换律与结合律：

$$\boldsymbol{S}\otimes\boldsymbol{T}=\boldsymbol{T}\otimes\boldsymbol{S},\ (\boldsymbol{S}\otimes\boldsymbol{T})\otimes\boldsymbol{U}=\boldsymbol{S}\otimes(\boldsymbol{T}\otimes\boldsymbol{U}) \tag{19.22}$$

例 19.6.1 若 $\boldsymbol{S}=(S^i_j)$，$\boldsymbol{T}=(T_k)$，则 $\boldsymbol{S}\otimes\boldsymbol{T}=(S^i_jT_k)\equiv(P^i_{jk})$，而

$$\bar{P}^i_{jk}\equiv\bar{S}^i_j\bar{T}_k=\left(\frac{\partial\bar{x}^i}{\partial x^r}\frac{\partial x^s}{\partial\bar{x}^j}S^r_s\right)\left(\frac{\partial x^l}{\partial\bar{x}^k}T_l\right)=\frac{\partial\bar{x}^i}{\partial x^r}\frac{\partial x^s}{\partial\bar{x}^j}\frac{\partial x^l}{\partial\bar{x}^k}P^r_{sl}$$

例 19.6.2 设 $k\in\mathbf{R}$，则从 k 是 0 阶张量，即标量，又设 $\boldsymbol{T}=(T^{k_1k_2\cdots k_r}_{l_1l_2\cdots l_s})$，则

$$k\otimes\boldsymbol{T}=(kT^{k_1k_2\cdots k_r}_{l_1l_2\cdots l_s}) \tag{19.23}$$

也即此时的张量积就是数量 k 与张量 $\boldsymbol{T}$ 的数乘. 于是对同类张量 $\boldsymbol{T}_1$，$\boldsymbol{T}_2$，…，$\boldsymbol{T}_m$，以及 k_1，k_2，…，$k_m\in\mathbf{R}$，可构成张量

$$k_1\boldsymbol{T}_1+k_2\boldsymbol{T}_2+\cdots+k_m\boldsymbol{T}_m \tag{19.24}$$

(iv) 张量的缩并，这是一种能对一个 $p\neq 0$, $q\neq 0$ 的张量进行的运算. 此时，令它的一个逆变指标与它的一个协变指标相等，进而对这对指标求和. 这样就得出一个比原来的张量逆变指标少 1，协变指标少 1 的新张量.（参见§7.3）

例 19.6.3　对 $\boldsymbol{T}=(T_{ij}^{klm})$，令 $m=j$，就能得出 $\boldsymbol{T}'\equiv(T_{ij}^{klj})$. 这就从一个 5 阶张量 $\boldsymbol{T}$ 得出了一个 3 阶张量 $\boldsymbol{T}'$，再令 $l=i$，再求和就有 $(\boldsymbol{T}')'=(T_{ij}^{kij})$，这就是一个逆变 1 阶的张量了.

当然如果 T 是一个有 p 个逆变指标，q 个协变指标的张量，那么就会有 pq 个不同的缩并运算和相应的结果. 只是在有对称指标的情况下，会有同样的结果（参见例 7.3.1）.

(v) 两个张量的内积运算. 这指的是对两个张量先进行一个张量积运算，再对其中一个张量的上指标与另一个张量的下指标进行一次缩并运算. 如从 $\boldsymbol{T}=(T_i^{jk})$ 与 $\boldsymbol{S}=(S_{mt}^l)$，先有 $\boldsymbol{T}\otimes\boldsymbol{S}=(T_i^{jk}S_{mt}^l)$，然后令 $l=i$，再求和就有

$$\boldsymbol{T}\cdot\boldsymbol{S}\equiv(T_i^{jk}S_{mt}^i)$$

张量的内积运算满足交换律与结合律.

(vi) 商法则（参见§7.5）. 如果量 $\boldsymbol{X}$ 的变换性质尚不清楚，而如果它与任意一个张量的内积给出的是一个张量，那么商法则断言：$\boldsymbol{X}$ 也是一个张量.

例 19.6.4　设量 $X_{(i,j,k)}$ 对任意张量 T_k^{jl} 满足 $X_{(i,j,k)}T_k^{jl}=0$，则 $X_{(i,j,k)}$ 恒等于零.

这是因为 T_k^{jl} 是任意张量，例如说，就取 $T_3^{2l}\neq 0$，而所有其他分量都为零，那么就有 $X_{(i,2,3)}T_3^{2l}=0$. 由此推出 $X_{(i,2,3)}=0$. 同理，对 j, k 的任意其他取值有同样结论：$X_{(i,j,k)}=0$. 因此 $X_{(i,j,k)}\equiv 0$.

例 19.6.5　设在坐标系 x^1, x^2, …, x^n 中有量 $X_{(p,q,r)}$ 满足 $X_{(p,q,r)}T_r^{qs}=U_p^s$，其中 T_r^{qs} 是一个任意张量，而 U_p^s 是一个张量，试证明 $X_{(p,q,r)}$ 是一个张量.

在 $\bar{x}^1$, $\bar{x}^2$, …, $\bar{x}^n$ 中有

$$\overline{T}_l^{km}=\frac{\partial\bar{x}^k}{\partial x^q}\cdot\frac{\partial\bar{x}^m}{\partial x^s}\frac{\partial x^r}{\partial\bar{x}^l}T_r^{qs}$$

$$\bar{U}_j^m = \frac{\partial \bar{x}^m}{\partial x^s} \frac{\partial x^p}{\partial \bar{x}^j} U_p^s$$

以及

$$\bar{X}_{(j,k,l)} \bar{T}_l^{km} = \bar{U}_j^m$$

于是有

$$\bar{X}_{(j,k,l)} \frac{\partial \bar{x}^k}{\partial x^q} \frac{\partial \bar{x}^m}{\partial x^s} \frac{\partial x^r}{\partial \bar{x}^l} T_r^{qs} = \frac{\partial \bar{x}^m}{\partial x^s} \frac{\partial x^p}{\partial \bar{x}^j} U_p^s = \frac{\partial \bar{x}^m}{\partial x^s} \frac{\partial x^p}{\partial \bar{x}^j} X_{(p,q,r)} T_r^{qs}$$

即

$$\frac{\partial \bar{x}^m}{\partial x^s} \left[\frac{\partial \bar{x}^k}{\partial x^q} \frac{\partial x^r}{\partial \bar{x}^l} \bar{X}_{(j,k,l)} - \frac{\partial x^p}{\partial \bar{x}^j} X_{(p,q,r)} \right] T_r^{qs} = 0$$

对此式两边乘以$\frac{\partial x^t}{\partial \bar{x}^m}$，再对 m 求和，就给出

$$\delta_s^t \left[\frac{\partial \bar{x}^k}{\partial x^q} \frac{\partial x^r}{\partial \bar{x}^l} \bar{X}_{(j,k,l)} - \frac{\partial x^p}{\partial \bar{x}^j} X_{(p,q,r)} \right] T_r^{qs} = 0$$

即

$$\left[\frac{\partial \bar{x}^k}{\partial x^q} \frac{\partial x^r}{\partial \bar{x}^l} \bar{X}_{(j,k,l)} - \frac{\partial x^p}{\partial \bar{x}^j} X_{(p,q,r)} \right] T_r^{qt} = 0$$

由于 T_r^{qt} 是任意的，则由例 19.6.4 可知

$$\frac{\partial \bar{x}^k}{\partial x^q} \frac{\partial x^r}{\partial \bar{x}^l} \bar{X}_{(j,k,l)} = \frac{\partial x^p}{\partial \bar{x}^j} X_{(p,q,r)}$$

再对两边乘以$\frac{\partial x^q}{\partial \bar{x}^m} \frac{\partial \bar{x}^t}{\partial x^r}$，并对 q，r 求和，就有

$$\delta_m^k \delta_l^t \bar{X}_{(j,k,l)} = \frac{\partial x^p}{\partial \bar{x}^j} \frac{\partial x^q}{\partial \bar{x}^m} \frac{\partial \bar{x}^t}{\partial x^r} X_{(p,q,r)}$$

即

$$\bar{X}_{(j,m,t)} = \frac{\partial x^p}{\partial \bar{x}^j} \frac{\partial x^q}{\partial \bar{x}^m} \frac{\partial \bar{x}^t}{\partial x^r} X_{(p,q,r)}$$

这表示量 $X_{(p,q,r)}$ 是一个张量，而且从明示的变换特性，$X_{(p,q,r)}$ 可表示

为 X^r_{pq}. 这一例题验证了商法则.

(vii) 张量指标的对称化和反对称化.

关于对称张量和反对称张量的定义已在 §7.6 中给出,这里就不再重复了. 下面只再举两个例子.

例 19.6.6　对于由张量 $\boldsymbol{T}=(T^i)$, $\boldsymbol{A}=(a_{ij}(x^1, x^2, \cdots, x^n))$ 构成的标量 $f=a_{ij}(x^1, x^2, \cdots, x^n)T^iT^j$,

则从
$$f=a_{ij}T^iT^j=a_{ji}T^jT^i=a_{ji}T^iT^j$$
有
$$2f=(a_{ij}+a_{ji})T^iT^j$$
于是令 $g_{ij}=\frac{1}{2}(a_{ij}+a_{ji})$ 就有
$$f=g_{ij}T^iT^j,$$
而
$$g_{ij}=g_{ji}.$$

例 19.6.7　设 $\boldsymbol{T}=(T^{ij})$,而令 $\boldsymbol{S}=(S^{ij})$, $S^{ij}=\frac{1}{2}(T^{ij}+T^{ji})$, $\boldsymbol{A}=(A^{ij})$, $A^{ij}=\frac{1}{2}(T^{ij}-T^{ji})$,有 $\boldsymbol{T}=(T^{ij})=\boldsymbol{S}+\boldsymbol{A}$,其中 $\boldsymbol{S}=(S^{ij})$ 是对称的, $\boldsymbol{A}=(A^{ij})$ 是反对称的.

§19.7　容许坐标变换的一些特例

上面讨论了从变量 $x^1, x^2, \cdots, x^n$ 到变量 $\bar{x}^1, \bar{x}^2, \cdots, \bar{x}^n$ 的所有容许变换(参见 §19.2)
$$\begin{aligned}\bar{x}^1&=\bar{x}^1(x^1, x^2, \cdots, x^n)\\ \bar{x}^2&=\bar{x}^2(x^1, x^2, \cdots, x^n)\\ \bar{x}^n&=\bar{x}^n(x^1, x^2, \cdots, x^n)\end{aligned} \tag{19.25}$$
下的张量. 作为一个特殊情况,若讨论的所有容许变换都要求是线性变换,即

$$
\begin{aligned}
&\bar{x}^1 = a_1^{1'} x^1 + a_2^{1'} x^2 + \cdots + a_n^{1'} x^n, \\
&\bar{x}^2 = a_1^{2'} x^2 + a_2^{2'} x^2 + \cdots + a_n^{2'} x^n \\
&\quad \cdots \\
&\bar{x}^n = a_1^{n'} x^1 + a_2^{n'} x^2 + \cdots + a_n^{n'} x^n
\end{aligned}
\qquad
\begin{aligned}
&a_i^{j'} \in \mathbf{R} \\
&i = 1,\ 2,\ \cdots,\ n \\
&j' = 1',\ 2',\ \cdots,\ n'.
\end{aligned}
\tag{19.26}
$$

则有

$$\frac{\partial \bar{x}^i}{\partial x^j} = a_j^{i'}, \quad |a_j^{i'}| \neq 0 \tag{19.27}$$

此时如果 $x^1,\ x^2,\ \cdots,\ x^n$ 是通常的直角坐标(参见§20.4),那么坐标 $\bar{x}^1,\ \bar{x}^2,\ \cdots,\ \bar{x}^n$ 称为**仿射坐标**,而相关的张量称为**仿射张量**.

如果再把(19.26)缩小在$(a_j^{i'})$是正交矩阵上,即

$$(a_j^{i'})^T = (a_j^{i'})^{-1} \tag{19.28}$$

那么我们就有**正交变换**,以及相应的**笛卡儿张量**. 我们在第八章中讨论过 $n=2,\ n=3$ 的情况.

如果我们要求 $|a_j^{i'}| > 0$,这也是一个重要情况. 当 $n=3$ 时,此即我们在第七章中所讨论过的三重系变换下的张量.

当(19.25)不是线性变换,那么 $\bar{x}^1,\ \bar{x}^2,\ \cdots,\ \bar{x}^n$ 就是曲线坐标.(参见§20.4)我们在第十六章,第十七章,第十八章讨论过 $n=3$ 的这一重要情况.

在下一章中,我们将讨论张量场中的一些数学运算. 所谓张量场指的是对 n 维空间中的某个区域中的每一点都指定了一个同类的张量,而其全体就是一个张量场. 为了讨论张量场的协变微分,此时必须对 $\mathbf{R}^n$ 附加一个度量结构. 这就是下一章要讨论的内容:黎曼空间和张量分析.

第二十章

黎曼空间和张量分析

§20.1　逆变向量沿曲线上的通常导数

设有 $\mathbf{R}^n$ 中曲线 C：$x^1(t)$，$x^2(t)$，…，$x^n(t)$，简记为 $\boldsymbol{X}=\boldsymbol{X}(t)$，以及定义在其上的逆变向量 $\boldsymbol{T}=(T^i(\boldsymbol{X}(t)))$. 由逆变分量的变换

$$\overline{T}^i=\frac{\partial \overline{x}^i}{\partial x^j}T^j \tag{20.1}$$

对参数 t 求导，有

$$\frac{\mathrm{d}\overline{T}^i}{\mathrm{d}t}=\frac{\partial \overline{x}^i}{\partial x^j}\frac{\mathrm{d}T^j}{\mathrm{d}t}+\frac{\partial^2 \overline{x}^i}{\partial x^k \partial x^j}\frac{\mathrm{d}x^k}{\mathrm{d}t}T^j \tag{20.2}$$

由此可见 $\boldsymbol{T}$ 沿此曲线的、对 t 的通常导数 $\frac{\mathrm{d}T^j}{\mathrm{d}t}$ 并不构成一个新的逆变向量(参见 §18.1)，除非 $\frac{\partial^2 \overline{x}^i}{\partial x^k \partial x^j}=0$，即 $\overline{x}^i$ 等是 x^j 等的线性函数(参见 19.27).

这使我们想起了 §18.2 所讨论过的类似情况. 所以我们要在第十九章有关 $\mathbf{R}^n$ 中讨论过的基础上再附加一个结构，以便引入此时的度规张量 g_{ij}，i，$j=1, 2, \cdots, n$，以及相应的克氏符号 $\left\{\begin{matrix} k \\ ij \end{matrix}\right\}$.

例 20.1.1　对于坐标变换 $\overline{x}^i=\overline{x}^i(x^1, x^2, \cdots, x^n)$，$i=1, 2, \cdots, n$，若 $x^i=x^i(t)$，则 $\overline{x}^i=\overline{x}^i(t)$. 于是从

$$\frac{\mathrm{d}\overline{x}^j}{\mathrm{d}t}=\frac{\partial \overline{x}^j}{\partial x^k}\frac{\mathrm{d}x^k}{\mathrm{d}t}$$

就可知 $\mathbf{V}=\left(\frac{\mathrm{d}x^i}{\mathrm{d}t}\right)$ 是一个逆变向量，但由(20.2)可知，若令 $v^i=\frac{\mathrm{d}x^i}{\mathrm{d}t}$，则 $\frac{\mathrm{d}v^i}{\mathrm{d}t}=\frac{\mathrm{d}^2x^i}{\mathrm{d}t^2}$ 就不是一个向量.

例 20.1.2　在上例中，若 $n=3$，而 $x^1=x$，$x^2=y$，$x^3=z$，参数 t 为时间，那么 $\frac{\mathrm{d}x^1}{\mathrm{d}t}=\frac{\mathrm{d}x}{\mathrm{d}t}$，$\frac{\mathrm{d}x^2}{\mathrm{d}t}=\frac{\mathrm{d}y}{\mathrm{d}t}$，$\frac{\mathrm{d}x^3}{\mathrm{d}t}=\frac{\mathrm{d}z}{\mathrm{d}t}$ 是一个矢量，即速度矢量，而 $\frac{\mathrm{d}^2x}{\mathrm{d}t^2}$，$\frac{\mathrm{d}^2y}{\mathrm{d}t^2}$，$\frac{\mathrm{d}^2z}{\mathrm{d}t^2}$ 就不是一个矢量，即 $\frac{\mathrm{d}^2\bar{x}^1}{\mathrm{d}t^2}$，$\frac{\mathrm{d}^2\bar{x}^2}{\mathrm{d}t^2}$，$\frac{\mathrm{d}\bar{x}^3}{\mathrm{d}t^2}$ 与 $\frac{\mathrm{d}^2x}{\mathrm{d}t^2}$，$\frac{\mathrm{d}^2y}{\mathrm{d}t^{2\prime}}$，$\frac{\mathrm{d}^2z}{\mathrm{d}t^2}$ 之间不满足矢量的变换法则. 不过加速度是一个物理量，应是一个矢量. 这就有必要在容许的坐标变换下，修改通常的求导概念(参见 § 18.2，§ 20.14)，使得这样得出的加速度是一个矢量.

§ 20.2　线元和度量形式

在平面中，点 $P(x,y)$ 与点 $P'(x+\mathrm{d}x,y+\mathrm{d}y)$ 之间的距离的平方 $\mathrm{d}s^2$，或者说在直角坐标系中的线元的平方，从勾股定理可知，有

$$\mathrm{d}s^2=\mathrm{d}x^2+\mathrm{d}y^2 \tag{20.3}$$

同样，在三维空间中点 $P(x,y,z)$ 与点 $P'(x+\mathrm{d}x,y+\mathrm{d}y,z+\mathrm{d}z)$ 之间的线元的平方是

$$\mathrm{d}s^2=\mathrm{d}x^2+\mathrm{d}y^2+\mathrm{d}z^2 \tag{20.4}$$

这些都是熟知的. 在采用了曲线坐标以后线元平方的形式会有所改变，如在柱面坐标中，有(参见(16.37))

$$\mathrm{d}s^2=\mathrm{d}r^2+r^2\mathrm{d}\theta^2+\mathrm{d}z^2 \tag{20.5}$$

而在球面坐标中，有(参见(16.45))

$$\mathrm{d}s^2=\mathrm{d}r^2+r^2\mathrm{d}\theta^2+r^2\sin^2\theta\mathrm{d}\varphi^2 \tag{20.6}$$

下面我们来研究三维空间中曲面上的线元.

曲面是二维的，即在直角坐标系下，可将它表示为(参见例 20.4.2)

$$x = x(u^1, u^2),\ y = y(u^1, u^2),\ z = z(u^1, u^2) \tag{20.7}$$

设曲面上有点 P，P' 而它们的矢径分别为 $\overrightarrow{OP} = \boldsymbol{r}(u^1, u^2)$，$\overrightarrow{OP'} = \boldsymbol{r}(u^1 + \mathrm{d}u^1, u^2 + \mathrm{d}u^2) = \boldsymbol{r} + \mathrm{d}\boldsymbol{r}$. 此时令(参见(16.9))

$$\boldsymbol{X}_1 = \frac{\partial \boldsymbol{r}}{\partial u^1},\ \boldsymbol{X}_2 = \frac{\partial \boldsymbol{r}}{\partial u^2} \tag{20.8}$$

则有

$$\mathrm{d}\boldsymbol{r} = \frac{\partial \boldsymbol{r}}{\partial u^i}\mathrm{d}u^i = \boldsymbol{X}_i \mathrm{d}u^i \tag{20.9}$$

以及

$$\mathrm{d}s^2 = \mathrm{d}\boldsymbol{r} \cdot \mathrm{d}\boldsymbol{r} = (\boldsymbol{X}_i \mathrm{d}u^i) \cdot (\boldsymbol{X}_j \mathrm{d}u^j) = g_{ij}\mathrm{d}u^i \mathrm{d}u^j \tag{20.10}$$

其中

$$g_{ij} = \boldsymbol{X}_i \cdot \boldsymbol{X}_j \tag{20.11}$$

从上述可知，不管是在哪一种情况中，非常接近的两点之间的距离 $\mathrm{d}s$ 的平方都是坐标的微分的二次形式.

例 20.2.1　由 $\boldsymbol{r} = x\boldsymbol{i} + y\boldsymbol{j} + z\boldsymbol{k}$ 可得(20.8)的明晰表达式

$$\boldsymbol{X}_1 = \frac{\partial x}{\partial u^1}\boldsymbol{i} + \frac{\partial y}{\partial u^1}\boldsymbol{j} + \frac{\partial z}{\partial u^1}\boldsymbol{k},\ \boldsymbol{X}_2 = \frac{\partial x}{\partial u^2}\boldsymbol{i} + \frac{\partial y}{\partial u^2}\boldsymbol{j} + \frac{\partial z}{\partial u^2}\boldsymbol{k} \tag{20.12}$$

由此有

$$\begin{aligned}
g_{11} &= \left(\frac{\partial x}{\partial u^1}\right)^2 + \left(\frac{\partial y}{\partial u^1}\right)^2 + \left(\frac{\partial z}{\partial u^1}\right)^2 \\
g_{12} = g_{21} &= \frac{\partial x}{\partial u^1}\frac{\partial x}{\partial u^2} + \frac{\partial y}{\partial u^1}\frac{\partial y}{\partial u^2} + \frac{\partial z}{\partial u^1}\frac{\partial z}{\partial u^2} \\
g_{22} &= \left(\frac{\partial x}{\partial u^2}\right)^2 + \left(\frac{\partial y}{\partial u^2}\right)^2 + \left(\frac{\partial z}{\partial u^2}\right)^2
\end{aligned} \tag{20.13}$$

通常在曲面论中使用符号 $E = g_{11}$，$F = g_{12} = g_{21}$，$G = g_{22}$(参见[8])，于是(20.10)可表示为

$$\mathrm{d}s^2 = E\mathrm{d}u^1\mathrm{d}u^1 + 2F\mathrm{d}u^1\mathrm{d}u^2 + G\mathrm{d}u^2\mathrm{d}u^2 \tag{20.14}$$

§20.3 黎曼空间

德国数学家黎曼(Georg Bernhard Riemann, 1826—1866)把线元的概念推广到 n 维空间中去. 1854 年,他在格丁根大学发表了题为《论作为几何基础的假设》,从而开创了黎曼几何. 1915 年,爱因斯坦利用黎曼几何和张量分析创建了广义相对论.

定义 20.3.1(黎曼空间的定义) 如果在一个 n 维空间中具有一个决定相邻点$(x^1, x^2, \cdots, x^n)$和$(x^1+\mathrm{d}x^1, x^2+\mathrm{d}x^2, \cdots, x^n+\mathrm{d}x^n)$之间距离平方的黎曼度量——二次形式 $\mathrm{d}s^2=g_{ij}(x^1, x^2, \cdots, x^n)\mathrm{d}x^i\mathrm{d}x^j$,则该空间就是一个黎曼空间,若其中度规 g_{ij} 满足

(i) g_{ij} 的所有 2 阶偏导数存在且连续.

(ii) 该二次形式是正定的(参见§5.3)[①].

(iii) $\mathrm{d}s$ 在所考虑的坐标变换下是一个标量.

由(ii)可知 $g=|g_{ij}|>0$,而(iii)是由于 $\mathrm{d}s$ 是两点之间的距离,它是一个独立于坐标的几何概念,因此在所考虑的变换坐标下应是一个不变量. 或者,反过来说,我们现在只考虑 $\mathbf{R}^n$ 的容许坐标变换中能保持 $\mathrm{d}s$ 不变的那些变换. 此外,我们能假定 $g_{ij}=g_{ji}$(参见例 19.6.5). 许多物理现象都会自然地产生黎曼空间,例如:

例 20.3.1 考虑由质量为 m_i,矢径为 $\boldsymbol{r}_i$ 的 N 个粒子, $i=1, 2, \cdots, N$ 构成的一个经典体系. 如果有某种约束的话,这些粒子的 $3N$ 个坐标并非全部独立. 引入完全独立的广义坐标 $u^1, u^2, \cdots, u^n$ 使得

$$\boldsymbol{r}_i=\boldsymbol{r}_i(u^1, u^2, \cdots, u^n),\ i=1, 2, \cdots, N$$

由此,此 N 个粒子的位置由$(u^1, u^2, \cdots, u^n)$构成了此体系的位形空间.

定义$(u^1, u^2, \cdots, u^n)$和$(u^1+\mathrm{d}u^1, u^2+\mathrm{d}u^2, \cdots, u^n+\mathrm{d}u^n)$之间的距离平方为

---

① 由(9.2)可知在相对论中有 $\mathrm{d}s^2=(\mathrm{d}x)^2+(\mathrm{d}y)^2+(\mathrm{d}z)^2-(c\mathrm{d}t)^2$. 因此在相对论中二次微分形式并不正定. 不过,黎曼几何一般都从二次微分形式是正定的这一假设出发讨论,而遇到具体情况再作具体分析.

$$ds^2 = g_{ij}\,du^i\,du^j$$

其中

$$g_{ij} = \sum_{k=1}^{N} m_k \frac{\partial \boldsymbol{r}_k}{\partial u^i} \frac{\partial \boldsymbol{r}_k}{\partial u^j}$$

于是该体系的总动能 E 可表示为

$$E = \sum_{k=1}^{N} \frac{1}{2} m_k \left(\frac{d\boldsymbol{r}_k}{dt}\right)\left(\frac{d\boldsymbol{r}_k}{dt}\right) = \sum_{i,\,j,\,k=1}^{N} \frac{1}{2} m_k \frac{\partial \boldsymbol{r}_k}{\partial u^i} \frac{\partial \boldsymbol{r}_k}{\partial u^j} \frac{du^i}{dt} \frac{du^j}{dt} = \frac{1}{2}\left(\frac{ds}{dt}\right)^2$$

由于 E 应与所使用的广义坐标系无关，因此 E 对坐标变换而言应是一个不变量，即我们要求 ds^2 应是一个不变量.

§ 20.4 欧几里得空间作为黎曼空间

如果在考虑的黎曼空间中，存在一个坐标系 $x^1, x^2, \cdots, x^n$，使得任意点 $P(x^1, x^2, x^n)$ 与点 $Q(x^1+dx^1, x^2+dx^2, \cdots, x^n+dx^n)$ 之间距离

$$ds^2 = (dx^1)^2 + (dx^2)^2 + \cdots + (dx^n)^2 \tag{20.15}$$

那么，我们把这一特别的黎曼空间称为一个 n 维欧几里得空间，而 $x^1, x^2, \cdots, x^n$ 是该空间的一个直角坐标. 此时若 $\bar{x}^i = \bar{x}^i(x^1, x^2, \cdots, x^n)$ 是一个线性变换(参见 § 19.7)，则称 $\bar{x}^1, \bar{x}^2, \cdots, \bar{x}^n$ 是该空间的一个仿射坐标，若它不是一个线性变换，则称 $\bar{x}^1, \bar{x}^2, \cdots, \bar{x}^n$ 是该空间的一个曲线坐标(参见例 19.3.4).

例 20.4.1 在通常的三维空间中，尽管 ds^2 有(20.5)，(20.6)等表达式，但由(20.4)可知这个三维空间是一个欧几里得空间.

下例明示了单位球面 S^2 就不是一个欧几里得空间.

例 20.4.2 由 $x_1^2 + x_2^2 + x_3^2 = 1$ 定义的二维单位球面 S^2，可用余纬度 u^1 和经度 u^2(图 20.4.1)来表示.

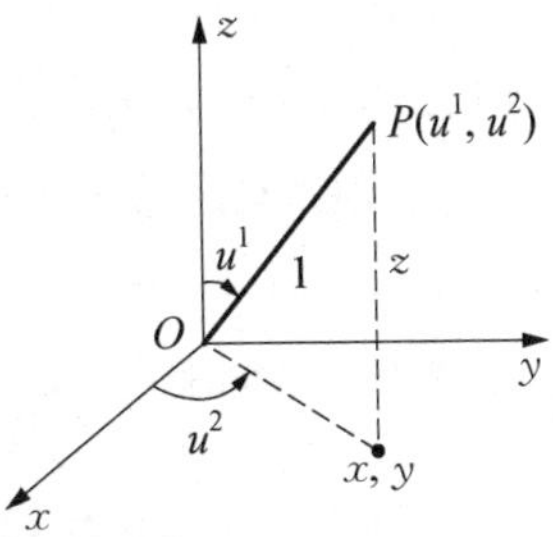

图 20.4.1

此时从

$$x=x(u^1, u^2)=\sin u^1 \cos u^2$$
$$y=y(u^1, u^2)=\sin u^1 \sin u^2$$
$$z=z(u^1, u^2)=\cos u^1$$

于是由(20.13)可得

$$g_{11}=1, g_{22}=\sin^2 u^1, g_{12}=g_{21}=0$$

这就给出

$$\mathrm{d}s^2=(\mathrm{d}u^1)^2+(\sin^2 u^1)(\mathrm{d}u^2)^2$$

所以 S^2 是一个二维黎曼空间,而不是一个欧几里得空间,否则该球面与平面,或平面的一部分就完全一致了. *

§ 20.5 g_{ij} 和 g^{ij}

从 $\mathrm{d}s^2=g_{jk}\mathrm{d}x^j\mathrm{d}x^k$ 是一个不变量,有

$$\bar{g}_{pq}\mathrm{d}\bar{x}^p\mathrm{d}\bar{x}^q=g_{jk}\mathrm{d}x^j\mathrm{d}x^k=g_{jk}\frac{\partial x^j}{\partial \bar{x}^p}\mathrm{d}\bar{x}^p\frac{\partial x^k}{\partial \bar{x}^q}\mathrm{d}\bar{x}^q \tag{20.16}$$

由此可得

$$\bar{g}_{pq}=g_{jk}\frac{\partial x^j}{\partial \bar{x}^p}\frac{\partial x^k}{\partial \bar{x}^q} \tag{20.17}$$

因此 g_{ij} 是一个 2 阶协变张量,而按 § 6.5 的说法,为基本协变张量.

例 20.5.1 用商法则证明 g_{ij} 是一个 2 阶协变张量.

由例 19.4.1 可知 $\mathrm{d}x^j$, $\mathrm{d}x^k$ 都是 1 阶逆变张量. 因此 $\mathrm{d}x^j\mathrm{d}x^k$ 是 2 阶逆变张量. 然而 $\mathrm{d}s^2=g_{jk}\mathrm{d}x^j\mathrm{d}x^k$ 是一个标量,因此由于 $\mathrm{d}x^j\mathrm{d}x^k$ 是任意的,所以根据商法则就得出 g_{ij} 是一个 2 阶协变张量.

---

* 这里给出的坐标(u^1, u^2)并不能一对一地指定 S^2 上的所有点,例如 S^2 上北极的那一点就不行. 因此 $u^1\neq 0$, 所以这一坐标系不是整体的,而是局部的(参见 § 16.1). 从 $g=g_{11}g_{22}=\sin^2 u^1>0$,也能得出 $u^1\neq 0$ 这一要求. 于是就得考虑用一系列坐标邻域来复盖 S^2,而由一个点可以同属于两个坐标邻域就自然地引出了坐标变换. 这就有了黎曼流形的概念(参见[9]).

与 § 5.4 中的那样，从 $ds^2 = g_{ij}dx^i dx^j$ 是正定的，从而(参见附录 3)

$$g = |g_{ij}| > 0 \tag{20.18}$$

可以知道矩阵

$$(g_{ij}) = \begin{pmatrix} g_{11} & g_{12} & \cdots & g_{1n} \\ g_{21} & g_{22} & \cdots & g_{2n} \\ & \cdots & & \\ g_{n1} & g_{n2} & \cdots & g_{nn} \end{pmatrix} \tag{20.19}$$

有逆矩阵

$$(g^{ij}) = \begin{pmatrix} g^{11} & g^{12} & \cdots & g^{1n} \\ g^{21} & g^{22} & \cdots & g^{2n} \\ & \cdots & & \\ g^{n1} & g^{n2} & \cdots & g^{nn} \end{pmatrix} \tag{20.20}$$

矩阵(g_{ij})是对称的，故(g^{ij})也是对称的. 此外，$\boldsymbol{G}' = (g^{ij})$ 还是一个 2 阶逆变张量. 不过在 § 6.6 中证明 g^{ij} 是 2 阶逆变张量的那个方法现在不能用了，然而我们仍能用 § 17.3 中的方法证明这一点(作为一个练习)：

$$\bar{g}^{ij} = \frac{\partial \bar{x}^i}{\partial x^k} \frac{\partial \bar{x}^j}{\partial x^l} g^{kl} \tag{20.21}$$

按 § 6.5 的说法，它是基本逆变张量.

与以前一样，张量 g^{ij}，g_{ij} 可以用来升降张量的指标，也相应地有相伴张量的概念(参见 § 7.6).

§ 20.6　向量的内积

由 § 19.6 中的(v)，对于逆变向量 $\boldsymbol{T} = (T^i)$ 与协变向量 $\boldsymbol{W} = (W_i)$，我们有它们的内积 $\boldsymbol{T} \cdot \boldsymbol{W} = (T^i W_i)$. 由此可以说逆变向量空间与协变向量空间互为对偶空间(参见 § 5.6， § 5.7，[24]).

利用 g_{ij}，g^{ij} 可将两个逆变向量 $\boldsymbol{T} = (T^i)$，$\boldsymbol{W} = (W^i)$ 的内积 $\boldsymbol{T} \cdot \boldsymbol{W}$ 定义

为

$$\boldsymbol{T}\cdot\boldsymbol{W}=g_{ij}T^iW^j \tag{20.22}$$

由

$$T_j\equiv g_{ij}T^i,\quad W_i\equiv g_{ij}W^j \tag{20.23}$$

所以

$$\boldsymbol{T}\cdot\boldsymbol{W}=T^iW_i=T_jW^j \tag{20.24}$$

同样,两个协变向量 $\boldsymbol{T}=(T_i)$, $\boldsymbol{W}=(W_i)$ 的内积可定义为

$$g^{ij}T_iW_j \tag{20.25}$$

因此

$$g^{ij}T_iW_j=T^iW_i=W^iT_i=\boldsymbol{T}\cdot\boldsymbol{W} \tag{20.26}$$

这表明:为了计算同一类型的两个向量的内积,只要将其中之一转变成与其相伴的向量,然后作张量内积运算. 于是这样得出的一个量就是一个不变量.

不难证明(作为练习)这种内积具有下列性质:

(i) $\boldsymbol{T}\cdot\boldsymbol{W}=\boldsymbol{W}\cdot\boldsymbol{T}$ (交换律).

(ii) $\boldsymbol{U}\cdot(\boldsymbol{T}+\boldsymbol{W})=\boldsymbol{U}\cdot\boldsymbol{T}+\boldsymbol{U}\cdot\boldsymbol{W}$ (分配律).

(iii) $(k\boldsymbol{T})\cdot\boldsymbol{W}=\boldsymbol{T}\cdot(k\boldsymbol{W})=k(\boldsymbol{T}\cdot\boldsymbol{W})$, $k\in\mathbf{R}$ (数乘的结合律).

(iv) $\boldsymbol{T}\cdot\boldsymbol{T}\geqslant 0$,当且仅当 $\boldsymbol{T}=\mathbf{0}$, $\boldsymbol{T}\cdot\boldsymbol{T}=0$(正定性).

例 20.6.1 向量的内积满足柯西不等式即 $(\boldsymbol{T}\cdot\boldsymbol{W})^2\leqslant(\boldsymbol{T})^2(\boldsymbol{W}^2)$. 其中 $\boldsymbol{T}^2=\boldsymbol{T}\cdot\boldsymbol{T}$, $\boldsymbol{W}^2=\boldsymbol{W}\cdot\boldsymbol{W}$

若 $\boldsymbol{T}=\mathbf{0}$, 此式显然成立

若 $\boldsymbol{T}\neq\mathbf{0}$,则对 $k\in\mathbf{R}$ 构造的 k 的 2 次多项式

$$P(k)=(k\boldsymbol{T}+\boldsymbol{W})^2=k^2\boldsymbol{T}^2+2k\boldsymbol{T}\cdot\boldsymbol{W}+\boldsymbol{W}^2$$

此时对于$\boldsymbol{W}$,若对所有的实数 k,有 $k\boldsymbol{T}+\boldsymbol{W}\neq\mathbf{0}$, 那么,由上面的(iv)可知此时 $P(k)>0$; 若有 k(只有一个)使得 $k\boldsymbol{T}+\boldsymbol{W}=\mathbf{0}$,那么 $P(k)=0$ 有唯一实数解 k. 因此总的来说,对于任意 $\boldsymbol{W}$, $P(k)$ 最多只有一个实数解. 所以

$P(k)$的判别式，不能大于零，即

$$(\boldsymbol{T}\cdot\boldsymbol{W})^2-(\boldsymbol{T}^2)(\boldsymbol{W}^2)\leqslant 0$$

因此有

$$(\boldsymbol{T}\cdot\boldsymbol{W})^2\leqslant(\boldsymbol{T}^2)(\boldsymbol{W}^2) \tag{20.27}$$

柯西(Augustin-Louis Cauchy, 1789—1857)，法国数学家. 他一生中发表了 789 篇论文和一些专著，并在数学分析，复变函数，代数等方面有杰出贡献，在理性物理，光学、弹性理论等方面也有研究成果.

例 20.6.2　在三维空间中，如果采用直角坐标系以及正交变换，则从(20.4)可知此时的 $g_{ij}=\delta_{ij}$，因此 $T_i=T^i$，即无逆变与协变的差别. 于是

$$\boldsymbol{T}\cdot\boldsymbol{W}=T^iW_i=T_iW_i$$

此式的右边是三维空间中矢量 $\boldsymbol{T}$, $\boldsymbol{W}$ 的内积(参见 § 3.1)，所以(20.22)等的内积是三维空间中的内积在 n 维黎曼空间中的推广.

此外，从(3.1)，有

$$(\boldsymbol{A}\cdot\boldsymbol{B})^2\leqslant|\boldsymbol{A}|^2|\boldsymbol{B}|^2$$

此即柯西不等式.

事实上，在欧几里得空间中 $\mathbf{A}=(a_1, a_2, \cdots, a_n)$，$\boldsymbol{B}=(b_1, b_2, \cdots, b_n)$，而内积 $\boldsymbol{A}\cdot\boldsymbol{B}=\sum_{i=1}^{n}a_ib_i$. 此时的柯西不等式是线性代数(参见[3],[4])讨论的内容，也是奥数论述的一个主题(参见[1]). 我们以下列例子叙述此时的柯西不等式及其证明，可以与例 20.6.1 作一个比较.

例 20.6.3　设 $a_i, b_i\in\mathbf{R}$, $i=1, 2, \cdots, n$，则

$$\left(\sum_{i=1}^{n}a_ib_i\right)^2\leqslant\left(\sum_{i=1}^{n}a_i^2\right)\left(\sum_{i=1}^{n}b_i^2\right) \tag{20.28}$$

我们按 $\sum_{i=1}^{n}a_i^2=0$，以及$\sum_{i=1}^{n}a_i^2\neq 0$ 两种情况来证明：

若 $\sum_{i=1}^{n}a_i^2=0$，则有 $a_1=a_2=\cdots=a_n=0$，于是(20.28)成立.

若 $\sum_{i=1}^{n} a_i^2 \neq 0$，即 $a_1, \cdots, a_n$ 不全为零，此时构造二次函数

$$f(x) = \left(\sum_{i=1}^{n} a_i^2\right)x^2 - 2\left(\sum_{i=1}^{n} a_i b_i\right)x + \sum_{i=1}^{n} b_i^2 = \sum_{i=1}^{n}(a_i x - b_i)^2 \tag{20.29}$$

则对所有 $x \in \mathbf{R}$，$f(x) \geqslant 0$. 若 $f(x) > 0$，则 $f(x)$的判别式小于零，即

$$4\left(\sum_{i=1}^{n} a_i b_i\right)^2 - 4\left(\sum_{i=1}^{n} a_i^2\right)\left(\sum_{i=1}^{n} b_i^2\right) < 0$$

于是(20.28)成立. 若 $f(x)=0$，则由(20.29)给出 $a_i x - b_i = 0$，即 $b_i = x a_i$，$i=1, 2, \cdots, n$. 此时(20.28)成立，而且由此可见：当且仅当 $b_i = k a_i$，$i=1, 2, \cdots, n$，$k \in \mathbf{R}$ 时(20.28)中的等号才出现.

§20.7 向量的长度、两个向量之间的夹角，以及曲线的弧长

由上一节中所阐明的向量的内积，我们从定义 $\boldsymbol{T}^2 = \boldsymbol{T} \cdot \boldsymbol{T}$，可得出向量 $\boldsymbol{T} = (T^i)$ 或 $\boldsymbol{T} = (T_j)$ 的长度的计算

$$|\boldsymbol{T}| = \sqrt{\boldsymbol{T}^2} = \sqrt{T^i T_j}$$

而由§20.6，有

$$\boldsymbol{T}^2 = g_{ij} T^i T^j = g^{ij} T_i T_j \tag{20.30}$$

因此 $|\boldsymbol{T}|$ 是一个坐标变换下的不变量，也即不管用什么坐标系来计算，它的值都是一样的. 再者它可以由 $T^i T_j$，$g_{ij} T^i T^j$，$g^{ij} T_i T_j$ 来计算.

另外，由(20.27)可得出

$$-1 \leqslant \frac{\boldsymbol{T}\boldsymbol{W}}{|\boldsymbol{T}|\,|\boldsymbol{W}|} \leqslant 1 \tag{20.31}$$

其中 $|\boldsymbol{T}| \neq 0$，$|\boldsymbol{W}| \neq 0$. 于是两个非零的逆变向量 $\boldsymbol{T} = (T^i)$，$\boldsymbol{W} = (W^i)$ 之间的夹角 θ，就可用下式定义

$$\cos\theta=\frac{\boldsymbol{TW}}{|\boldsymbol{T}|\,|\boldsymbol{W}|}=\frac{g_{ij}T^iW^j}{\sqrt{g_{ij}T^iT^j}\,\sqrt{g_{ij}W^iW^j}},\ (0\leqslant\theta\leqslant\pi) \tag{20.32}$$

因此 $\cos\theta$ 也是一个坐标不变量，且

$$\cos\theta=\frac{T_jW^j}{\sqrt{T_jT^j}\,\sqrt{W_jW^j}}=\frac{T^iW_i}{\sqrt{T_iT^j}\,\sqrt{W_jW^j}}. \tag{20.33}$$

最后我们来讨论黎曼空间中曲线 C：$x^i=x^i(t)$，$a\leqslant t\leqslant b$ 的弧长计算法，其中 t 为曲线 C 的参数. 从

$$\mathrm{d}s^2=g_{ij}\mathrm{d}x^i\mathrm{d}x^j=g_{ij}\frac{\mathrm{d}x^i}{\mathrm{d}t}\frac{\mathrm{d}x^j}{\mathrm{d}t}(\mathrm{d}t)^2 \tag{20.34}$$

有

$$\mathrm{d}s=\sqrt{g_{ij}\frac{\mathrm{d}x^i}{\mathrm{d}t}\frac{\mathrm{d}x^j}{\mathrm{d}t}}\,\mathrm{d}t \tag{20.35}$$

最后有**曲线弧长**

$$s=\int_a^b\sqrt{g_{ij}\frac{\mathrm{d}x^i}{\mathrm{d}t}\frac{\mathrm{d}x^j}{\mathrm{d}t}}\,\mathrm{d}t \tag{20.36}$$

§20.8　相对张量和绝对张量

如果量 $\boldsymbol{T}=(T^{i_1i_2\cdots i_p}_{j_1j_2\cdots j_q})$ 的分量按下式变换

$$\overline{T}^{i_1\cdots i_p}_{j_1\cdots j_q}=\begin{vmatrix}\frac{\partial x^1}{\partial\bar{x}^1} & \frac{\partial x^1}{\partial\bar{x}^2} & \cdots & \frac{\partial x^1}{\partial\bar{x}^n}\\ \frac{\partial x^2}{\partial\bar{x}^1} & \frac{\partial x^2}{\partial\bar{x}^2} & \cdots & \frac{\partial x^2}{\partial\bar{x}^n}\\ & \cdots & & \\ \frac{\partial x^n}{\partial\bar{x}^1} & \frac{\partial x^n}{\partial\bar{x}^2} & \cdots & \frac{\partial x^n}{\partial\bar{x}^n}\end{vmatrix}^{\omega}\frac{\partial\bar{x}^{i_1}}{\partial x^{l_1}}\cdots\frac{\partial\bar{x}^{i_p}}{\partial x^{l_p}}\frac{\partial\bar{x}^{k_1}}{\partial x^{j_1}}\cdots\frac{\partial\bar{x}^{k_q}}{\partial x^{j_q}}T^{l_1\cdots l_p}_{k_1\cdots k_q} \tag{20.37}$$

则称它为一个权为 ω 的相对张量，其中 $J \equiv \left|\dfrac{\partial x^i}{\partial \bar{x}^j}\right|$ 为变换(19.4)的雅可比行列式(参见 § 19.2). 当 $\omega = 0$ 时，量 $T^{i_1\cdots i_p}_{j_1\cdots j_q}$ 显然就是前面讨论过的张量(19.16)——我们现在把它们称为绝对张量.

以前所讨论过的赝张量和真张量(参见 § 8.11)以及权重为 1 和 2 的标量和标量密度(参见 § 17.3)都可以纳入这一框架.

例 20.8.1 $g = |g_{ij}|$ 的变化性质

由 $\bar{g}_{ij} = \dfrac{\partial x^l}{\partial \bar{x}^i}\dfrac{\partial x^k}{\partial \bar{x}^j} g_{lk}$，有(参见(8.37))

$$\bar{g} = |\bar{g}_{ij}| \equiv \left|\frac{\partial x^l}{\partial \bar{x}^i}\right| \left|\frac{\partial x^k}{\partial \bar{x}^j}\right| |g_{lk}| = J^2 g$$

因此 $g = |g_{ij}|$ 是一个权为 2 的相对标量(参见 § 17.3). 再由(20.18)，即 ds^2 的正定性，有

$$\sqrt{\bar{g}} = J\sqrt{g}$$

即 $\sqrt{g}$ 是一个权为 1 的相对标量(参见 § 17.3).

与绝对张量一样，相对张量也有类似的加法、减法、数乘、张量积等运算. 不过，显然两个权分别为 ω_1 和 ω_2 的相对张量，则它们的张量积，或可能有的内积必定是一个权为 $\omega_1 + \omega_2$ 的相对张量.

例 20.8.2* 体积元 dV 定义为

$$dV = \sqrt{g}\, dx^1 \wedge dx^2 \wedge \cdots \wedge dx^n \tag{20.38}$$

而从(参见附录[12])

$$dx^1 \wedge dx^2 \wedge \cdots \wedge dx^n = J\, d\bar{x}^1 \wedge d\bar{x}^2 \wedge \cdots \wedge d\bar{x}^n \tag{20.39}$$

有

* 如果按 $dV = \sqrt{g}\, dx^1 dx^2 \cdots dx^n$ 的定义则得不出(16.36)，(16.44)等的等式(比较[30]). 为此，必须引入“外积 ∧”运算，例如，$dx^1 \wedge dx^2 \equiv dx^1 \otimes dx^2 - dx^2 \otimes dx^1$，请参见附录[12]中的论述.

$$\begin{aligned}d\bar{V} &= \sqrt{\bar{g}}\, d\bar{x}^1 \wedge d\bar{x}^2 \wedge \cdots \wedge d\bar{x}^n = J\sqrt{g}\, d\bar{x}^1 \wedge d\bar{x}^2 \wedge \cdots \wedge d\bar{x}^n \\ &= \sqrt{g}\, dx^1 \wedge dx^2 \wedge \cdots \wedge dx^n = dV\end{aligned} \tag{20.40}$$

此式表明,按(20.38)定义的体积元是一个不变量.

例 20.8.3 在三维空间中若直角坐标,即 $x^1=x$, $x^2=y$, $x^3=z$,则从例 16.6.1 可知此时 $dV=dx\wedge dy\wedge dz$.

在下面几节中,我们将转而讨论对黎曼空间中的张量场进行的微分运算.

§ 20.9 克氏符号

在曲线坐标的讨论中,我们讨论了张量的微分运算.这是从活动坐标系出发来讨论的(参见§17.4).由此引入克氏符号,然而才有矢量场和张量场的微分(参见§18.2, §18.3,以及§18.4).然而,在黎曼空间中,已经没有活动坐标系这一概念了.为此,我们从曲线坐标理论给我们的启示直接按(17.34)定义第一类克氏符号为

$$[ij,k]=\frac{1}{2}\left(\frac{\partial g_{jk}}{\partial x^i}+\frac{\partial g_{ki}}{\partial x^j}-\frac{\partial g_{ij}}{\partial x^k}\right),\ i,j,k=1,2,\cdots,n. \tag{20.41}$$

而将第二类克氏符号按(17.35)定义为

$$\begin{Bmatrix} i \\ jk \end{Bmatrix}=g^{il}[jk,l],\ i,j,k=1,2,\cdots,n. \tag{20.42}$$

由此可见,对于第一类克氏符号有下列性质:

(i) $[ij,k]=[ji,k]$(对于它的最初两个指标是对称的).

(ii) 如果所有的 g_{ij} 为常数,则所有的$[ij,k]$都为零.

于是对于第二类克氏符号就相应有:

(i) $\begin{Bmatrix} i \\ jk \end{Bmatrix}=\begin{Bmatrix} i \\ kj \end{Bmatrix}$(对于它的下面 2 个指标是对称的).

(ii) 如果所有的 g_{ij} 为常数,则所有的$\begin{Bmatrix} i \\ jk \end{Bmatrix}$都为零.

例 20.9.1　用 g_{mi} 乘(20.42)的两边,并对 i 求和,利用 $g_{mi}g^{il}=\delta_m^l$,可得

$$[jk,\ m]=g_{mi}\begin{Bmatrix} i \\ jk \end{Bmatrix}. \tag{20.43}$$

例 20.9.2　采用例 17.5.2 的证明,在黎曼几何的框架里也有

$$\begin{Bmatrix} i \\ ij \end{Bmatrix}=\frac{\partial}{\partial x^j}\ln\sqrt{g} \tag{20.44}$$

例 20.9.3　由(20.41)有

$$[ij,\ k]+[kj,\ i]=\frac{1}{2}\left(\frac{\partial g_{ik}}{\partial x^j}+\frac{\partial g_{jk}}{\partial x^i}-\frac{\partial g_{ij}}{\partial x^k}\right)+\frac{1}{2}\left(\frac{\partial g_{ki}}{\partial x^j}+\frac{\partial g_{ji}}{\partial x^k}-\frac{\partial g_{kj}}{\partial x^i}\right)=\frac{\partial g_{ik}}{\partial x^j}. \tag{20.45}$$

例 20.9.4　从 $\frac{\partial}{\partial x^m}(g^{jk}g_{ij})=\frac{\partial}{\partial x^m}\delta_i^k=0$,有

$$g^{jk}\frac{\partial g_{ij}}{\partial x^m}+\frac{\partial g^{jk}}{\partial x^m}g_{ij}=0$$

两边乘以 g^{ir} 并对 i 求和,有

$$g^{ir}g_{ij}\frac{\partial g^{jk}}{\partial x^m}=-g^{ir}g^{jk}\frac{\partial g_{ij}}{\partial x^m}=-g^{ir}g^{jk}([im,\ j]+[jm,\ i])$$

其中用到了(20.45). 所以最后有

$$\frac{\partial g^{rk}}{\partial x^m}=-g^{ir}\begin{Bmatrix} k \\ im \end{Bmatrix}-g^{jk}\begin{Bmatrix} r \\ jm \end{Bmatrix} \tag{20.46}$$

§20.10　克氏符号的变换法则

与§17.6一样,我们能证明第二类克氏符号的下列变换法则,

$$\overline{\begin{Bmatrix} i \\ jk \end{Bmatrix}}=\frac{\partial x^u}{\partial \bar{x}^j}\frac{\partial x^v}{\partial \bar{x}^k}\frac{\partial \bar{x}^i}{\partial x^s}\begin{Bmatrix} s \\ uv \end{Bmatrix}+\frac{\partial^2 x^s}{\partial \bar{x}^j\partial \bar{x}^k}\frac{\partial \bar{x}^i}{\partial x^s} \tag{20.47}$$

不过当时基于曲线坐标的基本方程的方法现在失效了.下面我们采用一般张量分析教程中的方法:先推导第一类克氏符号的变换性质,然后再利用第二类与第一类克氏符号的关系式(20.42)得出第二类克氏符号的变换性质.

相应于(20.41),我们有

$$\overline{[ij,k]}=\frac{1}{2}\left[\frac{\partial}{\partial\bar{x}^i}(\bar{g}_{jk})+\frac{\partial}{\partial\bar{x}^j}(\bar{g}_{ki})-\frac{\partial}{\partial\bar{x}^k}(\bar{g}_{ij})\right]\tag{20.48}$$

于是从 g_{ij} 的变换,即

$$\bar{g}_{ij}=\frac{\partial x^r}{\partial\bar{x}^i}\frac{\partial x^s}{\partial\bar{x}^j}g_{rs}\tag{20.49}$$

就有

$$\frac{\partial}{\partial\bar{x}^k}\bar{g}_{ij}=\frac{\partial g_{rs}}{\partial\bar{x}^k}\frac{\partial x^r}{\partial\bar{x}^i}\frac{\partial x^s}{\partial\bar{x}^j}+g_{rs}\frac{\partial^2 x^r}{\partial\bar{x}^k\partial\bar{x}^i}\frac{\partial x^s}{\partial\bar{x}^j}+g_{rs}\frac{\partial x^r}{\partial\bar{x}^i}\frac{\partial^2 x^s}{\partial\bar{x}^k\partial\bar{x}^j}\tag{20.50}$$

把此项取负号即是(20.48)括号中的最后一项.此外,为了最终得出在 $x^1, x^2, \cdots, x^n$ 中的第一类克氏符号,我们还得把(20.50)中 g_{rs} 对 $\bar{x}^k$ 的偏导数,用对 $x^1, x^2, \cdots, x^n$ 的偏导数来表示

$$\frac{\partial g_{rs}}{\partial\bar{x}^k}=\frac{\partial g_{rs}}{\partial x^t}\frac{\partial x^t}{\partial\bar{x}^k}\tag{20.51}$$

于是(20.50)最终为

$$\frac{\partial}{\partial\bar{x}^k}\bar{g}_{ij}=\frac{\partial g_{rs}}{\partial x^t}\frac{\partial x^r}{\partial\bar{x}^i}\frac{\partial x^s}{\partial\bar{x}^j}\frac{\partial x^t}{\partial\bar{x}^k}+g_{rs}\frac{\partial^2 x^r}{\partial\bar{x}^k\partial\bar{x}^i}\frac{\partial x^s}{\partial\bar{x}^j}+g_{rs}\frac{\partial x^r}{\partial\bar{x}^i}\frac{\partial^2 x^s}{\partial\bar{x}^k\partial\bar{x}^j}\tag{20.52}$$

为了求得(20.48)中的另两项,最简单的方法是将(20.52)中的指标 i, j, k 分别循环置换成 j, k, i 和 k, i, j,同时将指标 r, s, t,分别循环置换成 s, t, r,和 t, r, s.然后把所得的三个式子代入(20.48),经过一些演算,不难得出

$$\overline{[ij,k]}=\frac{\partial r^r}{\partial\bar{x}^i}\frac{\partial x^s}{\partial\bar{x}^j}\frac{\partial x^t}{\partial\bar{x}^k}[rs,t]+g_{rs}\frac{\partial^2 x^r}{\partial\bar{x}^i\partial\bar{x}^j}-\frac{\partial x^s}{\partial\bar{x}^k}\tag{20.53}$$

例 20.10.1　推导第二类克氏符号的变换法则.

由(参见(20.42))

$$\overline{\begin{Bmatrix} i \\ jk \end{Bmatrix}}=\bar{g}^{ir}\overline{[jk,\ r]} \tag{20.54}$$

其中

$$\bar{g}^{ir}=g^{st}\frac{\partial\bar{x}^i}{\partial x^s}\frac{\partial\bar{x}^r}{\partial x^t}$$

$$\overline{[jk,\ r]}=\frac{\partial x^u}{\partial\bar{x}^j}\frac{\partial x^v}{\partial\bar{x}^k}\frac{\partial x^w}{\partial\bar{x}^r}[uv,\ w]+g_{uv}\frac{\partial^2x^u}{\partial\bar{x}^j\partial\bar{x}^k}\frac{\partial x^v}{\partial\bar{x}^r}$$

就有

$$\begin{aligned}\overline{\begin{Bmatrix} i \\ jk \end{Bmatrix}}&=g^{st}[uv,\ w]\delta_t^w\frac{\partial\bar{x}^i}{\partial x^s}\frac{\partial x^u}{\partial\bar{x}^j}\frac{\partial x^v}{\partial\bar{x}^k}+g^{st}g_{uv}\delta_t^v\frac{\partial\bar{x}^i}{\partial x^s}\frac{\partial^2x^u}{\partial\bar{x}^j\partial\bar{x}^k}\\&=g^{st}[uv,\ t]\frac{\partial\bar{x}^i}{\partial x^s}\frac{\partial x^u}{\partial\bar{x}^j}\frac{\partial x^v}{\partial\bar{x}^k}+g^{st}g_{ut}\frac{\partial\bar{x}^i}{\partial x^s}\frac{\partial^2x^u}{\partial\bar{x}^j\partial\bar{x}^k}\\&=\frac{\partial\bar{x}^i}{\partial x^s}\frac{\partial x^u}{\partial\bar{x}^j}\frac{\partial x^v}{\partial\bar{x}^k}\begin{Bmatrix} s \\ uv \end{Bmatrix}+\frac{\partial\bar{x}^i}{\partial x^s}\frac{\partial^2x^s}{\partial\bar{x}^j\partial\bar{x}^k}\end{aligned} \tag{20.55}$$

其中用到了 $g^{st}[uv,\ t]=\begin{Bmatrix} s \\ uv \end{Bmatrix}$，$g^{st}g_{ut}=\delta_u^s$.

于是由(20.53)以及(20.55)可知第一类,第二类克氏符号都是仿射张量(参见§17.6).

例 20.10.2　一个重要公式.

对(20.55)两边乘以$\frac{\partial x^m}{\partial\bar{x}^i}$,并对 i 求和,有

$$\begin{aligned}\overline{\begin{Bmatrix} i \\ jk \end{Bmatrix}}\frac{\partial x^m}{\partial\bar{x}^i}&=\frac{\partial x^m}{\partial\bar{x}^i}\frac{\partial\bar{x}^i}{\partial x^s}\frac{\partial x^u}{\partial\bar{x}^j}\frac{\partial x^v}{\partial\bar{x}^k}\begin{Bmatrix} s \\ uv \end{Bmatrix}+\frac{\partial x^m}{\partial\bar{x}^i}\frac{\partial\bar{x}^i}{\partial x^s}\frac{\partial^2x^s}{\partial\bar{x}^j\partial\bar{x}^k}\\&=\delta_s^m\frac{\partial x^u}{\partial\bar{x}^j}\frac{\partial x^v}{\partial\bar{x}^k}\begin{Bmatrix} s \\ uv \end{Bmatrix}+\delta_s^m\frac{\partial^2x^s}{\partial\bar{x}^j\partial\bar{x}^k}\\&=\frac{\partial x^u}{\partial\bar{x}^j}\frac{\partial x^v}{\partial\bar{x}^k}\begin{Bmatrix} m \\ uv \end{Bmatrix}+\frac{\partial^2x^m}{\partial\bar{x}^j\partial\bar{x}^k}\end{aligned}$$

因此,最后有

$$\frac{\partial^2 x^m}{\partial \bar{x}^j \partial \bar{x}^k}=\overline{\begin{Bmatrix} i \\ jk \end{Bmatrix}}\frac{\partial x^m}{\partial \bar{x}^i}-\begin{Bmatrix} m \\ uv \end{Bmatrix}\frac{\partial x^u}{\partial \bar{x}^j}\frac{\partial x^v}{\partial \bar{x}^k} \tag{20.56}$$

在曲线坐标理论中,我们得到过这个式子(参见(17.43)).

例 20.10.3 把 x^1, x^2, …, x^n 与 $\bar{x}^1$, $\bar{x}^2$, …, $\bar{x}^n$ 的位置颠倒一下,(20.56)就变成

$$\frac{\partial^2 \bar{x}^m}{\partial x^j \partial x^k}=\begin{Bmatrix} i \\ jk \end{Bmatrix}\frac{\partial \bar{x}^m}{\partial x^i}-\overline{\begin{Bmatrix} m \\ uv \end{Bmatrix}}\frac{\partial \bar{x}^u}{\partial x^j}\frac{\partial \bar{x}^v}{\partial x^k}$$

§ 20.11 应用:黎曼空间中的测地线

在度量由 $ds^2=g_{ij}dx^i dx^j$ 给定的黎曼空间中,从曲线 C: $x^i=x^i(t)$ 上一点 $x^i(a)$到另一点 $x^i(b)$, $i=1, 2, \cdots, n$ 的曲线弧长 s 已由(20.36)给出

$$s=\int_a^b \sqrt{g_{ij}\frac{dx^i}{dt}\frac{dx^j}{dt}}\,dt \tag{20.57}$$

在过 $x^i(a)$, $x^i(b)$, $i=1, 2, \cdots, n$ 两点的所有曲线中,使这一积分取极值的那条曲线称为一条**测地线**. 为了求得测地线所满足的微分方程. 这就要应用变分法中的下列定理(参见附录 11).

能使

$$I=\int_{t_1}^{t_2} F(t, x^1, \dot{x}^1, x^2, \dot{x}^2, \cdots, x^n, \dot{x}^n)dt \tag{20.58}$$

取得极值的必要条件是函数 $F(t, x^1, \dot{x}^1, x^2, \dot{x}^2, \cdots, x^n, \dot{x}^n)$满足下列**欧拉**—拉格朗日方程:

$$\frac{\partial F}{\partial x^k}-\frac{d}{dt}\left(\frac{\partial F}{\partial \dot{x}^k}\right)=0,\ k=1, 2, \cdots, n \tag{20.59}$$

其中"·"表示对参数 t 求导,于是从 $F=\left(g_{ij}\frac{dx^i}{dt}\frac{dx^j}{dt}\right)^{\frac{1}{2}}$,有

$$\frac{\partial F}{\partial x^k}=\frac{1}{2}(g_{ij}\dot{x}^i\dot{x}^j)^{-\frac{1}{2}}\frac{\partial g_{ij}}{\partial x^k}\dot{x}^i\dot{x}^j=\frac{1}{2\dot{s}}\frac{\partial g_{ij}}{\partial x^k}\dot{x}^i\dot{x}^j \tag{20.60}$$

以及

$$\frac{\partial F}{\partial \dot{x}^k}=\frac{1}{2}(g_{ij}\dot{x}^i\dot{x}^j)^{-\frac{1}{2}}2g_{ik}\dot{x}^i=\frac{g_{ik}\dot{x}^i}{\dot{s}}$$

其中

$$\dot{s}=\frac{\mathrm{d}s}{\mathrm{d}t}=\sqrt{g_{ij}\dot{x}^i\dot{x}^j} \tag{20.61}$$

这样(20.59)就给出

$$\frac{\mathrm{d}}{\mathrm{d}t}\left(\frac{g_{ik}\dot{x}^i}{\dot{s}}\right)-\frac{1}{2\dot{s}}\frac{\partial g_{ij}}{\partial x^k}\dot{x}^i\dot{x}^j=0 \tag{20.62}$$

即

$$\frac{g_{ik}\ddot{x}^i}{\dot{s}}+\frac{1}{\dot{s}}\frac{\partial g_{ik}}{\partial x^j}\dot{x}^i\dot{x}^j-\frac{1}{(\dot{s})^2}g_{ik}\dot{x}^i\ddot{s}-\frac{1}{2\dot{s}}\frac{\partial g_{ij}}{\partial x^k}\dot{x}^i\dot{x}^j=0 \tag{20.63}$$

或

$$g_{ik}\ddot{x}^i+\frac{\partial g_{ik}}{\partial x^j}\dot{x}^i\dot{x}^j-\frac{1}{2}\frac{\partial g_{ij}}{\partial x^k}\dot{x}^i\dot{x}^j=\frac{g_{ik}\dot{x}^i\ddot{s}}{\dot{s}} \tag{20.64}$$

把其中的$\frac{\partial g_{ik}}{\partial x^j}\dot{x}^i\dot{x}^j$ 表为 $\frac{1}{2}\left(\frac{\partial g_{ik}}{\partial x^j}+\frac{\partial g_{jk}}{\partial x^i}\right)\dot{x}^i\dot{x}^j$，就有

$$g_{ik}\ddot{x}^i+\frac{1}{2}\left(\frac{\partial g_{ik}}{\partial x^j}+\frac{\partial g_{jk}}{\partial x^i}-\frac{\partial g_{ij}}{\partial x^k}\right)\dot{x}^i\dot{x}^j=\frac{g_{ik}\dot{x}^i\ddot{s}}{\dot{s}} \tag{20.65}$$

即

$$g_{ik}\ddot{x}^i+[ij,k]\dot{x}^i\dot{x}^j=\frac{g_{ik}\dot{x}^i\ddot{s}}{\dot{s}} \tag{20.66}$$

如果我们取弧长 s 作为参数(参见 § 10.1)，即 $t=s$，那么从

$$\dot{s}=\frac{\mathrm{d}s}{\mathrm{d}t}=\frac{\mathrm{d}s}{\mathrm{d}s}=1,\ \ddot{s}=\frac{\mathrm{d}^2s}{\mathrm{d}t^2}=\frac{\mathrm{d}}{\mathrm{d}s}\left(\frac{\mathrm{d}s}{\mathrm{d}t}\right)=0 \tag{20.67}$$

就有
$$g_{ik}\frac{d^2x^i}{ds^2}+[ij,k]\frac{dx^i}{ds}\frac{dx^j}{ds}=0 \tag{20.68}$$

或者

$$\frac{d^2x^i}{ds^2}+\begin{Bmatrix} i \\ jk \end{Bmatrix}\frac{dx^j}{ds}\frac{dx^k}{ds}=0 \tag{20.69}$$

这就是黎曼空间中测地线必须满足的方程. 平面中的测地线就是连接两点的线段,而球面上的测地线即是连接其上两点的大圆的弧(参见[8]).

§ 20.12　数量场和协变向量场的协变微分

我们要从已知的数量场通过协变微分给出一个新的向量场. 设 $f(x^1, x^2, \cdots, x^n)$ 为一个数量场,即

$$\bar{f}(\bar{x}^1, \bar{x}^2, \cdots, \bar{x}^n)=f(x^1, x^2, \cdots, x^n) \tag{20.70}$$

对此式两边对 $\bar{x}^i$ 求偏导数,有

$$\frac{\partial \bar{f}}{\partial \bar{x}^i}=\frac{\partial x^j}{\partial \bar{x}^i}\frac{\partial f}{\partial x^j} \tag{20.71}$$

这表明量 $\frac{\partial f}{\partial x^j}$, $j=1, 2, \cdots, n$ 是一个协变向量的分量,如果用符号∇_j表示**协变导数**的话,则在数量场的情况下,有

$$\nabla_j f=\frac{\partial f}{\partial x^j} \tag{20.72}$$

也即这时协变导数就是普通偏导数,且协变导数对数量场的运算给出了一个协变向量场.

再者,由

$$df=dx^j\,\nabla_j f \tag{20.73}$$

它是逆变向量 dx^j(参见例 19.4.2)与协变向量$\nabla_i f$ 的内积,因此是一个不变量,称为 f 的**协变微分**,记为

$$\delta f = \mathrm{d}f \tag{20.74}$$

接下来讨论协变向量场 $\boldsymbol{T}=(T_i)$ 的协变导数. 我们曾在§18.1，§18.2 所使用的方法现在已经失效了，因为此时已无活动坐标系可以应用. 不过在原有方法打下的基础的指引下，我们可以如下地进行：

在任意坐标系 $x^1, x^2, \cdots, x^n$ 下，考虑向量场 $\boldsymbol{T}$ 的坐标变换，有

$$\bar{T}_i = \frac{\partial x^j}{\partial \bar{x}^i} T_j \tag{20.75}$$

求偏导数，有

$$\frac{\partial \bar{T}_i}{\partial \bar{x}^k} = \frac{\partial x^j}{\partial \bar{x}^i} \frac{\partial T_j}{\partial \bar{x}^k} + \frac{\partial^2 x^j}{\partial \bar{x}^k \partial \bar{x}^i} T_j \tag{20.76}$$

对其中的$\dfrac{\partial T_j}{\partial \bar{x}^k}$进行下列变换(参见(20.51))，

$$\frac{\partial T_j}{\partial \bar{x}^k} = \frac{\partial T_j}{\partial x^s} \frac{\partial x^s}{\partial \bar{x}^k} \tag{20.77}$$

以及对(20.76)右边的第二项应用(20.56)，就有

$$\begin{aligned}\frac{\partial \bar{T}_i}{\partial \bar{x}^k} &= \frac{\partial T_j}{\partial x^s} \frac{\partial x^j}{\partial \bar{x}^i} \frac{\partial x^s}{\partial \bar{x}^k} + T_j \left(\overline{\begin{Bmatrix} s \\ ik \end{Bmatrix}} \frac{\partial x^j}{\partial \bar{x}^s} - \begin{Bmatrix} j \\ st \end{Bmatrix} \frac{\partial x^s}{\partial \bar{x}^i} \frac{\partial x^t}{\partial \bar{x}^k} \right) \\ &= \frac{\partial T_j}{\partial x^s} \frac{\partial x^j}{\partial \bar{x}^i} \frac{\partial x^s}{\partial \bar{x}^k} + \overline{\begin{Bmatrix} t \\ ik \end{Bmatrix}} \bar{T}_t - T_t \begin{Bmatrix} t \\ js \end{Bmatrix} \frac{\partial x^j}{\partial \bar{x}^i} \frac{\partial x^s}{\partial \bar{x}^k}\end{aligned} \tag{20.78}$$

由此把项重新安排一下就得出

$$\frac{\partial \bar{T}_i}{\partial \bar{x}^k} - \overline{\begin{Bmatrix} t \\ ik \end{Bmatrix}} \bar{T}_t = \left(\frac{\partial T_j}{\partial x^s} - \begin{Bmatrix} t \\ js \end{Bmatrix} T_t \right) \frac{\partial x^j}{\partial \bar{x}^i} \frac{\partial x^s}{\partial \bar{x}^k} \tag{20.79}$$

此式表明

$$\nabla_s T_j \equiv \frac{\partial T_j}{\partial x^s} - \begin{Bmatrix} t \\ js \end{Bmatrix} T_t \tag{20.80}$$

构成一个 2 阶协变张量，因此它就是 $\boldsymbol{T}=(T_j)$ 的**协变导数**. 再由

$$\delta T_j \equiv \mathrm{d}T_j - \begin{Bmatrix} t \\ js \end{Bmatrix} T_t \mathrm{d}x^s \tag{20.81}$$

给出的 δT_j 是一个 1 阶协变向量的分量，称为 $\boldsymbol{T}=(T_j)$ 的协变微分.

这里得出的结果(20.80)，(20.81)与(18.14)，(18.12)在形式上是完全一致的.

§ 20.13　逆变向量场和张量场的协变微分

接下来我们简叙一下逆变向量场 $\boldsymbol{T}=(T^i)$ 的协变导数的定义和结果. 在任意坐标系 $x^1, x^2, \cdots, x^n$ 下，考虑 $\boldsymbol{T}$ 在坐标变换后，有

$$\overline{T}^i = T^r \frac{\partial \overline{x}^i}{\partial x^r} \tag{20.82}$$

接着对等式两边对 $\overline{x}^k$ 求偏导数，可得

$$\frac{\partial \overline{T}^i}{\partial \overline{x}^k} = \frac{\partial}{\partial x^s}\left(T^r \frac{\partial \overline{x}^i}{\partial x^r}\right)\frac{\partial x^s}{\partial \overline{x}^k} = \frac{\partial T^r}{\partial x^s}\frac{\partial \overline{x}^i}{\partial x^r}\frac{\partial x^s}{\partial \overline{x}^k} + T^r \frac{\partial^2 \overline{x}^i}{\partial x^s \partial x^r}\frac{\partial x^s}{\partial \overline{x}^k}$$

对于其中的 $\dfrac{\partial^2 \overline{x}^i}{\partial x^s \partial x^r}$ 我们用例 20.10.3 中的公式，就有

$$\frac{\partial \overline{T}^i}{\partial \overline{x}^k} = \frac{\partial T^r}{\partial x^s}\frac{\partial \overline{x}^i}{\partial x^r}\frac{\partial x^s}{\partial \overline{x}^k} + T^r\left(\begin{Bmatrix} t \\ sr \end{Bmatrix}\frac{\partial \overline{x}^i}{\partial x^t} - \overline{\begin{Bmatrix} i \\ uv \end{Bmatrix}}\frac{\partial \overline{x}^u}{\partial x^s}\frac{\partial \overline{x}^v}{\partial x^r}\right)\frac{\partial x^s}{\partial \overline{x}^k}$$

考虑到 $\dfrac{\partial \overline{x}^u}{\partial x^s}\dfrac{\partial x^s}{\partial \overline{x}^k} = \delta^u_k$，以及 $T^r \dfrac{\partial \overline{x}^v}{\partial x^r} = \overline{T}^v$，这就给出

$$\frac{\partial \overline{T}^i}{\partial \overline{x}^k} = \frac{\partial T^r}{\partial x^s}\frac{\partial \overline{x}^i}{\partial x^r}\frac{\partial x^s}{\partial \overline{x}^k} + \begin{Bmatrix} t \\ sr \end{Bmatrix} T^r \frac{\partial \overline{x}^i}{\partial x^t}\frac{\partial x^s}{\partial \overline{x}^k} - \overline{\begin{Bmatrix} i \\ kv \end{Bmatrix}}\,\overline{T}^v$$

最后把项重新安排一下，并应用克氏符号的对称性，就有

$$\frac{\partial \overline{T}^i}{\partial \overline{x}^k} + \overline{\begin{Bmatrix} i \\ tk \end{Bmatrix}}\,\overline{T}^t = \frac{\partial \overline{x}^i}{\partial x^r}\frac{\partial x^s}{\partial \overline{x}^k}\left(\frac{\partial T^r}{\partial x^s} + \begin{Bmatrix} r \\ ts \end{Bmatrix} T^t\right) \tag{20.83}$$

这表明要如下地定义 $\boldsymbol{T}=(T^i)$ 的协变导数 $\nabla_s T^i$ 和协变微分 δT^i：

$$\nabla_s T^i \equiv \frac{\partial T^i}{\partial x^s} + \begin{Bmatrix} i \\ sj \end{Bmatrix} T^j \tag{20.84}$$

$$\delta T^i \equiv \mathrm{d}T^i + \begin{Bmatrix} i \\ jk \end{Bmatrix} T^k \mathrm{d}x^j \tag{20.85}$$

于是把对协变向量场与逆变向量场的协变导数推广到一般的张量场去就直截了当了：

定义 20.13.1 在任意坐标系 $x^1, x^2, \cdots, x^n$ 中，张量场 $\boldsymbol{T} = (T^{i_1 i_2 \cdots i_p}_{j_1 j_2 \cdots j_q})$ 关于 x^k 的协变导数是

$$\begin{aligned}\nabla_k T^{i_1 i_2 \cdots i_p}_{j_1 j_2 \cdots j_q} =& \frac{\partial T^{i_1 i_2 \cdots i_p}_{j_1 j_2 \cdots j_q}}{\partial x^k} + \begin{Bmatrix} i_1 \\ sk \end{Bmatrix} T^{s i_2 \cdots i_p}_{j_1 j_2 \cdots j_q} + \begin{Bmatrix} i_2 \\ sk \end{Bmatrix} T^{i_1 s \cdots i_p}_{j_1 j_2 \cdots j_q} + \cdots + \begin{Bmatrix} i_p \\ sk \end{Bmatrix} T^{i_1 i_2 \cdots i_{p-1} s}_{j_1 j_2 \cdots j_q} - \\ & \begin{Bmatrix} s \\ j_1 k \end{Bmatrix} T^{i_1 i_2 \cdots i_p}_{s j_2 \cdots j_q} - \begin{Bmatrix} s \\ j_2 k \end{Bmatrix} T^{i_1 i_2 \cdots i_p}_{j_1 s \cdots j_q} - \cdots \begin{Bmatrix} s \\ j_q k \end{Bmatrix} T^{i_1 i_2 \cdots i_p}_{j_1 j_2 \cdots j_{q-1} s} \\ =& \frac{\partial T^{i_1 i_2 \cdots i_p}_{j_1 j_2 \cdots j_q}}{\partial x^k} + \sum_{l=1}^{p} \begin{Bmatrix} i_l \\ sk \end{Bmatrix} T^{i_1 i_2 \cdots s \cdots i_p}_{j_1 j_2 \cdots j_q} - \sum_{m=1}^{q} \begin{Bmatrix} s \\ j_m k \end{Bmatrix} T^{i_1 i_2 \cdots i_p}_{j_1 j_2 \cdots s \cdots j_q}\end{aligned} \tag{20.86}$$

可以证明以此为分量的量 $\nabla \boldsymbol{T}$ 是一个逆变 p 阶，协变 $q+1$ 阶的张量场，这时的协变微分为

$$\begin{aligned}\delta T^{i_1 i_2 \cdots i_p}_{j_1 j_2 \cdots j_q} &= \nabla_k T^{i_1 i_2 \cdots i_p}_{j_1 j_2 \cdots j_q} \mathrm{d}x^k \\ &= \mathrm{d}T^{i_1 i_2 \cdots i_p}_{j_1 j_2 \cdots j_q} + \sum_{l=1}^{p} \begin{Bmatrix} i_l \\ sk \end{Bmatrix} T^{i_1 i_2 \cdots s \cdots i_p}_{j_1 j_2 \cdots j_q} \mathrm{d}x^k - \sum_{m=1}^{q} \begin{Bmatrix} s \\ j_m k \end{Bmatrix} T^{i_1 i_2 \cdots i_p}_{j_1 j_2 \cdots s \cdots j_q} \mathrm{d}x^k\end{aligned} \tag{20.87}$$

以此为分量的量 $\delta \boldsymbol{T}$ 是一个与原来张量同类的张量场.

容易验证张量场的协变导数和协变微分满足下列法则：

(i) $\nabla(\boldsymbol{S}+\boldsymbol{T}) = \nabla\boldsymbol{S} + \nabla\boldsymbol{T}$, $\delta(\boldsymbol{S}+\boldsymbol{T}) = \delta\boldsymbol{S} + \delta\boldsymbol{T}$

(ii) $\nabla(\boldsymbol{S}\otimes\boldsymbol{T}) = (\nabla\boldsymbol{S})\otimes\boldsymbol{T} + \boldsymbol{S}\otimes\nabla\boldsymbol{T}$,

$\delta(\boldsymbol{S}\otimes\boldsymbol{T}) = (\delta\boldsymbol{S})\otimes\boldsymbol{T} + \boldsymbol{S}\otimes(\delta\boldsymbol{T})$.

对张量 $\boldsymbol{S}$，$\boldsymbol{T}$ 的内积(参见 § 19.6，§ 20.6)也有

(iii) $\nabla(\boldsymbol{S}\cdot\boldsymbol{T})=(\nabla\boldsymbol{S})\cdot\boldsymbol{T}+\boldsymbol{S}\cdot(\nabla\boldsymbol{T})$，$\delta(\boldsymbol{S}\cdot\boldsymbol{T})=(\delta\boldsymbol{S})\cdot\boldsymbol{T}+\boldsymbol{S}\cdot(\delta\boldsymbol{T})$

例 20.13.1　协变导数的一些实例.

由(20.86)有

$$\begin{aligned}\nabla_k T_{ij}&=\frac{\partial T_{ij}}{\partial x^k}-\begin{Bmatrix}s\\ ik\end{Bmatrix}T_{sj}-\begin{Bmatrix}s\\ jk\end{Bmatrix}T_{is}\\ \nabla_k T^i_j&=\frac{\partial T^i_j}{\partial x^k}-\begin{Bmatrix}s\\ jk\end{Bmatrix}T^i_s+\begin{Bmatrix}i\\ sk\end{Bmatrix}T^s_j\\ \nabla_k T^{ij}&=\frac{\partial T^{ij}}{\partial x^k}+\begin{Bmatrix}i\\ ks\end{Bmatrix}T^{sj}+\begin{Bmatrix}j\\ ks\end{Bmatrix}T^{is}\end{aligned}\tag{20.88}$$

例 20.13.2　试求 g_{ij}，g^{ij}，δ^i_j 的协变导数.

利用上述给出的这些公式，有

$$\nabla_k g_{ij}=\frac{\partial g_{ij}}{\partial x^k}-\begin{Bmatrix}s\\ ik\end{Bmatrix}g_{sj}-\begin{Bmatrix}s\\ jk\end{Bmatrix}g_{is}=\frac{\partial g_{ij}}{\partial x^k}-[ik,j]-[jk,i]=0$$

其中用到了(20.43)，以及(20.45). 类似地，

$$\nabla_k g^{ij}=\frac{\partial g^{ij}}{\partial x^k}+\begin{Bmatrix}i\\ sk\end{Bmatrix}g^{sj}+\begin{Bmatrix}j\\ sk\end{Bmatrix}g^{is}=0$$

其中用到了(20.46). 最后

$$\nabla_k\delta^i_j=\frac{\partial\delta^i_j}{\partial x^k}-\begin{Bmatrix}s\\ jk\end{Bmatrix}\delta^i_s+\begin{Bmatrix}i\\ sk\end{Bmatrix}\delta^s_j=0-\begin{Bmatrix}i\\ jk\end{Bmatrix}+\begin{Bmatrix}i\\ jk\end{Bmatrix}=0$$

这些零值表明 g_{ij}，g^{ij}，δ^i_j 在协变微分时都可以当作常数处理(参见例 20.13.4).

例 20.13.3　由 $g^{il}g_{lj}=\delta^i_j$，有

$$\nabla_k\delta^i_j=(\nabla_k g^{il})g_{lj}+g^{il}\nabla_k g_{lj}=0$$

与上例中的结果一致.

例 20.13.4　计算 $\nabla_k(g_{ij}T^s_{lm})$.

$$\nabla_k(g_{ij}T^s_{lm})=(\nabla_k g_{ij})T^s_{lm}+g_{ij}(\nabla_k T^s_{lm})=g_{ij}\nabla_k T^s_{lm}$$

§ 20.14 张量场沿一条曲线的绝对导数

在例 20.1.1,例 20.1.2,我们表明了如果质粒沿曲线 C: $x^i=x^i(t)$, $i=1, 2, 3$ 运动,其中参数 t 是时间,那么 $v^i=\dfrac{\mathrm{d}x^i}{\mathrm{d}t}$ 是该质粒的速度,且是一个 1 阶逆变向量,而量 $\dfrac{\mathrm{d}v^i}{\mathrm{d}t}=\dfrac{\mathrm{d}^2x^i}{\mathrm{d}t^2}$ 一般并不是一个张量. 因此$\dfrac{\mathrm{d}v^i}{\mathrm{d}t}$不能在所有坐标系中表示加速度这一物理量. 下面我们将看到我们要把加速度 a^i 定义为速度 v^i 的绝对导数,即 $a^i=\dfrac{\delta v^i}{\delta t}$, 这是一个 1 阶逆变向量. 要提醒一下的是:此时的求导运算是对向量场 $\boldsymbol{V}$ 与参数 t(如时间)定义的,而不是向量场 $\boldsymbol{V}$ 对坐标 x^1, …, x^n 的协变导数,但两者有关联:

逆变向量场 $\boldsymbol{T}=(T^i)$ 沿着曲线 C: $x^i=x^i(t)$ 的绝对导数是如下定义的:

对于 $\boldsymbol{T}$,由它的协变导数给出$\nabla\boldsymbol{T}$,其分量为$\nabla_k T^i$,即 $\nabla\boldsymbol{T}=(\nabla_k T^i)$:

$$\nabla_k T^i=\frac{\partial T^i}{\partial x^k}+\begin{Bmatrix} i \\ ks \end{Bmatrix}T^s \tag{20.89}$$

再对于由曲线 C 给出的

$$\boldsymbol{V}=\left(\frac{\mathrm{d}x^i}{\mathrm{d}t}\right) \tag{20.90}$$

我们作$\nabla\boldsymbol{T}$ 与 $\boldsymbol{V}$ 的内积$\nabla\boldsymbol{T}\cdot\boldsymbol{V}$,这是一个 1 阶逆变向量,它的分量为

$$\nabla_k T^i\frac{\mathrm{d}x^k}{\mathrm{d}t}=\left(\frac{\partial T^i}{\partial x^k}+\begin{Bmatrix} i \\ ks \end{Bmatrix}T^s\right)\frac{\mathrm{d}x^k}{\mathrm{d}t}=\frac{\mathrm{d}T^i}{\mathrm{d}t}+\begin{Bmatrix} i \\ ks \end{Bmatrix}T^s\frac{\mathrm{d}x^k}{\mathrm{d}t}\equiv\frac{\delta T^i}{\delta t} \tag{20.91}$$

$\nabla\boldsymbol{T}\cdot\boldsymbol{V}=\left(\dfrac{\delta T^i}{\delta t}\right)$ 称为 $\boldsymbol{T}$ 沿曲线 C 的**绝对导数**.

对于协变向量场 $\boldsymbol{T}=(T_i)$ 则按下式定义:

$$\frac{\delta T_i}{\delta t}=\frac{\mathrm{d}T_i}{\mathrm{d}t}-\begin{Bmatrix} s \\ ki \end{Bmatrix} T_s \frac{\mathrm{d}x^k}{\mathrm{d}t} \tag{20.92}$$

更高阶的张量场的绝对导数可相仿定义.

例 20.14.1 设 f 是一个标量场,则由 § 20.12 可知 $\frac{\delta f}{\delta t}\equiv\nabla_k f\frac{\mathrm{d}x^k}{\mathrm{d}t}=\frac{\partial f}{\partial x^k}\frac{\mathrm{d}x^k}{\mathrm{d}t}=\frac{\mathrm{d}f}{\mathrm{d}t}$, 即绝对导数就是普通导数.

例 20.14.2 在 g_{ij} 等是常数的那些坐标系中,则从(20.91),(20.92),以及 § 20.9 可知绝对导数即是普通导数.

例 20.14.3 若 3 维空间中的质点 m 的位置用曲线坐标表示为 $x^1(t)$, $x^2(t)$, $x^3(t)$,则令 $\boldsymbol{T}=\left(\frac{\mathrm{d}x^i}{\mathrm{d}t}\right)$,即 $T^i=\frac{\mathrm{d}x^i}{\mathrm{d}t}$,那么从$\frac{\mathrm{d}x^i}{\mathrm{d}t}=v^i$,有

$$\frac{\delta T^i}{\delta t}=\frac{\delta v^i}{\delta t}=\frac{\mathrm{d}^2x^i}{\mathrm{d}t^2}+\begin{Bmatrix} i \\ ks \end{Bmatrix} v^s\frac{\mathrm{d}x^k}{\mathrm{d}t}=\frac{\mathrm{d}^2x^i}{\mathrm{d}t^2}+\begin{Bmatrix} i \\ ks \end{Bmatrix}\frac{\mathrm{d}x^s}{\mathrm{d}t}\frac{\mathrm{d}x^k}{\mathrm{d}t}.$$

记 $(a^i)=\left(\frac{\delta v^i}{\delta t}\right)$,那么物理量$(a^i)$是张量,且在直角坐标系中有(参见例 17.4.2)

$$\frac{\delta v^i}{\delta t}=\frac{\mathrm{d}^2x^i}{\mathrm{d}t^2},\ i=1,\ 2,\ 3$$

因此(a^i)是任意坐标系下加速度的表示.

例 20.14.4 应用:牛顿第二定律的张量形式.

牛顿第二定律

$$\boldsymbol{F}=m\boldsymbol{a}=m\left(\frac{\mathrm{d}^2x}{\mathrm{d}t^2}\boldsymbol{i}+\frac{\mathrm{d}^2y}{\mathrm{d}t^2}\boldsymbol{j}+\frac{\mathrm{d}^2z}{\mathrm{d}t^2}\boldsymbol{k}\right) \tag{20.93}$$

在曲线坐标 x^i, $i=1,\ 2,\ 3$ 于是应写成

$$F^i=ma^i$$

其中 F^i 是 $\boldsymbol{F}$ 在该坐标下的第 i 分量,而 $a^i=\frac{\delta v^i}{\delta t}$,因此有

$$F^i = ma^i = m\left(\frac{\mathrm{d}^2 x^i}{\mathrm{d}t^2} + \begin{Bmatrix} i \\ ks \end{Bmatrix} \frac{\mathrm{d}x^s}{\mathrm{d}t} \frac{\mathrm{d}x^k}{\mathrm{d}t}\right),\ i = 1,\ 2,\ 3 \tag{20.94}$$

这是牛顿第二定律的曲线坐标形式. 在确定的曲线坐标中,如柱面坐标或球面坐标,先求得其克氏符号,然后(20.94)便给出具体的形式.

§20.15 张量场在一条曲线上的平行移动

如果对于张量场 $\boldsymbol{T} = (T^{i\cdots}_{j\cdots})$ 沿曲线 C,有 $\frac{\delta T^{i\cdots}_{j\cdots}}{\delta t} = 0$,则称该张量场沿 C 是**平行移动的**. 下面我们就测地线,以及平行移动的逆变向量场 $\boldsymbol{V} = (v^i)$ 来探究平行移动的几何意义.

首先,讨论测地线这一情况.

设曲线 C: $x^i = x^i(t)$ 是黎曼空间中连结 $x^i(a)$和 $x^i(b)$两点的测地线,那么由 §20.11 可知,若取弧长为参数,则有

$$\frac{\mathrm{d}^2 x^i}{\mathrm{d}s^2} + \begin{Bmatrix} i \\ jk \end{Bmatrix} \frac{\mathrm{d}x^j}{\mathrm{d}s} \frac{\mathrm{d}x^k}{\mathrm{d}s} = 0 \tag{20.95}$$

所以若记 $\frac{\mathrm{d}x^i}{\mathrm{d}s} = T^i$,即 $\boldsymbol{T} = (T^i)$ 是此测地线的切向量场(参见 §10.4),那么(20.95)就给出

$$\frac{\delta T^i}{\delta t} = \frac{\mathrm{d}T^i}{\mathrm{d}s} + \begin{Bmatrix} i \\ jk \end{Bmatrix} T^j \frac{\mathrm{d}x^k}{\mathrm{d}s} = 0$$

这就是说,测地线的切向量场$\left(\frac{\mathrm{d}x^i}{\mathrm{d}s}\right)$沿该测地线是平行移动的. 接下来的两个例子从两个不同的视角刻画了平行移动的逆变向量场 $\boldsymbol{V} = (v^i)$ 给出的几何意义.

例 20.15.1 平行移动的向量场 $\boldsymbol{T} = (T^i)$ 的长度在平行移动时保持不变.

从 $\boldsymbol{T}^2 = g_{ij} T^i T^j$,以及例 20.14.1,有

$$\frac{\mathrm{d}(g_{ij}T^iT^j)}{\mathrm{d}t}=\frac{\delta(g_{ij}T^iT^j)}{\delta t}=\nabla_k(g_{ij}T^iT^j)\frac{\mathrm{d}x^k}{\mathrm{d}t}$$

$$=[(\nabla_k g_{ij})T^iT^j+g_{ij}T^j\nabla_kT^i+g_{ij}T^i\nabla_kT^j]\frac{\mathrm{d}x^k}{\mathrm{d}t}$$

$$=(g_{ij}T^j\nabla_kT^i+g_{ij}T^i\nabla_kT^j)\frac{\mathrm{d}x^k}{\mathrm{d}t}=g_{ij}T^j\frac{\delta T^i}{\delta t}+g_{ij}T^i\frac{\delta T^j}{\delta t}=0$$

其中用到了例 20.14.1,例 20.13.2 的结果,以及 $\frac{\delta T^i}{\delta t}=\frac{\delta T^j}{\delta t}=0$, 即向量场 $\boldsymbol{T}$ 在曲线上是平行移动的. 由此得到 $\mathrm{d}(g_{ij}T^iT^j)=0$, 即向量场 $\boldsymbol{T}$ 的长度在平行移动下不变.

例 20.15.2　设 $\boldsymbol{T}=(T^i)$, $\boldsymbol{W}=(W^i)$ 是两个沿曲线平行移动的向量场,则它们的夹角 θ 在平行移动下不变.

此时从上例可知 $|\boldsymbol{T}|$, $|\boldsymbol{W}|$ 在平行移动下不变,于是由

$$\frac{\mathrm{d}(\cos\theta)}{\mathrm{d}t}=\frac{\delta(\cos\theta)}{\delta t}=\frac{\delta\left(\frac{g_{ij}T^iW^j}{|\boldsymbol{T}|\,|\boldsymbol{W}|}\right)}{\delta t}=\frac{1}{|\boldsymbol{T}|\,|\boldsymbol{W}|}\frac{\delta(g_{ij}T^iW^j)}{\delta t}$$

$$=\frac{1}{|\boldsymbol{T}|\,|\boldsymbol{W}|}\nabla_k(g_{ij}T^iW^j)\frac{\mathrm{d}x^k}{\mathrm{d}t}=\frac{1}{|\boldsymbol{T}|\,|\boldsymbol{W}|}\left(g_{ij}T^i\frac{\delta W^j}{\delta t}+g_{ij}W^j\frac{\delta T^i}{\delta t}\right)=0$$

可知 θ 在平行移动下不变.

§20.16　曲率张量

在§17.7 中,我们在讨论三维空间的曲线坐标的理论中,首次引入了量 K^l_{ijk}(参见(17.49)),并证明了此时 $K^l_{ijk}=0$. 而且在§18.4 证明了(18.17),(18.18)两式

$$\nabla_i\nabla_jv^k-\nabla_j\nabla_iv^k=K^k_{ijl}v^l=0$$

$$\nabla_i\nabla_jv_k-\nabla_j\nabla_iv_k=-K^l_{ijk}=0$$

这表明尽管在曲线坐标的框架中, ∇_i 和 ∇_j 对 $\boldsymbol{V}=(v^i)$ 和 $\boldsymbol{V}=(v_i)$ 的协变导数仍是可换的,即与求导的次序无关. 那么在黎曼几何中会不会有同样情况呢? 我们来研究这一问题.

为了简化符号，我们引入

$$v_{i,j}=\nabla_j v_i,\ v_{i,jk}=\nabla_k\nabla_j v_i,\ \partial_k=\frac{\partial}{\partial x^k}$$
$$v^i_{,j}=\nabla_j v^i,\ v^i_{,jk}=\nabla_k\nabla_j v^i,\ \cdots \tag{20.96}$$

等，即用“$,j$”表示∇_j；“$,jk$”表示$\nabla_k\nabla_j$.

下面我们先计算

$$v_{i,jk}=(v_{i,j})_{,k}=\partial_k(v_{i,j})-\begin{Bmatrix}r\\ ik\end{Bmatrix}(v_{r,j})-f\begin{Bmatrix}r\\ jk\end{Bmatrix}(v_{i,r}) \tag{20.97}$$

在其中代入

$$v_{i,j}=\partial_j v_i-\begin{Bmatrix}s\\ ij\end{Bmatrix}v_s$$

而有

$$\begin{aligned}v_{i,jk}=&\partial_k\partial_j v_i-v_s\partial_k\begin{Bmatrix}s\\ ij\end{Bmatrix}-\begin{Bmatrix}s\\ ij\end{Bmatrix}\partial_k v_s-\begin{Bmatrix}r\\ ik\end{Bmatrix}\partial_j v_r\\&+\begin{Bmatrix}r\\ ik\end{Bmatrix}\begin{Bmatrix}s\\ rj\end{Bmatrix}v_s-\begin{Bmatrix}r\\ jk\end{Bmatrix}\partial_r v_i+\begin{Bmatrix}r\\ kj\end{Bmatrix}\begin{Bmatrix}s\\ ir\end{Bmatrix}v_s\end{aligned} \tag{20.98}$$

为了求得 $v_{i,kj}$ 只要在上式中交换 j 与 k 就有

$$\begin{aligned}v_{i,kj}=&\partial_j\partial_k v_i-v_s\partial_j\begin{Bmatrix}s\\ ik\end{Bmatrix}-\begin{Bmatrix}s\\ ik\end{Bmatrix}\partial_j v_s-\begin{Bmatrix}r\\ ij\end{Bmatrix}\partial_k v_r+\\&\begin{Bmatrix}r\\ ij\end{Bmatrix}\begin{Bmatrix}s\\ rk\end{Bmatrix}v_s-\begin{Bmatrix}r\\ kj\end{Bmatrix}\partial_r v_i+\begin{Bmatrix}r\\ kj\end{Bmatrix}\begin{Bmatrix}s\\ ir\end{Bmatrix}v_s\end{aligned} \tag{20.99}$$

于是从(20.98)减去(20.99)就有

$$v_{i,jk}-v_{i,kj}=-v_s\partial_k\begin{Bmatrix}s\\ ij\end{Bmatrix}+\begin{Bmatrix}r\\ ik\end{Bmatrix}\begin{Bmatrix}s\\ rj\end{Bmatrix}v_s+v_s\partial_j\begin{Bmatrix}s\\ ik\end{Bmatrix}-\begin{Bmatrix}r\\ ij\end{Bmatrix}\begin{Bmatrix}s\\ rk\end{Bmatrix}v_s=R^s_{ijk}v_s \tag{20.100}$$

其中

$$R^s_{ijk}=\partial_j\begin{Bmatrix}s\\ik\end{Bmatrix}-\partial_k\begin{Bmatrix}s\\ij\end{Bmatrix}+\begin{Bmatrix}r\\ik\end{Bmatrix}\begin{Bmatrix}s\\rj\end{Bmatrix}-\begin{Bmatrix}r\\ij\end{Bmatrix}\begin{Bmatrix}s\\rk\end{Bmatrix}. \tag{20.101}$$

从(20.100)，由商法则可知，R^s_{ijk} 是一个有 n^4 个分量的，逆变 1 阶，协变 3 阶的 4 阶张量，称为(黎曼)曲率张量.

比较表示 R^s_{ijk} 的(20.101)与表示 K^l_{ijk} 的(17.49)，有

$$R^s_{ijk}=-K^s_{kji} \tag{20.102}$$

由于有些作者采用 K 记号，有些作者采用 R 记号，所以注意到两者不仅在字母与符号上有差别，而且在下标的次序上也有区别这一点是很重要的.

在黎曼空间中，曲率张量一般不为零. 三维空间中 $K^l_{ijk}=0$，即曲率张量为零，因而它是平直的——欧几里得空间.

从(20.101)容易得出

$$R^s_{ijk}=-R^s_{ikj} \tag{20.103}$$

所以 R^s_{ijk} 关于它后面的 2 个协变指标是反对称的.

对于 3 个协变指标的循环置换，从(20.101)还可得到

$$R^s_{jkl}+R^s_{klj}+R^s_{ljk}=0 \tag{20.104}$$

这个等式称为比安基第一恒等式.

比安基(Luigi Bianchi，1856—1928)，意大利数学家，是十九世纪后期与二十世纪前期意大利几何学派的领头人.

关于 $v^i_{,jk}-v^j_{,kj}$ 等的讨论，我们放在§20.19 中.

§20.17　协变曲率张量

利用(g_{ij})将(R^s_{jkl})的逆变指标下降，而定义

$$R_{ijkl}=g_{is}R^s_{jkl} \tag{20.105}$$

这个有 4 个协变指标的张量称为协变曲率张量. 因为它的指标都是协变指标，所以用这种形式来表述曲率张量的对称特性就更为可取了. 不过，我们在本节中先来求它的表达式.

利用 R^s_{jkl} 的表达式(20.101),我们有

$$\begin{aligned}
R_{ijkl} &= g_{is}\partial_k\begin{Bmatrix} s \\ jl \end{Bmatrix} - g_{is}\partial_j\begin{Bmatrix} s \\ jk \end{Bmatrix} + g_{is}\begin{Bmatrix} r \\ jl \end{Bmatrix}\begin{Bmatrix} s \\ rk \end{Bmatrix} - g_{is}\begin{Bmatrix} r \\ jk \end{Bmatrix}\begin{Bmatrix} s \\ rl \end{Bmatrix} \\
&= \partial_k\left(g_{is}\begin{Bmatrix} s \\ jl \end{Bmatrix}\right) - \begin{Bmatrix} s \\ jl \end{Bmatrix}\partial_k g_{is} - \partial_l\left(g_{is}\begin{Bmatrix} s \\ jk \end{Bmatrix}\right) + \begin{Bmatrix} s \\ jk \end{Bmatrix}\partial_l g_{is} + \begin{Bmatrix} r \\ jl \end{Bmatrix}[rk,\ i] \\
&\quad - \begin{Bmatrix} r \\ jk \end{Bmatrix}[rl,\ i] \\
&= \partial_k[jl,\ i] - \partial_l[jk,\ i] + \begin{Bmatrix} r \\ jk \end{Bmatrix}(\partial_l g_{ir} - [rl,\ i]) - \\
&\quad \begin{Bmatrix} r \\ jl \end{Bmatrix}(\partial_k g_{ir} - [rk,\ i]) \\
&= \partial_k[jl,\ i] - \partial_l[jk,\ i] + \begin{Bmatrix} r \\ jk \end{Bmatrix}[il,\ r] - \begin{Bmatrix} r \\ jl \end{Bmatrix}[ik,\ r]
\end{aligned} \tag{20.106}$$

其中用到了例 20.9.3 的结果. 这是一个重要的公式.

如果再使用$[ij,\ k]$的表达式(20.41),我们则能从上式得出另一个重要的公式

$$R_{ijkl} = \frac{1}{2}(\partial_j\partial_k g_{il} + \partial_i\partial_l g_{jk} - \partial_j\partial_l g_{ik} - \partial_i\partial_k g_{jl}) + \begin{Bmatrix} r \\ jk \end{Bmatrix}[il,\ r] - \begin{Bmatrix} r \\ jl \end{Bmatrix}[ik,\ r] \tag{20.107}$$

例 20.17.1　(20.105)给出

$$R_{sjkl} = g_{sr}R^r_{jkl}$$

对两边乘以 g^{is} 并对 i 求和,有

$$g^{is}R_{sjkl} = g^{is}g_{sr}R^r_{jkl} = \delta^i_r R^r_{jkl} = R^i_{jkl} \tag{20.108}$$

§ 20.18　协变曲率张量的对称性

对于协变曲率张量我们有下列四种对称性:

(i) 协变曲率张量对其最初 2 个指标的反对称性，即

$$R_{ijkl}=-R_{jikl} \tag{20.109}$$

(ii) 协变曲率张量对其最后 2 个指标的反对称性，即

$$R_{ijkl}=-R_{ijlk} \tag{20.110}$$

(iii) 协变曲率张量的成团对称性，即

$$R_{ijkl}=R_{klij} \tag{20.111}$$

(iv) 比安基第一恒等式，即对于最后 3 个指标的循环置换，有

$$R_{ijkl}+R_{iklj}+R_{iljk}=0 \tag{20.112}$$

例 20.18.1　证明(20.109).

根据 R_{ijkl} 的表达式(20.107)，引入下列记号是方便的：

$$G^{ij}_{kl}=\frac{1}{2}(\partial_k\partial_l g_{ij}+\partial_i\partial_j g_{kl}),\ H^{ij}_{kl}=[ij,r]\begin{Bmatrix}r\\kl\end{Bmatrix}$$

对于它们显然有

$$G^{ij}_{kl}=G^{ji}_{kl}=G^{ij}_{lk},\ G^{ij}_{kl}=G^{kl}_{ij},\ H^{ij}_{kl}=H^{ji}_{kl}=H^{ij}_{lk}$$

此外，经过一些运算，还能得出

$$H^{ij}_{kl}=[ij,r]\begin{Bmatrix}r\\kl\end{Bmatrix}=\left(g_{rs}\begin{Bmatrix}s\\ij\end{Bmatrix}\right)\begin{Bmatrix}r\\kl\end{Bmatrix}=\begin{Bmatrix}s\\ij\end{Bmatrix}[kl,s]=H^{kl}_{ij}$$

于是(20.107)给出

$$\begin{aligned}R_{ijkl}&=G^{il}_{jk}-G^{ik}_{jl}+H^{il}_{jk}-H^{ik}_{jl},\\R_{jikl}&=G^{jl}_{ik}-G^{jk}_{il}+H^{jl}_{ik}-H^{jk}_{il}=G^{ik}_{jl}-G^{il}_{jk}+H^{ik}_{jl}-H^{il}_{jk}.\end{aligned}$$

最后就有

$$R_{ijkl}=-R_{jikl}$$

例 20.18.2　证明(20.110)

这由(20.103)所示的 $R^s_{ijk}=-R^s_{ikj}$，有

$$R_{ijkl}=g_{is}R^s_{jkl}=-g_{is}R^s_{jlk}=-R_{ijlk}.$$

例 20.18.3 证明(20.111)

利用上面对称性中的(i),(ii),先有

$$R_{klij}=R_{lkji}=G^{li}_{kj}-G^{lj}_{ki}+H^{li}_{kj}-H^{lj}_{ki}$$

而

$$R_{lkji}=G^{li}_{kj}-G^{lj}_{ki}+H^{li}_{kj}-H^{lj}_{ki}=G^{il}_{jk}-G^{ik}_{jl}+H^{il}_{jk}-H^{ik}_{jl}=R_{ijkl}.$$

例 20.18.4 证明(20.112)

由 R^s_{jkl} 满足的比安基第一恒等式,有

$$g_{is}(R^s_{jkl}+R^s_{klj}+R^s_{ljk})=0$$

由此就有

$$R_{ijkl}+R_{iklj}+R_{iljk}=0$$

§20.19 里奇公式

在§20.16中,我们证明了(20.100):

$$v_{i,jk}-v_{i,kj}=R^s_{ijk}v_s$$

同样也能证明下列各式

$$f_{,jk}-f_{,kj}=0 \tag{20.113}$$

$$v^i_{,jk}-v^i_{,kj}=-R^i_{sjk}v^s \tag{20.114}$$

$$T_{ij,kl}-T_{ij,lk}=R^s_{ikl}T_{sj}+R^s_{jkl}T_{is} \tag{20.115}$$

这些式子称为里奇公式. 它们表明了$\nabla_k\nabla_j$与$\nabla_j\nabla_k$对 f, v_i, v^i, T_{ij} 的运算结果.

里奇(Giovanni Ricci, 1904—1973),意大利数学家. 他在张量分析方向有开创性工作,在数论,微分几何,数学分析诸方面也有贡献.

例 20.19.1 证明(20.113).

由(20.72)可知 $f_{,j}=\dfrac{\partial f}{\partial x^j}$，因此(参见(20.80))

$$f_{,jk}=\frac{\partial}{\partial x^k}\left(\frac{\partial f}{\partial x^j}\right)-\begin{Bmatrix} t \\ jk \end{Bmatrix}\left(\frac{\partial f}{\partial x^t}\right)$$

在此式中，交换 j，k 有

$$f_{,kj}=\frac{\partial}{\partial x^j}\left(\frac{\partial f}{\partial x^k}\right)-\begin{Bmatrix} t \\ kj \end{Bmatrix}\left(\frac{\partial f}{\partial x^t}\right)$$

因此 $f_{,jk}-f_{,kj}=0$.

例 20.19.2　证明(20.114).

我们可以用类似于得出(20.100)的那种方法去证明(作为练习). 不过，下述方法更简洁，其中应用了(20.100)这一已知的结果.

从 $v^i=g^{ir}v_r$，而 g^{ir} 在协变微分下可看似常数(参见例 20.13.2)所以有 $v^i_{,kl}=(g^{ir}v_r)_{,kl}=g^{ir}v_{r,kl}$，以及 $v^i_{,lk}=g^{ir}v_{r,lk}$. 因此

$$\begin{aligned} v^i_{,kl}-v^i_{,lk}&=g^{ir}(v_{r,kl}-v_{r,lk})=g^{ir}R^s_{rkl}v_s \\ &=g^{ir}R^s_{rkl}g_{st}v^t=(g^{ir}R_{trkl})v^t=-R^i_{tkl}v^t. \end{aligned}$$

例 20.19.3　证明(20.115).

如果用蛮力去证明(20.115)，工作量是相当大的. 我们下面将应用里奇公式(20.114)和(20.100)去证明.

先对任意逆变向量场 $\mathbf{V}=(v^i)$，从(20.114)有

$$v^i_{,jk}-v^i_{,kj}=-R^i_{sjk}v^s \tag{20.116}$$

然后构成 $\mathbf{V}=(v^i)$，$\boldsymbol{T}=(T_{ij})$ 的内积 $\mathbf{V}\cdot\boldsymbol{T}=(v^qT_{iq})$. 从 $\mathbf{V}\cdot\boldsymbol{T}$ 是一个协变向量，于是可以用(20.100)，而有

$$(v^qT_{iq})_{,kl}-(v^qT_{iq})_{,lk}=R^s_{ikl}v^qT_{sq} \tag{20.117}$$

利用协变导数法则(参见§20.13)，对上面的内积可得出

$$\begin{aligned} &(v^qT_{iq})_{,k}=v^q_{,k}T_{iq}+v^qT_{iq,k} \\ &(v^qT_{iq})_{,kl}=v^q_{,kl}T_{iq}+v^q_{,k}T_{iq,l}+v^q_{,l}T_{iq,k}+v^qT_{iq,kl} \end{aligned} \tag{20.118}$$

这是(20.117)左边的第一项. 在其中交换 k, l 可得(20.117)左边的第二项:

$$(v^q T_{iq})_{,lk} = v^q_{,lk} T_{iq} + v^q_{,l} T_{iq,k} + v^q_{,k} T_{iq,l} + v^q T_{iq,lk} \tag{20.119}$$

将(20.118)减去(20.119),可得

$$R^s_{ikl} v^q T_{sq} = (v^q_{,kl} - v^q_{,lk}) T_{iq} + (T_{iq,kl} - T_{iq,lk}) v^q$$

对于右边的第一个括号中的量应用(20.116),且将式中各项作适当安排,有

$$[(T_{iq,kl} - T_{iq,lk}) - (R^s_{ikl} T_{sq} + R^s_{qkl} T_{is})] v^q = 0$$

由于(v^i)是任意的,最终就有

$$T_{iq,kl} - T_{iq,lk} = R^s_{ikl} T_{sq} + R^s_{qkl} T_{is}.$$

此即(20.115)

例 20.19.4 对 g_{ij} 应用(20.115),有

$$0 = g_{ij,kl} - g_{ij,lk} = R^s_{ikl} g_{sj} + R^s_{jkl} g_{is}$$

因此,有

$$R_{jikl} = -R_{ijkl}$$

此即(20.109).

§20.20 比安基第二恒等式

在(20.115)所示的公式

$$T_{ij,kl} - T_{ij,lk} = R^s_{ikl} T_{sj} + R^s_{jkl} T_{is}$$

中将 T_{ij} 取为对任意协变向量场 $\boldsymbol{W} = (W_i)$ 构成的$\nabla_j W_i$,而有

$$\nabla_j W_{i,kl} - \nabla_j W_{i,lk} = R^s_{ikl} \nabla_j W_s + R^s_{jkl} \nabla_s W_i \tag{20.120}$$

在此式中将指标 j, k, l 分别以 l, j, k; k, l, j 代换,则有

$$\nabla_l W_{i,jk} - \nabla_l W_{i,kj} = R^s_{ijk} \nabla_l W_s + R^s_{ljk} \nabla_s W_i \tag{20.121}$$

$$\nabla_k W_{i,lj} - \nabla_k W_{i,jl} = R^s_{ilj} \nabla_k W_s + R^s_{klj} \nabla_s W_i \tag{20.122}$$

另一方面，对里奇公式(参见(20.100))

$$\nabla_j W_{i,k} - \nabla_k W_{i,j} = W_{i,jk} - W_{i,kj} = R^s_{ijk} W_s$$

两边施以∇_l运算，则有

$$\nabla_j W_{i,kl} - \nabla_k W_{i,jl} = (\nabla_l R^s_{ijk}) W_s + R^s_{ijk} \nabla_l W_s \tag{20.123}$$

在此式中将指标 j, k, l 分别以 l, j, k；k, l, j 代换，则有

$$\nabla_l W_{i,jk} - \nabla_j W_{i,lk} = (\nabla_k R^s_{ilj}) W_s + R^s_{ilj} \nabla_k W_s \tag{20.124}$$

$$\nabla_k W_{i,lj} - \nabla_l W_{i,kj} = (\nabla_j R^s_{ikl}) W_s + R^s_{ikl} \nabla_j W_s \tag{20.125}$$

将(20.120)，(20.121)，(20.122)三式之和再减去(20.123)，(20.124)，(20.125)三式之和，有

$$0 = (R^s_{jkl} + R^s_{klj} + R^s_{ljk}) \nabla_s W_i - (\nabla_l R^s_{ijk} + \nabla_k R^s_{ilj} + \nabla_j R^s_{ikl}) W_s$$

再从比安基第一恒等式，即 $R^s_{jkl} + R^s_{klj} + R^s_{ljk} = 0$，以及$\boldsymbol{W} = (W_i)$ 是任意的，所以最后有

$$\nabla_l R^s_{ijk} + \nabla_k R^s_{ilj} + \nabla_j R^s_{ikl} = 0 \tag{20.126}$$

这就是**比安基第二恒等式**.

例 20.20.1　协变曲率张量满足的比安基第二恒等式.

在(20.126)两边乘以 g_{hs}，再对 s 求和有

$$g_{hs}(\nabla_l R^s_{ijk} + \nabla_k R^s_{ilj} + \nabla_j R^s_{ikl}) = 0 \tag{20.127}$$

即(参见例 20.13.2)

$$\nabla_l R_{hijk} + \nabla_k R_{hilj} + \nabla_j R_{hikl} = 0. \tag{20.128}$$

在改变指标符号以及用 k 表示∇_k后，(20.128)也可表示为：

$$R_{ijkl,u} + R_{ijlu,k} + R_{ijuk,l} = 0, \tag{20.129}$$

§20.21　里奇张量和曲率标量

对于曲率张量 R^l_{ijk}，对它的逆变指标与最后一个协变指标进行缩并，而定义

$$R_{ij}=R^k_{ijk} \tag{20.130}$$

这样得出的协变张量称为第一类里奇张量.

从

$$R^l_{ijk}=\partial_j\begin{Bmatrix}l\\ik\end{Bmatrix}-\partial_k\begin{Bmatrix}l\\ij\end{Bmatrix}+\begin{Bmatrix}l\\jr\end{Bmatrix}\begin{Bmatrix}r\\il\end{Bmatrix}-\begin{Bmatrix}l\\kr\end{Bmatrix}\begin{Bmatrix}r\\ij\end{Bmatrix} \tag{20.131}$$

有

$$R_{ij}=\partial_j\begin{Bmatrix}k\\ik\end{Bmatrix}-\partial_k\begin{Bmatrix}k\\ij\end{Bmatrix}+\begin{Bmatrix}k\\jr\end{Bmatrix}\begin{Bmatrix}r\\ik\end{Bmatrix}-\begin{Bmatrix}k\\kr\end{Bmatrix}\begin{Bmatrix}r\\ij\end{Bmatrix} \tag{20.132}$$

例 20.21.1 第一类里奇张量是对称张量.

在比安基第一恒等式(20.112)

$$R_{ijkl}+R_{iklj}+R_{iljk}=0$$

的两边乘以 g^{ij},再对 i, j 求和,有

$$g^{ij}R_{ijkl}+g^{ij}R_{iklj}+g^{ij}R_{iljk}=0 \tag{20.133}$$

其中 $g^{ij}R_{ijkl}=0$, 这是因为 g^{ij} 是对称的,而 R_{ijkl} 中指标 i, j 是反对称的. 而对另两项有

$$g^{ij}R_{iklj}=\sum_j\sum_i g^{ij}R_{iklj}=\sum_j R^j_{klj}=R_{kl}$$

$$g^{ij}R_{iljk}=g^{ij}(-R_{ilkj})=-\sum_j\sum_i g^{ij}R_{ilkj}=-\sum_j R^j_{lkj}=-R_{lk}$$

因此,由(20.133)有 $R_{kl}-R_{lk}=0$, 即

$$R_{kl}=R_{lk} \tag{20.134}$$

对对称的协变张量 R_{ij} 上升一个指标,即得第二类里奇张量

$$R^i_j\equiv g^{ik}R_{kj} \tag{20.135}$$

对这个张量再缩并 1 次,即有曲率标量

$$R=R^i_i=\sum_i R^i_i=g^{ik}R_{ki} \tag{20.136}$$

要注意的是，R 是标量指的是它在黎曼空间的坐标系的变换下是不变的. 然而，它仍是坐标的函数，对它进行协变微分时，它并不是标量.

§ 20.22　爱因斯坦张量及其性质

利用第二类里奇张量 R^i_j，张量 δ^i_j（参见例 19.5.2），以及里奇标量 R，可构造下列**爱因斯坦张量**

$$G^i_j = R^i_j - \frac{1}{2}\delta^i_j R \tag{20.137}$$

里奇张量 R^i_j 是曲率张量 R^l_{ijk} 经缩并与指标的上升而产生的，而曲率张量满足比安基第一恒等式，因此爱因斯坦张量也得服从某种关系. 下面我们就来讨论这一点.

利用协变曲率张量指标的反对称性，(20.129)变为

$$R_{ijkl,u} - R_{ijul,k} - R_{jiuk,l} = 0$$

以 $g^{il}g^{jk}$ 乘等式两边，并对 i，l；j，k 求和，有

$$\begin{aligned}
0 &= g^{il}g^{jk}(R_{ijkl,u} - R_{ijul,k} - R_{jiuk,l}) \\
&= g^{jk}R^l_{jkl,u} - g^{jk}R^l_{jul,k} - g^{il}R^k_{iuk,l} \\
&= g^{jk}R_{jk,u} - g^{jk}R_{ju,k} - g^{il}R_{iu,l} \\
&= R_{,u} - R^k_{u,k} - R^l_{u,l} = R_{,u} - 2R^k_{u,k} \\
&= -2\left(R^k_{u,k} - \frac{1}{2}R_{,u}\right) = -2\left(R^k_{u,k} - \frac{1}{2}\delta^k_u R_{,k}\right) = -2\left(R^k_u - \frac{1}{2}\delta^k_u R\right)_{,k}
\end{aligned} \tag{20.138}$$

其中最后一步用到了$(\delta^i_j)_{,k}$（参见例 20.13.2）. 于是将指标 k 改为 i，u 改为 j，就得出

$$\left(R^i_j - \frac{1}{2}\delta^i_j R\right)_{,i} = G^i_{j,i} = 0 \tag{20.139}$$

例 20.22.1　与爱因斯坦张量 G^i_j 相伴的协变张量 G_{ij} 为

$$G_{ij} \equiv g_{ik}G_j^k = g_{ik}\left(R_j^k - \frac{1}{2}\delta_j^k R\right) = R_{ij} - \frac{1}{2}g_{ij}R. \qquad (20.140)$$

由 R_{ij}, g_{ij} 是对称的,可知 G_{ij} 是对称的. G_{ij} 称为爱因斯坦张量的协变形式.

例 20.22.2 与 G_j^i 相伴的另一张量是

$$G^{lk} \equiv g^{jl}G_j^k = g^{jl}g^{ik}G_{ij} = g^{jl}g^{ik}\left(R_{ij} - \frac{1}{2}g_{ij}R\right) = R^{lk} - \frac{1}{2}g^{lk}R \qquad (20.141)$$

由此可知 G^{lk} 是对称逆变张量,称为爱因斯坦张量的逆变形式.

另外,有

$$G^{lk}_{,k} = (g^{jl}G_j^k)_{,k} = g^{jl}(G_j^k)_{,k} = 0 \qquad (20.142)$$

G_j^i, G_{ij}, G^{ij} 通称为爱因斯坦张量.

下面的例子给出 G_{ij} 的,与 $G^l_{j,i}=0$, $G^{lk}{}_{,k}=0$ 相应的性质.

例 20.22.3 从 $G^{ij} = g^{il}g^{jk}G_{lk}$, 有

$$G^{ij}{}_{,j} = (g^{il})_{,j}g^{jk}G_{lk} + g^{il}(g^{jk})_{,j}G_{lk} + g^{il}g^{jk}G_{lk,j}$$

而其中 $G^{ij}_{,j}=0$, $(g^{il})_{,j}=0$, $(g^{jk})_{,j}=0$, 因此有

$$g^{il}g^{jk}G_{lk,j} = 0$$

§20.23 应用:爱因斯坦引力场方程

在本书的最后一节中,我们从黎曼几何的角度简叙一下爱因斯坦引力场方程的构思(参见[20],[21]).

爱因斯坦的思想在于把描述时空几何的度规张量 $g^{\mu\nu}$ (μ, $\nu=1, 2, 3, 4$) 与表示物质内容的应力张量(或称能量—动量张量) $T^{\mu\nu}$, μ, $\nu=1, 2, 3, 4$ 联系起来.

首先容易想到的是可以尝试一下

$$g^{\mu\nu} = KT^{\mu\nu} \qquad (20.143)$$

这里 K 是一个耦合常数. 考虑到 $g^{\mu\nu}$ 与 $T^{\mu\nu}$ 都是对称的,以及 $\nabla_\mu g^{\mu\nu}=0$,而同样有$\nabla_\mu T^{\mu\nu}=0$(连续性方程,参见 § 15.5[9]),所以(20.143)似乎是可行的. 但是(20.143)在牛顿极限下并不简化为泊松方程 $\nabla^2 V=4\pi G\rho$,其中 V 为经典引力势,G 为引力常数,ρ 为质量密度分布,所以还得另辟蹊径.

1915 年,爱因斯坦提出方程

$$R^{\mu\nu}=KT^{\mu\nu} \tag{20.144}$$

其中 $R^{\mu\nu}$ 是与第一类里奇张量 $R_{\mu\nu}$ 相伴的逆变张量(参见(20.141)). 它是对称的,且含有 $g_{\mu\nu}$ 的 2 阶导数,并显然与空间的曲率有关. 这都是(20.144)的强项. 不过它有一个致命伤,因为 $\nabla_\mu R^{\mu\nu}\neq 0$. 同一年,爱因斯坦把(20.144)修改成下述形式的**爱因斯坦引力场方程**:

$$R^{\mu\nu}-\frac{1}{2}g^{\mu\nu}R=KT^{\mu\nu} \tag{20.145}$$

即

$$G^{\mu\nu}=KT^{\mu\nu} \tag{20.146}$$

其中 $G^{\mu\nu}$ 是爱因斯坦张量. 它是对称的,含有对时空的 2 阶导数,$G^{\mu\nu}{}_{,\mu}=0$(参见(20.142)). (20.145)以泊松方程为其在牛顿极限下的近似,并由此给出

$$K=\frac{-8\pi G}{c^4} \tag{20.147}$$

由此最后有

$$R^{\mu\nu}-\frac{1}{2}g^{\mu\nu}R=-\frac{8\pi G}{c^4}T^{\mu\nu} \tag{20.148}$$

将它的一个逆变指标下降,有此式的混合张量形式

$$R^\mu_\lambda-\frac{1}{2}\delta^\mu_\lambda R=KT^\mu_\lambda \tag{20.149}$$

对此式两边施行缩并运算,有

$$R^\mu_\mu-\frac{1}{2}R(\Sigma\delta^\mu_\mu)=KT^\mu_\mu$$

令 $T_{\mu}^{\mu}=T$，则有

$$R=-KT$$

由此，(20.148)的等价形式为

$$R^{\mu\nu}=K\left(T^{\mu\nu}-\frac{1}{2}g^{\mu\nu}T\right) \tag{20.150}$$

泊松(Simeon-Denis Poisson，1781—1840)是法国数学家、几何学家和物理学家. 他在积分理论、热物理、弹性理论，以及概率论都有重要贡献. 泊松方程是指 $\nabla^2 f=\varphi$ 的这一类方程. 在三维直角坐标系下，可写为

$$\left(\frac{\partial^2}{\partial x^2}+\frac{\partial^2}{\partial y^2}+\frac{\partial^2}{\partial z^2}\right)f(x,y,z)=\varphi(x,y,z) \tag{20.151}$$

而当 $\varphi=0$ 时，即是拉普拉斯方程 $\nabla^2 f=0$(参见(12.16)).

本节的最后一点：前面说过(20.143)不符合物理上的要求. 不过 $g^{\mu\nu}$ 有前述的性质使爱因斯坦在 1917 年在想要解释物质密度和为零的静态宇宙的存在时，对 $G^{\mu\nu}$ 加了 $\Lambda g^{\mu\nu}$ 这一项，也即(20.148)成为

$$R^{\mu\nu}-\frac{1}{2}g^{\mu\nu}R+\Lambda g^{\mu\nu}=-\frac{8\pi G}{c^4}T^{\mu\nu} \tag{20.152}$$

其中 Λ 为常数，称为**宇宙常数**. 宇宙常数与宇宙膨胀，以及暗能量之间的关系那就是另一个大课题了. 参考文献[23]对此有精彩的科普性介绍.

附　录

这里一共有 12 个附录，是全书的重要组成部分. 其中的附录 1，5，6，7，8 对正文中没有给出的一些证明上的细节，给出了补叙；附录 2，3，9，10，11 则证明或阐明了正文中要用到的一些定理或性质；而附录 4 和附录 12，则对正文的内容作了拓广.

附录 1

证明矢量的矢量积对加法满足分配律

我们要证明:对于任意三个矢量 $\boldsymbol{A}$, $\boldsymbol{B}$, $\boldsymbol{C}$ 有下列结果:

$$(\boldsymbol{A}+\boldsymbol{B})\times\boldsymbol{C}=\boldsymbol{A}\times\boldsymbol{C}+\boldsymbol{B}\times\boldsymbol{C} \tag{1}$$

首先把这一命题简化一下:我们先研究 $\boldsymbol{A}\times\boldsymbol{C}$ 这一情况. 过 O 点作垂直于 C 的平面 σ(图 1.1),于是 $\boldsymbol{A}\times\boldsymbol{C}$ 在平面 σ 之中,作 A 在 σ 上的垂直射影 A',从而有 $\boldsymbol{A}'\times\boldsymbol{C}$. 从 $\boldsymbol{A}\times\boldsymbol{C}$ 与 $\boldsymbol{A}'\times\boldsymbol{C}$ 有同样的方向,以及 $\boldsymbol{A}$ 与 $\boldsymbol{C}$ 构成的平行四边形面积与 $\boldsymbol{A}'$ 与 $\boldsymbol{C}$ 构成的矩形面积相等这两件事实可得出

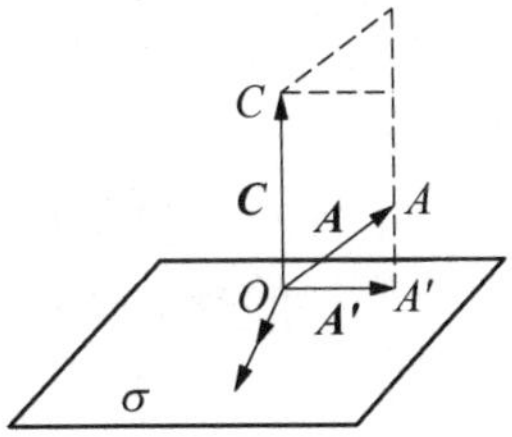

图 1.1

$$\boldsymbol{A}\times\boldsymbol{C}=\boldsymbol{A}'\times\boldsymbol{C} \tag{2}$$

这就是说要计算 $\boldsymbol{A}\times\boldsymbol{C}$ 可以用 $\boldsymbol{A}$ 在 σ 上的射影 $\boldsymbol{A}'$,而从 $\boldsymbol{A}'\times\boldsymbol{C}$ 来得出. 把这一性质用于矢量 $\boldsymbol{B}$ 和矢量 $\boldsymbol{A}+\boldsymbol{B}$ 上,则有

$$\boldsymbol{B}\times\boldsymbol{C}=\boldsymbol{B}'\times\boldsymbol{C} \tag{3}$$

$$(\boldsymbol{A}+\boldsymbol{B})\times\boldsymbol{C}=(\boldsymbol{A}+\boldsymbol{B})'\times\boldsymbol{C} \tag{4}$$

其中 $\boldsymbol{B}'$ 和 $(\boldsymbol{A}+\boldsymbol{B})'$ 分别是矢量 $\boldsymbol{B}$ 和矢量 $\boldsymbol{A}+\boldsymbol{B}$ 在 σ 上的垂直射影矢量. 从 $(\boldsymbol{A}+\boldsymbol{B})'=\boldsymbol{A}'+\boldsymbol{B}'$, 即有

$$(\boldsymbol{A}+\boldsymbol{B})\times\boldsymbol{C}=(\boldsymbol{A}'+\boldsymbol{B}')\times\boldsymbol{C} \tag{5}$$

这样,要证明(1)就只要证明

$$(\boldsymbol{A}'+\boldsymbol{B}')\times\boldsymbol{C}=\boldsymbol{A}'\times\boldsymbol{C}+\boldsymbol{B}'\times\boldsymbol{C} \tag{6}$$

即可,其中 $\boldsymbol{A}'$, $\boldsymbol{B}'$都位于 σ 上. 为了简化符号我们用 $\boldsymbol{A}$, $\boldsymbol{B}$ 分别代替 $\boldsymbol{A}'$, $\boldsymbol{B}'$,

而记住下面使用的 $\boldsymbol{A}$, $\boldsymbol{B}$ 位于 σ 上,即都垂直于 $\boldsymbol{C}$. 于是 $\boldsymbol{A}$, $\boldsymbol{B}$, $\boldsymbol{A}+\boldsymbol{B}$ 都在 σ 上,而再设 $|\boldsymbol{A}|=a$, $|\boldsymbol{B}|=b$, $|\boldsymbol{C}|=c$.

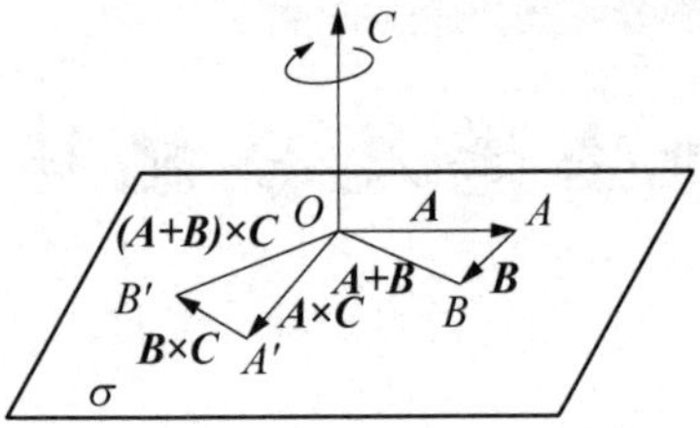

图 1.2

由此,考虑 $\boldsymbol{A}\times\boldsymbol{C}$. 因为 $(\boldsymbol{A}\times\boldsymbol{C})\perp\boldsymbol{C}$, $(\boldsymbol{A}\times\boldsymbol{C})\perp\boldsymbol{A}$, 所以 $\boldsymbol{A}\times\boldsymbol{C}$ 在 σ 上,且 $|\boldsymbol{A}\times\boldsymbol{C}|=a\cdot c\sin 90^\circ=ac$. 于是从 $\boldsymbol{A}$ 作出 $\boldsymbol{A}\times\boldsymbol{C}$, 只要以矢量 $\boldsymbol{C}$ 为转轴,把 A 绕轴 C 转过一个直角,再使转后得出的 A' 所表明的 OA' 有长度 ac,即可得出 $\overrightarrow{OA'}=\boldsymbol{A}\times\boldsymbol{C}$. (图 1.2)

对于 $\boldsymbol{B}\times\boldsymbol{C}$ 也可类似地先求出 B' 点:使矢量 $\boldsymbol{B}$ 转 90°,然后再放大 c 倍,也即使 $|A'B'|=bc$. 这样就有 $\overrightarrow{A'B'}=\boldsymbol{B}\times\boldsymbol{C}$.

于是,由 $\triangle OAB\cong\triangle OA'B'$, 可知 $|\overrightarrow{OB'}|=|\boldsymbol{A}+\boldsymbol{B}|c$. 又因为 $\overrightarrow{OB'}$ 是 $\boldsymbol{A}+\boldsymbol{B}$ 经同样的绕轴 $\boldsymbol{C}$ 转了 90° 而得到的,因此 $\overrightarrow{OB'}=(\boldsymbol{A}+\boldsymbol{B})\times\boldsymbol{C}$, 于是从

$$\overrightarrow{OB'}=\overrightarrow{OA'}+\overrightarrow{A'B'}$$

就得出

$$(\boldsymbol{A}+\boldsymbol{B})\times\boldsymbol{C}=\boldsymbol{A}\times\boldsymbol{C}+\boldsymbol{B}\times\boldsymbol{C}$$

(1)证毕.

附录 2

对于任意三阶矩阵 $\boldsymbol{A}$ 和 $\boldsymbol{B}$ 证明 $|\boldsymbol{AB}|=|\boldsymbol{A}||\boldsymbol{B}|$

我们利用三维空间中的矢量的矢量混合积来证明这一点. 对于矢量 $\boldsymbol{a}$, $\boldsymbol{b}$, $\boldsymbol{c}$,它们的矢量混合积定义为(参见§4.1)

$$[\boldsymbol{a}\ \boldsymbol{b}\ \boldsymbol{c}]=\boldsymbol{a}\cdot(\boldsymbol{b}\times\boldsymbol{c}) \tag{1}$$

关于这一运算的许多性质,我们在§4.3中已经阐明了.

例 1 对三维空间中的右手直角坐标系的基矢 $\boldsymbol{i}$, $\boldsymbol{j}$, $\boldsymbol{k}$,有

$$[\boldsymbol{i}\ \boldsymbol{j}\ \boldsymbol{k}]=\boldsymbol{i}\cdot(\boldsymbol{j}\times\boldsymbol{k})=\boldsymbol{i}\cdot\boldsymbol{i}=1 \tag{2}$$

例 2 设 $\boldsymbol{f}_i=c_{i1}\boldsymbol{e}_1+c_{i2}\boldsymbol{e}_2+c_{i3}\boldsymbol{e}_3$, $i=1, 2, 3$,从

$$\begin{aligned}[\boldsymbol{e}_1\ \boldsymbol{e}_1\ \boldsymbol{e}_1]&=[\boldsymbol{e}_1\ \boldsymbol{e}_1\ \boldsymbol{e}_2]=[\boldsymbol{e}_1\ \boldsymbol{e}_1\ \boldsymbol{e}_3]=[\boldsymbol{e}_1\ \boldsymbol{e}_2\ \boldsymbol{e}_1]\\&=[\boldsymbol{e}_1\ \boldsymbol{e}_2\ \boldsymbol{e}_2]=[\boldsymbol{e}_1\ \boldsymbol{e}_3\ \boldsymbol{e}_1]=[\boldsymbol{e}_1\ \boldsymbol{e}_3\ \boldsymbol{e}_3]=0\\ [\boldsymbol{e}_1\ \boldsymbol{e}_2\ \boldsymbol{e}_3]&=-[\boldsymbol{e}_1\ \boldsymbol{e}_3\ \boldsymbol{e}_2]\end{aligned}$$

有

$$\begin{aligned}&c_{11}\boldsymbol{e}_1\cdot(\boldsymbol{f}_2\times\boldsymbol{f}_3)\\&=c_{11}\boldsymbol{e}_1\cdot[(c_{21}\boldsymbol{e}_1+c_{22}\boldsymbol{e}_2+c_{23}\boldsymbol{e}_3)\times(c_{31}\boldsymbol{e}_1+c_{32}\boldsymbol{e}_2+c_{33}\boldsymbol{e}_3)]\\&=c_{11}c_{22}c_{33}[\boldsymbol{e}_1\ \boldsymbol{e}_2\ \boldsymbol{e}_3]+c_{11}c_{23}c_{32}[\boldsymbol{e}_1\ \boldsymbol{e}_3\ \boldsymbol{e}_2]\\&=(c_{11}c_{22}c_{33}-c_{11}c_{23}c_{32})[\boldsymbol{e}_1\ \boldsymbol{e}_2\ \boldsymbol{e}_3].\end{aligned} \tag{3}$$

类似地,

$$c_{12}\boldsymbol{e}_2\cdot(\boldsymbol{f}_2\times\boldsymbol{f}_3)=(c_{12}c_{23}c_{31}-c_{12}c_{21}c_{33})[\boldsymbol{e}_1\ \boldsymbol{e}_2\ \boldsymbol{e}_3] \tag{4}$$

$$c_{13}\boldsymbol{e}_3\cdot(\boldsymbol{f}_2\times\boldsymbol{f}_3)=(c_{13}c_{21}c_{32}-c_{13}c_{22}c_{31})[\boldsymbol{e}_1\ \boldsymbol{e}_2\ \boldsymbol{e}_3] \tag{5}$$

把(3),(4),(5)的结果综合起来就证明了

定理 1 对于任意矢量 $\boldsymbol{e}_1, \boldsymbol{e}_2, \boldsymbol{e}_3$ 与 $\boldsymbol{f}_1, \boldsymbol{f}_2, \boldsymbol{f}_3$,若有

$$\begin{pmatrix} \boldsymbol{f}_1 \\ \boldsymbol{f}_2 \\ \boldsymbol{f}_3 \end{pmatrix} = \begin{pmatrix} c_{11} & c_{12} & c_{13} \\ c_{21} & c_{22} & c_{23} \\ c_{31} & c_{32} & c_{33} \end{pmatrix} \begin{pmatrix} \boldsymbol{e}_1 \\ \boldsymbol{e}_2 \\ \boldsymbol{e}_3 \end{pmatrix} \tag{6}$$

则有

$$[\boldsymbol{f}_1\ \boldsymbol{f}_2\ \boldsymbol{f}_3] = |c_{ij}|\ [\boldsymbol{e}_1\ \boldsymbol{e}_2\ \boldsymbol{e}_3] \tag{7}$$

此即正文中例 4.4.2 的结论.

于是对于任意三阶矩阵

$$\boldsymbol{A} = \begin{pmatrix} a_{11} & a_{12} & a_{13} \\ a_{21} & a_{22} & a_{23} \\ a_{31} & a_{32} & a_{33} \end{pmatrix} \tag{8}$$

定义

$$\begin{pmatrix} \boldsymbol{a}_1 \\ \boldsymbol{a}_2 \\ \boldsymbol{a}_3 \end{pmatrix} = \boldsymbol{A} \begin{pmatrix} \boldsymbol{i} \\ \boldsymbol{j} \\ \boldsymbol{k} \end{pmatrix} \tag{9}$$

就有

$$[\boldsymbol{a}_1\ \boldsymbol{a}_2\ \boldsymbol{a}_3] = |\ \boldsymbol{A}\ |\ [\boldsymbol{i}\ \boldsymbol{j}\ \boldsymbol{k}] \tag{10}$$

再对于任意三阶矩阵

$$\boldsymbol{B} = \begin{pmatrix} b_{11} & b_{12} & b_{13} \\ b_{21} & b_{22} & b_{23} \\ b_{31} & b_{32} & b_{33} \end{pmatrix} \tag{11}$$

定义

$$\begin{pmatrix} \boldsymbol{b}_1 \\ \boldsymbol{b}_2 \\ \boldsymbol{b}_3 \end{pmatrix} = \boldsymbol{B} \begin{pmatrix} \boldsymbol{a}_1 \\ \boldsymbol{a}_2 \\ \boldsymbol{a}_3 \end{pmatrix} \tag{12}$$

就有

$$[\boldsymbol{b}_1\ \boldsymbol{b}_2\ \boldsymbol{b}_3]=|\boldsymbol{B}|[\boldsymbol{a}_1\ \boldsymbol{a}_2\ \boldsymbol{a}_3] \tag{13}$$

因此从(13)，(10)可得出

$$[\boldsymbol{b}_1\ \boldsymbol{b}_2\ \boldsymbol{b}_3]=|\boldsymbol{B}|[\boldsymbol{a}_1\ \boldsymbol{a}_2\ \boldsymbol{a}_3]=|\boldsymbol{B}||\boldsymbol{A}|[\boldsymbol{i}\ \boldsymbol{j}\ \boldsymbol{k}] \tag{14}$$

另一方面，从(12)，(9)有

$$\begin{pmatrix}\boldsymbol{b}_1\\\boldsymbol{b}_2\\\boldsymbol{b}_3\end{pmatrix}=\boldsymbol{B}\begin{pmatrix}\boldsymbol{a}_1\\\boldsymbol{a}_2\\\boldsymbol{a}_3\end{pmatrix}=\boldsymbol{BA}\begin{pmatrix}\boldsymbol{i}\\\boldsymbol{j}\\\boldsymbol{k}\end{pmatrix} \tag{15}$$

于是有

$$[\boldsymbol{b}_1\ \boldsymbol{b}_2\ \boldsymbol{b}_3]=|\boldsymbol{BA}|[\boldsymbol{i}\ \boldsymbol{j}\ \boldsymbol{k}] \tag{16}$$

再由(16)，(14)就得出

$$|\boldsymbol{BA}|[\boldsymbol{i}\ \boldsymbol{j}\ \boldsymbol{k}]=|\boldsymbol{B}||\boldsymbol{A}|[\boldsymbol{i}\ \boldsymbol{j}\ \boldsymbol{k}] \tag{17}$$

所以由 $[\boldsymbol{i}\ \boldsymbol{j}\ \boldsymbol{k}]=1$，最后就有

$$|\boldsymbol{BA}|=|\boldsymbol{B}||\boldsymbol{A}| \tag{18}$$

定理 2　设 $\boldsymbol{A}$，$\boldsymbol{B}$ 是任意两个三阶矩阵，则 $|\boldsymbol{AB}|=|\boldsymbol{A}||\boldsymbol{B}|$.

例 3　矩阵乘法是不可交换的，即对任意三阶矩阵 $\boldsymbol{A}$，$\boldsymbol{B}$ 而言，

$$\boldsymbol{AB}\neq\boldsymbol{BA}，但\ |\boldsymbol{AB}|=|\boldsymbol{A}||\boldsymbol{B}|=|\boldsymbol{B}|\cdot|\boldsymbol{A}|=|\boldsymbol{BA}|$$

例 4　由 $|\boldsymbol{B}^T|=|\boldsymbol{B}|$，有 $|\boldsymbol{AB}|=|\boldsymbol{A}||\boldsymbol{B}|=|\boldsymbol{A}||\boldsymbol{B}^T|=|\boldsymbol{AB}^T|$

对于 n 阶矩阵 $\boldsymbol{A}$，$\boldsymbol{B}$ 而言，也成立 $|\boldsymbol{AB}|=|\boldsymbol{A}||\boldsymbol{B}|$. 读者可参阅参考文献里[3]，[4]中的一般证明.

此外，定理 1 在微分几何的理论中也有重要应用，这可参阅参考文献[8]中的阐述.

附录 3

三个变量的正定二次形式

变量 $x, y, z \in \mathbf{R}$ 的正定 2 次形式

$$f(x, y, z) = ax^2 + by^2 + cz^2 + 2dxy + 2kxz + 2tyz = (x\ y\ z)\begin{pmatrix} a & d & k \\ d & b & t \\ k & t & c \end{pmatrix}\begin{pmatrix} x \\ y \\ z \end{pmatrix} \tag{1}$$

指的是对任意(x, y, z)，有 $f(x, y, z) \geqslant 0$，且只有当且仅当 $x = y = z = 0$，$f(x, y, z) = 0$.

相应地，我们把(1)中的 3×3 矩阵称为正定矩阵. 本附录就是要探究正定矩阵的性质.

首先，取 $y = z = 0$，$x \neq 0$，则从 $f(x, 0, 0) = ax^2 > 0$，可得出

$$a > 0 \tag{2}$$

其次，取 $z = 0$，而得出 $f(x, y, 0) = ax^2 + by^2 + 2dxy \geqslant 0$. 此时可知 $f(x, y, 0)$是 x，y 的一个正定二次型. 利用配方法，有 $f(x, y, 0) = \frac{1}{a}[(ax)^2 + 2adxy + (dy)^2 - (dy)^2] + by^2 = \frac{1}{a}(ax + dy)^2 + \frac{1}{a}(ab - d^2)y^2 \geqslant 0$. 在其中取 $x = d$，$y = -a$，则从 $-a \neq 0$，可知 $f(d, -a, 0) = a(ab - d^2) > 0$，也即(1)中的 3×3 正定矩阵的 2 阶顺序主子式

$$\begin{vmatrix} a & d \\ d & b \end{vmatrix} = ab - d^2 > 0 \tag{3}$$

最后，我们来研究(1)的正定性，对整个 3×3 正定矩阵

$$D=\begin{pmatrix} a & d & k \\ d & b & t \\ k & t & c \end{pmatrix} \tag{4}$$

的行列式有什么限制. 为此先按$|D|$的第1行展开,而有

$$|D|=a\begin{vmatrix} b & t \\ t & c \end{vmatrix}-d\begin{vmatrix} d & t \\ k & c \end{vmatrix}+k\begin{vmatrix} d & b \\ k & t \end{vmatrix}=abc+2tdk-bk^2-cd^2-at^2 \tag{5}$$

然后,再对$f(x, y, z)$进行配方,结合(2)与(3)这两个已经得出的结果,就有

$$\begin{aligned} f(x, y, z) &= \frac{1}{a}[a^2x^2+2ax(dy+kz)+(dy+kz)^2-(dy+kz)^2]+ \\ &\quad by^2+cz^2+2tyz \\ &= \frac{1}{a}(ax+dy+kz)^2+\frac{1}{a}[(ab-d^2)y^2+2(at-dk)yz+ \\ &\quad (ac-k^2)z^2] \\ &= \frac{1}{a}(ax+dy+kz)^2+\frac{1}{a}\left\{\frac{1}{ab-d^2}[(ab-d^2)^2y^2+2(ab-d^2)y\cdot\right. \\ &\quad \left.(at-dk)z+(at-dk)^2z^2-(at-dk)^2z^2]+(ac-k^2)z^2\right\} \\ &= \frac{1}{a}(ax+dy+kz)^2+\frac{1}{a(ab-d^2)}[(ab-d^2)y+(at-dk)z]^2+ \\ &\quad \frac{(ab-d^2)(ac-k^2)-(at-dk)^2}{a(ab-d^2)}z^2 \\ &= \frac{1}{a}(ax+dy+kz)^2+\frac{1}{a(ab-d^2)}[(ab-d^2)y+ \\ &\quad (at-dk)z]^2+\frac{|D|}{ab-d^2}z^2 \end{aligned} \tag{6}$$

为了证明$|D|>0$,我们构造关于x, y, z的下列齐次线性方程组

$$\begin{aligned} &ax+dy+kz=0 \\ &(ab-d^2)y+(at-dk)z=0 \end{aligned} \tag{7}$$

即

$$\begin{pmatrix} a & d & k \\ 0 & ab-d^2 & at-dk \end{pmatrix}\begin{pmatrix} x \\ y \\ z \end{pmatrix}=\begin{pmatrix} 0 \\ 0 \end{pmatrix} \tag{8}$$

由其中的 2 阶子式

$$\begin{vmatrix} a & d \\ 0 & ab-d^2 \end{vmatrix}=a(ab-d^2)>0 \tag{9}$$

可知(7)有非零解 x_0, y_0, z_0,而且 $z_0 \neq 0$,否则由(7)中第二式可推得 $y_0=0$,再由(7)中第一式得出 $x_0=0$. 于是由

$$f(x_0, y_0, z_0)=\frac{1}{a}(ax_0+dy_0+kz_0)^2+\frac{1}{a(ab-d^2)}[(ab-d^2)y_0+(at-dk)z_0]^2+\frac{|D|}{ab-d^2}z_0^2=\frac{|D|}{ab-d^2}z_0^2>0 \tag{10}$$

可得到

$$|D|=\begin{vmatrix} a & d & k \\ d & b & t \\ k & t & c \end{vmatrix}>0 \tag{11}$$

这样,我们就从(1)的正定性得出了正定矩阵

$$\begin{pmatrix} a & d & k \\ d & b & t \\ k & t & c \end{pmatrix} \tag{12}$$

应满足的必要条件,其 1 阶,2 阶,3 阶顺序主子式都大于零,即

$$a>0, \begin{vmatrix} a & d \\ d & b \end{vmatrix}>0, \begin{vmatrix} a & d & k \\ d & b & t \\ k & t & c \end{vmatrix}>0 \tag{13}$$

下面我们来证明这些条件也是正定性的充分条件. 先从(6),(13)可知,

对于任意(x, y, z),有

$$f(x, y, z) \geqslant 0 \tag{14}$$

另一方面,若 $f(x, y, z)=0$, 则从(6)中三项都是非负的,就有

$$\begin{aligned} &ax+dy+kz=0\\ &(ab-d^2)y+(at-dk)z=0\\ &z=0 \end{aligned} \tag{15}$$

或

$$\begin{pmatrix} a & d & k\\ 0 & ab-d^2 & at-dk\\ 0 & 0 & 1 \end{pmatrix}\begin{pmatrix} x\\ y\\ z \end{pmatrix}=\begin{pmatrix} 0\\ 0\\ 0 \end{pmatrix} \tag{16}$$

此方程组的系数行列式,由(13)可知

$$\begin{vmatrix} a & d & k\\ 0 & ab-d^2 & at-dk\\ 0 & 0 & 1 \end{vmatrix}=\begin{vmatrix} a & d\\ 0 & ab-d^2 \end{vmatrix}=a(ab-d^2)>0 \tag{17}$$

因此 $x=y=z=0$ 是(15)的唯一解. 事实上,从(15)的 $z=0$,可从第2个方程得出 $y=0$,再由第一个方程得出 $x=0$. (13)的充分性证毕.

综上所述,我们有

定理1 $f(x, y, z)=ax^2+by^2+cz^2+2dxy+2kxz+2tyz$ 是正定二次型的充要条件是它的1阶,2阶,3阶顺序主子式都大于零.

对于 n 个变量 $x_1, x_2, \cdots, x_n$ 的正定二次型 $f(x_1, \cdots, x_n)=\sum_{i=1}^{n} a_{ii}x_i^2+2\sum_{1\leqslant i<j\leqslant n} a_{ij}x_ix_j$ 也有同样形式的定理,即此时 $A=(a_{ij})$ 的各阶顺序主子式 $M_k>0$, $k=1, 2, \cdots, n$.

附录 4

群的概念与庞加莱群及其子群

我们在第六章中讨论了三重系之间的变换. 用矩阵的语言来说，讨论的就是 3×3 行列式大于零的矩阵集合. 把这个集合记为

$$GL^+(3, \mathbf{R})=\{(a_{ij}),\ i,\ j=1,\ 2,\ 3 \mid |a_{ij}|>0\} \tag{1}$$

而把矩阵的乘法作为 $GL^+(3, \mathbf{R})$ 中元的运算，我们不难得出它有如下性质：

(i) 封闭性，即若 $\boldsymbol{A}, \boldsymbol{B} \in GL^+(3, \mathbf{R})$，则 $\boldsymbol{AB} \in GL^+(3, \mathbf{R})$. 这是因为从 $|\boldsymbol{A}|>0$, $|\boldsymbol{B}|>0$，有 $|\boldsymbol{AB}|=|\boldsymbol{A}|\cdot|\boldsymbol{B}|>0$(参见附录 2).

(ii) 结合律，即对任意 $\boldsymbol{A}, \boldsymbol{B}, \boldsymbol{C} \in GL^+(3, \mathbf{R})$，有 $\boldsymbol{A}(\boldsymbol{BC})=(\boldsymbol{AB})\boldsymbol{C}$. 这是因为矩阵乘法满足结合律.

(iii) 存在矩阵乘法的单位元，即单位矩阵 $\boldsymbol{I}_3$，满足对任意 $\boldsymbol{A} \in GL^+(3, \mathbf{R})$，有 $\boldsymbol{AI}_3=\boldsymbol{I}_3\boldsymbol{A}$，而 $|\boldsymbol{I}_3|=1$，所以 $\boldsymbol{I}_3 \in GL^+(3, \mathbf{R})$.

(iv) 对于任意 $\boldsymbol{A} \in GL^+(3, \mathbf{R})$，存在逆元 $\boldsymbol{A}^{-1} \in GL^+(3, \mathbf{R})$ 满足 $\boldsymbol{AA}^{-1}=\boldsymbol{A}^{-1}\boldsymbol{A}=\boldsymbol{I}_3$. 事实上，$\boldsymbol{A}^{-1}$ 就是 $\boldsymbol{A}$ 的逆矩阵. 从 $|\boldsymbol{A}|>0$, $\boldsymbol{A}^{-1}$ 是存在的，且 $|\boldsymbol{A}^{-1}|=\dfrac{1}{|\boldsymbol{A}|}>0$，所以 $\boldsymbol{A}^{-1} \in GL^+(3, \mathbf{R})$.

这四条性质正好就是定义群 G 的群的公理(参见[5]，[9]). 所以我们的结论是 $GL^+(3, \mathbf{R})$ 是一个群. 用大写字母标出的 GL 是英语中 General(一般的)与 Linear(线性的)两词的首字母，指的是满秩矩阵群，3 表示的是 3×3 矩阵，“+”表示矩阵的行列式大于零，而 $\mathbf{R}$ 表示矩阵元是实数.

群 G 的一个子集合 H，如果在定义 G 的乘法运算下，也构成一个群(即符合上述群的公理)，则称 H 是 G 的一个子群. G 的单位元构成了一个平凡的子群，而 G 的本身也是 G 的一个平凡子群. G 的其他子群，如果有的话，则

称为 G 的真子群. 不难得出 G 的子集合 H 成为 G 的子群的充要条件是:对任意 $A, B \in H$,有(i)$\boldsymbol{A}^{-1} \in H$, (ii)$\boldsymbol{AB} \in H$(作为练习).

利用这些术语, § 8.4 中的

$$O(3) = \{\boldsymbol{A} = (a_{ij}),\ i,\ j = 1,\ 2,\ 3 \mid \boldsymbol{AA}^T = \boldsymbol{I}_3\} \tag{2}$$

构成了 3 维实正交群,它有子群

$$SO(3) = \{\boldsymbol{A} \mid \boldsymbol{A} \in O(3),\ |\boldsymbol{A}| = 1\} \tag{3}$$

且有(参见(8.11)):

$$O(3) = SO(3) \cup (-\boldsymbol{I}_3) SO(3) \tag{4}$$

其中 $(-\boldsymbol{I}_3)SO(3)$ 是 $O(3)$ 的子集合,但不是子群,因为 $\boldsymbol{I}_3 \notin (-\boldsymbol{I}_3)\ SO(3)$. $SO(3)$ 称为 3 维特殊实正交群,或 3 维转动群,而它又以

$$SO(2) = \left\{\begin{pmatrix} \cos\theta & \sin\theta \\ -\sin\theta & \cos\theta \end{pmatrix},\ 0 \leqslant \theta \leqslant 360^\circ\right\} \tag{5}$$

即 2 维特殊实正交群,或 2 维转动群为其子群(参见(8.17)).

$O(3)$ 群还有许多群元个数为有限的有限群为其子群. 在几何方面它们刻画了正多面体的对称性,而在考察晶体的对称性中,它们也有重要的作用. 对此有兴趣的读者,例如,可以进一步去阅读[19],其中有非常精辟的论述.

最后我们说一下,狭义相对论中洛伦兹群的种种方面.

在第九章中,我们引入了 4 维洛伦兹复正交矩阵(参见(9.17))

$$\boldsymbol{A} = (\alpha_{\mu\nu}),\ \mu;\ \nu = 1,\ 2,\ 3,\ 4, \quad (\alpha_{\mu\nu})^{-1} = (\alpha_{\mu\nu})^T \tag{6}$$

它的矩阵元满足

$$\alpha_{44},\ \alpha_{ik} \in \mathbf{R},\ i,\ k = 1,\ 2,\ 3;\ \alpha_{i4},\ \alpha_{4i} \in \mathrm{i}\mathbf{R},\ i = 1,\ 2,\ 3 \tag{7}$$

我们把它们的全体记为 L. 不难证明 L 成群(作为练习),一般称为洛伦兹群. 对于 $(\alpha_{\mu\nu}) \in L$,给出的时空: $x_1 = x,\ x_2 = y,\ x_3 = z,\ x_4 = \mathrm{i}ct$ 的变换

$$\begin{pmatrix} x_1' \\ x_2' \\ x_3' \\ x_4' \end{pmatrix} = (\alpha_{\mu\nu}) \begin{pmatrix} x_1 \\ x_2 \\ x_3 \\ x_4 \end{pmatrix} \tag{8}$$

使光速不变，即光速在 S 系，x_1，x_2，x_3，x_4 与 S'系，x'_1，x'_2，x'_3，x'_4 是一样的. 群 L 含有下列元：空间反演 $\boldsymbol{P}$，时间反演 $\boldsymbol{T}$，全反演 $\boldsymbol{J}$.

$$\boldsymbol{P}=\begin{pmatrix}-1 & 0 & 0 & 0\\ 0 & -1 & 0 & 0\\ 0 & 0 & -1 & 0\\ & 0 & 0 & 1\end{pmatrix},\ \boldsymbol{T}=\begin{pmatrix}1 & 0 & 0 & 0\\ 0 & 1 & 0 & 0\\ 0 & 0 & 1 & 0\\ 0 & 0 & 0 & -1\end{pmatrix},\ \boldsymbol{J}=\begin{pmatrix}-1 & 0 & 0 & 0\\ 0 & -1 & 0 & 0\\ 0 & 0 & -1 & 0\\ 0 & 0 & 0 & -1\end{pmatrix} \tag{9}$$

下面我们讨论 L，先从 $(\alpha_{\mu\nu})(\alpha_{\mu\nu})^T=\boldsymbol{I}_4$，可得

$$|(\alpha_{\mu\nu})|=\pm 1 \tag{10}$$

因此，若令

$$\begin{aligned}L_+&=\{(\alpha_{\mu\nu})\mid(\alpha_{\mu\nu})\in L,\ |(\alpha_{\mu\nu})|=+1\}\\ L_-&=\{(\alpha_{\mu\nu})\mid(\alpha_{\mu\nu})\in L,\ |(\alpha_{\mu\nu})|=-1\}\end{aligned} \tag{11}$$

就有

$$L=L_+\cup L_- \tag{12}$$

接下来讨论$(\alpha_{\mu\nu})$中的 α_{44}. 为此我们把$(\alpha_{\mu\nu})$中的第 4 行记为 $\mathrm{i}a$，$\mathrm{i}b$，$\mathrm{i}c$，j，而其余部分用 * 表示，即

$$(\alpha_{\mu\nu})=\begin{pmatrix} & & * & \\ \mathrm{i}a & \mathrm{i}b & \mathrm{i}c & j\end{pmatrix},\ a,\ b,\ c,\ j\in\mathbf{R} \tag{13}$$

于是从 $(\alpha_{\mu\nu})(\alpha_{\mu\nu})^T=\boldsymbol{I}_4$，分别求两边的第 4 行第 4 列矩阵元，有

$$-a^2-b^2-c^2+j^2=1 \tag{14}$$

这就得出

$$j^2=1+a^2+b^2+c^2 \tag{15}$$

这样就有

$$j\geqslant 1,\quad j\leqslant -1 \tag{16}$$

由此，我们按 $j=\alpha_{44}$ 的这两种情况定义

$$L^{\uparrow}=\{(\alpha_{\mu\nu})\mid(\alpha_{\mu\nu})\in L,\ \alpha_{44}\geqslant 1\}$$
$$L^{\downarrow}=\{(\alpha_{\mu\nu})\mid(\alpha_{\mu\nu})\in L,\ \alpha_{44}\leqslant -1\} \tag{17}$$

就有

$$L=L^{\uparrow}\cup L^{\downarrow} \tag{18}$$

如果再定义

$$L_{+}^{\uparrow}=L_{+}\cap L^{\uparrow},\ L_{-}^{\uparrow}=L_{-}\cap L^{\uparrow},\ L_{+}^{\downarrow}=L_{+}\cap L^{\downarrow},\ L_{-}^{\downarrow}=L_{-}\cap L^{\downarrow} \tag{19}$$

则有

$$L=L_{+}^{\uparrow}\cup L_{-}^{\uparrow}\cup L_{-}^{\downarrow}\cup L_{+}^{\downarrow}=L_{P}\cup \boldsymbol{P}L_{P}\cup \boldsymbol{T}L_{P}\cup \boldsymbol{J}L_{P} \tag{20}$$

下面我们来讨论洛伦兹群 L 中这 4 叶的乘法性质. 为此,设(参见(9.17))

$$\boldsymbol{B}=(\beta_{\mu\nu})=\begin{pmatrix} & & \mathrm{i}f \\ & & \mathrm{i}g \\ * & * & \mathrm{i}h \\ & & k \end{pmatrix}\in L \tag{21}$$

而从 $\boldsymbol{B}\boldsymbol{B}^{T}=\boldsymbol{I}_{4}$,有 $\boldsymbol{B}^{T}\boldsymbol{B}=\boldsymbol{I}_{4}$. 于是类似于(15),(16),有

$$k^{2}=1+f^{2}+g^{2}+h^{2} \tag{22}$$

$$k\geqslant 1,\ k\leqslant -1 \tag{23}$$

由 $\boldsymbol{AB}\in L$,首先有(参见附录 2)

$$|\boldsymbol{AB}|=|\boldsymbol{A}||\boldsymbol{B}| \tag{24}$$

若 $|\boldsymbol{A}|=1$,即 $A\in L_{+}$,则称 A 是正常变换;若 $|\boldsymbol{A}|=-1$,即 $\boldsymbol{A}\in L_{-}$,则称 A 是反常变换,那么从(24)可知

$$L_{+}\cdot L_{+}\subset L_{+}$$
$$L_{-}\cdot L_{-}\subset L_{+} \tag{25}$$
$$L_{+}\cdot L_{-}\subset L_{-}$$

接下来，我们讨论 $\boldsymbol{AB}=\begin{pmatrix} & & * & \\ \mathrm{i}a & \mathrm{i}b & \mathrm{i}c & j\end{pmatrix}\begin{pmatrix} & & & \mathrm{i}f \\ * & * & & \mathrm{i}g \\ & & & \mathrm{i}h \\ & & & k\end{pmatrix}$ 的第 4 行第 4 列的元 $(\boldsymbol{AB})_{44}$：

$$(\boldsymbol{AB})_{44}=(\mathrm{i}a \quad \mathrm{i}b \quad \mathrm{i}c \quad j)\begin{pmatrix}\mathrm{i}f \\ \mathrm{i}g \\ \mathrm{i}h \\ k\end{pmatrix}=-af-bg-ch+jk\in\mathbf{R} \tag{26}$$

由此我们将证明 $(\boldsymbol{AB})_{44}$ 与 jk 是同号的，为此由(15)，(22)计算出

$$\begin{aligned}(jk)^2&=(1+a^2+b^2+c^2)(1+f^2+g^2+h^2)\\&>(a^2+b^2+c^2)(f^2+g^2+h^2)\end{aligned} \tag{27}$$

再由柯西不等式(参见 §20.6)，可得

$$(a^2+b^2+c^2)(f^2+g^2+h^2)\geqslant(af+bg+ch)^2 \tag{28}$$

于是(27)，(28)就给出

$$(jk)^2>(af+bg+ch)^2 \tag{29}$$

这样，由(26)就得出了 $(\boldsymbol{AB})_{44}$ 与 $\alpha_{44}\cdot\beta_{44}$ 同号的结论.

若 $\alpha_{44}\geqslant 1$，即 $\mathbf{A}\in L^{\uparrow}$，则称 $\mathbf{A}$ 是正时变换，若 $\alpha_{44}\leqslant -1$，即 $\mathbf{A}\in L^{\downarrow}$，则称 $\mathbf{A}$ 是逆时变换，那么从上述就有

$$\begin{aligned}L^{\uparrow}\cdot L^{\uparrow}&\subset L^{\uparrow}\\ L^{\downarrow}\cdot L^{\downarrow}&\subset L^{\uparrow}\\ L^{\uparrow}\cdot L^{\downarrow}&\subset L^{\downarrow}\end{aligned} \tag{30}$$

有了这些准备，我们再回过来讨论(20)中 L 的 4 叶.

首先 L 中的单位元 $\boldsymbol{I}_4\subset L_{+}^{\uparrow}$. 再者，设 $\mathbf{A}\in L$，那么从 $\mathbf{A}^{-1}\mathbf{A}=\boldsymbol{I}_4$，则从(25)，(30) 可知 $\mathbf{A}^{-1}$ 与 $\mathbf{A}$ 属于 L 中的同一叶. 于是 L 的子集合 H 成子群的充要条件就是 H 中的元在乘法下的封闭性.

例如,从

$$L_{+}^{\uparrow}\cdot L_{+}^{\uparrow}\subset L_{+}^{\uparrow} \tag{31}$$

可知 $L_{+}^{\uparrow}$,构成 L 的一个子群,称为限制洛伦兹群,或正常正时洛伦兹群,记为 L_p. L_p 又有两个重要的子群,其中一个是 $\boldsymbol{SO}(3)$,另一个是沿 x 轴的,速度为 v 的推动(9, 18)的全体($v<c$)构成的群.

类似地,经过乘法封闭性的检验,不难证明

$$L_f=L^{+}=L_{+}^{\uparrow}\cup L_{-}^{\uparrow} \tag{32}$$

构成一个群,称为全洛伦兹群,或正时洛伦兹群. 它含有空间反演,因而以 $\boldsymbol{O}(3)$ 为其子群. 同样,

$$L_{+}=L_{+}^{\uparrow}\cup L_{+}^{\downarrow} \tag{33}$$

构成一个群,称为正常洛伦兹群. 它含有全反演. 不难证明(作为练习),(20)中的第1叶与第3叶的并集

$$L_{+}^{\uparrow}\cup L_{-}^{\downarrow} \tag{34}$$

也构成 L 的一个子群. 它含有时间反演.

在(8)的基础上,可考虑非齐次变换:

$$\begin{pmatrix}x_1'\\x_2'\\x_3'\\x_4'\end{pmatrix}=(\alpha_{\mu\nu})\begin{pmatrix}x_1\\x_2\\x_3\\x_4\end{pmatrix}+\begin{pmatrix}d_1\\d_2\\d_3\\d_4\end{pmatrix} \tag{36}$$

在 $x_1=x_2=x_3=x_4=0$ 时, $x_1'=d_1$, $x_2'=d_2$, $x_3'=d_3$, $x_4'=d_4$,这相当于在 S' 系中, S 系中原点,以及时间起 点的坐标. 不同的 d_1, d_2, d_3, d_4 给出时空原点的一个平移. 群 L 加上所有平移构成的群,就是这里考虑的最大群——**庞加莱群**.

附录 5

旋度的物理意义

设有矢量场 $\boldsymbol{A}=A_1\boldsymbol{i}+A_2\boldsymbol{j}+A_3\boldsymbol{k}$，按图 5.1 在其中取平行于平面 xOy 的平行四边形 $EFGH$，$P(x, y, z)$为其对角线的交点. 又设 $EF=GH=\Delta x$，$FG=HE=\Delta y$，而它们构成的曲线为 C，所围的面积为 ΔS，其法线的单位矢量为 $\boldsymbol{k}$，按 §14.3 给出环流 $\oint_C \boldsymbol{A}\cdot \mathrm{d}\boldsymbol{r}$，而定义

$$(\mathrm{curl}\,\boldsymbol{A})\cdot \boldsymbol{k}\equiv\lim_{\Delta s\to 0}\frac{\oint_C \boldsymbol{A}\cdot \mathrm{d}\boldsymbol{r}}{\Delta S}$$

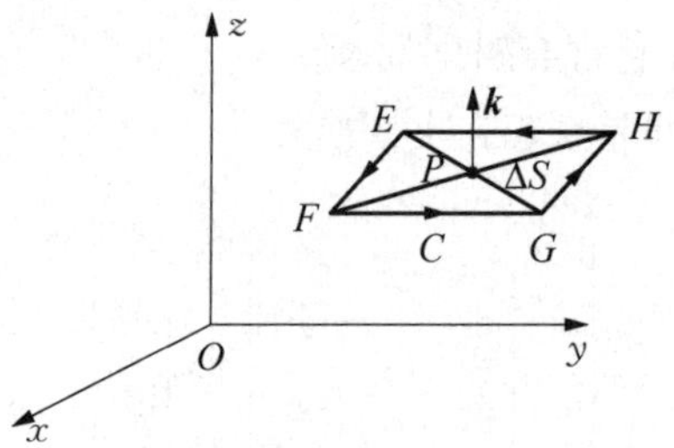

图 5.1

下面我们针对上面这一特殊情况证明 curl $\boldsymbol{A}$ 的 z 分量等于 $\dfrac{\partial A_2}{\partial x}-\dfrac{\partial A_1}{\partial y}$.

由 $E\left(x-\dfrac{\Delta x}{2}, y-\dfrac{\Delta y}{2}, z\right)$，$F\left(x+\dfrac{\Delta x}{2}, y-\dfrac{\Delta y}{2}, z\right)$

$G\left(x+\dfrac{\Delta x}{2}, y+\dfrac{\Delta y}{2}, z\right)$，$H\left(x-\dfrac{\Delta x}{2}, y+\dfrac{\Delta y}{2}, z\right)$

可得

$$\oint_C \boldsymbol{A} \cdot d\boldsymbol{r} = \int_{EF} \boldsymbol{A} \cdot d\boldsymbol{r} + \int_{FG} \boldsymbol{A} \cdot d\boldsymbol{r} + \int_{GH} \boldsymbol{A} \cdot d\boldsymbol{r} + \int_{HE} \boldsymbol{A} \cdot d\boldsymbol{r}$$
$$\approx \left(A_1 - \frac{1}{2}\frac{\partial A_1}{\partial y}\Delta y\right)\Delta x + \left(A_2 + \frac{1}{2}\frac{\partial A_2}{\partial x}\Delta x\right)\Delta y -$$
$$\left(A_1 + \frac{1}{2}\frac{\partial A_1}{\partial y}\Delta y\right)\Delta x - \left(A_2 - \frac{1}{2}\frac{\partial A_2}{\partial x}\Delta x\right)\Delta y$$

因而有

$$(\mathrm{curl}\ \boldsymbol{A}) \cdot \boldsymbol{k} = \lim_{\substack{\Delta x \to 0 \\ \Delta y \to 0}} \frac{\oint_C \boldsymbol{A} \cdot d\boldsymbol{r}}{\Delta x \Delta y} = \frac{\partial A_2}{\partial x} - \frac{\partial A_1}{\partial y}$$

同理可得(curl $\boldsymbol{A}$)的 y 分量和 z 分量分别为 $\frac{\partial A_3}{\partial y} - \frac{\partial A_2}{\partial z}$，$\frac{\partial A_1}{\partial z} - \frac{\partial A_3}{\partial x}$. 因此这里的 curl $\boldsymbol{A}$ 即以前定义的 rot $\boldsymbol{A}$，所以

$$\mathrm{rot}\ \boldsymbol{A} \cdot \boldsymbol{k} = \lim_{\Delta s \to 0} \frac{\oint_C \boldsymbol{A} \cdot d\boldsymbol{r}}{\Delta s}$$

附录 6

$\int_C \boldsymbol{F} \cdot \mathrm{d}\boldsymbol{r}$ 与积分路径无关是 $\boldsymbol{F}$ 是保守矢量场的充分条件

假定$\int_C \boldsymbol{F} \cdot \mathrm{d}\boldsymbol{r}$ 与连接(x_1, y_1, z_1)与(x, y, z)的路径 C 无关,即

$$f(x, y, z) \equiv \int_{(x_1, y_1, z_1)}^{(x, y, z)} \boldsymbol{F} \cdot \mathrm{d}\boldsymbol{r} = \int_{(x_1, y_1, z_1)}^{(x, y, z)} F_1 \mathrm{d}x + F_2 \mathrm{d}y + F_3 \mathrm{d}z \tag{1}$$

与连接(x_1, y_1, z_1)与(x, y, z)的路径 C 无关. 计算

$$f(x+\Delta x, y, z) - f(x, y, z) = \int_{(x_1, y_1, z_1)}^{(x+\Delta x, y, z)} \boldsymbol{F} \cdot \mathrm{d}\boldsymbol{r} - \int_{(x_1, y_1, z_1)}^{(x, y, z)} \boldsymbol{F} \cdot \mathrm{d}\boldsymbol{r}$$

$$= \int_{(x_1, y_1, z_1)}^{(x+\Delta x, y, z)} \boldsymbol{F} \cdot \mathrm{d}\boldsymbol{r} + \int_{(x, y, z)}^{(x_1, y_1, z_1)} \boldsymbol{F} \cdot \mathrm{d}\boldsymbol{r} = \int_{(x, y, z)}^{(x+\Delta x, y, z)} F_1 \mathrm{d}x + F_2 \mathrm{d}y + F_3 \mathrm{d}z \tag{2}$$

按假定(2)是与连接(x, y, z)与$(x+\Delta x, y, z)$的路径 C 无关的. 我们就取连接此两点的直线来计算. 因为此时有 $\mathrm{d}y = \mathrm{d}z = 0$, 这就得出

$$\frac{f(x+\Delta x, y, z) - f(x, y, z)}{\Delta x} = \frac{1}{\Delta x} \int_{(x, y, z)}^{(x+\Delta x, y, z)} F_1 \mathrm{d}x \tag{3}$$

令 $\Delta x \to 0$,而最后有

$$\frac{\partial f(x, y, z)}{\partial x} = F_1 \tag{4}$$

同理可证 $\dfrac{\partial f}{\partial y}=F_2$，$\dfrac{\partial}{\partial z}=F_3$. 这也就是说

$$\nabla f(x, y, z)=\frac{\partial f}{\partial x}\boldsymbol{i}+\frac{\partial f}{\partial y}\boldsymbol{j}+\frac{\partial f}{\partial z}\boldsymbol{k}=F_1\boldsymbol{i}+F_2\boldsymbol{j}+F_3\boldsymbol{k}=\boldsymbol{F} \tag{5}$$

也即 $\boldsymbol{F}$ 是保守矢量场.

附录 7

矢量场 $\boldsymbol{A}$ 是保守场的充分条件：$\boldsymbol{A}$ 是无旋的

由条件 $\nabla\times\boldsymbol{A}=\boldsymbol{O}$, $\boldsymbol{A}=A_1\boldsymbol{i}+A_2\boldsymbol{j}+A_3\boldsymbol{k}$，有

$$\frac{\partial A_3}{\partial y}=\frac{\partial A_2}{\partial z},\ \frac{\partial A_1}{\partial z}=\frac{\partial A_3}{\partial x},\ \frac{\partial A_2}{\partial x}=\frac{\partial A_1}{\partial y} \tag{1}$$

再取点(x_1, y_1, z_1)，(x, y, z)，以及连结这两点的由下列 3 个直线段构成的曲线 C：

C_1：连结(x_1, y_1, z_1)与(x, y_1, z_1)的直线段

C_2：连结(x, y_1, z_1)与(x, y, z_1)的直线段

C_3：连结(x, y, z_1)与(x, y, z)的直线段

由此，我们定义下列函数

$$\begin{aligned}\phi(x, y, z)&=\int_C\boldsymbol{A}\cdot\mathrm{d}\boldsymbol{r}=\int_{C_1}A_1(x, y_1, z_1)\mathrm{d}x+\int_{C_2}A_2(x, y, z_1)\mathrm{d}y+\\&\quad\int_{C_2}A_3(x, y, z)\mathrm{d}z\\&=\int_{x_1}^{x}A_1(x, y_1, z_1)\mathrm{d}x+\int_{y_1}^{y}A_2(x, y, z_1)\mathrm{d}y+\int_{z_1}^{z}A_3(x, y, z)\mathrm{d}z\end{aligned} \tag{2}$$

由此可得

$$\frac{\partial\phi(x, y, z)}{\partial z}=A_3(x, y, z)$$

$$\begin{aligned}\frac{\partial\phi(x,y,z)}{\partial y}&=A_2(x,y,z_1)+\int_{z_1}^{z}\frac{\partial A_3}{\partial y}(x,y,z)\mathrm{d}z\\&=A_2(x,y,z_1)+\int_{z_1}^{z}\frac{\partial A_2}{\partial z}(x,y,z)\mathrm{d}z\\&=A_2(x,y,z_1)+A_2(x,y,z)\Big|_{z_1}^{z}=A_2(x,y,z),\end{aligned}\tag{3}$$

$$\begin{aligned}\frac{\partial\phi(x,y,z)}{\partial x}&=A_1(x,y_1,z_1)+\int_{y_1}^{y}\frac{\partial A_2}{\partial x}(x,y,z_1)\mathrm{d}y+\int_{z_1}^{z}\frac{\partial A_3}{\partial x}(x,y,z)\mathrm{d}z\\&=A_1(x,y_1,z_1)+\int_{y_1}^{y}\frac{\partial A_1}{\partial y}(x,y,z_1)\mathrm{d}y+\int_{z_1}^{z}\frac{\partial A_1}{\partial z}(x,y,z)\mathrm{d}z\\&=A_1(x,y_1,z_1)+A_1(x,y,z_1)\Big|_{y_1}^{y}+A_1(x,y,z)\Big|_{z_1}^{z}\\&=A_1(x,y,z).\end{aligned}$$

这样就有

$$\mathbf{A}=A_1\boldsymbol{i}+A_2\boldsymbol{j}+A_3\boldsymbol{k}=\frac{\partial\phi}{\partial x}\boldsymbol{i}+\frac{\partial\phi}{\partial y}\boldsymbol{j}+\frac{\partial\phi}{\partial z}\boldsymbol{k}=\nabla\phi\tag{4}$$

即矢量场 **A** 是保守场.

例 1　由于上述证明中点(x_1, y_1, z_1)是任选的,这表明 ϕ 可确定到一个常数,即 $\phi+c$,同样满足 $\mathbf{A}=\nabla(\phi+c)$.

例 2　讨论点电荷 q 给出的静电场.

由(11.16)得

$$\boldsymbol{E}=k\frac{q}{r^3}\boldsymbol{r},\ E_1=k\frac{q}{r^3}x,\ E_2=k\frac{q}{r^3}y,\ E_3=k\frac{q}{r^3}z$$

有(参见例 13.2.2)

$$\nabla\times\boldsymbol{E}=\boldsymbol{O}$$

因此 **E** 有静电势 f:

$$\boldsymbol{E}=-\nabla f$$

而 $f=-\phi$. 下面我们按(3)来求 ϕ.

对 $\dfrac{\partial \phi}{\partial x}=k\dfrac{q}{r^3}x$, $\dfrac{\partial \phi}{\partial y}=k\dfrac{q}{r^3}y$, $\dfrac{\partial \phi}{\partial z}=k\dfrac{q}{r^3}z$, 分别积分有

$$\phi=-\frac{kq}{r}+c_1,\ \phi=-\frac{kq}{r}+c_2,\ \phi=-\frac{kq}{r}+c_3$$

因此取 $c_1=c_2=c_3=c$, 而有

$$\phi=-\frac{kq}{r}+c$$

若假定 $r\to\infty$,有 $\phi=0$,则 $c=0$. 所有最后有

$$\phi=-\frac{kq}{r}$$

于是静电势

$$f=-\phi=\frac{kq}{r}$$

这与(11.17)的结果一致.

例 3 设 $\boldsymbol{A}=(2xy+z^3)\boldsymbol{i}+x^2\boldsymbol{j}+3xz^2\boldsymbol{k}$, 证明它是一个保守场,且求它的势 f.

用计算可得

$$\nabla\times\boldsymbol{A}=\begin{vmatrix}\boldsymbol{i} & \boldsymbol{j} & \boldsymbol{k}\\ \dfrac{\partial}{\partial x} & \dfrac{\partial}{\partial y} & \dfrac{\partial}{\partial z}\\ 2xy+z^3 & x^2 & 3xz^2\end{vmatrix}=\boldsymbol{0}$$

因此 $\boldsymbol{A}$ 是保守场. 下面我们三种方法来求满足 $\boldsymbol{A}=\nabla\phi$ 的 ϕ:

(i) 利用(2),有

$$\phi(x,\ y,\ z)=\int_{x_1}^{x}(2xy_1+z_1^3)\mathrm{d}x+\int_{y_1}^{y}x^2\mathrm{d}y+\int_{z_1}^{z}3xz^2\mathrm{d}z=x^2y+xz^3+c$$

(ii) 利用(3)，有

$$\frac{\partial \phi}{\partial x}=2xy+z^3,\ \frac{\partial \phi}{\partial y}=x^2,\ \frac{\partial \phi}{\partial z}=3xz^2$$

对它们分别积分，可得

$$\begin{aligned}\phi&=x^2y+xz^3+g_1(y,\ z)\\ \phi&=x^2y\qquad\ \ +g_2(x,\ z)\\ \phi&=\qquad\ \ xz^3+g_3(x,\ y)\end{aligned}$$

为了使它们相等可选 $g_1(y,\ z)=0$, $g_2(x,\ z)=xz^3$, $g_3(x,\ y)=x^2y$. 于是 $\phi=x^2y+xz^3+c$.

(iii) 从

$$\boldsymbol{A}\cdot \mathrm{d}\boldsymbol{r}=\nabla\phi\cdot \mathrm{d}\boldsymbol{r}=\frac{\partial \phi}{\partial x}\mathrm{d}x+\frac{\partial \phi}{\partial y}\mathrm{d}y+\frac{\partial \phi}{\partial z}\mathrm{d}z=\mathrm{d}\phi$$

有全微分

$$\begin{aligned}\mathrm{d}\phi&=(2xy+z^3)\mathrm{d}x+x^2\mathrm{d}y+3xz^2\mathrm{d}z=(2xy\mathrm{d}x+x^2\mathrm{d}y)+\\ &\quad(z^3\mathrm{d}x+3xz^2)\mathrm{d}z=\mathrm{d}(x^2y+xz^3)\end{aligned}$$

因此 $\phi=x^2y+xz^3+c$.

这三种方法当然给出了同样的结果，因此 $f=-\phi=-(x^2y+xz^3)+c$.

回过来再看一下这一附录的内容：在 § 13.4 里的(v)中，我们说过对任意函数 $f(x,\ y,\ z)$ 有 $\nabla\times(\nabla f)=\mathbf{0}$(参见附录 12)，而这里讲述的是已知 $\nabla\times\boldsymbol{A}=\boldsymbol{O}$，去作 $\phi(x,\ y,\ z)$ 使得 $\boldsymbol{A}=\nabla\phi$. 我们作出了 ϕ，这就证明了 ϕ 的存在性.

附录 8

证明 § 15.7 中的引理 15.7.1：$\oint_C f\,\mathrm{d}x = \iint_S \left(\frac{\partial f}{\partial z}\mathrm{d}z\,\mathrm{d}x - \frac{\partial f}{\partial y}\mathrm{d}x\,\mathrm{d}y\right)$

如图 8.1 所示，为简单一些，设平行于 z 轴的直线与曲面 S 只交于一点 $P(x, y, z)$，且假定 S 在点 P 处的法矢量 $\boldsymbol{n}$ 与 z 轴所成的角是锐角. 曲面 S，曲线 C，以及点 P 在平面 xOy 上的射影分别为 σ，K，以及 $H(x, y, 0)$.

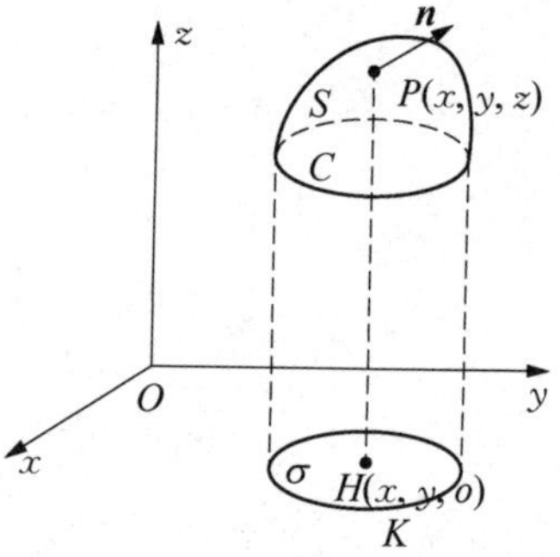

图 8.1

于是曲面 S 就由单值函数

$$z = g(x, y) \tag{1}$$

表示. 对 S 的法矢量 $\boldsymbol{n} = \cos\alpha\boldsymbol{i} + \cos\beta\boldsymbol{j} + \cos\gamma\boldsymbol{k}$，有(参见 § 10.9)

$$\cos\alpha = \frac{-g_x}{\sqrt{1+g_x^2+g_y^2}},\ \cos\beta = \frac{-g_y}{\sqrt{1+g_x^2+g_y^2}},\ \cos\gamma = \frac{1}{\sqrt{1+g_x^2+g_y^2}} \tag{2}$$

因此，有

$$\cos\beta = -g_y\cos\gamma \tag{3}$$

对定义在 S 上有一阶连续偏导数的任意函数 $f(x, y, z)$，我们来计算下列面积分

$$\iint_S\left(\frac{\partial f}{\partial z}\mathrm{d}z\mathrm{d}x-\frac{\partial f}{\partial y}\mathrm{d}x\mathrm{d}y\right) \tag{4}$$

为此我们分三步进行：先把上述积分化为 σ 上的二重积分，然后再通过平面上的格林定理(参见§15.6)使它与曲线积分 $\oint_C f\mathrm{d}x$ 相关联.

对于第一步，先利用(14.20)，以及上面的(3)，有

$$\begin{aligned}\iint_S\left(\frac{\partial f}{\partial z}\mathrm{d}z\mathrm{d}x-\frac{\partial f}{\partial y}\mathrm{d}x\mathrm{d}y\right)&=\iint_S\left(\frac{\partial f}{\partial z}\cos\beta-\frac{\partial f}{\partial y}\cos\gamma\right)\mathrm{d}S\\&=-\iint_\sigma\left(\frac{\partial f}{\partial y}+\frac{\partial f}{\partial z}g_y\right)\mathrm{d}x\mathrm{d}y\end{aligned} \tag{5}$$

再从(1)，可得

$$\frac{\partial}{\partial y}f(x,y,g(x,y))=\frac{\partial f}{\partial y}+\frac{\partial f}{\partial z}g_y \tag{6}$$

就有

$$\iint_S\left(\frac{\partial f}{\partial z}\mathrm{d}z\mathrm{d}x-\frac{\partial f}{\partial y}\mathrm{d}x\mathrm{d}y\right)=-\iint_\sigma\frac{\partial}{\partial y}f(x,y,g(x,y))\mathrm{d}x\mathrm{d}y \tag{7}$$

接下来，我们进行第二步，即把(7)右边的积分转变为曲线积分. 为此，在定理15.6(格林定理)中，取 $Q=0$，$P=f(x,y,g(x,y))$ 就有

$$-\iint_\sigma\frac{\partial}{\partial y}f(x,y,g(x,y))\mathrm{d}x\mathrm{d}y=\oint_K f(x,y,g(x,y))\mathrm{d}x \tag{8}$$

(8)的左边与(7)的右边是一致的，但(8)的右边是对平面曲线 K 的线积分. 而 K 仅是空间曲线 C 在平面 xOy 上的射影. 所以还需要下面的第三步：把对 K 的积分转换到对 C 的积分上去.

注意到函数 $f(x,y,g(x,y))$ 在平面曲线 K 上的点 (x,y) 处的值与函数 $f(x,y,z)$，$z=g(x,y)$ 在空间曲线 C 上的相应点 (x,y,z)，$z=g(z,y)$ 处的值是完全一样的. 此外这两条曲线上相应的线元在 x 轴上的射影也是一样的. 因此，我们根据曲线积分的定义(参见§14.2)，就可以把(8)右边对平面曲线 K 的积分提升到对空间曲线 C 的积分，而最后有

$$\iint_S \left(\frac{\partial f}{\partial z}\mathrm{d}z\,\mathrm{d}x - \frac{\partial f}{\partial y}\mathrm{d}x\,\mathrm{d}y\right) = \oint_C f(x, y, z)\,\mathrm{d}x \tag{9}$$

如果曲面的法矢量 $\boldsymbol{n}$ 与 z 轴所成的角是钝角，则因为此时曲线 C 要改为相反的方向，那就使(9)的两边要同时改变符号，此时(9)仍必成立.

再则，如果当曲面 S 与平行于 z 轴的直线不只交于一点时，我们只需通过作一些辅助线而把 S 划分成若干能满足前面简单化要求的一些部分，而对它们分别有(9). 然而因为沿同一辅助线而方向相反的两个曲线积分相加后正好抵消，所以从对各部分得出的(9)式，然后把它们相加起来就有对一般曲面 S 成立的(9)式.

附录 9

3×3 对称满秩矩阵的逆矩阵以及关于它的行列式导数的一个表达式

令

$$(g_{ij})=\begin{pmatrix} g_{11} & g_{12} & g_{13} \\ g_{21} & g_{22} & g_{23} \\ g_{31} & g_{32} & g_{33} \end{pmatrix},\ g_{ij}=g_{ji} \tag{1}$$

$$g=\begin{vmatrix} g_{11} & g_{12} & g_{13} \\ g_{21} & g_{22} & g_{23} \\ g_{31} & g_{32} & g_{33} \end{vmatrix} \tag{2}$$

设 g_{jk} 的代数余子式为 $G_{jk}(=G_{kj})$，则从行列式的性质有

$$\sum_k g_{jk}G_{lk}=g\delta_{jl} \tag{3}$$

若 $g\neq 0$，则 (g_{ij}) 有逆矩阵 (g^{ij})，而

$$g^{jk}=\frac{G_{jk}}{g},\ g^{ij}=g^{ji} \tag{4}$$

这是因为

$$\sum_k g_{jk}g^{lk}=\sum_k g_{jk}\frac{G_{lk}}{g}=\delta_{jl} \tag{5}$$

如果 $g_{ij}=g_{ij}(u^1,u^2,u^3)$，那么 $G_{il}\dfrac{\partial g_{il}}{\partial u^j}$ 则是 (g_{ij}) 中每一个元 g_{il} 对 u^j

求偏导再乘以 g_{il} 的代数余子式 G_{il} 这样的一些乘积之和式，因此即是 $\frac{\partial g}{\partial u^j}$. 于是有

$$\frac{\partial g}{\partial u^j} = G_{il} \frac{\partial g_{il}}{\partial u^j} = g g^{il} \frac{\partial g_{il}}{\partial u^j} \tag{6}$$

因此

$$\frac{1}{2} g^{il} \frac{\partial g_{il}}{\partial u^j} = \frac{1}{2} \frac{1}{g} \frac{\partial g}{\partial u^j} = \frac{\partial \ln\sqrt{g}}{\partial u^j} = \frac{1}{\sqrt{g}} \frac{\partial \sqrt{g}}{\partial u^j} \tag{7}$$

附录 10

置换符号与置换张量

我们定义如下置换符号 ε_{ijk}，ε^{ijk}，i，j，$k=1, 2, 3$

$$\varepsilon_{ijk}=\varepsilon^{ijk}=\begin{cases}1, & \text{当}(i, j, k)\text{是}(1, 2, 3)\text{的偶排列}\\-1, & \text{当}(i, j, k)\text{是}(1, 2, 3)\text{的奇排列}\\0, & \text{当}(i, j, k)\text{中有指标重复时}\end{cases} \tag{1}$$

它们在 3 阶行列式的定义中会用到：

$$a=\begin{vmatrix}a_1^1 & a_1^2 & a_1^3\\a_2^1 & a_2^2 & a_2^3\\a_3^1 & a_3^2 & a_3^3\end{vmatrix}=a_1^i a_2^j a_3^k \varepsilon_{ijk}=a_i^1 a_j^2 a_k^3 \varepsilon^{ijk} \tag{2}$$

于是根据行列式的性质就有

$$a\varepsilon_{lmp}=a_l^i a_m^j a_p^k \varepsilon_{ijk} \tag{3}$$

$$a\varepsilon^{lmp}=a_i^l a_j^m a_k^p \varepsilon^{ijk} \tag{4}$$

对于曲线坐标的变换及其逆变换(17.1)

$$\begin{aligned}&u^i=u^i(u^{1'}, u^{2'}, u^{3'}),\ i=1, 2, 3\\&u^{i'}=u^{i'}(u^1, u^2, u^3),\ i'=1', 2', 3'\end{aligned} \tag{5}$$

而定义的(参见(17.7),(17.8))

$$\begin{aligned}&\Delta=|a_{i'}^j|,\ a_{i'}^j=\frac{\partial u^j}{\partial u^{i'}}\\&\frac{1}{\Delta}=|a_i^{j'}|,\ a_i^{j'}=\frac{\partial u^{j'}}{\partial u^i}\end{aligned} \tag{6}$$

在对 Δ 应用(3),对$\frac{1}{\Delta}$应用(4)之后,即有

$$\Delta\varepsilon_{l'm'p'}=a^{i}_{l'}a^{j}_{m'}a^{k}_{p'}\varepsilon_{ijk} \tag{7}$$

$$\frac{1}{\Delta}\varepsilon^{l'm'p'}=a^{l'}_{i}a^{m'}_{j}a^{p'}_{k}\varepsilon^{ijk} \tag{8}$$

这两式表明无论 ε_{ijk},还是 ε^{ijk} 都不是张量.不过,以$\sqrt{g}$(参见(17.12))乘(7)的两边有

$$\Delta\sqrt{g}\,\varepsilon_{l'm'p'}=a^{i}_{l'}a^{j}_{m'}a^{k}_{p'}\sqrt{g}\,\varepsilon_{ijk} \tag{9}$$

注意到$\sqrt{g'}=\Delta\sqrt{g}$ (参见(17.24)),就有

$$\sqrt{g'}\,\varepsilon_{l'm'p'}=a^{i}_{l'}a^{j}_{m'}a^{k}_{p'}\sqrt{g}\,\varepsilon_{ijk} \tag{10}$$

由此定义

$$e_{ijk}=\sqrt{g}\,\varepsilon_{ijk} \tag{11}$$

则从(10)可知 e_{ijk} 是一个协变 3 阶张量的分量.

类似地,以$\frac{1}{\sqrt{g}}$乘(8)的两边有

$$\frac{1}{\Delta\sqrt{g}}\varepsilon^{l'm'p'}=a^{l'}_{i}a^{m'}_{j}a^{p'}_{k}\frac{1}{\sqrt{g}}\varepsilon^{ijk} \tag{12}$$

而从 $\frac{1}{\sqrt{g'}}=\frac{1}{\Delta\sqrt{g}}$,就有

$$\frac{1}{\sqrt{g'}}\varepsilon^{l'm'p'}=a^{l'}_{i}a^{m'}_{j}a^{p'}_{k}\frac{1}{\sqrt{g}}\varepsilon^{ijk} \tag{13}$$

由此可知

$$e^{ijk}\equiv\frac{1}{\sqrt{g}}\varepsilon^{ijk} \tag{14}$$

是一个逆变 3 阶张量的分量. (e_{ijk}), (e^{ijk})统称为**置换张量**.

从 ε_{ijk}, ε^{ijk} 对其指标都是反对称的,因此(e_{ijk}), (e^{ijk})都是反对称的.

附录 11

变分法中的欧拉—拉格朗日方程

瑞士数学家约翰·伯努利(Johann Bernoulli, 1667—1748)在1696年提出并解决了下列“最速降线”问题：

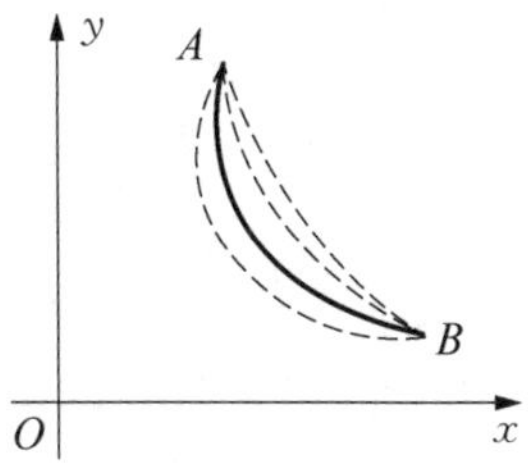

图 11.1

设 A, B 是铅直平面中不在同一铅直线上的两点，在连结 A, B 的所有位于此平面的曲线中，求出一条曲线使得初速度为零的质点从 A 点在重力作用下沿此曲线运动到 B 点所花的时间最少(图11.1). 牛顿、莱布尼兹，以及雅克布·伯努利(Jocob Bernoulli, 1654—1705，约翰·伯努利的哥哥)等也研究了这一问题. 研究结果表明这条最速降线就是一条摆线，也称为旋轮线(参见[8]).

下面我们来研究更一般的问题：对于参数 t 的函数 $x=x(t)$，有函数 $F(t, x(t), \dot{x}(t))$，以及积分

$$I(x(t))=\int_{t_1}^{t_2} F(t, x, \dot{x})\mathrm{d}t \tag{1}$$

其中 $x(t)$ 是连结分别由 $x(x_1)=a$, $x(t_2)=b$ 给出的点 A，点 B 的一条曲线，而 $\dot{x}(t)=\dfrac{\mathrm{d}x(t)}{\mathrm{d}t}$.

关于 $I(x(t))$ 我们说明一下. 一般的函数 $f(x)$ 是指对于自变量 x，有 $f(x)$ 相对应，这里 x 是一个数. 而这里的 $I(x(t))$ 却不同，它对于不同的 $x(t)$ 有 $I(x(t))$ 与之对应，即 $I(x(t))$ 是函数的函数. 由此我们把 $I(x(t))$ 称为泛函.

下面我们从泛函 $I(x(t))$ 要取得极值这一要求出发，看看会得出什么

结果.

假定过 A, B 两点的所有曲线簇 $\{x(t),\ t_1 \leqslant t \leqslant t_2\}$ 中曲线

$$x = X(t),\ t_1 \leqslant t \leqslant t_2,\ X(t_1) = a,\ X(t_2) = b \tag{2}$$

使(1)取得极值. 然后我们就在 $X(t)$ 的基础上作变分,即令 $X(t)$ 附近有过点 A, B 的曲线

$$x(t) = X(t) + \varepsilon\eta(t),\ \eta(t_1) = \eta(t_2) = 0 \tag{3}$$

它给出

$$I(\varepsilon) \equiv I(x(t)) = \int_{t_1}^{t_2} F(t,\ X + \varepsilon\eta,\ \dot{X} + \varepsilon\dot{\eta})\mathrm{d}t \tag{4}$$

于是 $I(x(t))$ 在 $x = X(t)$ 时取极值的泛函问题就归结为 ε 的函数 $I(\varepsilon)$ 在 $\varepsilon = 0$ 时有极值的函数问题. 对于后者此时应有

$$\left.\frac{\mathrm{d}I}{\mathrm{d}\varepsilon}\right|_{\varepsilon=0} = 0 \tag{5}$$

通过对被积函数中的 ε 求导数,这就要计算

$$\left.\frac{\mathrm{d}I}{\mathrm{d}\varepsilon}\right|_{\varepsilon=0} = \int_{t_1}^{t_2}\left(\frac{\partial F}{\partial x}\eta + \frac{\partial F}{\partial \dot{x}}\dot{\eta}\right)\mathrm{d}t = 0 \tag{6}$$

对于其中的 $\int_{t_1}^{t_2}\frac{\partial F}{\partial \dot{x}}\dot{\eta}\mathrm{d}t$ 应用分部积分

$$\int_{t_1}^{t_2}\frac{\partial F}{\partial \dot{x}}\dot{\eta}\mathrm{d}t = \int_{t_1}^{t_2}\frac{\partial F}{\partial \dot{x}}\mathrm{d}\eta = \left.\frac{\partial F}{\partial \dot{x}}\eta\right|_{t_1}^{t_2} - \int_{t_1}^{t_2}\eta\frac{\mathrm{d}}{\mathrm{d}t}\left(\frac{\partial F}{\partial \dot{x}}\right)\mathrm{d}t = -\int_{t_1}^{t_2}\eta\frac{\mathrm{d}}{\mathrm{d}t}\left(\frac{\partial F}{\partial \dot{x}}\right)\mathrm{d}t \tag{7}$$

于是根据(6),(7),(5)就有

$$\int_{t_1}^{t_2}\left(\frac{\partial F}{\partial x}\eta\mathrm{d}t - \eta\frac{\mathrm{d}}{\mathrm{d}t}\left(\frac{\partial F}{\partial \dot{x}}\right)\mathrm{d}t\right) = \int_{t_1}^{t_2}\eta\left(\frac{\partial F}{\partial x} - \frac{\mathrm{d}}{\mathrm{d}t}\left(\frac{\partial F}{\partial \dot{x}}\right)\right)\mathrm{d}t = 0 \tag{8}$$

因为(8)中的 η 是任意的,因此就有

$$\frac{\partial F}{\partial x} - \frac{\mathrm{d}}{\mathrm{d}t}\left(\frac{\partial F}{\partial \dot{x}}\right) = 0 \tag{9}$$

这就是著名的欧拉—拉格朗日方程.

类似地，对于更一般的情况，即要对 $x^i = x^i(t)$, $t_1 \leqslant t \leqslant t_2$, $i=1, 2, \cdots, n$ 的积分

$$I(x^i(t)) = \int_{t_1}^{t_2} F(t, x^1, \dot{x}^1, x^2, \dot{x}^2, \cdots, x^n, \dot{x}^n)\mathrm{d}t \tag{10}$$

取极值，则同样能给出

$$\frac{\partial F}{\partial x^i} - \frac{\mathrm{d}}{\mathrm{d}t}\left(\frac{\partial F}{\partial \dot{x}^i}\right) = 0, \ i=1, 2, \cdots, n \tag{11}$$

欧拉(Leonhard Euler, 1707—1783)，瑞士数学家、力学家、天文学家、物理学家．1720 年，13 岁的小欧拉考入巴塞尔大学，由上面提到过的约翰・伯努利精心指导. 他在分析、代数、数论、几何、物理和力学，乃至天文学、弹道学、航海学诸多方面都有造诣. 他一生写下了大量著作，彼得堡科学院为了整理他的著作足足忙了四十余年. 他提出的 $e^{\mathrm{i}\pi}+1=0$ 这一公式，把数学中的 0, 1, e, π, i 神奇地联系在一起. 有兴趣的读者能在[18]中找到完整的阐述.

附录 12

浅说外微分形式及其外积与外微分

§1 一个突破口

当我们在平面中从直角坐标(x, y)变为极坐标(r, θ)时，有

$$x = r\cos\theta,\ y = r\sin\theta \tag{1}$$

而对相应的二重积分，有

$$\iint_S f(x, y)\mathrm{d}x\,\mathrm{d}y = \iint_S Jf(x(r, \theta), y(r, \theta))\mathrm{d}r\,\mathrm{d}\theta \tag{2}$$

其中

$$J = \begin{vmatrix} \dfrac{\partial x}{\partial r} & \dfrac{\partial x}{\partial \theta} \\ \dfrac{\partial y}{\partial r} & \dfrac{\partial y}{\partial \theta} \end{vmatrix} = \begin{vmatrix} \cos\theta & -r\sin\theta \\ \sin\theta & r\cos\theta \end{vmatrix} = r \tag{3}$$

不过

$$\mathrm{d}x\,\mathrm{d}y = \left(\frac{\partial x}{\partial r}\mathrm{d}r + \frac{\partial x}{\partial \theta}\mathrm{d}\theta\right)\left(\frac{\partial y}{\partial r}\mathrm{d}r + \frac{\partial y}{\partial \theta}\mathrm{d}\theta\right) \neq J\,\mathrm{d}r\,\mathrm{d}\theta \tag{4}$$

如果

$$\mathrm{d}x\,\mathrm{d}y = J\,\mathrm{d}r\,\mathrm{d}\theta = \begin{vmatrix} \dfrac{\partial x}{\partial r} & \dfrac{\partial x}{\partial \theta} \\ \dfrac{\partial y}{\partial r} & \dfrac{\partial y}{\partial \theta} \end{vmatrix} \mathrm{d}r\,\mathrm{d}\theta \tag{5}$$

那么我们把 x，y 交换一下就应有

$$
\mathrm{d}y\,\mathrm{d}x = \begin{vmatrix} \dfrac{\partial y}{\partial r} & \dfrac{\partial y}{\partial \theta} \\ \dfrac{\partial x}{\partial r} & \dfrac{\partial y}{\partial \theta} \end{vmatrix} \mathrm{d}r\,\mathrm{d}\theta = -J\,\mathrm{d}r\,\mathrm{d}\theta = -\mathrm{d}x\,\mathrm{d}y \tag{6}
$$

根据上述,我们对任意独立变量 u, v 引入 $\mathrm{d}u$, $\mathrm{d}v$ 之间的一种新运算,称为外积,用符号 $\wedge$ 表示而有下列的定义:

$$
\begin{aligned} &\mathrm{d}u \wedge \mathrm{d}v = -\mathrm{d}v \wedge \mathrm{d}u \\ &\mathrm{d}u \wedge \mathrm{d}u = 0,\ \mathrm{d}v \wedge \mathrm{d}v = 0 \end{aligned} \tag{7}
$$

且运算 $\wedge$ 还要满足结合律,以及满足对加法的分配律.

例 1　对于(1)所示的变换,有

$$
\begin{aligned} \mathrm{d}x \wedge \mathrm{d}y &= \mathrm{d}(r\cos\theta) \wedge \mathrm{d}(r\sin\theta) = \left(\frac{\partial x}{\partial r}\mathrm{d}r + \frac{\partial x}{\partial \theta}\mathrm{d}\theta\right) \wedge \left(\frac{\partial y}{\partial r}\mathrm{d}r + \frac{\partial y}{\partial \theta}\mathrm{d}\theta\right) \\ &= \frac{\partial x}{\partial r}\,\frac{\partial y}{\partial \theta}\mathrm{d}r \wedge \mathrm{d}\theta + \frac{\partial x}{\partial \theta}\,\frac{\partial y}{\partial r}\mathrm{d}\theta \wedge \mathrm{d}r \\ &= \left(\frac{\partial x}{\partial r}\,\frac{\partial y}{\partial \theta} - \frac{\partial x}{\partial \theta}\,\frac{\partial y}{\partial r}\right)\mathrm{d}r \wedge \mathrm{d}\theta = J\,\mathrm{d}r \wedge \mathrm{d}\theta \end{aligned} \tag{8}
$$

§2　理解外积运算 ∧

对于独立变量 x^1,x^2,由例 19.4.2 可知 $\mathrm{d}x^1$, $\mathrm{d}x^2$ 是 1 阶逆变向量. 将此向量与自己作张量积(或并矢,参见 §8.6),可得一个 2 阶张量,其分量为 $T^{11} = \mathrm{d}x^1 \otimes \mathrm{d}x^1$, $T^{12} = \mathrm{d}x^1 \otimes \mathrm{d}x^2$, $T^{21} = \mathrm{d}x^2 \otimes \mathrm{d}x^1$, $T^{22} = \mathrm{d}x^2 \otimes \mathrm{d}x^2$. 再对后者构造

$$
\begin{aligned} A^{ij} = T^{ij} - T^{ji}:\ & A^{11} = T^{11} - T^{11} = \mathrm{d}x^1 \otimes \mathrm{d}x^1 - \mathrm{d}x^1 \otimes \mathrm{d}x^1 = 0 \\ & A^{12} = T^{12} - T^{21} = \mathrm{d}x^1 \otimes \mathrm{d}x^2 - \mathrm{d}x^2 \otimes \mathrm{d}x^1 \\ & A^{21} = T^{21} - T^{12} = \mathrm{d}x^2 \otimes \mathrm{d}x^1 - \mathrm{d}x^1 \otimes \mathrm{d}x^2 \\ & A^{22} = T^{22} - T^{22} = \mathrm{d}x^2 \otimes \mathrm{d}x^2 - \mathrm{d}x^2 \otimes \mathrm{d}x^2 = 0 \end{aligned} \tag{9}
$$

所以若记

$$\mathrm{d}x^i \wedge \mathrm{d}x^j = \mathrm{d}x^i \otimes \mathrm{d}x^j - \mathrm{d}x^j \otimes \mathrm{d}x^i \tag{10}$$

即有

$$\begin{aligned} &\mathrm{d}x^1 \wedge \mathrm{d}x^1 = A^{11} = 0 \\ &\mathrm{d}x^1 \wedge \mathrm{d}x^2 = A^{12} = -A^{21} = -\mathrm{d}x^2 \wedge \mathrm{d}x^1 \\ &\mathrm{d}x^2 \wedge \mathrm{d}x^2 = A^{22} = 0 \end{aligned} \tag{11}$$

由此得出运算$\wedge$实际上是张量的张量积再加上对指标的反对称化(参见§19.6中的(vii)).

§3 外微分形式

对于三维空间的曲线坐标 u, v, w 类似地定义 $\mathrm{d}u$, $\mathrm{d}v$, $\mathrm{d}w$ 的外积为

$$\begin{aligned} &\mathrm{d}u \wedge \mathrm{d}u = \mathrm{d}v \wedge \mathrm{d}v = \mathrm{d}w \wedge \mathrm{d}w = 0 \\ &\mathrm{d}u \wedge \mathrm{d}v = -\mathrm{d}v \wedge \mathrm{d}u,\ \mathrm{d}v \wedge \mathrm{d}w = -\mathrm{d}w \wedge \mathrm{d}v,\ \mathrm{d}w \wedge \mathrm{d}u = -\mathrm{d}u \wedge \mathrm{d}w \end{aligned} \tag{12}$$

而把

$f(u, v, w)$ 称为 0 次外微分形式,

$f(u, v, w)\mathrm{d}u + g(u, v, w)\mathrm{d}v + h(u, v, w)\mathrm{d}w$ 称为 1 次外微分形式,

$f(u, v, w)\mathrm{d}u \wedge \mathrm{d}v + g(u, v, w)\mathrm{d}v \wedge \mathrm{d}w + h(u, v, w)\mathrm{d}w \wedge \mathrm{d}u$ 称为 2 次外微分形式,

$f(u, v, w)\mathrm{d}u \wedge \mathrm{d}v \wedge \mathrm{d}w$ 称为 3 次外微分形式.

由于只有 3 个独立变量,那么 4 次以及 4 次以上的外微分形式是恒为零的,因为此时总有 1 个,例如说 $\mathrm{d}x$,是重复出现的.

对于 p 次外微分形式 α, q 次外微分形式 β,以及外微分形式 β_1, β_2, γ,根据外微分形式的构成,不难证明:

(i) $\alpha \wedge (\beta_1 + \beta_2) = \alpha \wedge \beta_1 + \alpha \wedge \beta_2$ (分配律)

(ii) $\alpha \wedge (\beta \wedge \gamma) = (\alpha \wedge \beta) \wedge \gamma$ (结合律)

(iii) $\alpha \wedge \beta = (-1)^{pq} \beta \wedge \alpha$ (修正的交换律)

特别地,对于 $f(x, y, z)$及任意外微分形式 α 有 $f \wedge \alpha = \alpha \wedge f = f\alpha$.

§4　应用:曲线坐标系中的体积元

对直角坐标系中的 x, y, z,我们定义

$$\mathrm{d}V = \mathrm{d}x \wedge \mathrm{d}y \wedge \mathrm{d}z \tag{13}$$

例 2　柱面坐标下的体积元.

从 $x = r\cos\theta$, $y = r\sin\theta$, $z = z$, 有(作为练习)

$$\mathrm{d}V = \mathrm{d}x \wedge \mathrm{d}y \wedge \mathrm{d}z = \left(\frac{\partial x}{\partial r}\mathrm{d}r + \frac{\partial x}{\partial \theta}\mathrm{d}\theta + \frac{\partial x}{\partial z}\mathrm{d}z\right) \wedge \left(\frac{\partial y}{\partial r}\mathrm{d}r + \frac{\partial y}{\partial \theta}\mathrm{d}\theta + \frac{\partial y}{\partial z}\mathrm{d}z\right) \wedge$$
$$\left(\frac{\partial z}{\partial r}\mathrm{d}r + \frac{\partial z}{\partial \theta}\mathrm{d}\theta + \frac{\partial z}{\partial z}\mathrm{d}z\right) = r\,\mathrm{d}r \wedge \mathrm{d}\theta \wedge \mathrm{d}z$$

这与(16.36)一致.

例 3　球面坐标下的体积元.

从 $x = r\sin\theta\cos\varphi$, $y = r\sin\theta\sin\varphi$, $z = r\cos\theta$, 有(作为练习)

$$\mathrm{d}V = \mathrm{d}x \wedge \mathrm{d}y \wedge \mathrm{d}z = \left(\frac{\partial x}{\partial r}\mathrm{d}r + \frac{\partial x}{\partial \theta}\mathrm{d}\theta + \frac{\partial x}{\partial \varphi}\mathrm{d}\varphi\right) \wedge \left(\frac{\partial y}{\partial r}\mathrm{d}r + \frac{\partial y}{\partial \theta}\mathrm{d}\theta + \frac{\partial y}{\partial \varphi}\mathrm{d}\varphi\right)$$
$$\wedge \left(\frac{\partial z}{\partial r}\mathrm{d}r + \frac{\partial z}{\partial \theta}\mathrm{d}\theta + \frac{\partial z}{\partial \varphi}\mathrm{d}\varphi\right) = r^2\sin\theta\,\mathrm{d}r \wedge \mathrm{d}\theta \wedge \mathrm{d}\varphi$$

这与(16.44)一致.

有了这些准备以后,我们来讨论一般的情况:

$$x = x(u, v, w),\ y = y(u, v, w),\ z = z(u, v, w)$$

由此先由

$$\begin{aligned} \mathrm{d}x &= \frac{\partial x}{\partial u}\mathrm{d}u + \frac{\partial x}{\partial v}\mathrm{d}v + \frac{\partial v}{\partial w}\mathrm{d}w \\ \mathrm{d}y &= \frac{\partial y}{\partial u}\mathrm{d}u + \frac{\partial y}{\partial v}\mathrm{d}v + \frac{\partial y}{\partial w}\mathrm{d}w \\ \mathrm{d}w &= \frac{\partial z}{\partial u}\mathrm{d}u + \frac{\partial z}{\partial v}\mathrm{d}v + \frac{\partial z}{\partial w}\mathrm{d}w \end{aligned} \tag{14}$$

有

$$\begin{pmatrix}\mathrm{d}x\\ \mathrm{d}y\\ \mathrm{d}z\end{pmatrix}=\begin{bmatrix}\frac{\partial x}{\partial u} & \frac{\partial x}{\partial v} & \frac{\partial x}{\partial w}\\ \frac{\partial y}{\partial u} & \frac{\partial y}{\partial v} & \frac{\partial y}{\partial w}\\ \frac{\partial z}{\partial u} & \frac{\partial z}{\partial v} & \frac{\partial z}{\partial w}\end{bmatrix}\begin{pmatrix}\mathrm{d}u\\ \mathrm{d}v\\ \mathrm{d}w\end{pmatrix}=\frac{\partial(x, y, z)}{\partial(u, v, w)}\begin{pmatrix}\mathrm{d}u\\ \mathrm{d}v\\ \mathrm{d}w\end{pmatrix} \tag{15}$$

然后来计算

$$\begin{aligned}\mathrm{d}V=\mathrm{d}x\wedge\mathrm{d}y\wedge\mathrm{d}z=&\left(\frac{\partial x}{\partial u}\mathrm{d}u+\frac{\partial x}{\partial v}\mathrm{d}v+\frac{\partial x}{\partial w}\mathrm{d}w\right)\wedge\\ &\left(\frac{\partial y}{\partial u}\mathrm{d}u+\frac{\partial y}{\partial v}\mathrm{d}v+\frac{\partial y}{\partial w}\mathrm{d}w\right)\wedge\left(\frac{\partial z}{\partial u}\mathrm{d}u+\frac{\partial z}{\partial v}\mathrm{d}v+\frac{\partial z}{\partial w}\mathrm{d}w\right)\end{aligned} \tag{16}$$

对于右边第一个括号中的$\frac{\partial x}{\partial u}\mathrm{d}u$，必须与第二个括号中的$\frac{\partial y}{\partial v}\mathrm{d}v$ 或$\frac{\partial y}{\partial w}\mathrm{d}w$ 作外积才会有非零结果. 若作第一种选择，那么在第三个括号中必须与$\frac{\partial z}{\partial w}\mathrm{d}w$ 再作外积；若作第二种选择，那么在第三个括号中必须与$\frac{\partial z}{\partial v}\mathrm{d}v$ 再作外积，这样才能最后分别作出

$$\begin{aligned}&\frac{\partial x}{\partial u}\frac{\partial y}{\partial v}\frac{\partial z}{\partial w}\,\mathrm{d}u\wedge\mathrm{d}v\wedge\mathrm{d}w\\ &\frac{\partial x}{\partial u}\frac{\partial y}{\partial w}\frac{\partial z}{\partial v}\,\mathrm{d}u\wedge\mathrm{d}w\wedge\mathrm{d}v=-\frac{\partial x}{\partial u}\frac{\partial y}{\partial w}\frac{\partial z}{\partial v}\mathrm{d}u\wedge\mathrm{d}v\wedge\mathrm{d}w\end{aligned} \tag{17}$$

类似地，可以讨论(16)中展开后的其他非零的贡献.

注意到(17)中的$\frac{\partial x}{\partial u}\frac{\partial y}{\partial v}\frac{\partial z}{\partial w}$，$\frac{\partial x}{\partial u}\frac{\partial y}{\partial w}\frac{\partial z}{\partial v}$是雅可比矩阵$\frac{\partial(x, y, z)}{\partial(u, v, w)}$中不同行，不同列矩阵元的乘积，而(17)中的"－"号与附录 10 引进的置换符号 ε^{ijk} 或ε_{ijk} 有关，所以(16)的右边即为

$$J\,\mathrm{d}u\wedge\mathrm{d}v\wedge\mathrm{d}w=\left|\frac{\partial(x, y, z)}{\partial(u, v, w)}\right|\mathrm{d}u\wedge\mathrm{d}v\wedge\mathrm{d}w$$

因此,最后有

$$dV = dx \wedge dy \wedge dz = J\, du \wedge dv \wedge dw \tag{18}$$

当然为了在曲线坐标(u, v, w)中具体地算出雅可比行列式 J,那还得进行具体的计算.

§5 应用:过渡矩阵的行列式之间的一个关系

作为上一节的一个特例,我们讨论下列满秩线性变换

$$\begin{pmatrix} x \\ y \\ z \end{pmatrix} = \begin{pmatrix} a_{11} & a_{12} & a_{13} \\ a_{21} & a_{22} & a_{23} \\ a_{31} & a_{32} & a_{33} \end{pmatrix} \begin{pmatrix} u \\ v \\ w \end{pmatrix}, \ \boldsymbol{A} = (a_{ij}), \ |\boldsymbol{A}| \neq 0$$

$$\begin{pmatrix} u \\ v \\ w \end{pmatrix} = \begin{pmatrix} b_{11} & b_{12} & b_{13} \\ b_{21} & b_{22} & b_{23} \\ b_{31} & b_{32} & b_{33} \end{pmatrix} \begin{pmatrix} r \\ s \\ t \end{pmatrix}, \ \boldsymbol{B} = (b_{ij}), \ |\boldsymbol{B}| \neq 0 \tag{19}$$

$$\begin{pmatrix} x \\ y \\ z \end{pmatrix} = \begin{pmatrix} c_{11} & c_{12} & c_{13} \\ c_{21} & c_{22} & c_{23} \\ c_{31} & c_{32} & c_{33} \end{pmatrix} \begin{pmatrix} r \\ s \\ t \end{pmatrix}, \ \boldsymbol{C} = (c_{ij}), \ |\boldsymbol{C}| \neq 0$$

由于这些变换都是线性的,不难得出,例如

$$dx = d(a_{11}u + a_{12}v + a_{13}w) = a_{11}du + a_{12}dv + a_{13}dw$$

因此有:

$$\begin{pmatrix} dx \\ dy \\ dz \end{pmatrix} = \boldsymbol{A} \begin{pmatrix} du \\ dv \\ dw \end{pmatrix}, \ \begin{pmatrix} du \\ dv \\ dw \end{pmatrix} = \boldsymbol{B} \begin{pmatrix} dr \\ ds \\ dt \end{pmatrix}, \ \begin{pmatrix} dx \\ dy \\ dz \end{pmatrix} = \boldsymbol{C} \begin{pmatrix} dr \\ ds \\ dt \end{pmatrix} \tag{20}$$

于是

$$\begin{aligned} dx \wedge dy \wedge dz &= |\boldsymbol{A}|\, du \wedge dv \wedge dw \\ du \wedge dv \wedge dw &= |\boldsymbol{B}|\, dr \wedge ds \wedge dt \\ dx \wedge dy \wedge dz &= |\boldsymbol{C}|\, dr \wedge ds \wedge dt \end{aligned} \tag{21}$$

由此得出

$$|\boldsymbol{C}|=|\boldsymbol{A}||\boldsymbol{B}| \tag{22}$$

再由(19),或(20)可知过渡矩阵 $\boldsymbol{C}$ 与过渡矩阵 $\boldsymbol{A}$, $\boldsymbol{B}$ 的关系为

$$\boldsymbol{C}=\boldsymbol{AB} \tag{23}$$

因此,最后有

$$|\boldsymbol{AB}|=|\boldsymbol{A}||\boldsymbol{B}| \tag{24}$$

不过这只是附录 2 证明的一般结果的一个特例,因为这里为了保证变元的独立性,要求 $|\boldsymbol{A}|\neq 0$, $|\boldsymbol{B}|\neq 0$.

§6 外积运算与矢量代数

对于矢量 $\boldsymbol{A}=a_1\boldsymbol{i}+a_2\boldsymbol{j}+a_3\boldsymbol{k}$, 分别以 1 次形式

$$\omega_{\boldsymbol{A}}^1=a_1\mathrm{d}x+a_2\mathrm{d}y+a_3\mathrm{d}z \tag{25}$$

和 2 次形式

$$\omega_{\boldsymbol{A}}^2=a_1\mathrm{d}y\wedge\mathrm{d}z+a_2\mathrm{d}z\wedge\mathrm{d}x+a_3\mathrm{d}x\wedge\mathrm{d}y \tag{26}$$

与之对应.

不难得出如下的关系式(作为练习)

(i) $\omega_{(\boldsymbol{A}+\boldsymbol{B})}^i=\omega_{\boldsymbol{A}}^i+\omega_{\boldsymbol{B}}^i$, $i=1, 2$, (27)

(ii) $\omega_{k\boldsymbol{A}}^i=k\omega_{\boldsymbol{A}}^i$, $k\in\mathbf{R}$, $i=1, 2$, (28)

(iii) $\omega_{\boldsymbol{A}}^1\wedge\omega_{\boldsymbol{B}}^1=\omega_{\boldsymbol{A}\times\boldsymbol{B}}^2$ (29)

(iv) $\omega_{\boldsymbol{A}}^1\wedge\omega_{\boldsymbol{B}}^2=(\boldsymbol{A}\cdot\boldsymbol{B})\mathrm{d}x\wedge\mathrm{d}y\wedge\mathrm{d}z\equiv\omega_{\boldsymbol{A}\cdot\boldsymbol{B}}^3$ (30)

这就是说,如果把矢量与外微分形式联系起来,那么矢量代数中的一些运算也可以用外微分形式以及外积来表示. 容易知道这些性质对矢量场 $A(x, y, z)$, $B(x, y, z)$,以及函数 $k=k(x, y, z)$ 也成立.

§7 外微分形式的外微分

在这一节中,我们给出外微分形式的外微分运算,并在下一节中讨论它

与矢量分析的联系.

首先,我们对 0 次形式,即函数 $\omega_f^0 = f(x, y, z)$ 的外微分定义为对它的普通微分,即

$$df(x, y, z) = \frac{\partial f}{\partial x}dx + \frac{\partial f}{\partial y}dy + \frac{\partial f}{\partial z}dz \tag{31}$$

对于一般的外微分形式 $\omega = f(x, y, z)dx \wedge \cdots + g(x, y, z) dy \wedge \cdots + h(x, y, z)dz \wedge \cdots$, 我们定义

$$\begin{aligned} d\omega &= d(f dx \wedge \cdots) + d(g dy \wedge \cdots) + d(h dz \wedge \cdots) \\ &= (df) \wedge dx \wedge \cdots + (dg) \wedge dy \wedge \cdots + (dh) \wedge dz \wedge \cdots \end{aligned} \tag{32}$$

§8　外微分的性质

从这一定义,我们有下列三个性质:

(i) 外微分使我们从一个 p 次形式得到一个 $p+1$ 次形式.

(ii) 若把外微分形式 ω 的次数记为 $\deg \omega$,而 λ 是一个任意的外微分形式,则有

$$d(\omega \wedge \lambda) = d\omega \wedge \lambda + (-1)^{\deg \omega} \omega \wedge d\lambda \tag{33}$$

此式类似于微积分学中的 $d(fg) = (df)g + f(dg)$, 故也称为莱布尼兹公式. 式中出现的$\deg \omega$ 显然是因为外微分形式的外积所具有的反交换性质而引起的修正.

(iii) 对于任意形式 ω,有

$$d(d\omega) = 0, \text{即 } d^2 = 0 \tag{34}$$

对于变量 x, y, z 的 4 种形式,很容易直接验证这一点(作为练习).

例 4　设 $\omega = f(x, y, z)dy$, $\lambda = g(x, y, z)$. 求 $d(w \wedge \lambda)$.

计算(33)左边(参见 § 3 的(iii)):

$$\begin{aligned} d(f dy \wedge g) = d(fg dy) &= \left(\frac{\partial fg}{\partial x}dx + \frac{\partial fg}{\partial y}dy + \frac{\partial fg}{\partial z}dz\right) \wedge dy \\ &= \frac{\partial fg}{\partial x}dx \wedge dy + \frac{\partial fg}{\partial z}dz \wedge dy \end{aligned}$$

(33)右边第一项：

$$d\omega\wedge\lambda=d(f\,dy)\wedge\lambda=\left(\frac{\partial f}{\partial x}dx\wedge dy+\frac{\partial f}{\partial z}dz\wedge dy\right)\wedge g$$

$$=g\,\frac{\partial f}{\partial x}dx\wedge dy+g\,\frac{\partial f}{\partial z}dz\wedge dy$$

(33)右边第2项：

$$(-1)^{\deg\omega}f\,dy\wedge dg=-f\,dy\wedge\left(\frac{\partial g}{\partial x}dx+\frac{\partial g}{\partial y}dy+\frac{\partial g}{\partial z}dz\right)$$

$$=-\left(f\,dy\wedge\frac{\partial g}{\partial x}dx+f\,dy\wedge\frac{\partial g}{\partial z}dz\right)$$

$$=f\,\frac{\partial g}{\partial x}dx\wedge dy+f\,\frac{\partial g}{\partial z}dz\wedge dy$$

于是(33)的两边相等.

例 5 $\omega^0=f(x,y,z)$,计算 $d^2f=d(df)$.

(31)已给出 df,然后

$$\begin{aligned}d^2f&=d(df)=d\left(\frac{\partial f}{\partial x}dx+\frac{\partial f}{\partial y}dy+\frac{\partial f}{\partial z}dz\right)\\&=d\left(\frac{\partial f}{\partial x}\right)\wedge dx+d\left(\frac{\partial f}{\partial y}\right)\wedge dy+d\left(\frac{\partial f}{\partial z}\right)\wedge dz\\&=\frac{\partial^2f}{\partial x\partial y}dy\wedge dx+\frac{\partial^2f}{\partial x\partial z}dz\wedge dx+\frac{\partial^2f}{\partial y\partial x}dx\wedge dy+\frac{\partial^2f}{\partial y\partial z}dz\wedge dy\\&\quad+\frac{\partial^2f}{\partial z\partial x}dx\wedge dz+\frac{\partial^2f}{\partial z\partial y}dy\wedge dz=0\end{aligned}$$

§9 外微分形式的外微分与矢量场的微分运算

由(31)可知

$$d\omega_f^0=df(x,y,z)=\frac{\partial f}{\partial x}dx+\frac{\partial f}{\partial y}dy+\frac{\partial f}{\partial z}dz \tag{35}$$

而(35)的右边恰好就是与 grad f 对应的1次形式,因此

$$\mathrm{d}\omega_f^0 = \omega_{\mathrm{grad}\,f}^1 \tag{36}$$

对于与 $\boldsymbol{A}(x, y, z) = a_1(x, y, z)\boldsymbol{i} + a_2(x, y, z)\boldsymbol{j} + a_3(x, y, z)\boldsymbol{k}$ 对应的

$$\omega_{\boldsymbol{A}}^1 = a_1\mathrm{d}x + a_2\mathrm{d}y + a_3\mathrm{d}z \tag{37}$$

求外微分，有

$$\begin{aligned}\mathrm{d}\omega_{\boldsymbol{A}}^1 &= \left(\frac{\partial a_1}{\partial y}\mathrm{d}y + \frac{\partial a_1}{\partial z}\mathrm{d}z\right)\wedge \mathrm{d}x + \left(\frac{\partial a_2}{\partial x}\mathrm{d}x + \frac{\partial a_2}{\partial z}\mathrm{d}z\right)\wedge \mathrm{d}y \\ &\quad + \left(\frac{\partial a_3}{\partial x}\mathrm{d}x + \frac{\partial a_3}{\partial y}\mathrm{d}y\right)\wedge \mathrm{d}z \\ &= \left(\frac{\partial a_3}{\partial y} - \frac{\partial a_2}{\partial z}\right)\mathrm{d}z\wedge \mathrm{d}z + \left(\frac{\partial a_1}{\partial z} - \frac{\partial a_3}{\partial x}\right)\mathrm{d}z\wedge \mathrm{d}x \\ &\quad + \left(\frac{\partial a_2}{\partial x} - \frac{\partial a_1}{\partial y}\right)\mathrm{d}x\wedge \mathrm{d}y\end{aligned} \tag{38}$$

而(38)的右边恰好是 $\omega_{\mathrm{rot}\,\boldsymbol{A}}^2$，因此

$$\mathrm{d}\omega_{\boldsymbol{A}}^1 = \omega_{\mathrm{rot}\,\boldsymbol{A}}^2 \tag{39}$$

最后对于与 $\boldsymbol{A}(x, y, z)$ 对应的

$$\omega_{\boldsymbol{A}}^2 = a_1\mathrm{d}y\wedge \mathrm{d}z + a_2\mathrm{d}z\wedge \mathrm{d}x + a_3\mathrm{d}x\wedge \mathrm{d}y \tag{40}$$

求外微分，有

$$\begin{aligned}\mathrm{d}\omega_{\boldsymbol{A}}^2 &= \frac{\partial a_1}{\partial x}\mathrm{d}x\wedge \mathrm{d}y\wedge \mathrm{d}z + \frac{\partial a_2}{\partial y}\mathrm{d}y\wedge \mathrm{d}z\wedge \mathrm{d}x + \frac{\partial a_3}{\partial z}\mathrm{d}z\wedge \mathrm{d}x\wedge \mathrm{d}y \\ &= \left(\frac{\partial a_1}{\partial x} + \frac{\partial a_2}{\partial y} + \frac{\partial a_3}{\partial z}\right)\mathrm{d}x\wedge \mathrm{d}y\wedge \mathrm{d}z\end{aligned} \tag{41}$$

即

$$\mathrm{d}\omega_{\boldsymbol{A}}^2 = \mathrm{div}\,\boldsymbol{A}\,\mathrm{d}x\wedge \mathrm{d}y\wedge \mathrm{d}z \tag{42}$$

这样，矢量分析中的梯度、散度、旋度都在外微分形式的框架中实现了.

§10　应用：矢量分析中的一些公式

利用这里得出的各种结果，我们能用外微分形式的外积和外微分运算证

明矢量分析中的一些公式,而不必借助于对分量的计算.

例如从

$$\begin{aligned}\omega^2_{\operatorname{rot}(f\boldsymbol{A})}&=\mathrm{d}\omega^1_{f\boldsymbol{A}}=\mathrm{d}(f\omega^1_{\boldsymbol{A}})=\mathrm{d}f\wedge\omega^1_{\boldsymbol{A}}+f\mathrm{d}\omega^1_{\boldsymbol{A}}\\&=\omega^1_{\operatorname{grad}f}\wedge\omega^1_{\boldsymbol{A}}+f\omega^2_{\operatorname{rot}\boldsymbol{A}}\\&=\omega^2_{\operatorname{grad}f\times\boldsymbol{A}}+\omega^2_{f\operatorname{rot}\boldsymbol{A}}=\omega^2_{(\operatorname{grad}f\times\boldsymbol{A}+f\operatorname{rot}\boldsymbol{A})}\end{aligned}\tag{43}$$

此即(13.5)所示的公式

$$\operatorname{rot}(f\boldsymbol{A})=\operatorname{grad}f\times\boldsymbol{A}+f\operatorname{rot}\boldsymbol{A}\tag{44}$$

下面我们来研究一下 $\mathrm{d}^2=0$ 会给我们带来一些怎样的信息. 首先 d^2 使外微分形式的次数提高 2,而且有 3 个独立变量的 4 次以及 4 次以上的外微分形式是恒为零的,所以有意义的情况只有 $\mathrm{d}^2\omega^0_f=0$,以及 $\mathrm{d}^2\omega^1_{\boldsymbol{A}}=0$ 两种.

对于 $\mathrm{d}^2\omega^0_f=0$,我们有

$$\mathrm{d}^2\omega^0_f=\mathrm{d}(\mathrm{d}\omega^0_f)=\mathrm{d}(\omega^1_{\operatorname{grad}f})=\omega^2_{\operatorname{rot}\operatorname{grad}f}=0\tag{45}$$

这表明

$$\operatorname{rot}\operatorname{grad}f=\boldsymbol{0}\tag{46}$$

此即§13.4 中的(v). 对于 $\mathrm{d}^2\omega^1_{\boldsymbol{A}}=0$,有

$$\mathrm{d}(\mathrm{d}\omega^1_{\boldsymbol{A}})=\mathrm{d}\omega^2_{\operatorname{rot}\boldsymbol{A}}=(\operatorname{div}\operatorname{rot}\boldsymbol{A})\mathrm{d}x\wedge\mathrm{d}y\wedge\mathrm{d}z=\omega^3_{\operatorname{div}\operatorname{rot}\boldsymbol{A}}\tag{47}$$

因此,可得

$$\operatorname{div}\operatorname{rot}\boldsymbol{A}=0\tag{48}$$

此即§13.4 中的(vi).

外微分形式的理论在物理学中有重大应用(参见[9]),在下一节我们介绍它在电磁学中的一个应用.

§11 应用:麦克斯韦方程组的外微分形式与连续性方程

电磁学中的麦克斯韦方程组为

$$(\mathrm{I})\begin{cases}\operatorname{rot}\boldsymbol{E}=\dfrac{\partial\boldsymbol{B}}{\partial t}\\\operatorname{div}\boldsymbol{B}=0\end{cases}\quad(\mathrm{II})\begin{cases}\operatorname{rot}\boldsymbol{H}=\dfrac{\partial\boldsymbol{D}}{\partial t}+\boldsymbol{j}\\\operatorname{div}\boldsymbol{D}=\rho\end{cases}\tag{49}$$

如果在闵可夫斯基 4 维时空(x, y, z, t)中引入 2 次形式

$$
\begin{aligned}
\alpha &= (E_1 \mathrm{d}x + E_2 \mathrm{d}y + E_3 \mathrm{d}z) \wedge \mathrm{d}t + (B_1 \mathrm{d}y \wedge \mathrm{d}z + \\
&\quad B_2 \mathrm{d}z \wedge \mathrm{d}x + B_3 \mathrm{d}x \wedge \mathrm{d}y) \\
\beta &= -(H_1 \mathrm{d}x + H_2 \mathrm{d}y + H_3 \mathrm{d}z) \wedge \mathrm{d}t + (D_1 \mathrm{d}y \wedge \mathrm{d}z + \\
&\quad D_2 \mathrm{d}z \wedge \mathrm{d}x + D_3 \mathrm{d}x \wedge \mathrm{d}y)
\end{aligned}
\tag{50}
$$

以及 3 次形式

$$\gamma = (J_1 \mathrm{d}y \wedge \mathrm{d}z + J_2 \mathrm{d}z \wedge \mathrm{d}x + J_z \mathrm{d}x \wedge \mathrm{d}y) \wedge \mathrm{d}t - \rho \mathrm{d}x \wedge \mathrm{d}y \wedge \mathrm{d}z \tag{51}$$

则不难验证：$\mathrm{d}\alpha = 0$ 就是上面的第（Ⅰ）组方程，$\mathrm{d}\beta + \gamma = 0$ 就是上面的第（Ⅱ）组方程. 这样，麦克斯韦方程组就有了下述外微分形式的表述：

$$
\begin{aligned}
\mathrm{d}\alpha &= 0 \\
\mathrm{d}\beta + \gamma &= 0
\end{aligned}
\tag{52}
$$

我们知道，(49)是麦克斯韦方程组的矢量形式表达式，它只对惯性系成立，即对惯性系之间的变换具有协变性——即保持其形式不变(参见§9.7)，而在一般的参考系中它就将是面目全非了. 然而(52)在任意参考系中都是成立的(参见[9]). 因此，当我们要把电磁理论推广到一般时空中去，外微分形式的表达就有重大意义了.

最后我们对 $\mathrm{d}\beta + \gamma = 0$ 作一次外微分，利用 $\mathrm{d}^2\beta = 0$，就有

$$\mathrm{d}\gamma = 0 \tag{53}$$

此即我们熟悉的连续性方程(参见§15.5)

$$\operatorname{div} \boldsymbol{J} + \frac{\partial \rho}{\partial t} = 0 \tag{54}$$

§12　外微分形式的积分和斯托克斯定理

外微分形式有外微分运算，相应地也有它的积分运算. 事实上，按§1 所述外微分形式本身就是从原有积分理论中的一个“破绽”中引入的：为了保证 $\mathrm{d}x\mathrm{d}y = r\mathrm{d}r\mathrm{d}\theta$，我们有必要将 $\mathrm{d}x\mathrm{d}y$ 修改为 $\mathrm{d}x \wedge \mathrm{d}y$，而对于一个 2 维区域 D

定义$\iint_D f(x, y)\mathrm{d}x\wedge\mathrm{d}y$. 当然,我们仍以原来的求和概念去求它的值,也即

$$\iint_D f(x, y)\mathrm{d}x\wedge\mathrm{d}y=\iint_D f(x, y)\mathrm{d}x\mathrm{d}y \tag{55}$$

而只要把 $\mathrm{d}x\mathrm{d}y$ 理解成 $\mathrm{d}x\wedge\mathrm{d}y$. 细心的读者会从(55)推得

$$\iint_D f(x, y)\mathrm{d}y\wedge\mathrm{d}x=-\iint_D f(x, y)\mathrm{d}x\wedge\mathrm{d}y=-\iint_D f(x, y)\mathrm{d}x\mathrm{d}y \tag{56}$$

这一事实确好说明积分是与定向有关的(参见[9]).

引入 $\mathrm{d}x\wedge\mathrm{d}y$ 以后,(55)中左边的被积分对象就是一个外微分形式. 对此我们有外积与外微分两种运算. 事实上,我们有下列重要定理——斯托克斯定理:

设 D 是一个 k 维区域,而 ω 是其上的一个 $k-1$ 次形式. 此时 D 的边界,记作∂D. 它当然是一个 $k-1$ 维区域,而 $\mathrm{d}\omega$ 是一个 k 次形式. 因而有积分$\int_D \mathrm{d}\omega$ 和$\int_{\partial D}\omega$, 而且还有(参见[9])

定理 1(斯托克斯定理)

$$\int_D \mathrm{d}\omega=\int_{\partial D}\omega \tag{57}$$

这个定理表明对 $\mathrm{d}\omega$ 在区域D 上的积分可以用ω 在区域D 的边界∂D 上的积分来表示(参见§15.9).

这个定理又称为 *NLGGOSP* 定理,这里 N 表示牛顿,L 表示莱布尼兹,第一个 G 表示高斯,第二个 G 表示格林,O 表示奥斯特洛格拉特斯基,S 表示斯托克斯,P 表示庞加莱,这是因为他们对推导出定理 12.1 的各种特殊情况都作出了贡献.

奥斯特洛格拉特斯基(Mikhail Vasilyevich Ostrogradsky, 1801—1862),俄国数学家. 他的研究包括变分学,代数函数的积分,数学物理,以及经典力学.

我们最后给出两个例子,用(57)去证明§15.6 中的格林定理,以及§15.7 中的斯托克斯定理.

例 6　考虑平面中的区域σ 及其定向了的边界C(图 12.1). σ 是 2 维的,因此变量为 x, y. $\partial\sigma=C$ 是 1 维的,故 ω 的最一般形式应为 $P(x, y)\mathrm{d}x+$

$Q(x, y)\mathrm{d}y$. 应用定理 12.1,可得

$$\oint_C P\mathrm{d}x + Q\mathrm{d}y = \iint_\sigma \mathrm{d}(P\mathrm{d}x + Q\mathrm{d}y) = \iint_\sigma \left(\frac{\partial P}{\partial y}\mathrm{d}y \wedge \mathrm{d}x\right) + \iint_\sigma \left(\frac{\partial Q}{\partial x}\mathrm{d}x \wedge \mathrm{d}y\right)$$

$$= \iint_\sigma \left(\frac{\partial Q}{\partial x} - \frac{\partial P}{\partial y}\right)\mathrm{d}x \wedge \mathrm{d}y = \iint_\sigma \left(\frac{\partial Q}{\partial x} - \frac{\partial P}{\partial y}\right)\mathrm{d}x\,\mathrm{d}y$$

此即(15.22).

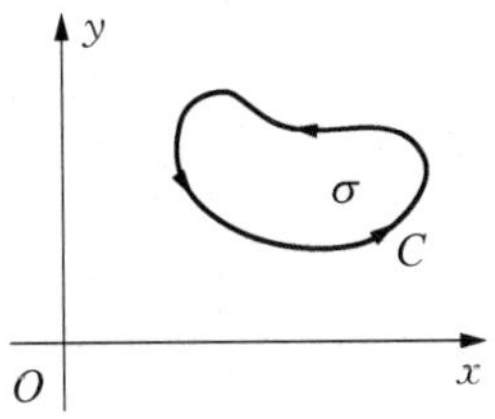

图 12.1

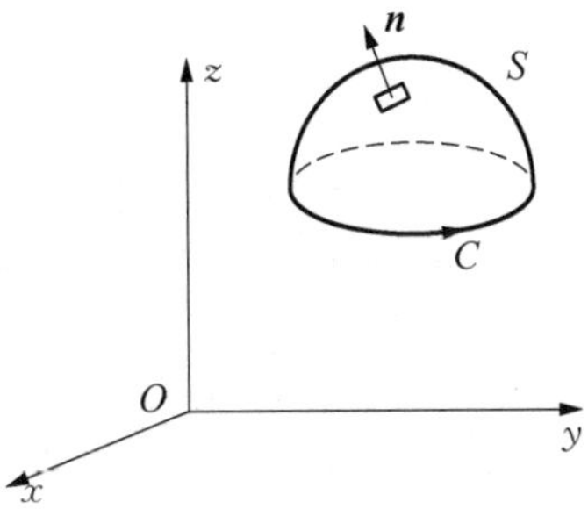

图 12.2

例 7　考虑空间曲面 S 及其定了向的边界 C(图 12.2). S 是 3 维空间中的 2 维曲面,而 C 是 3 维空间中的 1 维曲线,所以 ω 的最一般形式为 $\omega = a_1(x, y, z)\mathrm{d}x + a_2(x, y, z)\mathrm{d}y + a_3(x, y, z)\mathrm{d}z$. 由此(57)给出

$$\oint_C a_1\mathrm{d}x + a_2\mathrm{d}y + a_3\mathrm{d}z = \iint_S \mathrm{d}(a_1\mathrm{d}x + a_2\mathrm{d}y + a_3\mathrm{d}z)$$

$$= \iint_S \left(\frac{\partial a_1}{\partial y}\mathrm{d}y + \frac{\partial a_1}{\partial z}\mathrm{d}z\right) \wedge \mathrm{d}x + \left(\frac{\partial a_2}{\partial x}\mathrm{d}x + \frac{\partial a_2}{\partial z}\mathrm{d}z\right) \wedge \mathrm{d}y + \left(\frac{\partial a_3}{\partial x}\mathrm{d}x + \frac{\partial a_3}{\partial y}\mathrm{d}y\right) \wedge \mathrm{d}z$$

$$= \iint_S \left(\frac{\partial a_1}{\partial y} - \frac{\partial a_2}{\partial x}\right)\mathrm{d}y \wedge \mathrm{d}x + \left(\frac{\partial a_1}{\partial z} - \frac{\partial a_3}{\partial x}\right)\mathrm{d}z \wedge \mathrm{d}x + \left(\frac{\partial a_2}{\partial x} - \frac{\partial a_1}{\partial y}\right)\mathrm{d}x \wedge \mathrm{d}y$$

此即(15.37)所示的结果.

上面简要地讨论了外微分形式及其一些简单的应用. 事实上,外微分形

式的理论在近代数学和物理科学中有重大应用. 当然,严格地讨论这一理论应在集合论的基础上,引入拓扑结构,构建流形结构,再讨论其上的反对称协变张量场. 对于这一方面有兴趣的读者可以参考[9]及其中所引的大量文献.

参 考 文 献

[1] 熊斌，冯志刚. 奥数教程. 高一年级、高二年级[M]. 上海：华东师范大学出版社，2010.
[2] 同济大学应用数学系. 高等数学. 上、下册[M]. 北京：高等教育出版社，2003.
[3] 同济大学数学系. 线性代数[M]. 北京：高等教育出版社，2007.
[4] 陈跃，裴玉峰. 高等代数与解析几何. 上、下册[M]. 北京：科学出版社，2019.
[5] 冯承天. 从一元一次方程到伽罗瓦理论(第二版)[M]. 上海：华东师范大学出版社，2019.
[6] 冯承天. 从求解多项式方程到阿贝尔不可能性定理：细说五次方程无求根公式(第二版)[M]. 上海：华东师范大学出版社，2019.
[7] 冯承天. 从代数基本定理到超越数：一段经典数学的奇幻之旅(第二版)[M]. 上海：华东师范大学出版社，2019.
[8] 冯承天. 从空间曲线到高斯-博内定理[M]. 上海：华东师范大学出版社，2021.
[9] 冯承天，余扬政. 物理学中的几何方法[M]. 哈尔滨：哈尔滨工业大学出版社，2018.
[10] И. A. 高里德凡. 矢算概论[M]. 卜元震，译. 上海：商务印书馆，1956.
[11] 小林昭七. 曲线与曲面的微分几何[M]. 王运达，译. 沈阳：沈阳市数学会，1980.
[12] 石原　繁. 微分几何学概论[M]. 王运达，朱希斌，译. 沈阳：东北工学院，1982.
[13] 矢野健太郎. 黎曼几何学入门[M]. 王运达，译. 沈阳：东北工学院，1982.
[14] 矢野健太郎. 几何学[M]. 孙泽瀛，译. 上海：上海科学技术出版社，1961.
[15] P. G. 柏格曼. 相对论引论[M]. 周奇，郝苹，译. 北京：人民教育出版社，1961.
[16] H. K. 洛薛夫斯基. 黎曼几何与张量解析，上、下册[M]. 俞玉森译. 北京：高等教育出版社，1955.
[17] C. E. Weatherburn. 黎曼几何与张量算法[M]. 周绍濂，译. 北京：商务印书馆，1960.
[18] D. 斯蒂普. 优雅的等式：欧拉公式与数学之美[M]. 涂泓，冯承天，译. 北京：人民邮电出版社，2019.
[19] H. 外尔. 对称[M]. 冯承天，陆继宗，译. 北京：北京大学出版社，2018.

[20] 格雷厄姆·法米罗.天地有大美:现代科学之伟大方程[M].涂泓，吴俊，译.冯承天，译校.上海:上海科技教育出版社，2020.

[21] L. E. H 特雷纳. ,M. B. 怀斯. 理论物理导论:从物理概念到数学结构[M].冯承天，李顺祺，张民生，译.北京:科学出版社，1987.

[22] 阿尔伯特·爱因斯坦著.哈诺克·古特弗洛因德，于尔根·雷恩编.相对论，狭义与广义理论[M].涂泓，冯承天，译.北京:人民邮电出版社，2020.

[23] C. 伊姆佩.爱因斯坦的怪物:探索黑洞的奥秘[M].涂泓，曹新伍，冯承天，译.北京:人民邮电出版社，2020.

[24] H. 外尔.群论与量子力学[M].涂泓，译.冯承天，译校.北京:高等教育出版社出版，2022.

[25] W. Bickley, R. E. Gibson. Via Vector to Tensor [M]. The English Universities Press Ltd. , 1962.

[26] L. P. Eisenhart. Riemannian Geometry [M]. Princeton University Press, 1949.

[27] T. A. Garrity. All the Mathematics You Missed, But Need to Know for Graduate School [M]. Cambridge University Press, 2002.（加黑蒂.数学拾遗：研究生必备数学知识[M].北京:清华大学出版社，2004.）

[28] D. C. Kay. Tensor Calculus [M]. McGraw-Hill, 2011.

[29] M. Lipschutz. Differential Geometry [M]. McGraw-Hill, 1969.

[30] M. R. Spiegel, S. Lipschutz, D. Spellman. Vector Analysis [M]. McGraw-Hill, 2009.